新时代中国仿真应用丛书

U0415316

智能仿真

韩力群　编著

国防工业出版社

·北京·

内 容 简 介

智能仿真是人工智能学科与仿真学科的交叉学科，本书内容分为仿智篇和智仿篇两部分：仿智篇从仿真的角度出发，将以人脑为代表的自然智能视为建模的原型和仿真的对象，从逻辑思维、形象思维、进化智能和群体智能四个方面重点阐述人工智能的研究成果；智仿篇从人工智能赋能仿真应用的角度出发，从神经网络、模糊集理论、机器学习、大数据技术四个方面重点阐述人工智能的理论、方法、技术在仿真领域的应用成果。此外，本书还简要介绍了数字孪生与元宇宙等新技术的基本概念和技术框架。

本书既适用于从事智能仿真系统设计与开发的科技工作者和企业研发人员阅读，也可作为高校计算机仿真专业或其他相关专业的研究生教材。

图书在版编目（CIP）数据

智能仿真/韩力群编著．—北京：国防工业出版社，2023.9

（新时代中国仿真应用丛书）

ISBN 978-7-118-13051-5

Ⅰ.①智… Ⅱ.①韩… Ⅲ.①人工智能—应用—计算机仿真—研究 Ⅳ.①TP391.9

中国国家版本馆 CIP 数据核字（2023）第 171677 号

※

国防工业出版社出版发行

（北京市海淀区紫竹院南路 23 号 邮政编码 100048）

天津嘉恒印务有限公司印刷

新华书店经售

*

开本 710×1000 1/16 **印张** 25 **字数** 444 千字

2023 年 9 月第 1 版第 1 次印刷 **印数** 1—2000 册 **定价** 138.00 元

国防书店：（010）88540777 书店传真：（010）88540776

发行业务：（010）88540717 发行传真：（010）88540762

新时代中国仿真应用丛书
编委会

主　任：曹建国

副主任：王精业　毕长剑　蒋鄭平　游景玉
韩力群　吴连伟

委　员：丁刚毅　马　杰　王　沁　王乃东
王会霞　王家胜　王健红　申闫春
刘翠玲　邵峰晶　吴　杰　吴重光
李　华　郭会明　陈建华　邱晓刚
金伟新　张中英　张新邦　姚宏达
顾升高　贾利民　徐　挺　龚光红
曹建亭　董　泽　程芳真

序 言

“聪者听于无声，明者见于未形。”当前，“仿真技术”以其强大的牵引性、带动性、创新性，有力促进了虚拟现实、人工智能等大批前沿科技的发展。仿真领域已经成为国际竞争的新焦点、经济倍增的新引擎、军事斗争的新高地。

即将付梓的这套《新时代中国仿真应用丛书》，就为推动新时代的仿真领域发展进行了重要理论探索，可谓是应运而生、恰逢其时，有助于我们把握之先机，努力掌握仿真领域创新发展的主动权。

所谓“不畏浮云遮望眼”，仿真的根本目的，就是要运用好信息技术革命的成果，来驱散经济社会复杂系统的迷雾，看清态势、明辨方向、掌控全局，实现预见未来、设计未来、赢得未来。这就像双方下棋一样，如果脑子里装着所有的棋谱和战法，就一定能快速反应、从容应对。以军事领域为例，美国从国防部到各军兵种，都有仿真建模的研究机构，比如，国防部建模仿真协调办公室(M&SCO)、海军建模与仿真办公室(NMSO)、空军建模与仿真局(AFAMS)等。美军在军事行动前，常对部队训练水平和战争进程，进行兵棋推演，推演时间、效果与实际作战往往能达到高度一致，为战争胜利发挥至关重要的作用。未来战场上，仿真要做到拥有各种先验的最佳路径、棋谱战法，能够根据敌人的兵力部署、可能的作战想定，迅速地给出最佳的应对策略，而且是算无遗策。

从更广领域看，当前的经济社会是个开放的复杂巨系统，其涉及因素众多、关系耦合交织、功能结构复杂，对仿真提出了更高要求。仿真绝不是对现实世界中单个要素的简单再现和拼盘，而是要以虚拟仿真的手段，做到集成和升华，像剥笋一样，一层又一层，实现“拨开云雾见晴天”的效果。这就需要我们充分利用各领域、各行业、各系统的先进技术与数据资源，运用系统工程思想、理论、方法、工具，做到集腋成裘，“集大成、得智慧”。

“千金之裘，非一狐之腋也”。《新时代中国仿真应用丛书》要编出水平、编出影响，离不开各方面的大力支持和悉心指导。在此，恳请各有关方面的专家，关注本丛书，汇聚起跨部门、跨行业、跨系统、跨地域的智慧和力量，让颠覆性的思想充分迸发，让变革性的观点广泛聚合，把本丛书打造成为仿真领域传世精品。

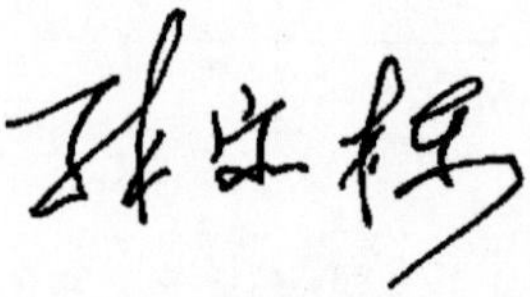

孙家栋：中国科学院院士，“共和国勋章”获得者。

前　言

近年来,我国仿真科学与技术正向数字化、虚拟化、网络化、智能化为特征的现代化方向发展。其中,以智能化为特征的智能仿真是人工智能学科与仿真学科的交叉学科。人脑的结构、机制和功能中凝聚着无限的奥秘和智慧,因此,对人类大脑思维能力的模拟具有巨大意义,而计算机的发明和广泛应用为实现这种设想和尝试提供了工具。从仿真的角度看,智能仿真是对以人脑为代表的各种生物脑所具有的自然智能进行模拟式、借鉴式仿真,即"仿智";从人工智能的角度看,智能仿真是人工智能的方法、技术在仿真领域的应用,即"智仿"。

人脑是物质世界进化的最高级产物,人脑的高级中枢神经系统是人脑实现高级功能的物质基础,也是世界上最复杂的信息处理系统以及"仿智"所模拟和借鉴的原型系统。为了研究开发具有某种人脑高级功能的类脑智能技术和算法,需要尽可能地了解人脑的结构与机制,并从信息处理及工程学的观点进行分析、抽象与简化。近年来,脑科学对脑的研究在细胞与分子水平上将结构与功能结合起来,研究更为复杂的精神意识,探索思维、认知等脑的高级功能的神经机制,相关研究成果为拟脑仿智奠定了坚实的生物学基础。而大数据、算法和算力三大技术的发展,则成为推动"仿智"技术不断丰富、成熟并广泛应用的驱动因素。

随着人工智能技术的不断发展和突破,现代仿真技术越来越多地引入人工智能技术,形成"智仿"这一新的方向,有效地推动了传统仿真技术向现代仿真技术的转型发展。人工智能技术的应用不仅丰富了仿真的建模方法,使过去一大类无法进行数学建模的对象得以建模;同时也拓展了建模仿真的应用范围,使其能应用于具有较强不确定性的系统。此外,智能仿真与大数据、云计算、区块链等其他高技术的融合还催生了许多新技术、新业态、新赛道。例如,近年来"数字孪生"和"元宇宙"正在成为炙手可热的高科技领域新赛道。数字孪生技术旨在实现真实世界的物理实体与虚拟空间的镜像之间的"虚实映射、实时连接、动态交互”；元宇宙则以去中心化和开放的方式实现虚实空间的互融与协同进化，而智能建模与仿真技术为二者奠定了技术基石。

基于上述观点和认知，作者将本书10章内容分为仿智篇和智仿篇两部分：仿智篇第1～第5章围绕自然智能的建模与仿真，智仿篇第6～第10章围绕基于人工智能的建模与仿真及应用。各章具体内容如下：第1章阐述了人脑信息处理的主要特点和生物学基础、人脑的高级功能及拟脑研究的主要成果；第2章介绍了符号主义学派对人脑逻辑思维的建模与仿真研究，包括启发式算法、专家系统、知识工程方法与技术到知识图谱、模糊逻辑等研究成果；第3章围绕以人工神经网络为代表的连接主义学派的研究，介绍了面向形象思维的建模与仿真研究，着重阐述了对脑神经系统结构及其计算机制的进行模拟的研究成果；第4章讨论了进化智能的建模思路，介绍了遗传算法、进化策略和进化规划等研究成果；第5章针对自然界的群居生物中存在的群体智能现象，以及这些生物群体所呈现的社会性、分布式、自组织、协作性等智能和自底向上的简单实现模式，重点介绍了蚁群算法、蜂群算法面向群体智能的建模与仿智研究成果；第6章阐述了人工神经网络技术及其在建模仿真中的应用，包括三类神经网络的模型、原理、学习算法，应用案例的问题描述、建模与仿智以及案例分析；第7章介绍了基于模糊及理论的建模仿真技术及应用案例，包括模糊控制器的工作原理、模糊控制系统的仿真实例与系统设计实例；第8章围绕基于机器学习的建模仿真技术，阐述了机器学习的核心概念和基本方法，介绍了几类常用机器学习算法；第9章聚焦大数据与云计算技术及其在建模仿真中的应用，包括大数据的概念与特点、分析技术与工具、基于大数据的建模仿真应用，云计算的概念与特点、服务与应用、关键技术、云仿真平台典型案例等内容；第10章讨论了数字孪生与元宇宙关键技术与实践探索，阐述了智能建模仿真技术在数字孪生与元宇宙技术形成与发展中的作用。

限于本书作者的学识，书中疏漏不妥之处，恳请读者批评指正。

韩力群

2022年10月于北京

目　录

仿智篇——自然智能的建模与仿真

仿智篇
——自然智能的建模与仿真

对人脑智能的仿真与对其他对象进行仿真有很大区别。仿智不同于仿其他工程对象,其主要特点在于:

(1)仿真对象的特点:人脑作为智能的载体,是一种经历了漫长进化的结构精妙、规模庞大的复杂大系统,既具有结构和功能的动态特性,又具有时间和空间的动态特性。到目前为止,脑科学对人脑的思维、认知、决策、学习等高级功能的了解还远远不够,揭示人脑的奥妙不仅需要各学科的交叉和各领域专家的协作,还需要测试手段的进一步发展。因此,这是在对仿真对象的机制和机理都不甚了解基础上的建模与仿真。

(2)仿真方法的特点:基于机理建模、辨识建模、面向对象建模等传统建模技术很难对仿智奏效。经过 60 多年的发展,目前取得较好仿智效果的建模方法有 4 大类:对仿真对象的功能模拟(面向逻辑思维智能的符号主义方法),对仿真对象的结构模拟(面向形象思维智能的连接主义方法),对仿真对象的行为模拟(面向“感知—行动”行为智能的行为主义方法),对仿真对象的机制模拟(面向智能生成机制的机制主义方法),以及面向社会智能的群体智能方法和不确定性方法。

(3)仿真性能评估的特点:由于以仿智为目标的人工智能远未实现对人脑生物系统的逼真描述,而只是对其局部功能的某种模仿、简化和抽象,或者得到其信息处理机制的启发和借鉴。因此,很少采用可信度、逼真度、可靠性这类的指标进行系统性能评估与分析。但这种模拟已经能够反映人脑功能的若干基本特性,甚至在某些方面延伸和扩展人脑的能力,例如 AlfaGo。目前多采用效用评价法,如评价系统智能的图灵测试法,评价神经网络模型时常用的准确率与泛化能力,等等。

第1章

自然智能概述

人类和动物所具有的智能统称为自然智能,自然智能均以生物脑为载体,是生物经过百万年漫长进化产生的结果。

在地球上已知的生物群体中,“人为万物之灵”,而“灵”的核心就在于人类具有最发达的大脑。大脑是人类思维活动的物质基础,而思维是人类智能的集中体现。长期以来,脑科学家不断努力揭示大脑的结构和功能、演化来源和发育过程,以及神经信息处理与运行的机制和思维活动的机理;人工智能科学家则努力探索构建具有类脑智能的人工系统,用以模拟、延伸和扩展脑功能,开发出能够完成类脑工作的智能机器,从仿真的视角看,人工智能学科是关于仿智的学科,而智能机器则是仿智技术的应用成果。

人类的大脑是人类智能的物质基础,是人体生命活动的信息中心与控制中心,因此,大脑也是仿智研究的原型。进入20世纪以来,人们逐渐认识到,大脑的结构、机制和功能中凝聚着无比的奥秘和智慧,对人类大脑思维能力的仿真具有巨大的意义。计算机作为具有计算和存储能力的“电脑”,是对人类大脑这个高度复杂原型的计算与存储功能的“实物仿真”,计算机的发明不仅物化和延伸了大脑的计算与存储能力,而且为探索如何构造出具有类脑智能的系统这种仿智设想和尝试提供了强有力的工具。

1.1 人脑信息处理的主要特点

人脑本质上是一种信息加工器官,与计算机的信息处理比,人脑在信息处理方面具有以下主要特点。

1.1.1 信息处理能力与风格

1. 记忆与联想能力

人脑有大约 1.4×10^{11}个神经细胞并广泛互连,因而能够存储大量的信息,并具有对信息进行筛选、回忆和巩固的联想记忆能力。人脑不仅能对已学习的知识进行记忆,而且能在外界输入的部分信息刺激下,联想到一系列相关的存储信息,从而实现对不完整信息的自联想恢复,或关联信息的互联想,而这种互联想能力在人脑的创造性思维中起着非常重要的作用。

计算机从一问世起就是按冯·诺依曼(Von Neumann)方式工作的。基于冯·诺依曼方式的计算机是一种基于算法的程序存取式机器,它对程序指令和数据等信息的记忆由存储器完成。存储器内信息的存取采用寻址方式。若要从大量存储数据中随机访问某一数据,必须先确定数据的存储单元地址,再取出相应数据。信息一旦存入便保持不变,因此不存在遗忘问题;在某存储单元地址存入新的信息后会覆盖原有信息,因此不可能对其进行回忆;相邻存储单元之间互不相干,“老死不相往来”,因此没有联想能力。

尽管关系数据库等由软件设计实现的系统也具有一定的联想功能,但这种联想功能不是计算机的信息存储机制所固有的,其联想能力与联想范围取决于程序的查询能力,因此不可能像人脑的联想功能那样具有个性、不确定性和创造性。

2. 学习与认知能力

人脑具有从实践中不断抽取知识、总结经验的能力。刚出生的婴儿脑中几乎是一片空白,在成长过程中通过对外界环境的感知及有意识的训练,知识和经验与日俱增,解决问题的能力越来越强。人脑这种对经验做出反应而改变行为的能力就是学习与认知能力。

计算机所完成的所有工作都是严格按照事先编制的程序进行的,因此它的功能和结果都是确定不变的。作为一种只能被动地执行确定的二值命令的机器,计算机在反复按指令执行同一程序时,得到的永远是同样的结果,它不可能在不断重复的过程中总结或积累任何经验,因此不会主动提高自己解决问题的能力。

3. 信息加工能力

在信息处理方面,人脑具有复杂的回忆、联想和想象等非逻辑加工功能,因而人的认识可以逾越现实条件下逻辑所无法越过的认识屏障,产生诸如直觉判断或灵感顿悟之类的思维活动。在信息的逻辑加工方面，人脑的功能不仅局限于计算机所擅长的数值或逻辑运算，而且可以上升到具有语言文字的符号思维和辨证思维。人脑具有的这种高层次的信息加工能力使人能够深入事物内部去认识事物的本质与规律。

计算机没有非逻辑加工功能，因而不能逾越有限条件下逻辑的认识屏障。计算机的逻辑加工能力也仅限于二值逻辑，因此只能在二值逻辑所能描述的范围内运用形式逻辑，而缺乏辩证逻辑能力。

4. 信息综合能力

人脑善于对客观世界千变万化的信息和知识进行归纳、类比和概括，综合起来解决问题。人脑的这种综合判断过程往往是一种对信息的逻辑加工和非逻辑加工相结合的过程。它不仅遵循确定性的逻辑思维原则，而且可以经验地、模糊地甚至是直觉地做出一个判断。大脑所具有的这种综合判断能力是人脑创造能力的基础。

计算机的信息综合能力取决于它所执行的程序。由于不存在能完全描述人的经验和直觉的数学模型，也不存在能完全正确模拟人脑综合判断过程的有效算法，因此计算机难以达到人脑所具有的融会贯通的信息综合能力。

5. 信息处理速度

人脑的信息处理是建立在大规模并行处理基础上的，这种并行处理所能够实现的高度复杂的信息处理能力远非传统的以空间复杂性代替时间复杂性的多处理机并行处理系统所能达到。人脑中的信息处理是以神经细胞为单位，而神经细胞间信息的传递速度只能达到毫秒级，显然比现代计算机中电子元件纳秒级的计算速度慢得多，因此似乎计算机的信息处理速度要远高于人脑，事实上在数值处理等只需串行算法就能解决问题的应用方面确实是如此。然而迄今为止，计算机处理文字、图像、声音等类信息的能力与速度却远远不如人脑。在基于形象思维、经验与直觉的判断方面，人脑只要零点几秒就可以圆满完成的任务，计算机花几十倍甚至几百倍时间也不一定达到人脑的水平。

1.1.2 信息处理结构与机制

人脑与计算机信息处理能力特别是形象思维能力的差异来源于两者系统结构和信息处理机制的不同。主要表现在以下 4 个方面。

1. 系统结构

人脑在漫长的进化过程中形成了规模宏大，结构精细的群体结构，即神经网络。脑科学研究结果表明,人脑的神经网络是由数百亿神经元相互连接组合而成的。每个神经元相当于一个超微型信息处理与存储单元,只能完成一种基本功能,如兴奋与抑制,而大量神经元广泛连接后形成的神经网络可进行各种极其复杂的思维活动。

计算机是一种由各种二值逻辑门电路构成的按串行方式工作的逻辑机器,它由运算器、控制器、存储器和输入/输出设备组成。其信息处理是建立在冯·诺依曼体系基础上,基于程序存取进行工作。

2. 信号形式

人脑中的信号形式具有模拟量和离散脉冲两种形式。模拟量信号具有模糊性特点,有利于信息的整合和非逻辑加工,这类信息处理方式难以用现有数学方法进行充分描述,因而很难用计算机进行模拟。

计算机中信息的表达采用离散的二进制数和二值逻辑形式,二值逻辑必须用确定的逻辑表达式来表示。许多逻辑关系确定的信息加工过程可以分解为若干二值逻辑表达式,由计算机来完成。然而,客观世界存在的事物关系并非都是可以分解为二值逻辑的关系,还存在着各种模糊逻辑关系和非逻辑关系。对这类信息的处理计算机是难以胜任的。

3. 信息存储方式

与计算机不同的是,人脑中的信息不是集中存储于一个特定的区域,而是分布地存储于整个系统中。此外,人脑中存储的信息不是相互孤立的,而是联想式的。人脑这种分布式联想式的信息存储方式使人类非常擅长于从失真和默认的模式中恢复出正确的模式,或利用给定信息寻找期望信息。

4. 信息处理机制

人脑中的神经网络是一种高度并行的非线性信息处理系统。其并行性不仅体现在结构上和信息存储上,而且体现在信息处理的运行过程中。由于人脑采用了信息存储与信息处理一体化的群体协同并行处理方式,信息的处理受原有存储信息的影响,处理后的信息又留记在神经元中成为记忆。这种信息处理与存储的构建模式是广泛分布在大量神经元上同时进行的,因而呈现出来的整体信息处理能力不仅能快速完成各种极复杂的信息识别和处理任务,而且能产生高度复杂而奇妙的效果。

计算机采用的是有限集中的串行信息处理机制,即所有信息处理都集中在一个或几个 CPU 中进行。CPU 通过总线同内外存储器或 I/O 接口进行顺序的"个别对话",存取指令或数据。这种机制的时间利用率很低,在处理大量实时信息时不可避免地会遇到速度“瓶颈”。即使采用多 CPU 并行工作,也只是在一定发展水平上缓解瓶颈矛盾。

1.2 人脑信息处理的生物学基础

神经生理学和神经解剖学的研究结果表明,神经元是脑组织的基本单元,是神经系统结构与功能的单位。据估计,人类大脑大约包含 1.4×10^{11} 个神经元,每个神经元与 $10^3\sim10^5$ 个其他神经元相连接,构成一个极为庞大而复杂的网络,即生物神经网络。生物神经网络中各神经元之间连接的强弱,按照外部的激励信号做自适应变化,而每个神经元又随着接收到的多个激励信号的综合结果呈现出兴奋与抑制状态。大脑的学习过程就是神经元之间连接强度随外部激励信息做自适应变化的过程,大脑处理信息的结果由各神经元状态的整体效果确定。显然,神经元是人脑信息处理系统的最小单元。

1.2.1 生物神经元的结构

人脑中神经元的形态不尽相同,功能也有差异,但从组成结构来看,各种神经元是有共性的。图 1-1 给出一个典型神经元的基本结构和与其他神经元发生连接的简化示意图。

神经元在结构上由细胞体、树突、轴突和突触 4 部分组成。

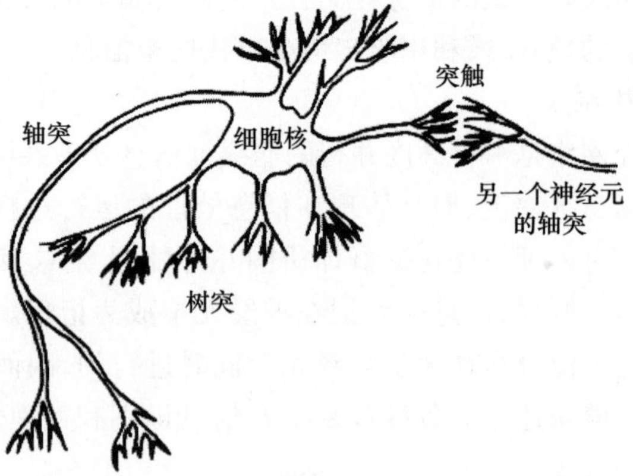

图 1-1 生物神经元简化示意图

(1)细胞体(cell body)。细胞体是神经元的主体,由细胞核、细胞质和细胞膜 3 部分构成。细胞核占据细胞体的很大一部分,进行着呼吸和新陈代谢等许多生化过程。细胞体的外部是细胞膜,将膜内外细胞液分开。由于细胞膜对细胞液中的不同离子具有不同的通透性,使得膜内外存在着离子浓度差,从而出现内负外正的静息电位。

(2)树突(dendrite)。从细胞体向外延伸出许多突起的神经纤维,其中大部分突起较短,其分支多群集在细胞体附近形成灌木丛状,这些突起称为树突。神经元靠树突接受来自其他神经元的输入信号,相当于细胞体的输入端。

(3)轴突(axon)。由细胞体伸出的最长的一条突起称为轴突。轴突比树突长而细,用来传出细胞体产生的输出电化学信号。轴突也称神经纤维,其分支倾向于在神经纤维终端处长出,这些细的分支称为轴突末梢或神经末梢。每一条神经末梢可以向四面八方传出信号,相当于细胞体的输出端。

(4)突触(synapse)。神经元之间通过一个神经元的轴突末梢和其他神经元的细胞体或树突进行通信连接,这种连接相当于神经元之间的输入输出接口,称为突触。突触包括突触前、突触间隙和突触后 3 个部分。突触前是某一个神经元的轴突末梢部分,突触后是指另一个神经元的树突或细胞体等受体表面。突触在轴突末梢与其他神经元的受体表面相接触的地方有 15 ~ 50nm 的间隙,称为突触间隙,在电学上把两者断开,见图 1 -2。每个神经元有 10^3 ~ 10^5 个突触,多个神经元以突触连接即形成神经网络。

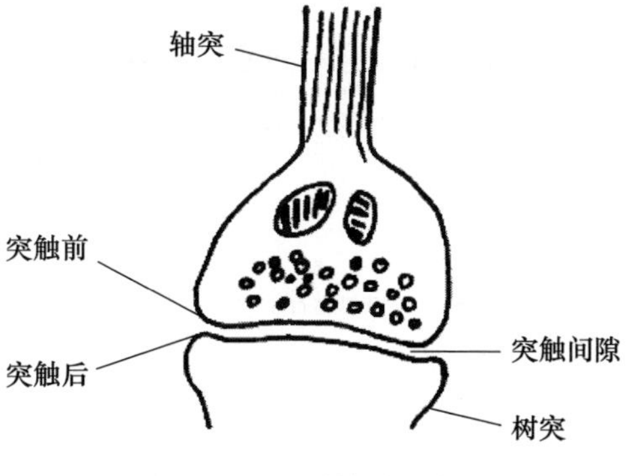

图 1 -2 突触结构示意图

1.2.2 生物神经元的信息处理机理

在生物神经元中,突触为输入输出接口,树突和细胞体为输入端,接受突触点的输入信号;细胞体相当于一个微型处理器,对各树突和细胞体各部位收到的来自其他神经元的输入信号进行整合，并在一定条件下触发，产生一输出信号；输出信号沿轴突传至末梢，轴突末梢作为输出端通过突触将这一输出信号传向其他神经元的树突和细胞体。下面对生物神经元之间产生、传递与接收和处理信息的机理进行分析。

1. 信息的产生

研究认为，神经元间信息的产生、传递和处理是一种电化学活动。由于细胞膜本身对不同离子具有不同的通透性，从而造成膜内外细胞液中的离子存在浓度差。神经元在无神经信号输入时，其细胞膜内外因离子浓度差而造成的电位差为 -70mV（内负外正）左右，称为静息电位，此时细胞膜的状态称为极化状态（polarization），神经元的状态为静息状态。当神经元受到外界的刺激时，如果膜电位从静息电位向正偏移，称为去极化（depolarization），此时神经元的状态为兴奋状态；如果膜电位从静息电位向负偏移，称为超级化（hyperpolarization），此时神经元的状态为抑制状态。神经元细胞膜的去极化和超极化程度反映了神经元兴奋和抑制的强烈程度。在某一给定时刻，神经元总是处于静息、兴奋和抑制 3 种状态之一。神经元中信息的产生与兴奋程度相关，在外界刺激下，当神经元的兴奋程度超过了某个限度，也就是细胞膜去极化程度超过了某个阈电位时，神经元被激发而输出神经脉冲。每个神经脉冲产生的经过如下：当膜电位以静息膜电位为基准高出 15mV，即超过阈值电位（ -55mV）时，该神经细胞变成活性细胞，其膜电位自发地急速升高，在 1ms 内比静息膜电位上升 100mV 左右，此后膜电位又急速下降，回到静止时的值。这一过程称作细胞的兴奋过程，兴奋的结果为产生一个宽度为 1ms，振幅为 100mV 的电脉冲，又称神经冲动，如图 1 -3 所示。

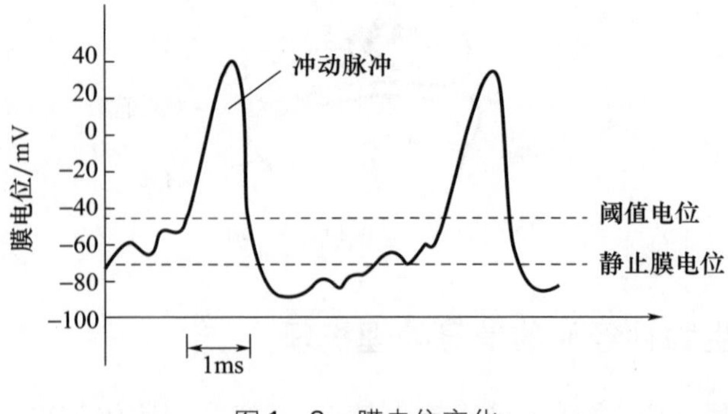

图 1 -3　膜电位变化

值得注意的是，当细胞体产生一个电脉冲后，即使受到很强的刺激，也不会立刻产生兴奋，这是因为神经元发放电脉冲时阈值急速升高，持续 1ms 后慢慢下降到 -55mV 这一正常状态，这段时间约为数毫秒，称为不应期。不应期结束后，若细胞受到很强的刺激，则再次产生兴奋性电脉冲。由此可见，神经元产生的信息是具有电脉冲形式的神经冲动。各脉冲的宽度和幅度相同，而脉冲的间隔是随机变化的。某神经元的输入脉冲密度越大，其兴奋程度越高，在单位时间内产生的脉冲串的平均频率也越高。

2. 信息的传递与接收

神经脉冲信号沿轴突传向其末端的各个分支，在轴突的末端触及突触前时，突触前的突触小泡能释放一种化学物质，称为递质。在前一个神经元发放脉冲并传到其轴突末端后，这种递质从突触前膜释放出，经突触间隙的液体扩散，在突触后膜与特殊受体相结合。受体的性质决定了递质的作用是兴奋的还是抑制的，并据此改变后膜的离子通透性，从而使突触后膜电位发生变化。根据突触后膜电位的变化，可将突触分为兴奋性突触和抑制性突触两种。兴奋性突触的后膜电位随递质与受体结合数量的增加而向正电位方向增大，抑制性突触的后膜电位随递质与受体结合数量的增加向更负电位方向变化。从化学角度看，当兴奋性化学递质传送到突触后膜时，后膜对离子通透性的改变使流入细胞膜内的正离子增加，从而使突触后成分去极化，产生兴奋性突触后电位；当抑制性化学递质传送到突触后膜时，后膜对离子通透性的改变使流出细胞膜外的正离子增加，从而使突触后成分超极化，产生抑制性突触后电位。

当突触前膜释放的兴奋性递质使突触后膜的去极化电位超过了某个阈电位时，后一个神经元就有神经脉冲输出，从而把前一神经元的信息传递给了后一神经元（图 1-4）。

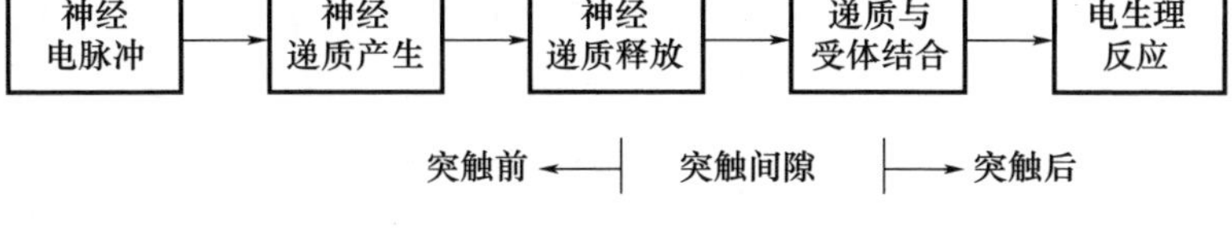

图 1-4 突触信息传递过程

从脉冲信号到达突触前膜，再到突触后膜电位发生变化，有 0.2 ~ 1ms 的时间延迟，称为突触延迟（synaptic delay），这段延迟是化学递质分泌、向突触间隙扩散、到达突触后膜并在那里发生作用的时间总和。由此可见,突触对神经冲动的传递具有延时作用。

在人脑中,神经元间的突触联系大部分是在出生后由于给予刺激而成长起来的。外界刺激性质不同,能够改变神经元之间的突触联系,即突触后膜电位变化的方向与大小。从突触信息传递的角度看,表现为放大倍数和极性的变化。正是由于各神经元之间的突触连接强度和极性有所不同并具有可塑性,人脑才具有学习和存储信息的功能。

3. 信息的整合

神经元对信息的接收和传递都是通过突触来进行的。单个神经元可以与数千个其他神经元的轴突末梢形成突触连接,接受从各个轴突传来的脉冲输入。这些输入可到达神经元的不同部位,输入部位不同,对神经元影响的权重也不同。在同一时刻产生的刺激所引起的膜电位变化,大致等于各单独刺激引起的膜电位变化的代数和。这种累加求和称为空间整合。另外,各输入脉冲抵达神经元的先后时间也不一样。由一个脉冲引起的突触后膜电位很小,但在其持续时间内有另一脉冲相继到达时,总的突触后膜电位增大,这种现象称为时间整合。

输入一个神经元的信息在时间和空间上常呈现一种复杂多变的形式,神经元需要对它们进行积累和整合加工,从而决定其输出的时机和强弱。正是神经元的这种时空整合作用,才使得亿万个神经元在神经系统中可以有条不紊、夜以继日地处理着各种复杂的信息,执行着生物中枢神经系统的各种信息处理功能。

4. 生物神经网络

由多个生物神经元以确定方式和拓扑结构相互连接即形成生物神经网络,它是一种更为灵巧、复杂的生物信息处理系统。研究表明,每一个生物神经网络系统均是一个有层次的、多单元的动态信息处理系统,它们有其独特的运行方式和控制机制,以接受生物系统内外环境的输入信息,加以综合分析处理,然后调节控制机体对环境做出适当反应。生物神经网络的功能不是单个神经元信息处理功能的简单叠加。每个神经元都有许多突触与其他神经元连接,任何一个单独的突触连接都不能完整表达一项信息。只有当它们集合成总体时才能对刺激的特殊性质给出明确的答复。由于神经元之间突触连接方式和连接强度的不同并且具有可塑性,神经网络在宏观上呈现出千变万化的复杂的信息处理能力。

1.3　人脑高级功能的生物载体

1.3.1　人脑的高级功能

人脑是物质世界进化的最高级产物，也是世界上最复杂的信息处理系统。其中，人脑的生物神经系统是人脑实现各种高级功能的物质基础和生物载体，也是人类力图模拟和借鉴的原型系统。为了研究开发具有某种人脑高级功能的类脑智能系统，需要尽可能了解人脑神经系统的结构与机制，并从信息处理及工程学的观点进行分析、抽象与简化。

在脑科学中，“脑”这个词通常有两层含义，狭义地说，脑即指中枢神经系统。人体内外环境的各种刺激由感受器感受后，经传入神经传至中枢神经系统，在此整合后再经传出神经将整合的信息传导至全身各器官，调节各器官的活动，保证人体各器官、系统活动的协调以及机体与客观世界的统一，维持生命活动的正常进行。

在中枢神经系统中，调节人和高等动物生理活动的高级中枢是大脑皮层，人脑除了可感知外部世界，控制机体的反射活动外，还具有语言、学习、记忆和思维等方面的高级功能。

1.3.2　人体神经系统

人体神经系统分为中枢神经系统和周围神经系统。中枢神经系统包括位于颅腔内的脑和位于脊柱椎管内的脊髓。周围神经系统是联络于中枢神经与周围器官之间的神经系统，其中与脑相连的部分称为脑神经或颅神经，共 12 对；与脊髓相连的部分称为脊神经，共 31 对。根据所支配的周围器官的性质不同，周围神经又可分为躯体神经和内脏神经。躯体神经分布于体表、骨、关节和骨骼肌；内脏神经则支配内脏、心血管的平滑肌和腺体。

人体神经系统作为人体的主要信息调控系统，其体系结构的简化模型如图 1-5 所示，其中人体神经系统各子系统功能和相互关系如下：

中枢神经是信息处理机构。人体外部环境和内部的各种活动状态信号经过各种传入神经传递到中枢，分别在一定的中枢部位进行分析、处理；从中枢产生的信号再经传出神经传至效应器引起腺体和肌肉的活动。中枢神经系统又可分为高级和低级两个部分：以大脑皮层为中心的高级中枢神经系统包括大脑、丘脑、下丘脑和小脑,人脑高级功能主要由高级中枢实现;脑干和脊髓属于低级中枢神经系统,它们向上与高级中枢联系,向下按节段地发出周围神经(12 对脑神经和 31 对脊神经)和全身外周器官联系。

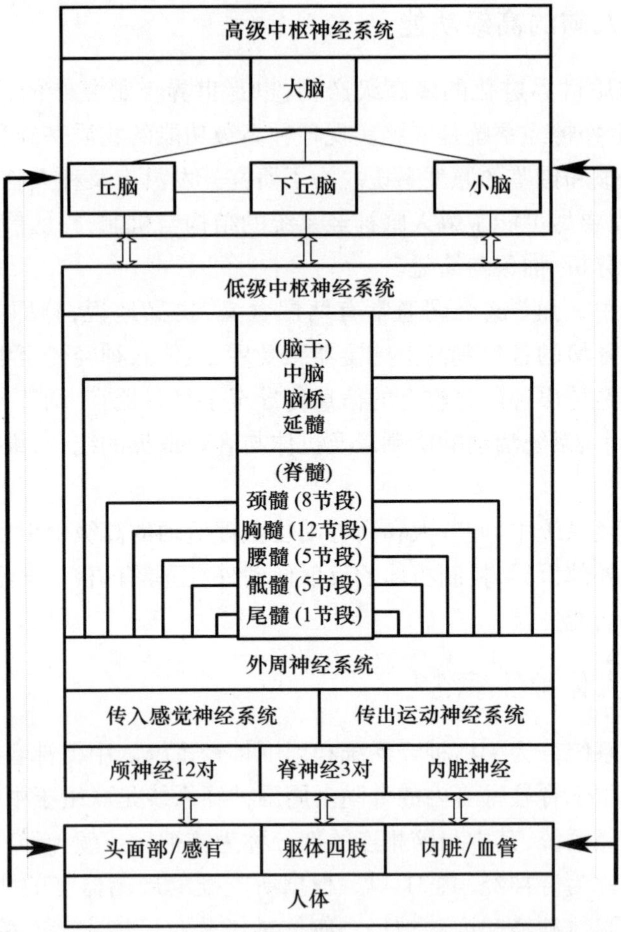

图 1-5　人体神经系统的简化体系结构模型

围周神经系统包括传入神经系统和传出神经系统。传入神经系统接受来自人体各种感受器的信息,传入中枢神经系统进行信息处理;传出神经系统将中枢神经系统发出的关于人体生理状态调节与运动姿态控制的指令信息传至人体的各种效应器,产生相应的生理状态调节与运动姿态控制效应,以保持人体的正常生理状态,进行各种有意识的生命活动,实现各种有目的的动作行为。

人体具有各种感受器，神经系统通过感受器接受内外环境的变化。感受器具有换能作用，可以将各种信号“翻译”成神经能够理解的语言，再向中枢传递。例如视觉感受器（眼）、听觉感受器（耳）、嗅觉感受器（鼻）、味觉感受器（舌）、触觉感受器（皮肤）以及痛觉、温觉、压觉等体内神经末梢感受器。

效应器是以中枢神经内的下位运动神经元向外周发出的传出纤维的终末为主体而形成的。这些终末止于骨骼肌、脏器的平滑肌或腺体，支配肌肉的活动或腺体的分泌。

在整个人体神经系统中，以大脑皮层为中心，外部信息经脊髓、脑干、丘脑上达大脑，经过大脑的综合分析处理，发出控制命令向下传到肌肉和腺体，支配机体的活动，使生物体能顺利完成生命活动的各个过程。因此，神经系统是一个复杂系统整体，各子系统之间在功能上和结构上相互联系、相互作用、相互配合和相互协调。根据神经系统的结构和各部分的功能，整个神经系统的多级递阶结构相当于一个完善的多级计算机系统。其与一般多级计算机系统不同之处在于存在几个专门的协调机构，这些机构将同类信息和控制命令有效地组织起来，能更充分地加以利用。

1.3.3　高级中枢神经系统

人脑高级中枢神经系统是实现人类智能的物质基础，其系统构成主要包括大脑、丘脑、小脑、下丘脑－脑垂体等。从生物信息处理和控制的角度看，人脑高级中枢神经系统的主要功能如下。

大脑包括大脑皮层和大脑基底，分为左、右两半球，即“左脑”和“右脑”。左、右脑由 2 亿多神经纤维组成的胼胝体相互连接，构成中枢神经系统的“思维中枢”，是最高级的中枢神经系统。大脑的主要功能是进行思维、产生意志、控制行为以及协调人体的生命活动。其中，左脑倾向于逻辑思维，右脑倾向于形象思维，左脑和右脑协同工作，并联运行。自 1909 年 Brodmann 从解剖形态学的角度把人的大脑皮层划分为 52 个区域以来，神经生理学和神经心理学领域的学者们就一直致力于探索大脑皮层的功能分区，以及不同分区之间的神经细胞相互协作的机制。事实上，不同的脑区以某种方式结合起来，协同在不同的功能中起作用。脑的特定功能是脑的相应分区组成的特定系统实现的，但不同的脑区并不是自主的微型脑，它们组成了紧密结合在一起的一体化系统，该系统具有推理、联想、记忆、学习、决策、分析、判断等“思维智能”（thanking intelligence），此外还对中枢神经系统其他部分的工作进行协调控制。

丘脑是中枢神经系统的“感觉中枢”，是视觉、听觉、触觉、嗅觉、味觉等各种感觉信号的信息处理中心，负责对外周神经系统传入的各种多媒体、多模式的感觉信号进行时空整合与信息融合。丘脑具有感知、认知、识别和理解等“感知智能”(perception intelligence)，通过外周神经系统感知外部世界。

小脑作为中枢神经系统的“运动中枢”，其主要功能是协调人体的运动和行为，控制人体的动作和姿态，保持运动的稳定和平衡，通过低级中枢神经系统及外围神经系统，对人体全身的运动和姿态进行协调控制。小脑具有对人体的运动姿态和行为动作进行协调、平衡、计划、优选、调度和管理等“行为智能”(behavior intelligence)，通过外周传出神经系统作用于外部世界。

下丘脑-脑垂体是中枢神经系统的“激素中枢”，其主要功能是发放激素，控制内分泌系统，调节甲状腺素、肾上腺素、胰岛素、前列腺素、性激素等各种内分泌激素的分泌水平，通过血液、淋巴液等体液循环作用于相应的激素受体，如靶细胞、靶器官等，对人体生理机制的状态进行分工式调节和控制。因此具有通过内分泌系统对人体的各种内分泌激素和体液进行调节和控制的功能。

可见，高级中枢神经系统是具有多个信息处理中心和机能分工的多中心、分布式、分工式生物智能控制与信息处理系统。

1.4 从认识脑到拟脑仿智

1.4.1 脑科学的“识脑”研究

脑科学的根本任务是彻底了解脑的机制，揭示脑的全部奥秘。20 世纪 90 年代作为著名的“脑的十年”，脑科学的研究引起了全世界的关注。近年来，脑科学对脑的研究在细胞与分子水平上将结构与功能结合起来，开始研究更为复杂的精神意识，力图探索行为、思维等脑的高级功能的神经机制。神经科学和信息科学的交叉与融合，形成了基于神经功能分子显像的神经信息学，将脑的结构和功能研究结果联系起来，建立神经信息学数据库和有关神经系统所有数据系统，对不同层次脑的研究数据进行检索、比较、分析、整合、建模和仿真，绘制出脑功能、结构和神经网络图谱，达到“认识脑、保护脑和创造脑”的科学目标。这些研究成果为拟脑仿智研究奠定了更为坚实的生物学基础。

现代神经科学的起点是神经解剖学和组织学对神经系统结构的认识和分析。从宏观层面，Broca 和 Wernicke 对大脑语言区的定位，Brodmann 对脑区的组织学分割，Penfield 对大脑运动和感觉皮层对应身体各部位的图谱绘制、功能核磁共振成像对在活体进行任务时脑内依赖于电活动的血流信号等，使我们对大脑各脑区可能参与某种脑功能已有相当的理解。由于每一脑区的神经元种类多样，局部微环路和长程投射环路错综复杂，要理解神经系统处理信息的工作原理，必须先具有神经元层面的神经联结结构和电活动信息。

20 世纪在神经元层面从下而上的研究也有了一些标志性的突破，如 Cajal 对神经系统的细胞基础及神经元极性结构和多样形态的分析，Sherrington 对神经环路和脊髓反射弧的定义，Adrian 发现神经信息以动作电位的频率来编码信息的幅度，Hodgkin 和 Huxley 对从动作电位的离子机制并发现各种神经递质及其功能，Katz 和 Eccles 对化学突触传递的分析，Hubel 和 Wiesel 发现各种视觉神经元从简单到复杂的感受野特性，Bliss 和 Ito 等发现突触的长期强化和弱化现象，O′keefe 等发现对特定空间定位有反应的神经元等，使我们对神经元如何编码、转导和储存神经信息有了较清楚的理解，但是这些神经元的特性是如何通过局部环路和长程环路产生的，我们的理解还十分有限；至于对环路中的神经信息如何产生感知觉、情绪、思维、抉择、意识、语言等各种脑认知功能的理解更为粗浅。

人们已经认识到，揭示人脑这个复杂巨系统的奥秘不可能完全依赖细胞与分析水平的脑研究。分子组成了细胞便不再是原来意义上的分子；神经细胞组成了神经回路便不再是原来意义上的细胞；神经回路组成了神经网络直至最后组成了脑，也不再是原来意义上的神经回路。因此，必须将微观层次与系统层次的研究结合起来研究脑的高级功能。

目前，脑成像技术的时间、空间分辨能力已大幅度提高，新的无创伤检测脑活动的技术正在发展；在清醒动物上多电极同时记录不同脑区神经元的技术将出现突破，从而使得神经元群体活动与脑高级功能的相关研究进一步深入。另外，智能科学的发展将进一步揭示脑执行各种高级功能的算法，并将新的概念不断引入脑科学中。例如，把脑功能看作是脑与环境相互作用的自组织过程的动力学分析、非线性系统分析等，已经开始用于知觉的脑模型；基于神经生物学的实验资料，具有透彻的数学和物理上分析的脑的高级功能模型，有可能在脑科学产生重大突破。

1.4.2 人工智能学科的拟脑仿智研究

拟脑仿智的研究主要有 3 种重要途径。

1. 仿生学途径

仿生学途径即基于脑科学、神经科学的生物原型，着重模仿生物脑的结构与神经机理，通过实验技术获取脑组织的动态生物学数据，利用信息处理技术研究这些数据序列中蕴含的神经基础和信息加工机制从而给出某种脑模型假设。由于这类研究的目的是进一步揭示人类脑的信息处理系统结构与机制，进而解释脑的思维功能，因此要求所建立的脑模型在信息处理方面的行为尽量符合生物脑的特征。显然，这类研究成果不仅可为脑康复医学以及智力开发和教育培训提供重要的理论依据，而且可为设计新的人工智能系统提供重要的生物学基础。

仿生学途径常称为"连接主义"或"结构主义"学派，主要成果如元胞自动机、M－P 模型、感知机、认知机、联想机、BP 网络、Hopfield 网络、深度神经网络等。

2. 仿功能途径

仿功能途径即将生物脑与计算机都看作"物理符号系统"，因此可基于物理符号系统的理念，用计算机模拟脑的功能，研究开发各种类脑智能信息处理系统，早期的人工智能主要采用这种研究途径。

仿功能途径常称为"符号主义"或"功能主义"学派，主要成果如逻辑理论家 LT、通用解题器 GPS、LISP 机、数据库机 DBM、知识信息处理机 KIPS、IBM 深蓝、专家系统、知识图谱等。

3. 仿心智途径

仿心智途径即以认知心理学为核心，探索心智建模的认知体系结构。认知通常包括人脑的感知与注意、知识表示、记忆与学习、语言、问题求解和推理等方面，认知建模的目的是探索和研究人的思维机制，特别是人的信息处理机制，为设计相应的人工智能系统提供新的体系结构和技术方法。

几种途径各有侧重、各有长短，但其目标都是"仿智"。

1.5 高级中枢的拟脑模型

1.5.1 三中枢拟脑模型

人脑是各种生物脑中智能水平最高、系统功能最全、体系结构最复杂的生物控制与信息处理大系统。以人脑为仿智的生物原型就必须研究如何根据现代脑科学与神经生理学的研究结果，从生物控制论和大系统控制论的观点出发，应用大系统控制论的结构分析方法对人脑高级神经中枢进行体系结构分析、抽象和简化，突出其信息处理的智能特色，淡化其信息处理的生理特色，从而构建从体系结构和功能上模拟脑高级中枢神经系统的三中枢拟脑模型。

从最基本的功能看，脑有感觉功能、运动功能、调节功能和高级功能 4 大功能。感觉功能是指外界各种刺激传入脑的过程；运动功能是指脑和脊髓怎样把指令传到肌肉及内脏，使机体发生运动的过程；调节功能是指脑怎样保持个体生存；高级功能是指认知、注意、学习、记忆、语言、思维等。

根据脑的 4 大基本功能，图 1－6 给出简化的三中枢类脑模型的体系结构示意图，包括 3 个智能中枢，即感觉中枢（perception center，PC）、思维中枢（thinking center，TC）和行为中枢（behavior center，BC），分别实现类脑模型的感知智能、思维智能和行为智能，对应于智能信息处理系统的信息输入子系统、信息处理子系统和信息输出子系统。

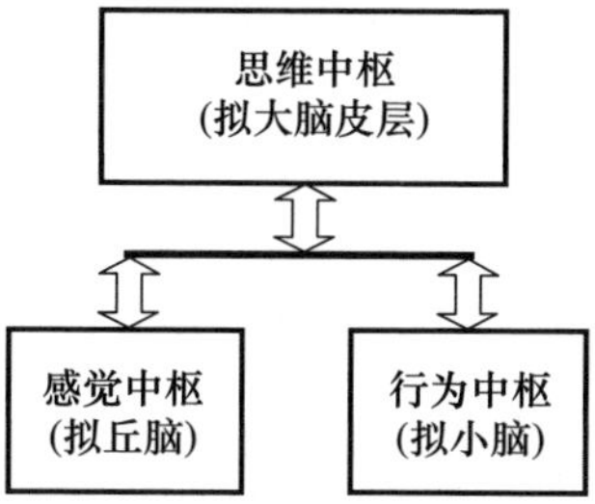

图 1－6　三中枢拟脑模型

1.5.2　感觉中枢模型

感觉中枢简化模型模拟人类的感官与丘脑的功能。丘脑是视觉、听觉、触觉、嗅觉、味觉等各种感觉信号的信息处理中心，负责对外周神经系统传入的各种多媒体、多模式的感觉信号进行时空整合与信息融合。感觉中枢模型应具有感知、识别和处理等“感知智能”。感觉包括视觉、听觉、味觉、嗅觉、温觉、触觉、平衡觉等。不同类型的刺激激发不同的感受器兴奋，这些感受器将外界刺激转化为一定频率的神经脉冲，通过各自独立的神经传导通路在相应的大脑皮层感觉区产生感觉信号。

1. 感觉系统机制

根据德国神经学家 C. Wernicke 的脑皮质功能定位观点，脑的不同区域具有功能上的分工。与简单的感知活动有关的基本神经性功能，定位于单一的脑皮层区,如视觉、听觉、皮肤觉、本体觉等初级皮层感觉区。而更复杂的智力性功能则涉及多个脑区,即某一刺激产生的不同信息是由脑的不同部位进行分布式加工处理的,各部位之间存在着广泛的联系。

感觉信息脉冲电在传到初级皮层感觉区之前,已经在传导通路上进行过复杂的信息整合。例如,与某一刺激相关的感觉神经脉冲,又可在感觉传导通路上被分为两个或多个信息成分,各自在相应的皮层感觉区共同兴奋,产生运动、位置、形体、色泽、声音、属性判别等方面的感觉。

2. 感觉系统模型

根据上述感觉机制,应用大系统控制论的方法可建立图 1 –7 所示的感觉系统模型。图中,第一层为人体的各种感受器,相当于工业控制系统中的传感器。第二层由虚线表示各种感觉神经脉冲的传导通路和信息中继处理环节,每种通路都是特定的、独立的和并行的,因此感觉信息的传导与调控是串并行相结合的处理模式。第三层为大脑皮层的感觉区,负责对各种感觉信息进行复杂的整合,从而产生感知。

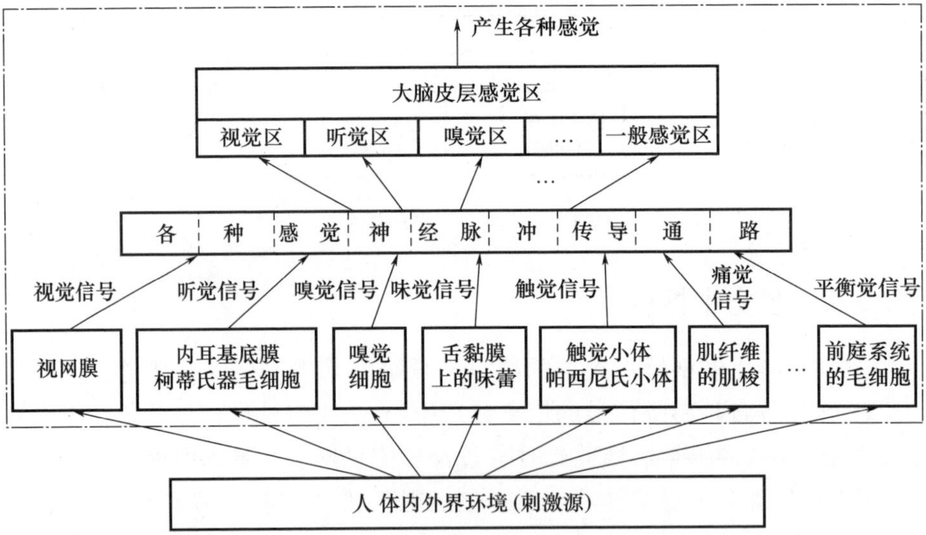

图 1 –7　感觉系统模型

1.5.3　思维中枢模型

20 世纪 60 年代,Sperry 的裂脑人实验对认知的神经生物学带来新的思考,即人脑的认知功能的侧向化。为了测试左右两侧大脑半球功能是否有差别,首先必须分别测试两侧大脑半球的功能。在胼胝体切断的情况下,左、右半球之间的信息交互已经断开,因此,胼胝体切断的裂脑人为地提供了实验条件。

人类认知的显著特点是其具有特定认识与表达能力,即赋予特定的符号以特定的意义,用以表达人的思想和意图,语言就是这样一种能力。对失语症病人脑区的研究表明,人脑的语言能力定位于联络皮层颞叶、额叶的某几个特定语言区域,大多数人此脑区位于左侧皮层。但是,语言的情感性成分主要在右侧大脑半球。先天性耳聋病人只有手势而无语言,其与手势语言相关的脑区与正常人语言区是相同的。由此可知,与语言有关的脑区实际上也不仅是为了语言,而是为了利用符号进行通信。

大量实验结果表明,人脑的左侧大脑半球,即左脑,主要侧重的认知功能为理性思维、逻辑思维、理智意识、行为意图、符号信息处理、说话、书写以及计算等行为;而人脑的右侧大脑半球,即右脑,主要侧重的功能为感性思维、形象思维、情感意识以及直觉、图像、音乐和绘画等行为活动。

事实上,人脑的左脑和右脑是由具有2亿多条神经纤维的胼胝体相互连在一起的人脑大系统,因此,胼胝体是左、右脑相互通信、协同工作的信息通道。人脑功能的侧向化,实际上是反映了左、右脑认知功能的不同分工。切断了胼胝体的裂脑人实验可以证明这种分工,但却无法观察到左脑与右脑协同工作的认知功能。

图1-8所示的思维中枢简化模型模拟人类高级中枢神经系统中的大脑,分为“左脑”和“右脑”。左脑、右脑由“胼胝体”相互连接,构成“思维中枢”,是最高级的中枢神经系统。TC的主要功能是进行思维、产生意志、控制行为以及协调人体的生命活动。其中,左脑主管逻辑思维,右脑主管形象思维,左脑和右脑协同工作,并联运行。TC模型应具有学习、记忆、联想、分析、判断、推理、决策等“思维智能”。

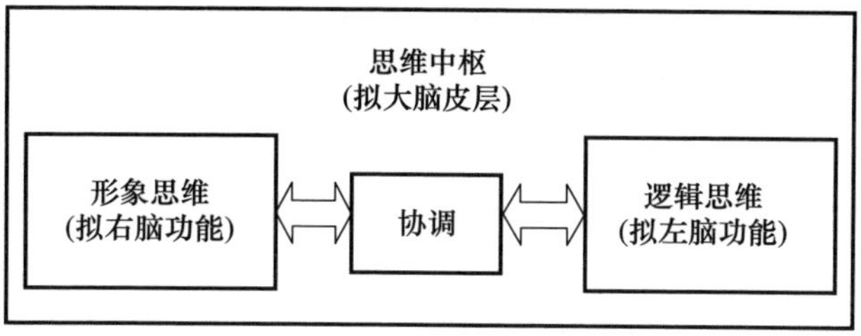

图1-8 思维中枢模型

1.5.4 行为中枢模型

行为中枢简化模型模拟人类的小脑,小脑的主要功能是协调人体的运动和行为,控制人体的动作和姿态,保持运动的稳定和平衡,通过低级中枢神经系统及外围神经系统,对人体全身的运动和姿态进行协调控制。因此,所研究的 BC 模型应具有对应用系统的运动和行为进行协调、计划、优选、调度和管理等"行为智能"。

1. 运动神经系统的调控

运动神经系统由三级等级递阶结构和两个辅助监控系统组成。三级等级结构从低级至高级分别是脊髓、脑干和大脑皮层;两个辅助监控系统以小脑和端脑基的神经节核群为核心。这些与运动调控有关的脑区形成相互联系的回路,对运动和姿势的各种信息进行加工,图 1-9 给出运动系统各结构之间的相互关系示意图。

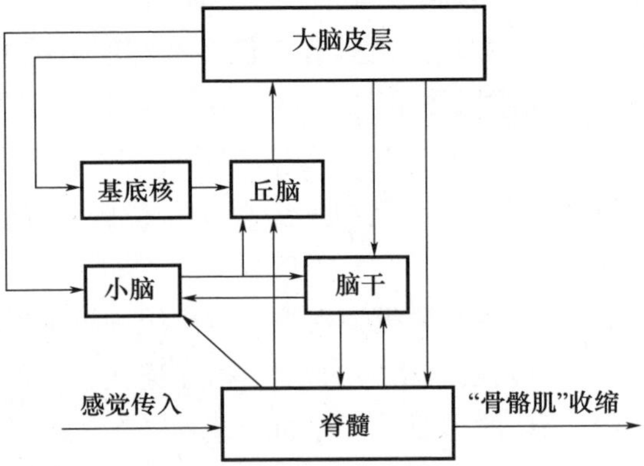

图 1-9 运动调控系统各结构相互关系示意图

(1)运动的脊髓调控。脊髓是运动调控的最低水平结构。脊髓内有中介各种反射的神经元网络,由感觉神经元传入纤维、各类中间神经元和运动神经元组成。脊髓和高级中枢的联系被切断后仍能产生多种反射。绝大部分来自外周的感觉传入信息和下行控制指令首先达到中间神经元,经过中间神经元的整合再影响运动神经元。无论是简单的还是复杂的反射,最终都会聚到运动神经元。

(2)运动的脑干调控。脑干是运动控制的第二中枢,所有运动控制下行通路除皮层脊髓束外都起源于脑干,脑干也是控制眼肌运动的主要中枢。

(3)运动的皮层调控。大脑皮层中与运动有关的脑区包括初级运动区、运动前区和辅助运动区。每个区通过皮层脊髓束直接投射至脊髓,同时通过脑干运动系统间接投射至脊髓。在皮层的几个运动区之间也有密切联系。

在初级运动区形成图 1-10 所示的躯体定位模式,从图中可以看出,身体不同部位皮层代表区的范围大小与各部位形体大小无关,而是取决于运动的精细和复杂程度,如代表拇指的皮层区面积几乎是大腿代表区的 10 倍。

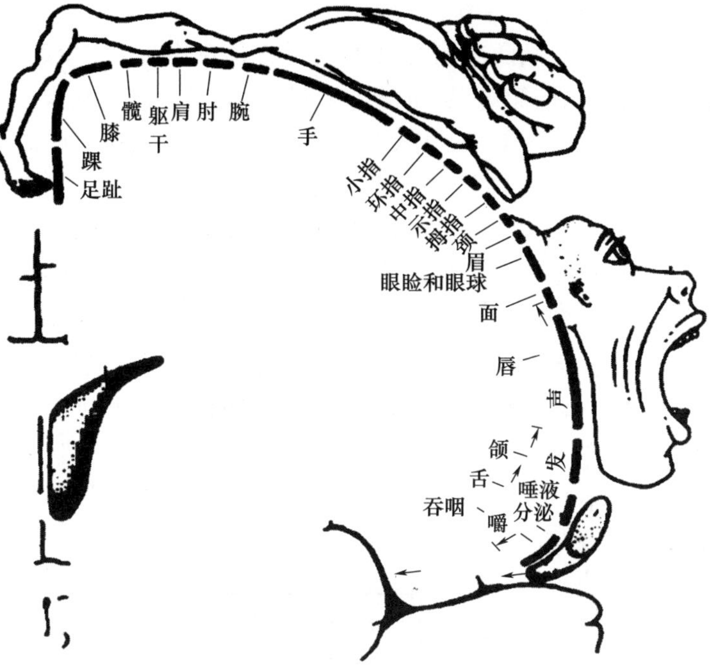

图 1-10　初级运动区的躯体定位模式

(4)运动的小脑与基底核调控。运动的目的必须有精细的调控才能实现,因此要求神经回路能向运动皮层提供关于运动者的外部世界状态的高度整合的信号。小脑和基底核正是提供这种信息的主要源泉,其对运动调控的目的是使机体所进行的随意运动的计划、发动、协调、引导和中止都执行得恰到好处。

如图 1-9 所示,小脑和基底核与其他脑区连接,从皮层的感觉区、运动区、联合区等获得与运动有关的环境、状态等复杂的感觉信息,并对这些信息进行加工和整合,然后把信息传送至丘脑,后者又把信息传回皮层的运动区和运动前区,影响皮层对随意运动的控制。小脑和基底核在运动调控方面的功能区别是:基底核在运动的计划、发动、中止,特别是与认知有关的复杂运动的调制中起作用;而小脑则对正在实施的运动的平稳执行和完成,特别是由视觉引导的运动的调制有重要意义。

2. 运动神经系统的模型

根据对运动神经调控系统的分析,人类肌体的运动调控系统是由一个三级递阶结构和一个调控模块组成的控制系统,其结构、机制及功能对复杂控制系统的精细调控具有很好的启发和借鉴意义。三中枢类脑模型中的行为中枢即借鉴了这种方案,用以调控应用系统的行为动作。

考虑到基底核与小脑的功能类似,而丘脑在信息传递中主要起中继作用,可以对图1-9进行适当的简化,从而得到基于运动调控系统简化模型的行为中枢模型如图1-11所示。图1-11中,对系统行为的三级调控从低级至高级分别对应于脊髓、脑干和皮层的调控功能(其中最高一级的调控功能归于思维中枢模型);一个调控模块对应于小脑的运动调控功能,而大脑皮层的调控功能则归于思维中枢。小脑模型作为一种比较器,对思维中枢模型发出的控制指令与实际执行的运动本身进行比较。此外,各级调控结构发出下行运动控制指令的同时,也将此传出指令传入小脑,小脑经过分析再反馈给大脑皮层,此为内反馈机制;小脑模型还接受有关系统行为动作执行情况的信息(类似于人体系统中运动产生的本体感觉信息),此为外反馈机制。在接受内、外反馈信息之后,经小脑的传出联系到达各级下行运动通路,从而实现对系统的行为或动作进行协调、修正和补偿的调控作用。

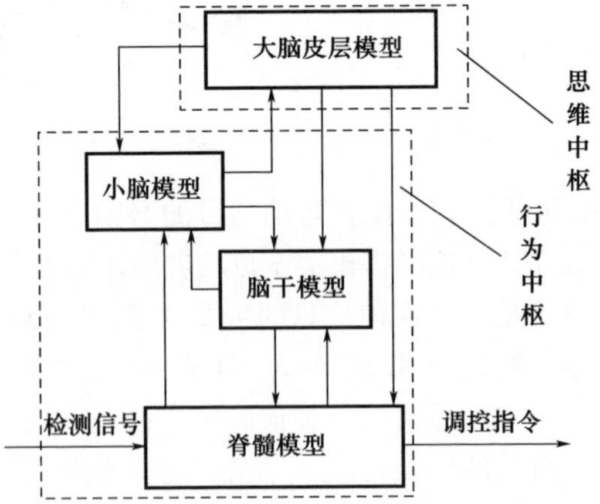

图1-11　行为中枢的调控模型

第2章 面向逻辑思维的建模与仿真

在对人脑逻辑思维进行建模与仿真方面，人工智能研究领域的符号主义学派长期占据优势地位。符号主义研究的出发点是对人脑思维进行符号化抽象描述，基于传统的形式逻辑进行推理。在长达60多年的人工智能发展过程中，符号主义学派发展了启发式算法、专家系统、知识工程方法与技术、知识图谱等，在模拟人脑的逻辑思维智能方面取得了一定进展。

人类的逻辑思维具有辩证性、模糊性等特点，因而擅长解决具有矛盾性或不确定性的复杂问题。在模拟人脑这类思维特点方面，我国学者提出许多独具中国传统文化智慧的原创性创新成果。例如：

广东工业大学蔡文教授提出的可拓理论在矛盾问题求解方面具有独到之处。可拓学通过探讨古往今来人们处理矛盾问题的规律，建立了一套程序化的方法，使人能够按照程序处理矛盾问题，利用计算机和网络帮助人们生成解决矛盾问题的创意和新产品创意。蔡文教授团队历经40年的发展，建立了基础理论——可拓论，应用方法——可拓创新方法，并在各领域应用形成可拓工程。

西北工业大学的何华灿教授提出的泛逻辑理论打破了现有数理逻辑"非此即彼"的刚性逻辑，创建了具有柔性品格的新逻辑，建立了可交换的命题泛逻辑、不可交换的命题泛逻辑和柔性神经元原理，彻底打通了结构和逻辑的内在联系，完成了从刚性逻辑范式转向柔性逻辑范式的理论跨越。

北京师范大学的汪培庄教授提出的因素空间理论以"因素"作为人们思考问题的视角，以因素集合所张成的因素空间理论可以包容概率论、模糊集合论、粗糙集合论等与智能相关的数学理论。

2.1 早期符号主义学派研究

在模拟人脑的逻辑思维智能方面，早期的符号主义学派取得了许多经典的研究成果。例如：

(1)机器博弈。1956 年，A. Samuel 研制了具有自学习功能的跳棋程序，可模拟优秀棋手，记忆搜索棋谱、预估若干步棋法、积累下棋经验、向对手学习棋法，曾经战胜美国的跳棋冠军；1997 年，IBM 深蓝的国际象棋程序，应用人工智能的启发式搜索方法，战胜了著名国际象棋大师卡斯帕洛夫；2006 年，中国人工智能学会在北京举行了中国象棋的人机大赛，电脑象棋程序战胜了著名中国象棋高手，等等。

(2)机器证明。机器定理证明开创性的工作是 1956 年 A. Newell、J. C. Shaw、H. A. Simon 研制的逻辑理论家 LT，模拟数学家证明定理的思维过程，将人脑证明定理的智能活动，转化为计算机自动实现的人工智能符号演算，证明了《数学原理》中的 38 个定理。60 年代初，又研制了通用解题器 GPS，可求解 11 种不同类型的问题。1960 年，美籍华人学者王浩提出了著名的王浩算法，可用计算机自动证明《数学原理》中命题逻辑的全部定理。美国 1993 年发布的 MACSYMA 软件，能够进行复杂的数学公式符号运算。90 年代，我国著名学者吴文俊院士提出了关于初等几何、微分几何的机器自动证明几何定理的方法，国际上称为“吴文俊方法”。

(3)机器推理。1965 年，J. A. Robinson 提出推理规则简单而逻辑上完备的归结原理，后来又给出了自然演绎法和等式重写式等。E. Feigenbaum 等研制了国际上第一个人工智能专家系统——化学分子结构分析程序 DENDRAL。1978 年，R. Reiter 先提出了非单调推理方法的封闭世界假设，并于 1980 年提出默认推理。20 世纪 70 年代，美国、日本、法国研制开发了多种 LISP 机，可直接解释并高效执行人工智能 LISP 语言。80 年代，日本研制了第 5 代计算机——知识信息处理机 KIPS，美国研制了符号处理机 EXPLORER。1979 年，J. Doyle 建立了非单调推理系统。1980 年，J. McCarthy 提出了限定逻辑。在不确定性推理方面，代表性的方法有 Bayes 理论、A. Dempster 和 G. Shafer 提出的 D－S 证据理论、L. A. Zadeh 提出的模糊集合论等。

2.2 知识工程

2.2.1 知识的概念

费根鲍姆有句名言:知识中蕴藏着力量(in the knowledge lies the power)。那么究竟什么是知识呢?对于这个问题,从不同领域、不同学术背景和不同角度出发,会给出不同的定义或解释,因此很难为知识找到一个统一的、公认的定义。尽管目前还没有关于知识的统一定义,但通过了解不同的知识定义恰恰有助于对知识的观念、内涵和本质有一个更加立体、更加深刻的理解。

知识工程概念的提出者费根鲍姆(B. A. Feigenbaum)本人对知识的定义是:知识是经过削减、塑造、解释和转换的信息。简单地说,知识是经过加工的信息。

《知识管理第 1 部分:框架》(GB/T 23703.1—2009)对知识的定义为:通过学习、实践或探索所获得的认识、判断或技能。

《知识管理第 1 部分:框架》中还规定:显性知识(explicit knowledge)是“以文字、符号、图形等方式表达的知识”;隐性知识(tacit knowledge)是“未以文字、符号、图形等方式表达的知识,存在于人的大脑中”。

知识经济概念中的知识指的是人类发明和发现的所有知识,包括自然科学知识和社会科学知识。其中主要是技术科学、管理科学(软科学)和行为科学知识,以及储存于人的大脑中的潜能知识、智力、智慧和创造力等。

《韦伯斯词典》中对知识的定义是:知识是通过实践、研究、联系或调查获得的关于事物的事实和状态的认识,是对科学、艺术或技术的理解,是人类获得关于真理和原理的认识总和。

知识管理领域的著名 DIKW 模型则将知识的概念用图 2 - 1 所示的数据 - 信息 - 知识 - 智慧体系进行描述。

在 DIKW 模型中,数据是对目标观察和记录的结果,是关于现实世界中的时间、地点、事件、其他对象或概念的一组离散的、客观的事实描述,是计算机加工的“原料”。数据可以是图形、声音、文字、数字和符号等。可见,数据是客观存在并经过主观观察、记录和归纳的产物,但这里只是记录和归纳,没有解读。

通过某种方式对数据进行组织、分析和处理,数据就有了意义,这就是信息,信息是被赋予了意义和目标的数据。

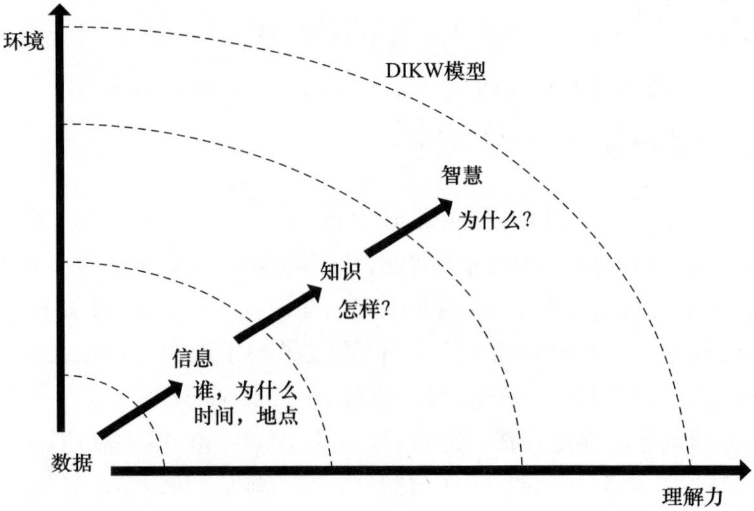

图 2 -1　DIKW 模型

知识是从相关信息中过滤、提炼及加工而得到的有用资料,它体现了信息的本质、原则和经验。此外,通过知识推理和分析,还可能产生新的知识。

智慧主要表现为收集、加工、应用、传播知识的能力,以及对事物发展的前瞻性看法。在知识的基础之上,通过经验、阅历、见识的累积,而形成的对事物的深刻认识、远见,体现为一种卓越的判断力。

通过 DIKW 模型分析,可以看到数据、信息、知识与智慧之间既有联系,又有区别。数据是记录下来可以被鉴别的符号,是未经加工解释的原始素材,没有回答特定的问题,也没有任何意义。信息是经过处理、具有逻辑关系的数据,是对数据的解释,这种信息对其接收者具有意义。知识是被处理、组织、应用或付诸行动的互联的信息,是多个信息源在时间上的合成以及情景信息、价值、经验和规则的混合。智慧是人类解决问题的能力,是知识层次中的最高一级,智慧的产生需要基于知识的应用。

2.2.2　知识工程

知识工程(knowledge engineering)的兴起使人类从数据处理走向知识处理。知识工程是在计算机上建立专家系统的技术。1977 年美国斯坦福大学计算机科学家费根鲍姆教授在第五届国际人工智能会议上首次提出知识工程的新概念。他认为,“知识工程是人工智能的原理和方法,对那些需要专家知识才能解决的应用难题提供求解的手段。恰当运用专家知识的获取、表达和推理过程的构成与解释,是设计基于知识的系统的重要技术问题。”这类以知识为基础的系统,就是通过智能软件而建立的专家系统。费根鲍姆及其研究小组研究了人类专家们解决其专门领域问题时的方式和方法,注意到专家解题的 4 个特点:

(1)为了解决特定领域的一个具体问题,除了需要一些公共的知识,例如哲学思想、思维方法和一般的数学知识等之外,更需要应用大量与所解问题领域密切相关的知识,即领域知识。

(2)采用启发式的解题方法或试探性的解题方法。为了求解一个问题,特别是一些问题本身就很难用严格的数学方法描述的问题,往往不可能借助一种预先设计好的固定程式或算法来解决它们,而必须采用一种不确定的试探性解题方法。

(3)解题中除了运用演绎方法外,必须求助于归纳的方法和抽象的方法。因为只有运用归纳和抽象才能创立新概念,推出新知识,并使知识逐步深化。

(4)必须处理问题的模糊性、不确定性和不完全性。因为现实世界就是充满模糊性、不确定性和不完全性的,所以决定解决这些问题的方式和方法也必须是模糊的和不确定的,并应能处理不完全的知识。

总之,人们在解题的过程中,首先运用已有的知识开始进行启发式的解题,并在解题中不断修正旧知识,获取新知识,从而丰富和深化已有的知识,然后再在一个更高的层次上运用这些知识求解问题,如此循环往复,螺旋式上升,直到把问题解决为止。由上面的分析可见,在这种解题的过程中,人们所运用和操作的对象主要是各种知识(当然也包括各种有关的数据),因此也就是一个知识处理的过程。

知识工程的主要研究内容包括关于知识获取、知识表示和知识运用的基础理论研究、实用技术开发和知识型系统工具研究。

基础理论研究包括知识的本质、知识的表示、知识的获取、知识的运用、学习方法等。实用技术研究主要解决建立知识系统过程中遇到的问题,包括实用知识表示方法、实用知识获取技术、实用知识推理方法、知识库结构系统、知识系统体系结构、知识库管理技术、知识型系统的调试与评估技术、实用解释技术、实用接口技术等。知识型系统工具研究可为知识系统的开发提供良好的环境工具,以提高知识系统研制的质量和缩短系统研制周期。

2.2.3 知识表示

人类在交流、分享、记录、处理和应用各种知识的过程中，发明了丰富的表达方法，例如：语言文字、图片、数学公式、物理定理、化学式等。但若利用计算机对知识进行处理，就需要寻找计算机易于处理的方法和技术对知识进行形式化描述和表示，这类方法和技术称为知识表示。

知识表示研究如何使知识表示形式化，以方便计算机进行存储和处理。具有可行性、有效性和通用性的知识表示方法可看成是一组描述事物的约定，目的是将人类知识表示成机器能处理的数据结构，对知识进行表示的过程就是将知识编码为某种数据结构的过程。目前常用的知识表示方法有一阶谓词逻辑表示法、产生式规则表示法、状态空间表示法、语义网络表示法、框架表示法、过程表示法、黑板模型结构、Petri 网络法、神经网络等。

1. 一阶谓词逻辑表示法

一阶谓词逻辑（first - order predicate logic，FOL）是人工智能领域中使用最早和最广泛的知识表示方法之一。该方法可以表示事物的状态、属性、概念等事实性知识，也可以表示事物间具有确定关系的规则性知识。使用逻辑法表示知识，需要将以自然语言描述的知识通过引入谓词、函数来加以形式描述，获得有关的逻辑公式，进而以机器内部代码表示。

2. 产生式规则表示法

产生式规则（production rule）是应用最广的知识表示法之一，主要用于在条件、因果等类型的判断中对知识进行表示。

产生式规则的基本形式是 P→Q，或者是 if P then Q。其中，P 为产生式的前提，用于指出该产生式的条件，可以用谓词公式、关系表达式和真值函数表示；Q 是一组结论或操作，用于指出如果前提 P 所表示的条件被满足，应该得出什么结论或执行何种操作。

产生式规则的 P→Q 与谓词逻辑中的蕴涵式 x→y 看似相同，实际上两者是有区别的：产生式规则的 P→Q 既可以表示精确性知识，即：如果 P，则肯定会是 Q；又可以表示有一定发生概率的知识，即：如果 P，则很可能是 Q。而谓词逻辑中的 x→y 只能表示精确的规则性知识，即如果 x，则肯定会是 y。

例如：if“咳嗽 and 发烧”，then“感冒”，置信度 80%。这里 if 部分表示条件部分，then 部分表示结论部分，置信度表示当满足条件时得到结论的发生概率。整个部分就形成了一条规则，表示这样一类因果知识：“如果病人发烧且咳嗽，则他很有可能是感冒了”。

因此,针对比较复杂的情况,都可以用这种产生式规则的知识表示方式形成一系列的规则。目前用于专家系统的知识表示中,产生式规则表示是最常用的一种方法。产生式系统通常包含下述3个基本组成部分,其基本结构如图2-2所示。

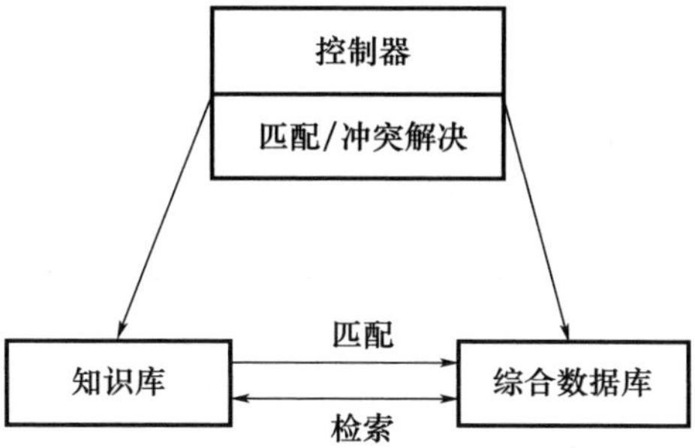

图2-2 产生式系统的基本结构

知识库中存放若干产生式规则,又称规则库。每条产生式规则是一个以“如果满足这个条件,就应当采取这个操作”形式表示的语句。各条规则之间相互作用不大。规则可有如下形式:

if〈条件部分〉(触发事实1是真,触发事实2是真,…,触发事实 n 是真)

then〈操作部分〉(结论事实1,结论事实2,…,结论事实 n)

在产生式系统的执行过程中,如果一条规则的条件部分都被满足,那么,这条规则就可以被应用,即系统的控制部分可以执行规则的操作部分。

综合数据库是产生式规则注意的中心,每个产生式规则的左半部分表示在启用这一规则之前数据库内必须准备好的条件。执行产生式规则的操作会引起数据库的变化,这就使得其他产生式规则的条件可能被满足。

控制器的作用是说明下一步应该选用什么规则,也就是如何运用规则。通常从选择规则到执行规则分成匹配、冲突解决和操作3步。

匹配是指把数据库和规则的条件部分相匹配。如果两者完全匹配,则把这条规则称为触发规则。当按规则的操作部分去执行时,就把这条规则称为被启用规则。被触发的规则不一定总是被启用的规则。因为可能同时有几条规则的条件部分被满足。

冲突解决是指当有一个以上的规则条件部分和当前数据库相匹配时,就需要决定首先使用哪一规则,这称为冲突解决。

操作是指执行规则的操作部分，经过操作以后，当前数据库将被修改。然后，其他的规则有可能被使用。

3. 状态空间表示法

状态空间表示法是知识表示的常用方法，该方法主要用“状态”“操作符”和“状态空间”来表示和求解问题。

状态是用来表示不同系统或不同事物之间的差别而引入的一组最少变量 $q_1,q_2,\cdots,q_n$ 的有序集合，描述一个问题在开始、结束或中间某一时刻所处的状态，对应叙述性知识，常以向量形式表示：

$$\boldsymbol{Q}=(q_1,q_2,\cdots,q_n)T$$

其中每个分量 q_i 称为一个状态变量，n 个状态变量共同构成一个具体的状态。

操作符用于描述操作。操作就是引起状态变化的手段或状态的转换规则，对应于过程性知识。操作可以是一种数学运算或逻辑运算，也可以是一条规则或一个过程。描述一个操作须包括条件和动作两个部分：条件指明被作用的状态需满足的约束；动作指明操作对状态的某个分量所做的改变。

表示某系统或问题的全部可能状态的集合就构成问题的状态空间。状态空间表示法可看作一种利用状态变量和操作符号表示系统或问题的有关知识的符号体系。

基于状态空间图的推理过程，就是从待求解问题的初始状态出发去寻找一条求解路径，这条路径途经很多中间状态并逐渐向目标状态逼近，最终到达使问题得解的目标状态。通过推理求解问题的过程，就是在问题的状态空间中搜寻一条能够从初始状态到达目标状态的路径，这个搜寻过程就称为状态空间搜索。其本质是根据问题的实际情况不断寻找可利用的知识，从而构造一条推理路线使问题得到解决。

4. 语义网络表示法

语义网络（semantic network）是知识表示中的重要方法之一，这种方法不但表达能力强，而且自然灵活。

语义网络利用有向图描述事件、概念、状况、动作及实体之间的关系。这种有向图由节点和带标记的边组成，节点表示实体（entity）、实体属性（attribute）、概念、事件、状况和动作，带标记的边则描述节点之间的关系（relationship）。语义网络由很多最基本的语义单元构成，语义单元可以表示为一个三元组：（节点A，边，节点B），称为一个语义基元，如图2－3所示。

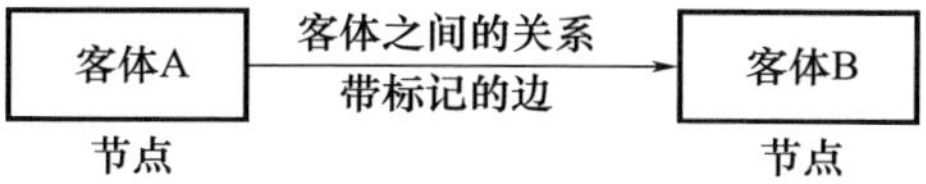

图2-3　语义基元的三元组结构

能用谓词 $P(x)$ 表示的语义关系称为一元关系。$P(x)$ 中的个体 x 是一个实体,而谓词 P 则说明该实体的性质或属性。一元关系常用来表示属性关系,例如,"双肩包是蓝色的""李强很能干""燕子会飞""小张很有趣",每个语句中只有一个实体,因此都是一元关系。当用语义基元表示一元关系时,一般用节点 A 表示客体,用节点 B 表示该客体的性质、状态或属性,然后用带标记的有向边表示两个节点之间的关系。

能用谓词 $P(x,y)$ 表示的语义关系称为二元关系。$P(x,y)$ 中的个体 x,y 都是实体,谓词 P 说明两个实体之间的关系。从图2-3可以看出,语义网络非常适合表示二元关系。

能用谓词 $P(x_1,x_2,\cdots,x_n)$ 表示的语义关系称为多元关系。其中个体 x_1,$x_2,\cdots,x_n$ 均为实体,谓词 P 说明这 n 个实体之间的关系。当用语义网络表示多元关系时,一般需要将多元关系转化为多个一元关系或二元关系。

语义网络由于其自然性而被广泛应用。采用语义网络表示法比较合适的领域大多数是根据非常复杂的分类进行推理的领域,以及需要表示事件状况、性质以及动作之间关系的领域。

5. 框架表示法

1975 年美国麻省理工学院 Minsky 在论文《*A framework for representing knowledge*》中提出了框架理论,认为人脑中存储了大量典型情景,当人们面临新的情景时,就从记忆中选择一个称为框架的基本知识结构,这个框架是过去记忆的知识空框,而其具体内容和细节依新的情景进行修改、补充,从而形成对新情景的认识。例如,一个人在走进从未去过的剧院之前,会根据以往的经验,预见到将在剧院里看到舞台、乐池和一排排观众座椅等设施。而舞台的形状、乐池的大小和座椅的颜色等细节,都需要等进入剧院之后才能知晓,但关于剧院的知识结构则是能够事先预见到的。当人们将了解到的具体细节填入框架后,就得到该框架的一个实例,框架的具体实例称为实例框架。

框架表示法提出后得到广泛应用,一方面是因为它在一定程度上体现了人的心理特点,另一方面是它适用于计算机处理。1976 年莱纳特开发的数学专家系统 AM,1980 年斯特菲克(Stefik)开发的专家系统 UNITS,1985 年田中等开发的 PROLOG 医学专家系统开发工具 Apes 等,都采用框架作为知识表示的基础。

框架表示法作为一种基于框架理论的结构化知识表示方法,不仅适合表示概念、对象类知识,还可以表示行为、动作,以及一些过程性事件或情节。框架知识表示法的强大表达能力使其得到广泛应用。

在框架理论中,框架是知识的基本单位。将一组有关的框架连接起来可形成一个框架系统(又称为框架网络)。

一个框架由唯一的框架名进行标识,一个框架可以拥有多个描述事物属性的槽、每个槽又可以拥有多个侧面,每个侧面可以拥有多个值。框架的基本结构如下:

Frame〈框架名〉
槽名 1:侧面名 11:值 111,值 112,…
侧面名 12:值 121,值 122,…
⋮
槽名 2:侧面名 21:值 211,值 212,…
侧面名 22 值 221,值 222,…
⋮
⋮
槽名 n:侧面名 $n1$:值 $n11$,值 $n12$,…
侧面名 $n2$ 值 $n21$,值 $n22$,…
⋮
侧面名 nm 值 $n21$,值 $n22$,…

利用框架中的槽,可以填入相应的说明,补充新的事实、条件、数据或结果,修改问题的表达形式和内容,便于表达对行为和系统状态的预测和猜想。框架的槽值和侧面值既可以是数字、字符串或布尔值,也可以是一个给定的操作,还可以是另外一个框架的名字。当其值为一个给定的操作时,系统可通过在推理过程中调用该操作,实现对侧面值的动态计算或修改。当其值为另一个框架的名字时,系统可通过在推理过程中调用该框架,实现这些框架之间的联系。

6. 黑板模型结构

黑板模型是通过抽取口语理解系统 HEARSAY - Ⅱ 的特点而形成的一种功能较强的问题求解模型,能处理大量不同表达的知识,并能提供组织、协调、应用这些知识的手段。黑板模型通常由 3 个主要部分组成，如图 2－4 所示。

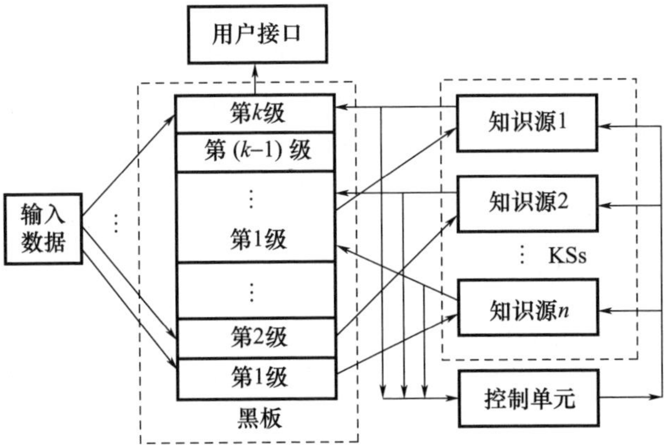

图 2－4　黑板模型

黑板数据结构简称黑板，是全局性的数据结构，用于组织问题求解数据，处理知识源之间的通信。黑板模型可分为若干信息层，每一层用于描述关于问题的某一类信息。各个信息层之间形成一个松散的层次结构，高层中的黑板元素可以近似地看成是下一级若干个黑板元素的抽象。黑板上存放的可以是输入数据、部分结果、假设、候选方案，以及最终解。黑板只能由知识源来修改。根据需要黑板还可以划分为一系列子黑板。

问题求解所需的领域知识划分为知识源。知识源可具有“条件－动作”的形式。条件描述了知识源可用于求解的情形，动作则描述了知识源的行为。当条件满足时，知识源被触发，其动作部分对黑板进行操作，增加或修改解元素。各个知识源是相互独立的，它们通过黑板进行通信。当黑板上的事件满足知识源触发条件时，就触发一个或多个知识源。对每一个被触发的知识源，建立一个知识源活动记录，放到一个待执行的动作表中，由控制单元进行调度。当一个记录被选中时就执行相应知识源的动作。

控制单元由黑板监督程序和调度程序组成，其作用就是决定下一步需激活的知识源或需处理的黑板信息。当一个知识源所感兴趣的黑板变化类型出现时，它的条件部分即被放入调度队列中。当一个知识源的条件部分成立时，它的动作部分即被放入调度队列中。而调度队列中的各个活动的执行次序由调度程序根据调度原则计算出的优先级确定。优先级可根据竞争原则、正确性原则、重要性原则、功效原则、目标满足性原则等原则来确定。因此，在问题求解的每一步,都可能是自底向上的综合、自顶向下的目标生成、假说评价等活动。这种随机地利用最好的数据与最有希望的方法的问题求解策略称为机遇问题求解。

在黑板模型中,问题求解的基本方法是将问题划分成松散连接的子问题,而知识则划分成完成各个子问题的特定知识源。通过知识源与黑板之间的相互作用逐步获得问题的解。这个过程与智能控制的思想有相似之处,因而可把黑板模型用于智能控制框架中。

2.2.4 知识获取

如何获得高质量的知识是机器智能与专家系统研究的核心问题之一。知识获取是与领域专家、知识工程师以及专家系统自身都密切相关的复杂问题,是建造专家系统的关键一步,也是较为困难的一步,被称为建造专家系统的“瓶颈”。知识获取的基本任务是:对专家知识或书本知识的理解、认识、选择、抽取、汇集、分类和组织,从已有的知识和实例中产生新的知识,检查或保存以获取知识的一致性和完全性约束,尽量保证已获取的知识集合无冗余,等等。这些任务的目的是为智能系统获取知识建立起完善、有效的知识库,以满足求解问题的需要。

1. 知识获取的任务

知识获取需要做以下几项工作。

1)抽取知识

抽取知识是指把蕴含于知识源(领域专家、书本、相关论文及系统的运行实践等)中的知识经过识别、理解、筛选、归纳等抽取出来,以用于建立知识库。

2)知识转换

知识转换是指把知识由一种表示形式转换为另一种表示形式。人类专家或科技文献中的知识通常是用自然语言、图形、表格等形式表示的,而知识库中的知识是用计算机能够识别、运用的形式表示的,两者之间有较大的差别。为了把从专家及有关文献中抽取出来的知识送入知识库供求解问题使用,需要进行知识表示形式的转换。

3)知识输入

知识输入是指把用适当的知识表示模式表示的知识经过编辑、编译送入知识库的过程。目前,知识的输入一般是通过两种途径实现:一种是利用计算机系统提供的编辑软件;另一种是用专门编制的知识编辑系统,称为知识编辑器。前一种的优点是简单,可直接拿来使用,减少了编制专门的知识编辑器的工作。后一种的优点是专门的知识编辑器可根据实际需要实现相应的功能,使其具有更强的针对性和适用性，更加符合知识输入的需要。

4）知识检测

知识库的建立是通过对知识进行抽取、转换、输入等环节实现的，任何环节上的失误都会造成知识错误，直接影响到专家系统的性能。因此，必须对知识库中的知识进行检测，以便尽早发现并纠正错误。另外，经过抽取转换后的知识可能存在知识的不一致和不完整等问题，也需要通过知识检测环节来发现是否有知识的不一致和不完整，并采取相应的修正措施，使专家系统的知识具有一致性和完整性。

2. 知识获取方式

1）非自动知识获取

非自动方式曾是使用较普遍的一种知识获取方式。在非自动知识获取方式中，知识获取一般分为两步进行，首先由知识工程师从领域专家和有关技术文献获取知识，然后由知识工程师用某种知识编辑软件输入到知识库中。

领域专家一般不熟悉知识处理，不能强求他们把自己的知识按专家系统的要求进行知识抽取和转换。另外，专家系统的设计和建造者虽然熟悉专家系统的建造技术，却不掌握专家知识。因此，需要在这两者之间有一个中介专家，他既懂得如何与领域专家打交道，能从领域专家及有关文献中抽取专家系统所需的知识，又熟悉知识处理，能把获得的知识用合适的知识表示模式或语言表示出来，这样的中介专家称为知识工程师。实际上，知识工程师的工作大多是由专家系统的设计与建造者担任。知识工程师的主要任务是：

（1）与领域专家进行交谈，阅读有关文献，获取专家系统所需要的原始知识。这是一件很费力、费时的工作，知识工程师往往需要从头学习一门新的专业知识。

（2）对获得的原始知识进行分析、整理、归纳，形成用自然语言表述的知识条款，然后交给领域专家审查。知识工程师与领域专家可能需要进行多次交流，直至有关的知识条款能完全确定下来。

（3）把最后确定的知识条款用知识表示语言表示出来，通过知识编辑器进行编辑输入。

2）自动知识获取

自动知识获取是指系统自身具有获取知识的能力，它不仅可以直接与领域专家对话，从专家提供的原始信息中“学习”到专家系统所需的知识，而且还能从系统自身的运行实践中总结、归纳出新的知识，发现知识中可能存在的错误，不断自我完善，建立起性能优良、知识完善的知识库。为达到这一目的，自动知识获取至少应具备以下能力。

(1)具备识别语音、文字、图像的能力。专家系统中的知识主要来源于领域专家以及有关的多媒体文献资料等。为了实现知识的自动获取，就必须使系统能与领域专家直接对话，能够阅读和理解相关的多媒体文献资料，这就要求系统应具有识别语音、文字与图像处理的能力。只有这样，它才能直接获得专家系统所需要的原始知识。

(2)具有理解、分析、归纳的能力。领域专家提供的知识通常是处理具体问题的实例，不能直接用于知识库。为了把这些实例转变为知识库中的知识，必须对实例集进行分析、归纳、综合，从中抽取专家系统所需的知识送入知识库。在非自动知识获取方式中，这一工作是由知识工程师完成的，而在自动知识获取方式中则由系统自动完成。

(3)具有从运行实践中学习的能力。在知识库初步建成投入使用后，随着应用的发展，知识库的不完备性就会逐渐暴露出来。知识的自动获取系统应能在运行实践中学习，产生新知识，纠正可能存在的错误，不断地对知识库进行更新和完善。

在自动知识获取系统中，原来需要知识工程师做的工作都由系统来完成，并且还应做更多的工作。自动知识获取是一种理想的知识获取方式，它的实现涉及人工智能的多个研究领域，如模式识别、自然语言理解、机器学习等，而且对硬件也有更高的要求。

3. 知识获取的机器学习法

在基于机器学习的自动知识获取模式中，系统的学习机通过学习从知识源中获取知识，并进行积累，从而使知识库得以扩充与更新。推理机利用改进后的知识库进行推理求解，将求解的结果正确地反馈给学习机，学习机再根据反馈信息决定知识库是否需要进一步改进，从而采取恰当的学习方式和策略。

按知识源提供的信息的结构化程度不同，机器学习策略可分为以下几种类型。

(1)机械学习策略。这种学习策略是最简单的，它是其他学习策略的基础。在这种学习策略下，要求知识源提供的知识信息的模式与知识库的基本模式相同，学习机不需要做任何处理，只需把信息存入知识库中。当知识源再次将问题的前提条件提供给学习机时，学习机就可以自动地将结论检索出来，即机械式学习策略就是通过记忆来获取知识的。

(2)类比式学习策略。如果系统当前要执行的任务同原来某次任务相类似,就可以适用类比学习策略:首先找出两者之间的相似处,然后根据知识源提供的信息,为当前要执行的任务假设类似的规则。这样,系统就能用这些由相似信息得到的新规则来改善当前任务的执行。

(3)扩展式学习策略。当知识源所提供的信息为概括性知识,而其中的许多细节被省略时,应利用扩展式学习策略。它会结合知识库中已有的知识,经过学习可对知识源提供的信息进行补充和整理,然后再存入知识库中。

(4)归纳式学习策略。当知识源提供的信息是以实例和数据的形式出现时,就应利用这种学习策略,学习机可从已知实例中归纳出一般性的知识。按任务的复杂性可将归纳式学习策略分成 3 类:学习单个概念或规则、学习多个概念和学习执行多个任务。

以上是知识获取的基本方式和策略。知识获取是一个不断循环和不断完善的过程,应当分几个阶段完成,虽然各个阶段的目标不同,但最终都是为知识获取的总目标服务的。这就要求知识工程师与领域专家密切配合来完成。知识获取是一项艰苦而细致的工作,应当从方法和工具多个方面进行优化,才能提高效率。

2.3　问题求解

在人工智能系统中,利用知识表示方法表示一个待求解的问题后,还需要利用这些知识进行推理以求解问题。知识推理就是利用形式化的知识进行机器思维和求解问题的过程。

2.3.1　推理策略

1. 正向推理

正向推理又称数据驱动推理,是按照由条件推出结论的方向进行的推理方式。以产生式系统为例说明正向推理的基本思想:事先准备一组初始事实并放入综合数据库,推理机根据综合数据库中的已有事实,与知识库中的知识进行匹配,形成一个当前可用的知识集;当多条知识可用时,还需按照冲突消解策略,从该知识集中选择一条知识进行推理,并将推理得到的结论作为新的事实更新至综合数据库中,成为后续推理时的已有事实。不断重复上述过程,直至得到所需要的解或者知识库中再无可匹配的知识为止。

正向推理的优点是过程比较直观，由使用者提供有用的事实信息，适合用于求解判断、设计、预测等问题。但通过以上例子我们也能体会到，正向推理可能会执行很多与解无关的操作。设想如果例子中的动物分类系统知识库中有成千上万条规则，而能够匹配的那条规则恰好排在最后，这样的推理过程效率就会很低。

2. 逆向推理

逆向推理的推理方式和正向推理正好相反。基本思想是：先提出一个或一批假设（假设集）的结论，若该假设在综合数据库中，则该假设成立，如果此时假设集为空，推理结束；若该假设不在综合数据库中，但可被用户证实为原始数据，则将该假设放入综合数据库，若此时假设集为空，推理结束。当假设可与知识库中的多条知识匹配时，这些能导出假设的知识就构成一个可用知识集，按照冲突消解策略，从该知识集中选择一条知识，并将其前提中的所有子条件作为新的假设放入假设集。这种从结论到数据的反向推理策略称为目标驱动策略。

与正向推理进行比较，逆向推理的优点是推理过程中目标明确，不必寻找与目标无关的信息和知识。

3. 混合推理

正向推理和逆向推理都有各自的优缺点。正向推理的推理过程比较盲目，可能会向很多无用的方向探索，因此效率较低。反向推理在寻找目标时目的性很强，但算法的优劣取决于初始目标选择的好坏。

在问题较复杂的场合，例如，已知事实不够充分，由正向推理推出的结论可信度不高，或希望得出更多结论，这时常常将正向逆向推理结合起来使用，互相取长补短，这种推理称为混合推理。混合推理有多种实现方法。常见的 3 种方法是先正向推理，再逆向推理；先逆向推理，再正向推理；随机选择正向推理和逆向推理。

4. 冲突消解策略

当推理过程中有多条知识可用时，需要用冲突消解策略从中选出一条最佳知识用于推理。冲突消解的基本做法是按照某种策略对可用知识进行排序，常用的策略有：特殊知识优先、新鲜知识优先、领域知识优先、差异性大的知识优先、上下文知识优先、前提知识优先等。

2.3.2 搜索策略

机器智能所要解决的问题多是非结构化问题，求解这类问题只能利用已有知识一步一步地摸索着前进,这个过程就是搜索。推理过程就是从待求解问题的初始状态出发去搜索一条求解路径,这条路径经过很多中间状态并逐渐向目标状态逼近,最终到达使问题得解的目标状态。搜索是推理不可分割的一部分,它直接关系到智能系统的性能和运行效率。

搜索问题中至关重要的是找到正确的搜索策略,使得能圆满地解决问题的同时整个推理过程付出的代价尽可能地小。搜索策略分为盲目搜索和启发式搜索两类,前者包括深度优先搜索和广度优先搜索等搜索策略;后者包括局部择优搜索法(如瞎子爬山法)和最好优先搜索法(如有序搜索法)等搜索策略。

1. 状态空间的图搜索

当用状态空间法表示待求解的问题时,通过推理求解问题的过程,就是在问题的状态空间中搜寻一条能够从初始状态到达目标状态的路径,这个搜寻过程就称为状态空间搜索。其本质是根据问题的实际情况不断寻找可利用的知识,从而构造一条推理路线使问题得到解决。

状态空间是用有向图表示的,因此状态空间搜索实际上是对有向图的搜索。状态空间的图搜索就是用图 G 将全部求解过程记录下来。图搜索算法需建立两个数据结构:Open 表和 Closed 表,前者用于存放刚生成的节点,后者用于存放将要或已经扩展的节点。图搜索的基本思想是:将问题的初始状态 S_0 作为当前扩展节点对其进行扩展,生成一组子节点 M,然后检查问题的目标状态是否出现在这些子节点中;若出现则表明已搜索到问题的解,若未出现则继续按照某种搜索策略从这些子节点中选择一个节点作为当前扩展节点。上述过程不断重复,直到目标状态出现在子节点中或没有可供扩展的节点为止。

2. 盲目搜索策略

盲目搜索是按照预先制定的控制策略进行搜索,而不会考虑到问题本身的特性,又称为无信息搜索。由于很多客观存在的问题都没有明显的规律可循,很多时候我们不得采用盲目搜索策略。由于这种策略思路简单,对于一些比较简单的问题,盲目搜索确实能发挥奇效。

1)宽度优先搜索

宽度优先搜索方法是按“最早产生的节点优先扩展”的思路进行的。即节点的扩展是按它们接近起始节点的远近依次进行的。因此,在宽度优先搜索过程中,Open 表中节点的排序规则是先进先出。

搜索的节点是从上至下逐层检查的,只有当上一层的每一个节点都检查完毕之后,本层的节点才能开始检查。这种方法考虑了每一种可能,所以搜索过程会非常长，但如果问题的解存在的话，它可以保证最终找到最短的求解序列。

宽度优先搜索方法有3个主要问题：一是它的存储量大。这是因为每层树上的节点数按层数的指数增加，而这些节点都得同时存储；二是它要求的工作量大。当最短解路径很长时特别如此，这也是因为需要考察的节点数按路径长度指数增加；三是多余或无关操作符将大大增加要开发的节点数。宽度优先搜索不适于有多条路径通向解的情况。对这类情况用下述“深度优先搜索”方法求解可能更快。

2）深度优先搜索

深度优先搜索（depth - first - search，DFS）方法就是按“最新产生的（最深的）节点优先扩展”的搜索方法，深度相等的节点其顺序可以任意排列。在深度优先搜索过程中，Open 表中节点的排序规则是后进先出，即总是将扩展的后继节点排在 Open 表的前端。

与宽度优先搜索相比，深度优先搜索的特点是：①可能使用较少存储量；②深度界限 dB 的设计十分重要，dB 太小则目标节点可能被丢失，太大则会需要较多的存储量；③不能保证一定能够找到解，即使能找到解，也不一定是路径最短的解。因此，深度优先搜索是一种不完备的搜索策略。

3. 启发式搜索策略

如果在搜索过程中能够获得问题本身的某些启发性信息，并用这些信息来引导搜索过程尽快达到目标，这样的搜索就称为启发式搜索。启发式搜索的特点是利用问题相关的启发式信息重排 Open 表，而不是盲目地选择或系统地试探。启发式搜索可以通过启发性信息估计不同搜索途径对于达到目标节点的效用度，指导搜索向最有希望的方向前进，因而可以加速搜索过程，提高搜索效率。

1）启发性信息

启发性信息与问题本身密切相关。对于复杂问题，采用盲目搜索策略显然是一种最省心但费时间的办法。如果采用启发式搜索策略，就要费心去发现问题自身的启发性信息，利用这种启发性信息进行有向导的搜索，以便快速找到问题的解。

2）估价函数的定义

定义估价函数 $f(n)$ 为从初始节点 S_0 出发，约束经过节点 n 到达目标节点的最短路径代价的估值，其一般形式为 $f(n)=g(n)+h(n)$，式中，$g(n)$ 为从初始节点 S_0 到节点 n 的实际代价（已经发生），$h(n)$ 为 n 到目标节点 S_g 的最小代价路径的估计代价（可能发生）。$g(n)$ 的值可根据实际情况进行计算，而 $h(n)$ 的值需要根据问题自身的特性来确定，它体现了问题自身的启发信息，故又称为启发函数。显然，估价函数 $f(n)$ 是用来估计节点 n 重要性的函数，$f(n)$ 的值越小，表明路径的代价越小。

2.4　专家系统

专家系统的开发有 3 个基本的要素：领域专家、知识工程师和大量实例。在建立专家系统时，首先由知识工程师把各领域专家的专门知识总结出来，以适当的形式存入计算机，建立起知识库（KB），根据这些专门知识，系统可以进行推理、判断和决策，能够解决一些只有人类专家才能解决的困难问题。

到目前为止，专家系统的发展主要经历了 3 代：以化学专家系统、数学专家系统为代表的第一代专家系统，其特点是：专业性较强，没有把知识库和推理机制分开，难以修改、扩充和移植。以医疗诊断专家系统、地质探矿专家系统、数学发现专家系统等为代表的第二代专家系统，其特点是：知识库和推理机分开，系统的模块化和结构化程度较高，具有咨询解释机制，能够进行非精确推理，采用专家系统语言进行编辑。以多学科综合型专家系统、骨架型专家系统等为代表的第三代专家系统，其特点是：强调建立知识库管理系统，倾向于大规模和综合性，重视专家系统开发工具和环境的开发。特别是知识工程的发展和广泛应用已产生巨大的社会效益和经济效益，推进了专家系统的应用层次，使专家系统的理论走向更深入、广泛的领域。专家系统技术的不断发展推动了知识工程这样一门新兴的边缘学科；知识工程的发展进一步丰富了专家系统的研究内容，为专家系统找到了更广泛的应用领域。

2.4.1　专家系统概述

专家系统是一类包含知识和推理的智能计算机程序，其内部含有大量的领域专家水平的知识和经验，能够利用人类专家的知识和解决问题的方法来处理该领域的问题。知识表示、知识利用和知识获取是专家系统的 3 个基本问题。专家系统处理的信息是知识而不是数据；传送的信息是知识而不是字符串；信息的处理是对问题的求解和推理而不是按既定进程进行计算；信息的管理是知识的获取和利用而不是数据收集、积累和检索等。

专家系统可以解决的问题一般包括解释、预测、诊断、设计、规划、监视、修理、指导和控制等。发展专家系统的关键是表达和运用来自人类专家的对解决有关领域内的典型问题有用的事实和过程。专家系统和传统的计算机应用程序最本质的不同之处在于,专家系统所要解决的问题一般没有算法解,并且经常要在不完全、不精确或不确定的信息基础上做出结论。

2.4.2 专家系统的组成

不同的专家系统,其功能与结构都不尽相同。通常,一个以规则为基础、以问题求解为中心的专家系统,可用如图 2-5 所示的系统框图来描述。

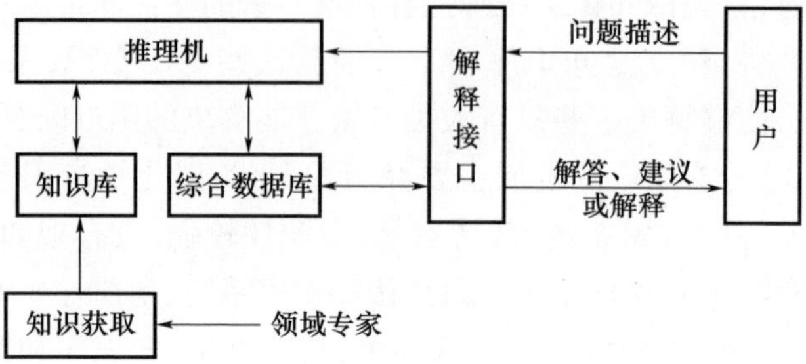

图 2-5 专家系统的基本组成

从图 2-5 可知,专家系统由知识库(knowledge base)、推理机(inference engine)、综合数据库(global database)、解释接口(explanation interface)和知识获取(knowledge acquisition)等 5 个部分组成。

专家系统中知识的组织方式是,把问题领域的知识和系统的其他知识分离开来,后者是关于如何解决问题的一般知识或如何与用户打交道的知识。领域知识的集合称为知识库,而通用的问题求解知识称为推理机。按照这种方式组织知识的程序称为基于知识的系统,专家系统是基于知识的系统。知识库和推理机是专家系统中两个主要的组成要素。下面把专家系统的主要组成部分进行归纳。

1)知识库

知识库是知识的存储器,用于存储领域专家的经验性知识以及有关的事实、一般常识等。知识库中的知识来源于知识获取机构,同时它又为推理机提供求解问题所需的知识。

2)推理机

推理机是专家系统的"思维"机构,实际上是求解问题的计算机软件系统。其主要功能是协调、控制系统,决定如何选用知识库中的有关知识,对用户提供的证据进行推理,求得问题的解答或证明某个结论的正确性。

推理机的运行可以有不同的控制策略。从原始数据和已知条件推断出结论的方法称为正向推理或数据驱动策略;先提出结论或假设,然后寻找支持这个结论或假设的条件或证据,若成功则结论成立,推理成功,这种方法称为反向推理或目标驱动策略;若运用正向推理帮助系统提出假设,然后运用反向推理寻找支持该假设的证据,这种方法称为双向推理。

3)综合数据库

综合数据库又称为全局数据库或“黑板”。它是用于存放推理的初始证据、中间结果以及最终结果等的工作存储器(working memory)。综合数据库的内容是在不断变化的。在求解问题的初始,它存放的是用户提供的初始证据。在推理过程中,它存放每一步推理所得的结果。推理机根据数据库的内容从知识库中选择合适的知识进行推理,然后又把推理结果存入数据库中,同时又可记录推理过程中的有关信息,为解释接口提供回答用户咨询的依据。

4)解释接口

解释接口又称人-机界面,它把用户输人的信息转换成系统内规范化的表示形式,然后交给相应模块去处理,把系统输出的信息转换成用户易于理解的外部表示形式显示给用户,回答用户提出的“为什么?”“结论是如何得出的?”等问题。另外,能对自己的行为做出解释,可以帮助系统建造者发现知识库及推理机中的错误,有助于对系统的调试。这是专家系统区别于一般程序的重要特征之一。

5)知识获取

知识获取是指通过人工方法或机器学习的方法,将某个领域内的事实性知识和领域专家所特有的经验性知识转化为计算机程序的过程。早期的专家系统完全依靠领域专家和知识工程师共同合作,把领域内的知识总结归纳出来,规范化后送入知识库。对知识库的修改和扩充也是在系统的调试和验证中进行的,是一件很困难的工作。知识获取被认为是专家系统中的一个“瓶颈”问题。

目前,一些专家系统已经具有了自动知识获取的功能。自动知识获取包括两个方面:一是外部知识的获取,通过向专家提问,以接受教导的方式接收专家的知识,然后把它转换成内部表示形式存入知识库;二是内部知识获取,即系统在运行中不断从错误和失败中归纳总结经验,并修改和扩充知识库。

2.4.3 专家系统的特征及类型

1. 专家系统的基本特征

专家系统作为基于知识工程的系统具有以下一些基本特征。

(1)具有专家水平的专门知识:人类专家之所以能称为专家,是由于他掌握了某一领域的专门知识,使其在处理问题时比别人技高一筹。一个专家系统为了能像人类专家那样工作,必须表现专家的技能和高度的技巧以及有足够的鲁棒性。系统的鲁棒性是指无论数据是正确的还是病态的或不正确的,它都能够正确地处理,或者得到正确的结论,或者指出错误。

(2)能进行有效的推理:专家系统具有启发性,能够运用人类专家的经验和知识进行启发式的搜索、试探性推理、不精确推理或不完全推理。

(3)具有透明性和灵活性:透明性是指它能够在求解问题时,不仅能得到正确的解答,还能知道给出该解答的依据;灵活性表现在绝大多数专家系统中都采用了知识库与推理机相分离的构造原则,彼此相互独立,使得知识的更新和扩充比较灵活方便,不会因一部分的变动而牵动全局。系统运行时,推理机可根据具体问题的不同特点选取不同的知识来构成求解序列,具有较强的适应性。

(4)具有一定的复杂性与难度:人类的知识,特别是经验性知识,大多是不精确、不完全或模糊的,这就为知识的表示和利用带来了一定的困难。另外,专家系统所求解的问题都是半结构化或非结构化且难度较大的问题,不存在确定的求解方法和求解路径,这就从客观上造成了建造专家系统的困难性和复杂性。

2. 专家系统的常见类型

专家系统的类型很多,包括演绎型、经验型、工程型、工具型和咨询型等。按照专家系统所求解问题的性质,可把它分为下列几种类型。

(1)诊断型专家系统。这是根据对症状的观察与分析,推出故障的原因及排除故障方案的一类系统。其应用领域包括医疗、电子、机械、农业、经济等,如诊断细菌感染并提供治疗方案的 MYCIN 专家系统,IBM 公司的计算机故障诊断系统 DART/DASD。

(2)解释型专家系统。根据表层信息解释深层结构或内部可能情况的一类专家系统,如卫星云图分析、地质结构及化学结构分析等。

(3)预测型专家系统。根据过去和现在观测到的数据预测未来情况的系统。其应用领域有气象预报、人口预测、农业产量估计、水文预测、经济预测、军事形势预测等,如台风路径预报专家系统 TYT。

(4)设计型专家系统。这是按给定的要求进行产品设计的一类专家系统,它广泛地应用于线路设计、机械产品设计及建筑设计等领域。

(5)决策型专家系统。这是对各种可能的决策方案进行综合评判和选优的一类专家系统,它包括各种领域的智能决策及咨询。

(6)规划型专家系统。这是用于制订行动规划的一类专家系统,可用于自动程序设计、机器人规划、交通运输调度、军事计划制订及农作物施肥方案规划等。

(7)控制型专家系统。控制专家系统的任务是自适应地管理一个受控对象或客体的全部行为,使之满足预定要求。

控制专家系统的特点是,能够解释当前情况,预测未来发生的情况、可能发生的问题及其原因,不断修正计划并控制计划的执行。所以说,控制专家系统具有解释、预测、诊断、规划和执行等多种功能。

(8)教学型专家系统。这是能进行辅助教学的一类系统。它不仅能传授知识,而且还能对学生进行教学辅导,具有调试和诊断功能,要求其具有良好的人-机界面。

(9)监视型专家系统。这是用于对某些行为进行监视并在必要时进行干预的专家系统。例如,当情况异常时发出警报,可用于核电站的安全监视、机场监视、森林监视、疾病监视、防空监视等。

2.5　知识图谱

众所周知,万维网(Word Wide Web)是蒂姆·伯纳斯·李(Tim Berners-Lee)于 1989 年提出来的全球化网页链接系统。在 Web 的基础上,Tim Berners-Lee 又于 1998 年提出 Semantic Web 的概念,将网页互联拓展为实体和概念的互联。Semantic Web 问世后,很快出现了一大批著名的语义知识库。例如,谷歌的“知识图谱”搜索引擎,其强大能力来自于谷歌的共享数据库 Freebase;以 IBM 创始人托马斯·沃森名字命名的超级计算机沃森,其回答问题的强大能力得益于后端知识库 DBpedia 和 Yago,以及世界最大开放知识库 Wikidata,等等。因此,维基百科的官方词条称知识图谱为谷歌用于增强其搜索引擎功能的知识库。

互联网的发展带来网络数据内容的爆炸式增长,对人们有效获取信息和知识提出了挑战。2012 年 5 月 17 日,谷歌正式提出知识图谱,其初衷是为了提高搜索引擎的能力,改善用户的搜索质量和搜索体验。随着人工智能技术的发展和应用,知识图谱以其强大的语义处理能力和开放组织能力,被广泛应用于智能搜索、智能问答、个性化推荐、内容分发等领域,为互联网时代的知识化组织和智能应用奠定了基础。

2.5.1 知识图谱的基本概念

知识图谱(knowledge graph)是用图模型来描述现实世界中存在的各种实体以及实体之间关联关系的技术方法,每个实体或概念用一个全局唯一确定的 ID 来标识,称为标识符(identifier)。知识图谱由节点和边组成,节点可以是实体,也可以是抽象的概念;边是实体的属性或实体之间的关系,巨量的边和点构成一张巨大的语义网络图。因此,知识图谱从组成结构上看有着语义网络的基因,是一种基于图的数据结构。知识图谱就是把所有不同种类的信息连接在一起而得到的一个关系网络并提供了从"关系"的角度去分析问题的能力。

知识图谱不是横空出世的新技术,而是历史上很多相关技术相互影响和继承发展的结果。除了有语义网络等技术的影子外,知识图谱的产生和演化主要归功于一种称为 Semantic Web 技术。由于 Semantic Web 的中文是"语义网",而 Semantic Network 的中文是"语义网络"或简称语义网,二者经常会被混淆。

从网页的链接到数据的链接,Web 技术正在逐步朝向 Web 之父伯纳斯·李设想中的语义网络演变。除了提升搜索引擎的能力,知识图谱技术正在语义搜索、智能问答、辅助语言理解、辅助大数据分析、推荐计算、物联网设备互联、可解释型人工智能等各个领域找到用武之地。

知识图谱可看作是一种事物关系的可计算模型,旨在从数据中发现、识别、推断事物与概念之间的复杂关系。构建和利用知识图谱需要系统地利用知识表示与知识建模、关系抽取、图数据库、自然语言处理、决策分析、机器学习等多领域的技术。

知识图谱中的最小单元是三元组,主要包括"实体-关系-实体"和"实体-属性-属性值"等形式。每个属性-属性值对(attribute-value pair,AVP)可用来刻画实体的内在特性,而关系可用来连接两个实体,刻画它们之间的关联。图 2-6给出一个知识图谱的例子,其中,中国是一个实体,北京是一个实体,"中国-首都-北京"是一个(实体-关系-实体)的三元组样例;北京是一个实体,人口是一种属性,2069.3 万是属性值,"北京-人口-2069.3 万"构成一个(实体-

属性 - 属性值）的三元组样例。

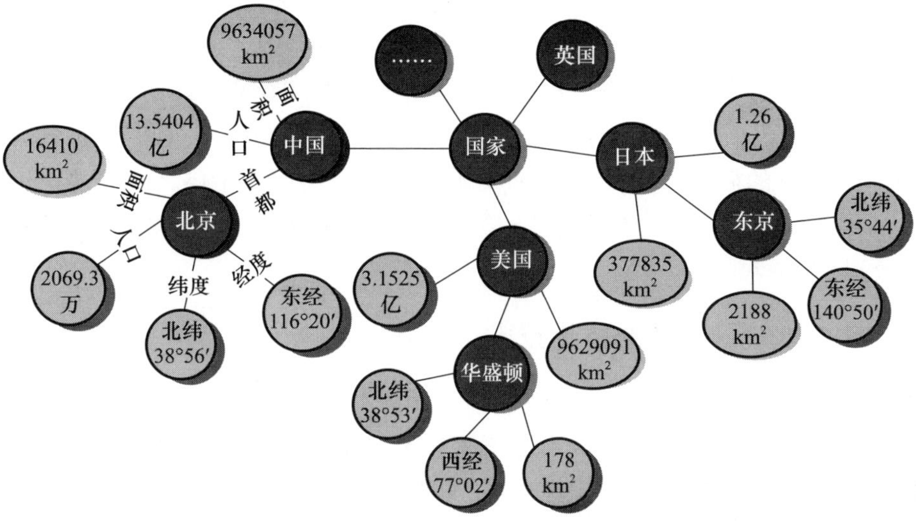

图 2 -6　基于三元组的知识图谱

（图片来源：http//www. sohu. com/a/196889767_151779）

实体。世界万物均由具体事物组成，这些独立存在的且具有可区别性事物就是实体。如某个人、某个城市、某种植物等、某种商品等。如图的“中国”“美国”“日本”等。实体是知识图谱中的最基本元素，不同的实体间存在不同的关系。

内容。通常作为实体和语义类的名字、描述、解释等，可以由文本、图像、音视频等来表达。

属性和属性值。实体的特性称为属性，例如：图 2 -6 中的首都这个实体有“面积”“人口”两个属性；学生这个实体，有学号、姓名、年龄、性别等属性。每个属性都有相应的值域，主要有字符、字符串、整数和字符串等类型。属性值是属性在值域范围内的具体值。

概念。概念是反映事物本质属性的思维形式，常表示具有同种属性的实体构成的集合。例如，国家、民族、书籍、电脑等。

关系。在知识图谱中，关系是将若干个图节点（实体、语义类、属性值）映射到布尔值的函数。

本体。本体一词源于哲学领域的本体论概念，后被引申到信息科学领域。在信息科学领域，本体被认为是一种“共享概念模型的明确形式化的规范说明”。其中,“概念模型”是指通过抽象客观世界中的一些现象的相关概念而得到的模型,即概念系统所蕴含的语义结构,是对某一事实结构的一组非正式的约束规则。本体可以理解和表达为一组概念(包括实体、属性和过程)、定义和关系。“明确”是指所使用的概念及使用这些概念的约束都有明确的定义。“形式化”是指本体是计算机可读的;“共享”则指本体中体现的是共同认可的知识,是相关领域公认的概念集,因此本体针对的是社会范畴而非个体之间的共识。常见的本体构成要素包括个体(实例)、类、属性、关系、函数术语、约束(限制)、规则、公理、事件等。

2.5.2 知识图谱的构建技术

构建知识图谱相当于为其建立本体。最基本的本体包括概念、概念层次、属性、属性值类型、关系、关系定义域概念集以及关系值域概念集。在此基础上,可以额外添加规则或公理来表示模式层更复杂的约束关系。

目前大部分知识图谱建立的方法是自顶向下(top - down)和自底向上(bottom - up)相结合的方式。自顶向下的方式指通过本体编辑器(ontology editor)预先构建好本体与数据模式,再将实体加入到知识库。该构建方式需要利用一些现有的结构化知识库作为其基础知识库,例如 Freebase 项目就是采用这种方式,它的绝大部分数据是从维基百科中得到的。自底向上的方式通过各种抽取技术,从一些开放链接数据中(特别是通过搜索日志和 Web Table)提取出实体、类别、属性和关系,选择其中置信度较高的合并到知识图谱。自顶向下的方法有利于抽取新的实例,保证抽取质量,而自底向上的方法则能发现新的模式。对于知识体系较完备的领域,采用自顶向下的方法构建知识图谱即可满足要求。对于一些知识体系尚不够完备的新兴领域,只有部分知识适用于自顶向下构建,仍有大部分未成体系的数据需要采用自底向上的方法对这类知识进行基于数据驱动的方式进行构建。所以,在新兴领域构建知识图谱时,通常会将自顶向下和自底向上的构建方法相结合。

大规模知识库的构建与应用需要多种技术的支持,其技术体系架构如图 2 -7所示。其中虚线框内的部分为知识图谱的构建过程。知识图谱构建从最原始的数据出发,采用一系列自动或者半自动的技术手段,从原始数据库和第三方数据库中提取知识事实,并将其存入知识库的数据层和模式层,这一过程包含 4 类关键技术:知识表示、知识获取、知识融合、知识推理。

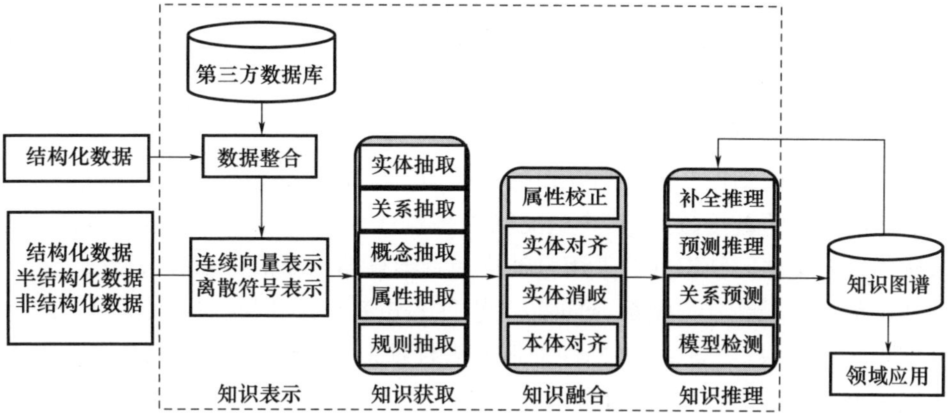

图 2-7 知识图谱的技术体系架构

1. 知识图谱的知识表示

知识图谱通常采用以三元组为基础的知识表示方法来描述实体之间的关系。近年来,以深度学习为代表的表示学习技术取得了重要的进展,可以将实体的语义信息表示为稠密低维实值向量,而知识图谱作为很多搜索问题和大数据分析系统的重要数据基础,基于向量的知识图谱表示使得这些数据更易于与深度学习模型集成。

1)语义网知识表示的标准语言

面向语义网的知识表示需要提供一套标准语言以描述 Web 的各种信息,而早期 Web 的标准语言 HTML 和 XML 都无法适应语义网对知识表示的要求。为此,W3C 的 RDF 工作者制定了两种关于知识图谱的国际标准 RDF 和 OWL。RDF 是 W3C 一系列语义网标准的核心,在 RDF 中知识总是以三元组的形式出现,如果将三元组的主语和宾语看作图的节点,谓语看作边,则一个 RDF 知识库可被看作一个知识图谱。OWL 是一种表达能力更强的本体语言,包括 OWL Lite、OWL DL、OWLFull 三个子语言,各子语言的表达能力递增。

2)知识表示学习的代表模型

虽然三元组的知识表示方法可以有效地将数据结构化,但这种基于离散符号的表达方式却越来越面临着大规模应用的挑战。将研究对象的语义信息表示为稠密低维的实值向量的形式称为表示学习。知识表示学习(knowledge representation learning,KRL)就是面向知识库中实体和关系的表示学习,通过将实体或关系投影到低维向量空间,能够实现对实体和关系的语义信息的表示,可以高效地计算实体、关系及其之间的复杂语义关联。知识表示学习的几个常用代表模型包括距离模型、单层神经网络模型、能量模型、双线性模型、张量神经网络模型、矩阵分解模型和翻译模型等。

2. 知识图谱的知识抽取

知识图谱的知识获取包括知识抽取和知识挖掘两大途径。其中知识抽取主要是面向开放的链接数据,其典型的输入是自然语言文本以及图像或者视频等多媒体内容文档。知识抽取采用自动化或者半自动化知识抽取技术抽取出可用的知识单元,包括实体、关系、属性以及事件等知识要素,因此知识抽取的子任务分别为实体抽取、关系抽取、属性抽取和事件抽取,以此为基础可形成一系列高质量的事实表达,为模式层的构建奠定基础。

1)实体抽取

实体抽取指从原始数据语料中自动识别出命名实体。实体是知识图谱中的最基本元素,其抽取的完整性、准确率、召回率等将直接影响到知识图谱构建的质量。实体抽取的方法有4类:①基于百科或垂直站点提取。这种方法是从诸如维基百科、百度百科、互动百科等百科类站点的标题和链接中提取实体名。其优点是可以得到开放互联网中最常见的实体名,缺点是对于中低频的覆盖率低。②基于规则与词典的实体提取方法。早期的实体抽取是在限定文本领域、限定语义单元类型的条件下进行的,主要采用的是基于规则与词典的方法,例如使用已定义的规则,抽取出文本中的人名、地名、组织机构名、特定时间等实体。③基于统计机器学习的实体抽取方法。鉴于基于规则与词典实体的局限性,机器学习中的监督学习算法被用于命名实体的抽取问题。但单纯的监督学习算法在性能上受到训练集合的限制,算法的准确率与召回率都不够理想。目前有研究者尝试将监督学习算法与规则相互结合,取得了一定的成果。④面向开放域的实体抽取方法。针对如何从少量实体实例中自动发现具有区分力的模式,进而扩展到海量文本去给实体做分类与聚类的问题,有研究者提出了一种通过迭代方式扩展实体语料库的解决方案,其基本思想是通过少量的实体实例建立特征模型,再通过该模型应用于新的数据集得到新的命名实体。

2)关系抽取

关系抽取与实体抽取密切相关,一般在识别出文本中的实体后再抽取实体之间可能存在的关系,目的是解决实体语义的链接问题。关系的基本信息包括参数类型以及满足该关系的元组模式等。目前,关系抽取方法可分为3

类:基于模板的关系抽取、基于监督学习的关系抽取以及基于弱监督学习的关系抽取。基于模板的关系抽取方法需由领域专家手工编写模板,从文本中匹配具有特定关系的实体,适于小规模特定领域的实体关系抽取。基于监督学习的关系抽取方法将关系抽取转化为分类问题,在对大量标注样本数据进行训练的基础上进行关系抽取。基于弱监督学习的关系抽取方法需依赖大量的训练语料,当训练语料不足时,该方法可以利用少量标注数据进行模型学习。

3)属性和属性值抽取

属性抽取的任务是为每个本体语义类构造属性列表,而属性值抽取则为一个语义类的实体附加属性值。属性和属性值抽取能够形成完整的实体概念的知识图谱维度。常见的属性和属性值抽取方法包括:从百科类站点中提取,从垂直网站中进行包装器归纳,从网页表格中抽取,以及利用手工定义或自动生成的模式从句子和查询日志中提取。这些方法的共同点是通过挖掘原始数据中的半结构化信息来获取属性和属性值。目前计算机知识库中的大多数属性值是通过上述方法获得的,但实际情况是只有一部分人类知识是以半结构化形式体现的,而更多的知识则隐藏在自然语言句子中,因此直接从句子中抽取信息成为进一步提高知识库覆盖率的关键。当前从句子和查询日志中抽取属性和属性值的基本手段是模式匹配和对自然语言的浅层处理。

4)事件抽取

事件抽取是指从自然语言文本中抽取出用户感兴趣的事件信息,并以结构化的形式呈现出来。例如,事件发生的时间、地点、发生原因、参与者等。事件抽取的任务可以分两大类:

“事件识别和抽取”是指从描述事件信息的文本中识别并抽取出事件信息并以结构化的形式呈现出来,包括发生的时间、地点、参与角色以及与之相关的动作或者状态的改变。

“事件检测和追踪”旨在将文本新闻流按照其报道的事件进行组织,为传统媒体多种来源的新闻监控提供核心技术,以便让用户了解新闻及其发展。具体而言,事件发现与跟踪包括分割、发现和跟踪3个主要任务,将新闻文本分解为事件,发现新的事件,并跟踪以前报道事件的发展。

事件发现任务又可细分为历史事件发现和在线事件发现两种形式,前者目标是从按时间排序的新闻文档中发现以前没有识别的事件,后者则是从实时新闻流中实时发现新的事件。

3. 知识图谱融合

通过知识提取可实现从非结构化和半结构化数据中获取实体、关系以及实体属性信息的目标。但由于知识来源广泛，在语言层可能存在语法不匹配、逻辑表示不匹配、语义不匹配和语言表达能力不匹配；在模型层会存在概念化不匹配和解释不匹配。这些知识异构问题需要通过知识图谱融合来解决，以使来自不同知识源的知识在同一框架规范下通过异构数据整合、消歧、加工、推理验证、更新等步骤，形成高质量的知识库。

知识图谱融合需要解决的异构问题包括本体层和实例层两个层面。

本体层用于描述特定领域中的抽象概念、属性、公理。本体构建的主观性和分布性特点决定了不可能构建出一个通用的、统一的本体。在知识图谱的应用中，不同应用系统之间的信息交互非常普遍且频繁，但本体异构造成了大量的信息交互问题。因此，消除本体异构是解决应用系统之间互操作障碍的关键所在。

实例层用于描述具体的实体对象和实体间的关系，包含大量的实例和数据。但同名实例可能指代不同的实体，而不同名实例可能指代同一个实体，大量的共指问题会给知识图谱的应用带来负面影响。因此，而消除实例异构则是解决共指问题的关键所在。

4. 知识图谱推理

知识图谱推理是基于图谱中已有的事实或关系推断出未知事实或关系的过程。推理任务存在于知识图谱生命周期的各个阶段，主要包括三类推理任务：一是通过链接预测对知识图谱进行补全，以丰富知识图谱；二是通过对知识库进行不一致检测，以清洗不正确或不一致的知识；三是在提供知识服务时，通过推理进行查询重写，以克服查询的模糊性并提升查询结果的质量。

知识图谱推理的主要技术手段可分为两大类：基于演绎的知识图谱推理和基于归纳的知识图谱推理。演绎推理是从一般到特殊的过程，即从一般性的前提出发，通过推导得到具体描述或个别结论（三段论）。通过演绎推理揭示出来的结论已经蕴含在一般性知识中，因此演绎推理不能得到新知识。知识图谱推理常用的演绎推理技术有基于描述逻辑的推理、DataLog、产生式规则等。归纳推理是从特殊到一般的推理过程。即从一类事物的大量特殊事例出发，推出该类事物的一般性结论。由于推出的结论没有包含在已有内容中，故归纳推理能得到新知识。知识图谱推理常用的归纳推理技术有路径推理、表示学习、规则学习、基于强化的推理等。

2.6 模糊逻辑

1965 年,美国柏克莱加州大学的 L. 扎德教授创立了模糊集合理论,提出用“隶属函数”概念来定量描述事物的模糊性,从而奠定了模糊数学基础。传统逻辑将命题分成是与非、黑与白;而模糊逻辑将世界看成是具有连续变化的灰度。允许一个命题亦此亦彼,部分肯定和部分否定。模糊集合理论提供了一种更自然合理的数学工具,为计算机模仿人的思维方式处理普遍存在的不精确的模糊信息提供了可能。

2.6.1 模糊集合及其运算

1. 模糊集合基本概念及表示方法

1)基本概念

普通集合只能描述非此即彼、界限明确的事物。例如,“18 岁以上(含 18 岁)的成年人”是一个界限明确的概念,可以用普通集合 $\boldsymbol{X}=\{x \mid 18 \leqslant x\}$ 来表示。然而,人类进行思维和判断时,常使用界限不明确的概念和语言,如:“凉”“热”“高”“胖”等概念。这类概念的特点是,内涵有一定范围,外延无明确边界,因此无法用普通集合来描述。

模糊集合是用 0 ~ 1 之间连续变化的值描述某元素属于特定集合的程度。对于亦此亦彼的概念或界限不清的事物,模糊集合是描述和处理的有效数学工具。模糊集合常用 $\widetilde{\boldsymbol{A}}$,$\widetilde{\boldsymbol{B}}$ 等符号表示。

某元素 x 属于模糊集合 $\widetilde{\boldsymbol{A}}$ 的程度称为隶属度,用隶属度函数 $\widetilde{\boldsymbol{A}}(x)$ 描述。隶属度函数 $\widetilde{\boldsymbol{A}}(x)$ 的函数值是闭区间[0,1]的一个数,表示元素 x 属于模糊集合 $\widetilde{\boldsymbol{A}}$ 的程度。

普通集合和模糊集合的区别可用图 2-8 中的映射图表示。

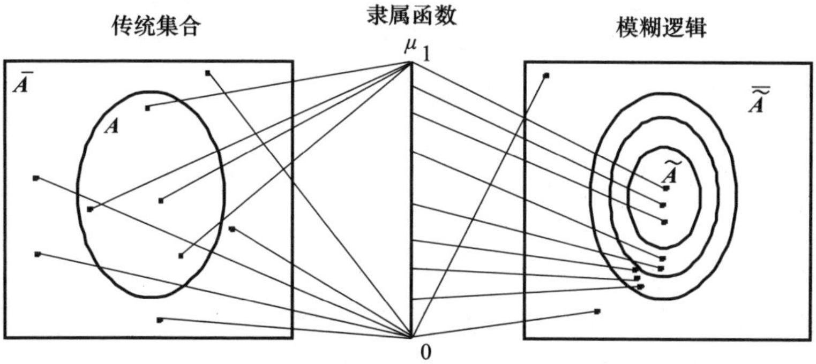

图 2-8 普通集合和模糊集合

2)表示方法

模糊集合的常用表示方法有以下 3 种。

(1)扎得表示法。在论域 U 中,$\widetilde{\boldsymbol{A}}(x)>0$ 的全部元素组成的集合称为模糊集合 $\widetilde{\boldsymbol{A}}$ 的支集。当模糊集合 $\widetilde{\boldsymbol{A}}$ 有一个有限的支集$\{x_1,x_2,\cdots,x_n\}$时,$\widetilde{\boldsymbol{A}}$ 可表示为

$$\widetilde{\boldsymbol{A}}=\frac{\widetilde{\boldsymbol{A}}(x_1)}{x_1}+\frac{\widetilde{\boldsymbol{A}}(x_2)}{x_2}+\cdots+\frac{\widetilde{\boldsymbol{A}}(x_n)}{x_n}=\sum_{i=1}^{n}\frac{\widetilde{\boldsymbol{A}}(x_i)}{x_i}$$

式中:"+"不表示求和,而是表示模糊集合 $\widetilde{\boldsymbol{A}}$ 在论域 U 上的整体;"——"不表示分数,而是表示 U 中元素 x_i 与其隶属度 $\widetilde{\boldsymbol{A}}(x_i)$之间的对应关系,称为单点。当模糊集合 $\widetilde{\boldsymbol{A}}$ 的支集有无限多个元素时,应用扎得表示法可将 $\widetilde{\boldsymbol{A}}$ 表示为

$$\widetilde{\boldsymbol{A}}=\int_{\widetilde{A}}\frac{\widetilde{\boldsymbol{A}}(x_i)}{x_i},x\in \boldsymbol{U}$$

式中:"$\int_{\widetilde{A}}$"不代表积分或求和,而代表无限多个元素与其相应隶属度对应关系的总括。因此,式中不出现"dx"。

(2)向量表示法。当模糊集合 $\widetilde{\boldsymbol{A}}$ 的支集由有限个元素构成时,$\widetilde{\boldsymbol{A}}$ 还可表示为向量形式,即

$$\widetilde{\boldsymbol{A}}=[\widetilde{\boldsymbol{A}}(x_1),\widetilde{\boldsymbol{A}}(x_2),\cdots,\widetilde{\boldsymbol{A}}(x_n)]$$

由于向量中各分量的序号与论域 U 中元素的序号相对应,因此,隶属度为 0 的项必须用 0 代替而不能舍弃。

(3)隶属度函数表示法。如能给出隶属度函数的数学解析表达式,也就表示了相应的模糊集合。例如,以年龄论域为 $U=[0,100]$,模糊集合"年老"和"年轻"的隶属度函数可分别用解析式表达为

$$\text{“年老”}(x)=\begin{cases}0 & (x\in[0,50])\\ \dfrac{1}{1+\left(\dfrac{5}{x-50}\right)^2} & (x\in(50,100])\end{cases}$$

$$\text{“年轻”}(x)=\begin{cases}1 & (0\leqslant x\leqslant 25)\\ \dfrac{1}{1+\left(\dfrac{x-25}{5}\right)^2} & (25<x\leqslant 100)\end{cases}$$

2. 模糊集合的基本运算

设 $\widetilde{\boldsymbol{A}}$ 和 $\widetilde{\boldsymbol{B}}$ 是 U 上的两个模糊集合,其"并""交""补"运算的结果仍为模糊集合。这些模糊集合的隶属度函数按以下规则运算。

并运算 $\tilde{\boldsymbol{A}}\cup\tilde{\boldsymbol{B}}$ 的隶属度函数对于论域 U 上的所有元素 x,有

$$\tilde{\boldsymbol{A}}\cup\tilde{\boldsymbol{B}}(x)=\max[\tilde{\boldsymbol{A}}(x),\tilde{\boldsymbol{B}}(x)]=\tilde{\boldsymbol{A}}(x)\vee\tilde{\boldsymbol{B}}(x)$$

式中:max( )和"∨"均表示取大运算。

交运算 $\tilde{\boldsymbol{A}}\cap\tilde{\boldsymbol{B}}$ 的隶属度函数对于论域 U 上的所有元素 x,有

$$\tilde{\boldsymbol{A}}\cap\tilde{\boldsymbol{B}}(x)=\min[\tilde{\boldsymbol{A}}(x),\tilde{\boldsymbol{B}}(x)]=\tilde{\boldsymbol{A}}(x)\wedge\tilde{\boldsymbol{B}}(x)$$

式中:min( )和"∧"均表示取小运算。

补运算 $\overline{\tilde{\boldsymbol{A}}}$、$\overline{\tilde{\boldsymbol{B}}}$ 的隶属度函数对于论域 U 上的所有元素 x,有

$$\overline{\tilde{\boldsymbol{A}}}(x)=1-\tilde{\boldsymbol{A}}(x)$$

$$\overline{\tilde{\boldsymbol{B}}}(x)=1-\tilde{\boldsymbol{B}}(x)$$

对论域 U 上的 n 个模糊集合 $\tilde{\boldsymbol{A}}_1,\tilde{\boldsymbol{A}}_2,\cdots,\tilde{\boldsymbol{A}}_n$,其并、交运算分别为

$$\begin{cases}\tilde{\boldsymbol{A}}_1\cup\tilde{\boldsymbol{A}}_2\cup\cdots\cup\tilde{\boldsymbol{A}}_n=\bigcup\limits_{i=1}^{n}\tilde{\boldsymbol{A}}_i\\ \bigcup\limits_{i=1}^{n}\tilde{\boldsymbol{A}}_i(x)=\max\{\tilde{\boldsymbol{A}}_1(x),\tilde{\boldsymbol{A}}_2(x),\cdots,\tilde{\boldsymbol{A}}_n(x)\}\end{cases}$$

$$\begin{cases}\tilde{\boldsymbol{A}}_1\cap\tilde{\boldsymbol{A}}_2\cap\cdots\cap\tilde{\boldsymbol{A}}_n=\bigcap\limits_{i=1}^{n}\tilde{\boldsymbol{A}}_i\\ \bigcap\limits_{i=1}^{n}\tilde{\boldsymbol{A}}_i(x)=\min\{\tilde{\boldsymbol{A}}_1(x),\tilde{\boldsymbol{A}}_2(x),\cdots,\tilde{\boldsymbol{A}}_n(x)\}\end{cases}$$

2.6.2　隶属度函数及构造方法

1. 隶属度函数的概念

普通集合的特征函数 $C_A(x)$ 只能取 0 和 1 两种值,与二值逻辑相对应。模糊集合的特征函数取值范围从{0,1}集合扩大到[0,1]区间,与连续值逻辑相对应。为了区别两者,把模糊集合的特征函数称为隶属度函数,用 $\tilde{\boldsymbol{A}}(x)$表示。若 $\tilde{\boldsymbol{A}}(x)$只取 0 和 1,模糊集合 $\tilde{\boldsymbol{A}}$ 即缩简为普通集合 A。所以,隶属度函数 $\tilde{\boldsymbol{A}}(x)$是特征函数 $C_A(x)$的扩展和一般化,隶属度函数的概念可很好地描述客观事物差异的中间过渡中的不分明性。隶属度函数常用图 2-9 所示的曲线来表示。

2. 隶属度函数的构造方法

模糊集合由其隶属度函数确定,正确构造隶属度函数是能否用好模糊集合的关键。然而,目前尚无确定模糊集合隶属度函数的一般性方法,需要靠经验确定,并通过实验进行修正。在确定隶属度函数方面,国内外学者进行了大量研究,提出了各种有效的确定方法,如模糊统计法、分段法、二元对比排序

法、对比平均法、滤波函数法、示范法和专家经验法等。这些方法在应用中能基本解决传统逻辑所不能解决的各类特定问题。下面介绍应用较多的模糊统计法。

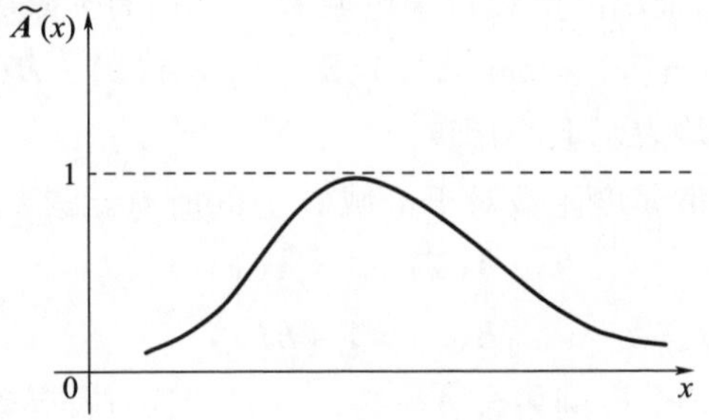

图2-9 隶属度函数曲线的一般形式

2.6.3 模糊关系

1. 模糊关系的基本概念

模糊关系是普通关系的推广，在模糊集合论中占有重要地位。普通关系是描述元素之间是否有关联，例如，人与人之间的"师生"关系、"上下级"关系、"父子"关系，数与数之间的" > "关系、" = "关系、" < "关系。可以看出，两个元素之间要么"有"关系，要么"没"关系，二者必居其一。模糊关系则描述元素之间的关联程度，如人与人之间的"友好"关系，数与数之间的"近似"关系，显然对于这类关系，有时很难用"有"或"无"来确定。

1）二元模糊关系

定义2-1 设 X、Y 是两个非空集合，则直积 $\boldsymbol{X}\times\boldsymbol{Y}=\{(x,y)\mid x\in\boldsymbol{X},y\in\boldsymbol{Y}\}$ 中的一个模糊集合 $\widetilde{\boldsymbol{R}}$ 称为从 X 到 Y 的一个模糊关系。模糊关系 $\widetilde{\boldsymbol{R}}$ 可由其隶属度函数完全描述，表示为

$$\widetilde{\boldsymbol{R}}(x,y):\boldsymbol{X}\times\boldsymbol{Y}\rightarrow[0,1]$$

式中：序偶 (x,y) 对 $\widetilde{\boldsymbol{R}}$ 的隶属度表明了元素 x 与元素 y 具有关系 $\widetilde{\boldsymbol{R}}$ 的程度，基于映射的概念，可将从 X 到 Y 模糊关系 $\widetilde{\boldsymbol{R}}$ 理解为以 $\widetilde{\boldsymbol{R}}(x,y)$ 为映射法则的直积 $\boldsymbol{X}\times\boldsymbol{Y}$ 向闭区间 $[0,1]$ 的映射。符合上述定义的模糊关系称为二元模糊关系。当 $X=Y$ 时，称为 X 上的模糊关系。当论域为 n 个集合的直积 $\boldsymbol{X}_1\times\boldsymbol{X}_2\times\cdots\times\boldsymbol{X}_n$ 时，所对应的是 n 元模糊关系。如不作特别说明，本书后面提到的模糊关系一般指二元模糊关系。

2）模糊关系矩阵

当论域 X 和 Y 均为有限集合时，模糊关系 $\tilde{\boldsymbol{R}}$ 可用模糊关系矩阵 $\tilde{\boldsymbol{R}}$ 表示。设 $\boldsymbol{X}=\{x_1,x_2,\cdots,x_n\}$，$\boldsymbol{Y}=\{y_1,y_2,\cdots,y_m\}$，模糊矩阵 $\tilde{\boldsymbol{R}}$ 的元素 r_{ij} 表示论域 X 中第 i 个元素 x_i 与论域 Y 中的第 j 个元素 y_j 对于关系 $\tilde{\boldsymbol{R}}$ 的隶属程度，即 $\tilde{\boldsymbol{R}}(x,y)=r_{ij}$，$0\leqslant r_{ij}\leqslant 1$。

例 2－1　设某地区人的身高论域 $X=\{140,150,160,170,180\}$（单位：cm），体重论域 $Y=\{40,50,60,70,80\}$（单位：kg），其模糊关系如表 2－1 所列。

表 2－1　身高体重关联关系

x	y				
	40	50	60	70	80
140	1.0	0.8	0.2	0.1	0.0
150	0.8	1.0	0.8	0.2	0.1
160	0.2	0.8	1.0	0.8	0.2
170	0.1	0.2	0.8	1.0	0.8
180	0.0	0.1	0.2	0.8	1.0

用模糊关系矩阵表示上述模糊关系时，可写为

$$\boldsymbol{R}=\begin{bmatrix}1.0 & 0.8 & 0.2 & 0.1 & 0.0\\ 0.8 & 1.0 & 0.8 & 0.2 & 0.1\\ 0.2 & 0.8 & 1.0 & 0.8 & 0.2\\ 0.1 & 0.2 & 0.8 & 1.0 & 0.8\\ 0.0 & 0.1 & 0.2 & 0.8 & 1.0\end{bmatrix}$$

2. 模糊等价关系

若论域 $\boldsymbol{X}$ 上的一个模糊关系 $\tilde{\boldsymbol{R}}$ 同时具有自反性、对称性和传递性，则称其为模糊等价关系。自反性、对称性和传递性都是模糊关系的重要性质，其定义如下所述。

1）自反性

设 $\tilde{\boldsymbol{R}}$ 是论域 $\boldsymbol{X}$ 上的一个模糊关系，如果对于 $\forall x\in\boldsymbol{X}$，都有

$$\tilde{\boldsymbol{R}}(x,x)=1 \tag{2-1}$$

则称关系 $\tilde{\boldsymbol{R}}$ 具有自反性，具有自反性的模糊关系表明，每一元素 x 与自身构成的序偶属于模糊关系 $\tilde{\boldsymbol{R}}$ 的程度为 1，其标志是在模糊关系矩阵中主对角线元素均为 1。例如，对于集合 X 上的“近似”关系 $\tilde{\boldsymbol{R}}$，任何元素 x 与自身均“近似”，因而“近似”关系 $\tilde{\boldsymbol{R}}$ 具有自反性。

2)对称性

设 $\tilde{\boldsymbol{R}}$ 是论域 X 上的一个模糊关系,如果对于 $\forall(x,y)\in \boldsymbol{X}\times\boldsymbol{X}$,都有

$$\tilde{\boldsymbol{R}}(x,y)=\tilde{\boldsymbol{R}}(y,x) \tag{2-2}$$

成立,则称 $\tilde{\boldsymbol{R}}$ 为具有对称性的模糊关系,相应的模糊关系矩阵为对称阵,满足 $r_{ij}=r_{ji}$,或 $\tilde{\boldsymbol{R}}^{\mathrm{T}}=\tilde{\boldsymbol{R}}$。例如,元素甲与元素乙对“近似”关系 $\tilde{\boldsymbol{R}}$ 的隶属度恒等于元素乙与元素甲对“近似”关系 $\tilde{\boldsymbol{R}}$ 的隶属度。

3)传递性

设 $\tilde{\boldsymbol{R}}$ 是论域 X 上的一个模糊关系,若对于 $\forall(x,y),(y,z),(x,z)\in \boldsymbol{X}\times\boldsymbol{X}$,均有

$$\tilde{\boldsymbol{R}}(x,z)\geqslant \bigvee_{y}[\tilde{\boldsymbol{R}}(x,y)\wedge\tilde{\boldsymbol{R}}(y,z)] \tag{2-3}$$

则称 $\tilde{\boldsymbol{R}}$ 具有传递性。传递性表明,元素 x 与元素 z 对模糊关系 $\tilde{\boldsymbol{R}}$ 的隶属程度不小于元素 x 与元素 y 对于 $\tilde{\boldsymbol{R}}$ 的隶属程度和元素 y 与元素 z 对于 $\tilde{\boldsymbol{R}}$ 的隶属程度两者中较小的那一个。例如,模糊关系“大得多”具有传递性。

同时满足式(2-1)、式(2-2)和式(2-3)的模糊关系 $\tilde{\boldsymbol{R}}$ 称为 X 上的一个模糊等价关系,同时满足式(2-1)和式(2-2)的模糊关系 $\tilde{\boldsymbol{R}}$ 称为 X 上的一个模糊等容关系。例如,“相像”关系具有自反性和对称性,但不具有传递性,因为某人自己像自己的隶属度显然为1,甲像乙则乙必然也像甲,而甲像乙且乙像丙时,甲不一定像丙。因而“相像”关系是一种模糊等容关系。

3. 模糊关系矩阵的基本运算

1)并运算

设 $\tilde{\boldsymbol{R}}$、$\tilde{\boldsymbol{S}}$ 是 $\boldsymbol{X}\times\boldsymbol{Y}$ 上的模糊关系,用矩阵表示为 $\tilde{\boldsymbol{R}}=(r_{ij})$ 及 $\tilde{\boldsymbol{S}}=(s_{ij})$,$i=1,2,\cdots,n,j=1,2,\cdots,m$,其并运算为

$$\tilde{\boldsymbol{T}}=\tilde{\boldsymbol{R}}\cup\tilde{\boldsymbol{S}}=(t_{ij})$$

式中:$\tilde{\boldsymbol{T}}$ 为 $\tilde{\boldsymbol{R}}$、$\tilde{\boldsymbol{S}}$ 的并,仍为模糊关系矩阵,矩阵中的任意元素

$$t_{ij}=r_{ij}\vee s_{ij}=\max(r_{ij},s_{ij})\quad (i=1,2,\cdots,n,j=1,2,\cdots,m)$$

2)交运算

设 $\tilde{\boldsymbol{R}}$、$\tilde{\boldsymbol{S}}$ 是 $\boldsymbol{X}\times\boldsymbol{Y}$ 上的模糊关系,其模糊关系矩阵为 $\tilde{\boldsymbol{R}}=(r_{ij})$ 及 $\tilde{\boldsymbol{S}}=(s_{ij})$,$i=1,2,\cdots,n,j=1,2,\cdots,m$,其交运算为

$$\tilde{\boldsymbol{T}}=\tilde{\boldsymbol{R}}\cap\tilde{\boldsymbol{S}}=(t_{ij})$$

其中 $\tilde{\boldsymbol{T}}$ 为 $\tilde{\boldsymbol{R}}$、$\tilde{\boldsymbol{S}}$ 的交,仍为模糊关系矩阵,矩阵中的任意元素

$$t_{ij}=r_{ij}\wedge s_{ij}=\max(r_{ij},s_{ij})\quad (i=1,2,\cdots,n,\quad j=1,2,\cdots,m)$$

3）补运算

模糊关系矩阵 $\tilde{\boldsymbol{R}}=(r_{ij})$ 的补运算 $\overline{\tilde{\boldsymbol{R}}}$ 仍为模糊关系矩阵，表示为

$$\overline{\tilde{\boldsymbol{R}}}=(1-r_{ij})\quad(i=1,2,\cdots,n,\quad j=1,2,\cdots,m)$$

4）相等

设有两个模糊关系矩阵 $\tilde{\boldsymbol{R}}=(r_{ij})$ 及 $\tilde{\boldsymbol{S}}=(s_{ij})$，$i=1,2,\cdots,n$，$j=1,2,\cdots,m$，若总存在 $r_{ij}=s_{ij}$，则称 $\tilde{\boldsymbol{R}}$ 与 $\tilde{\boldsymbol{S}}$ 相等，写作 $\tilde{\boldsymbol{R}}=\tilde{\boldsymbol{S}}$。

5）包含

设有两个模糊关系矩阵 $\tilde{\boldsymbol{R}}=(r_{ij})$ 及 $\tilde{\boldsymbol{S}}=(s_{ij})$，$i=1,2,\cdots,n$，$j=1,2,\cdots,m$，若总存在 $r_{ij}\leqslant s_{ij}$，则称 $\tilde{\boldsymbol{S}}$ 包含 $\tilde{\boldsymbol{R}}$，或 $\tilde{\boldsymbol{R}}$ 包含于 $\tilde{\boldsymbol{S}}$，写作 $\tilde{\boldsymbol{R}}\subseteq\tilde{\boldsymbol{S}}$。

6）转置

将模糊关系矩阵 $\tilde{\boldsymbol{R}}=(r_{ij})$ 中的行与列相互交换，所得到的模糊关系矩阵称为 $\tilde{\boldsymbol{R}}$ 的转置模糊关系矩阵，写作 $\tilde{\boldsymbol{R}}^{\mathrm{T}}$。设有两个模糊关系矩阵 $\tilde{\boldsymbol{R}}$ 及 $\tilde{\boldsymbol{S}}$，则有

$$(\tilde{\boldsymbol{R}}\cup\tilde{\boldsymbol{S}})^{\mathrm{T}}=\tilde{\boldsymbol{R}}^{\mathrm{T}}\cup\tilde{\boldsymbol{S}}^{\mathrm{T}}$$
$$(\tilde{\boldsymbol{R}}\cap\tilde{\boldsymbol{S}})^{\mathrm{T}}=\tilde{\boldsymbol{R}}^{\mathrm{T}}\cap\tilde{\boldsymbol{S}}^{\mathrm{T}}$$
$$(\tilde{\boldsymbol{R}}^{\mathrm{T}})^{\mathrm{T}}=\tilde{\boldsymbol{R}}$$
$$\overline{(\tilde{\boldsymbol{R}}^{\mathrm{T}})}=\overline{\tilde{\boldsymbol{R}}}^{\mathrm{T}}$$

7）合成

定义 2－2　设有模糊关系矩阵 $\tilde{\boldsymbol{R}}=(r_{ij})$ 和 $\tilde{\boldsymbol{S}}=(s_{ij})$，$i=1,2,\cdots,n$，$j=1,2,\cdots,m$，则 $\tilde{\boldsymbol{R}}$ 对 $\tilde{\boldsymbol{S}}$ 的合成运算 $\tilde{\boldsymbol{R}}\circ\tilde{\boldsymbol{S}}$ 指的是一个 n 行 l 列的模糊关系矩阵 $\tilde{\boldsymbol{T}}=(t_{ij})$，其中的第 i 行第 j 列元素 t_{ij} 等于 $\tilde{\boldsymbol{R}}$ 的第 i 行元素与 $\tilde{\boldsymbol{S}}$ 的第 k 列的对应元素两两先进行取小运算，然后在所得结果中再进行取大运算所得结果，即

$$t_{ik}=\bigvee_{y=1}^{m}(r_{ij}\wedge s_{jk})\quad(i=1,2,\cdots,n,\quad j=1,2,\cdots,m,\quad k=1,2,\cdots,l)$$

两个矩阵进行合成运算时 $\tilde{\boldsymbol{R}}$ 的列数应与 $\tilde{\boldsymbol{S}}$ 的行数相等，取小－取大运算的顺序与普通矩阵乘法运算中乘－加的顺序一致。模糊关系矩阵的合成运算满足结合律

$$(\tilde{\boldsymbol{R}}_1\circ\tilde{\boldsymbol{R}}_2)\circ\tilde{\boldsymbol{R}}_3=\tilde{\boldsymbol{R}}_1\circ(\tilde{\boldsymbol{R}}_2\circ\tilde{\boldsymbol{R}}_3)$$

但一般不满足交换律

$$\tilde{\boldsymbol{R}}_1\circ\tilde{\boldsymbol{R}}_2\neq\tilde{\boldsymbol{R}}_2\circ\tilde{\boldsymbol{R}}_1$$

8）幂运算

模糊关系矩阵 $\tilde{\boldsymbol{R}}$ 的幂定义为

$$\tilde{\boldsymbol{R}}^2=\tilde{\boldsymbol{R}}\circ\tilde{\boldsymbol{R}},\tilde{\boldsymbol{R}}^n=\tilde{\boldsymbol{R}}\circ\tilde{\boldsymbol{R}}\circ\cdots\circ\tilde{\boldsymbol{R}}$$

4. λ 截集与截关系矩阵

模糊集合所表示的概念和关系的外延是不分明的。在处理实际问题时，常需要将模糊概念或模糊关系转化为明确的概念或关系。实现模糊集合向普通集合的相互转化，需要用到截集的概念。在一个模糊集合 $\tilde{\boldsymbol{A}}$ 中，隶属度函数 $\tilde{\boldsymbol{A}}(x)$ 的值大于等于某一个水平值 $\lambda\in[0,1]$ 的元素 x 构成的集合，称为模糊集合 $\tilde{\boldsymbol{A}}$ 的 λ 水平截集，记为 A_λ，表示为

$$\boldsymbol{A}_\lambda=\{x \mid x\in\boldsymbol{U},\tilde{\boldsymbol{A}}(x)\geqslant\lambda\}$$

式中：λ 为水平截集的阈值。模糊集合 $\tilde{\boldsymbol{A}}$ 与其 λ 水平截集 $\boldsymbol{A}_\lambda$ 的关系可用图 2－10 表示。

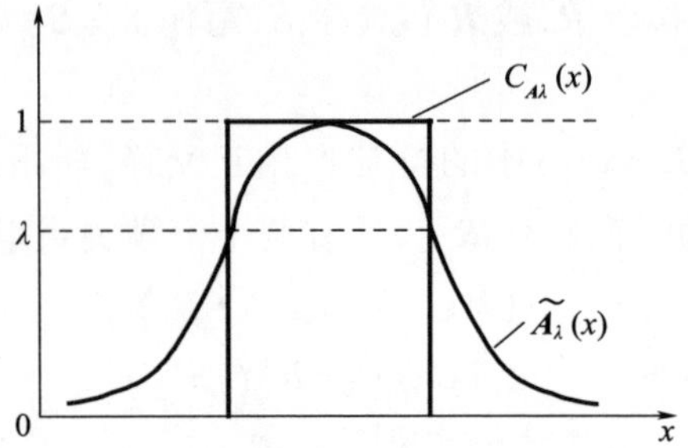

图 2－10　模糊集合 $\tilde{\boldsymbol{A}}$ 与其 λ 水平截集 $\boldsymbol{A}_\lambda$

模糊集合 $\tilde{\boldsymbol{A}}$ 的隶属度函数曲线 $\tilde{\boldsymbol{A}}(x)$ 表明，论域（数轴）中所有元素 x 都不同程度地属于模糊集合 $\tilde{\boldsymbol{A}}$，而只有 $\tilde{\boldsymbol{A}}(x)\geqslant\lambda$ 的那些 x 才属于 $\boldsymbol{A}_\lambda$，否则不属于 $\boldsymbol{A}_\lambda$。元素 x 在对 $\boldsymbol{A}_\lambda$ 的归属上是“二者必居其一”的关系，因此模糊集合 $\tilde{\boldsymbol{A}}$ 的截集 $\boldsymbol{A}_\lambda$ 是一个普通集合，其特征函数 $C_{A_\lambda}(x)$ 由隶属度函数 $\tilde{\boldsymbol{A}}(x)$ 转化而来，即

$$C_{A_\lambda}(x)=\begin{cases}1 & (\tilde{\boldsymbol{A}}(x)\geqslant\lambda)\\ 0 & (\tilde{\boldsymbol{A}}(x)<\lambda)\end{cases}$$

给定模糊关系矩阵 $\tilde{\boldsymbol{R}}=(r_{ij})$ 和任意水平的截集阈值 $\lambda\in[0,1]$，可得到相应的截（集）关系矩阵 $R_\lambda=(\lambda_{r_{ij}})$。其中 $\lambda_{r_{ij}}$ 的取值相当于以为 λ 基础对 $\tilde{\boldsymbol{R}}=(r_{ij})$ 进行二值化，即

$$\lambda_{r_{ij}}=\begin{cases}1 & (r_{ij}\geqslant\lambda)\\ 0 & (r_{ij}<\lambda)\end{cases}$$

2.6.4　模糊语言变量与模糊语句

1. 模糊语言变量

1）模糊语言

人们在日常生活中使用的语言是自然语言，自然语言是一种以字或词为符

号的符号系统,其特点是具有模糊性。人与机器或机器与机器对话时使用的机器语言是一种形式语言,其特点是严格、刻板、无灵活性,具有二值逻辑。自然语言是人类思维的形式表现,自然语言具有的模糊性正是反映了人脑的思维特点。要使计算机具有人脑的思维特点,仅用形式语言不能恰如其分地描述人脑具有模糊性的思维过程。为了使计算机更好地向人脑学习,最有效的方法是在形式语言中渗入自然语言,从而使计算机在一定程度上具有判断和处理模糊信息的能力,从而提高机器的"智能"。模糊数学中把具有模糊概念的语言称为模糊语言,它作为模糊数学的一个分支正处于深入研究和发展中。

2)单词的合成与分解

单词之间通过连接词"或""且"连接起来,或在单词前面加否定词"非",从逻辑上对应于集合运算中的"∩""∪""非",这些运算可以把单词组成词组,也可以把词组分解成单词。例如:工农兵 = [工] ∪ [农] ∪ [兵],红旗 = [红] ∩ [旗],非平稳 = $\overline{[\text{平稳}]}$。

3)模糊算子

在自然语言中,有些词可以使表达语气更肯定,如"非常""很""极"等;也有一类词使置于其后的词语义变为模糊,如"大概""近似于"等;还有些词可以使词义由模糊变为肯定,如:"偏向""倾向于"等。上述这类词可作为语言算子,常用的 3 种算子如下所述。

(1)语气算子用 H_λ 作为语气算子定量描述模糊集合 $\tilde{\boldsymbol{A}}$,得到一个新的模糊集合$(H_\lambda\tilde{\boldsymbol{A}})$,模糊集合$(H_\lambda\tilde{\boldsymbol{A}})$的隶属函数为

$$(H_\lambda\tilde{\boldsymbol{A}})(u) = (\tilde{\boldsymbol{A}}(u))^\lambda$$

式中:λ 为一正实数。当 $\lambda > 1$ 时,H_λ 称为集中化算子,它能加强语气的肯定程度。如,可以称 $H_{\frac{5}{4}}$为"相当",H_2 为"很",H_4 为"极";当 $\lambda < 1$ 时,H_λ 称为散漫化算子,它能减弱语气的肯定程度。如,可以称 $H_{\frac{1}{4}}$为"微",$H_{\frac{1}{2}}$为"略",$H_{\frac{3}{4}}$为"比较"。例:设论域 U 为年龄,而模糊集合 $\tilde{\boldsymbol{A}}$ 表示单词"老",随着语气算子中 λ 取不同值,$(H_\lambda\tilde{\boldsymbol{A}})$可表示出年老的不同程度。已知

$$\tilde{\boldsymbol{A}}(u) = \begin{cases} 0 & (20 \leqslant u \leqslant 50) \\ \left[1 + \left(\dfrac{u-50}{5}\right)^{-2}\right] & (0 \leqslant u \leqslant 20) \end{cases}$$

则

$$(H_{5/4}\tilde{\boldsymbol{A}})(u) = (\tilde{\boldsymbol{A}}(u))^{5/4}$$

(2)模糊化算子。"大约""近似"之类的修饰词属于模糊化算子,作用是把

肯定转化为模糊。如对精确数进行作用，就是把它转化成模糊数，例如65岁→“大约65岁”。若对模糊值进行作用，就使模糊值更模糊，例如“年轻”→“大约年轻”。在模糊控制中，采样的输入量总是精确量。要利用模糊逻辑推理方法，就必须实现把输入量模糊化，实际上就是使用模糊化算子实现。

(3)判断化算子。“倾向于”“偏向于”之类词称为判定化算子。其作用是把模糊值进行肯定化处理或作出倾向性判断。处理方法有点类似于“四舍五入”，并常把隶属度为0.5作为分界来判断。

4)模糊语言变量

模糊语言变量以自然语言或人工语言中的字、句或符号作为变量，用于表征十分复杂或意义不是很完善而无法用通常的精确术语进行描述的现象。由于语言变量适于表达那些无法获得确定信息的概念和现象，为通常无法进行量化的“量”提供了一种近似处理方法。通过这种处理方法，就可把人的直觉经验进行量化，转换成用计算机可以操作的数值运算。由此才有可能把专家的控制经验转换成控制算法并实现模糊控制。模糊语言变量有句法规则和语义规则，且取模糊集合作为它的变量值。

一个语言变量可定义为一个五元体$(N,U,T(N),G,M)$，其中各元素的含义如下：

N——语言变量名称的集合，如年龄、身高、体重等；

U——论域；

$T(N)$——语言变量的语言值$\tilde{X}$的集合，其中每个$\tilde{X}$都是论域U上的模糊集合，如：$T(N)=T(\text{速度})=\{$“很慢”，“慢”，“较慢”，“中等”，“较快”，“快”，“很快”$\}=\{\tilde{X}_1,\tilde{X}_2,\tilde{X}_3,\tilde{X}_4,\tilde{X}_5,\tilde{X}_6,\tilde{X}_7\}$

G——语法规则，研究原子单词构成合成词后词义的变化；

M——语义规则，用于给出模糊集合$\tilde{X}$的隶属函数。

2. 模糊语句

模糊语句可分为模糊直言语句和模糊条件语句两类。

1)模糊直言语句

句型为：“$\tilde{A}$是$\tilde{A}_1$”，其中$\tilde{A}$是对象的名称，$\tilde{A}_1$是论域U上的一个模糊集合。例如：“$\tilde{A}$是非常小”，其中“非常小”是论域$U=\{1,2,3,4,5\}$上的模糊集合。如果模糊集合$\tilde{A}_{小}=\left\{\frac{1}{1}+\frac{0.8}{2}+\frac{0.6}{3}+\frac{0.4}{4}+\frac{0.2}{5}\right\}$，则“非常小”$=H_2\tilde{A}_{小}=\tilde{A}_{小}{}^2=$

$\left\{\frac{1}{1}+\frac{0.64}{2}+\frac{0.36}{3}+\frac{0.16}{4}+\frac{0.04}{5}\right\}$。

2)模糊条件语句

句型为:

(1)"若 $\tilde{A}$ 则 $\tilde{B}$"型,简记为 if $\tilde{A}$ then $\tilde{B}$。其中 $\tilde{A}$ 是用模糊直言语句表达的条件,$\tilde{B}$ 是满足条件后进行的动作。例如"若炉温偏低,则增加燃料量"。

(2)"若 $\tilde{A}$ 则 $\tilde{B}$ 否则 $\tilde{C}$"型,简记为 if $\tilde{A}$ then $\tilde{B}$ else $\tilde{C}$。其中 $\tilde{A}$ 是用模糊直言语句表达的条件,$\tilde{B}$ 是用模糊直言语句表达的满足条件时进行的动作,$\tilde{C}$ 是用模糊直言语句表达的不满足条件时进行的动作。例如"若炉温偏低,则增加燃料量,否则减少燃料量"。

(3)"若 $\tilde{A}$ 且 $\tilde{B}$ 则 $\tilde{C}$"型,简记为 if $\tilde{A}$ and $\tilde{B}$ then $\tilde{C}$。其中 $\tilde{A}$ 和 $\tilde{B}$ 是用模糊直言语句表达的条件,$\tilde{C}$ 是用模糊直言语句表达的两个满足条件同时满足时进行的动作。例如"若炉温偏低且温度变化的系数为负,则增加燃料量"。

2.6.5　模糊推理

1. 判断句与推理句

思维的形式有概念、判断和推理三种主要形式。判断是概念与概念的联合,而推理是判断与判断的联合。在模糊推理时常用到判断句和推理句,句型如下。

1)判断句

直言判断句的句型是:"u 是 A",这种可以判断其真假的陈述句也称之为命题。当命题与客观事实相符时,其取值为真,常用 t 或 1 表示;不相符时,其取值为假,常用 f 或 0 表示。例如:"北京是中华人民共和国的首都"(真),"雪是白的"(真),"外国的月亮比中国的圆"(假)。在日常生活中,人们使用的判断句并非全部能用真或假来明确地断定。例如:"张三是个大高个""李四比张三聪明多了"。这是真假不好回答的问题。当 A 的外延清楚时,"u 是 A"的真假可用 1 表示,则为普通判断句;当 A 的外延模糊时,"u 是 A"的真假无法用 1 或 0 表示,则为模糊判断句。模糊判断句要用 u 对 $\tilde{A}$ 的隶属度 $\tilde{A}(u)$ 来表示命题真值。例如:"他(u)八成是感冒($\tilde{A}$)了",该命题为真的程度是 $\tilde{A}(u)=0.8$,为假的程度是$\bar{\tilde{A}}(u)=0.2$。

2)推理句

"若 u 是 A,则 u 是 B"型的判断句称为推理句,也称为条件判断句。因为前半句说明了后半句成立的条件，记为 $A \to B$，或“若 A 则 B”。推理句中若 A、B 对应的均为普通集合，则称为普通推理句；若 A、B 对应的是模糊集合，则称为模糊推理句。例如：“若 u 是菱形，则 u 是平行四边形”（普通推理句）。“若 u 健康，则 u 长寿”（模糊推理句）。“若西红柿变红了，则西红柿熟了”（模糊推理句）。

2. 模糊推理

1）二值逻辑推理

传统的二值逻辑推理为三段论推理，即

大前提：若 A，则 B；
小前提：如今 A；
结论：B。

其中，大前提为由两个判断句构成的推理句，第一个判断句称为前件，第二个称为后件；当小前提中的判断句与大前提中的前件相等时，结论为大前提中的后件。例如大前提为：若小王住院，则小王生病了；小前提为：小王住院了；结论为：小王生病了。

2）模糊推理

在现实生活中，人们获得的信息往往是不精确的、不完全的，或者事实本身就是模糊而不确定的，但又必须利用这些信息进行判断和决策。传统的二值逻辑推理方法显然无法适用。模糊推理的基础是模糊逻辑，是不确定性推理方法的一种。这种推理方法以模糊判断为前提，运用模糊语言规则，推出一个新的近似的模糊判断结论。这种结论与人的思维一致或相近。下面通过一个例子说明什么是模糊逻辑推理。

大前提：健康则长寿；
小前提：这位老人很健康；
结论：这位老人很长寿。

本例中小前提中的模糊判断“很长寿”和大前提中的前件“长寿”不是严格一致，而是相近，故不能得到与大前提后件一致的明确结论；其结论应当是与大前提中后件相近的模糊判断。这种结论不是从前提中严格推出来的，而是近似逻辑地推出结论，通常就称为假言推理或似然推理。

3）模糊似然推理

人们如果遇到像“如果 X 小，则 Y 就大”这样的前提，要问“如果 X 很小，Y 将怎样”？我们会自然想到“如果 X 很小，那么 Y 就很大”。人们使用的这种推理方法就被称为模糊似然推理，是一种近似推理方法。对此，模糊集合理论的创始人 L. A. Zadeh 提出以下近似推理理论。

(1)设 $\tilde{\boldsymbol{A}}$ 和 $\tilde{\boldsymbol{B}}$ 分别为论域 X 和 Y 上的模糊集合,它们的隶属函数分别为 $\tilde{\boldsymbol{A}}(x)$ 及 $\tilde{\boldsymbol{B}}(y)$,模糊推理句"若 $\tilde{\boldsymbol{A}}$ 则 $\tilde{\boldsymbol{B}}$"可表示为从 X 到 Y 的一个模糊关系 $\tilde{\boldsymbol{R}}_{\tilde{A}\to\tilde{B}}$,其隶属度为

$$\tilde{\boldsymbol{R}}_{\tilde{A}\to\tilde{B}}(x,y)=[\tilde{\boldsymbol{A}}(x)\wedge\tilde{\boldsymbol{B}}(y)]\vee[1-\tilde{\boldsymbol{A}}(x)]$$

当把模糊关系用模糊关系矩阵 $\tilde{\boldsymbol{R}}_{\tilde{A}\to\tilde{B}}$ 表示,模糊集合 $\tilde{\boldsymbol{A}}$ 和 $\tilde{\boldsymbol{B}}$ 用向量表示时,则有

$$\tilde{\boldsymbol{R}}_{\tilde{A}\to\tilde{B}}=[\tilde{\boldsymbol{A}}\times\tilde{\boldsymbol{B}}]\cup[\tilde{\boldsymbol{A}}\times\boldsymbol{E}] \tag{2-4}$$

式中:$\boldsymbol{E}$ 为代表全域的全称矩阵,其全部元素均为1。

(2)近似推理理论中的似然推理方法。其推理规则为

大前提:　若 $\tilde{\boldsymbol{A}}$ 则 $\tilde{\boldsymbol{B}}$;

小前提:　如今 $\tilde{\boldsymbol{A}}_1$;

结论:$\tilde{\boldsymbol{B}}_1=\tilde{\boldsymbol{A}}_1\circ\tilde{\boldsymbol{R}}_{\tilde{A}\to\tilde{B}}$

$$\tilde{\boldsymbol{B}}_1=\tilde{\boldsymbol{A}}_1\circ\tilde{\boldsymbol{R}}_{\tilde{A}\to\tilde{B}} \tag{2-5}$$

为推理合成规则,算符"∘"代表合成运算。上述推理过程可理解为一个模糊变换器,当输入一个模糊集合 $\tilde{\boldsymbol{A}}_1$ 时,经过模糊变换器 $\tilde{\boldsymbol{R}}_{\tilde{A}\to\tilde{B}}$ 后,输出 $\tilde{\boldsymbol{A}}_1\circ\tilde{\boldsymbol{R}}_{\tilde{A}\to\tilde{B}}$。

4)模糊条件推理

模糊条件推理有两种基本类型,具体如下。

(1)"if $\tilde{\boldsymbol{A}}$ then $\tilde{\boldsymbol{B}}$ else $\tilde{\boldsymbol{C}}$"的模糊条件推理。$\tilde{\boldsymbol{A}}$ 是论域 X 上的模糊集合,$\tilde{\boldsymbol{B}}$ 和 $\tilde{\boldsymbol{C}}$ 是论域 Y 上的模糊集合,则"if $\tilde{\boldsymbol{A}}$ then $\tilde{\boldsymbol{B}}$ else $\tilde{\boldsymbol{C}}$"这样的条件语句可表示为 $(\tilde{\boldsymbol{A}}\to\tilde{\boldsymbol{B}})\cup(\tilde{\boldsymbol{A}}\to\tilde{\boldsymbol{C}})$。它是 $\boldsymbol{X}\times\boldsymbol{Y}$ 上的一个模糊关系 $\tilde{\boldsymbol{R}}$,即

$$\tilde{\boldsymbol{R}}=[\tilde{\boldsymbol{A}}\times\tilde{\boldsymbol{B}}]\cup[\overline{\tilde{\boldsymbol{A}}}\times\overline{\tilde{\boldsymbol{C}}}] \tag{2-6}$$

其中,$\tilde{\boldsymbol{R}}$ 的隶属度可用下式计算,即

$$\tilde{\boldsymbol{R}}(x,y)=[\tilde{\boldsymbol{A}}(x)\wedge\tilde{\boldsymbol{B}}(y)]\vee[(1-\tilde{\boldsymbol{A}}(x)\wedge\tilde{\boldsymbol{C}}(y)]$$

根据推理合成规则,若 $\tilde{\boldsymbol{A}}_1$ 是论域 X 上的模糊集合,$\tilde{\boldsymbol{R}}$ 是论域 $\boldsymbol{X}\times\boldsymbol{Y}$ 上的一个模糊关系,则由 $\tilde{\boldsymbol{A}}_1$ 和 $\tilde{\boldsymbol{R}}$ 可合成模糊集合

$$\tilde{\boldsymbol{B}}_1=\tilde{\boldsymbol{A}}_1\circ\tilde{\boldsymbol{R}} \tag{2-7}$$

(2)"if $\tilde{\boldsymbol{A}}$ and $\tilde{\boldsymbol{B}}$ then $\tilde{\boldsymbol{C}}$"的模糊条件推理设 $\tilde{\boldsymbol{A}}$、$\tilde{\boldsymbol{B}}$、$\tilde{\boldsymbol{C}}$ 分别是论域 X、Y、Z 上的模糊集合,上述模糊条件语句所决定的模糊关系为

$$\tilde{\boldsymbol{R}}=[\tilde{\boldsymbol{A}}\times\tilde{\boldsymbol{B}}]^{\mathrm{T}_1}\times\tilde{\boldsymbol{C}} \tag{2-8}$$

式中:$[\tilde{\boldsymbol{A}}\times\tilde{\boldsymbol{B}}]^{\mathrm{T}_1}$ 为由矩阵 $(\tilde{\boldsymbol{A}}\times\tilde{\boldsymbol{B}})_{n\times m}$ 构成的 $n\times m$ 维列向量。对于这种推理规

则，其推理形式为如果 $\widetilde{\boldsymbol{A}}$ 且 $\widetilde{\boldsymbol{B}}$，则 $\widetilde{\boldsymbol{C}}$；现在 $\widetilde{\boldsymbol{A}}_1$ 且 $\widetilde{\boldsymbol{B}}_1$；结论：则 $\widetilde{\boldsymbol{C}}_1$。根据推理合成规则

$$\widetilde{\boldsymbol{C}}_1=[\widetilde{\boldsymbol{A}}_1\times\widetilde{\boldsymbol{B}}_1]^{T_2}\circ\widetilde{\boldsymbol{R}} \tag{2-9}$$

式中：$[\widetilde{\boldsymbol{A}}_1\times\widetilde{\boldsymbol{B}}_1]^{T_2}$为由矩阵$(\widetilde{\boldsymbol{A}}_1\times\widetilde{\boldsymbol{B}}_1)_{n\times m}$构成的 $n\times m$ 维行向量。

3. 复杂形式模糊条件语句的模糊推理

在模糊控制中，模糊条件语句取决于采用何种控制策略，而模糊条件语句又决定着模糊关系，故由模糊条件语句确定相应的模糊关系是模糊推理的关键，从而也是设计模糊控制器的关键。模糊条件语句有 4 种常见的变形，如下所述。

1）模糊条件语句"if $\widetilde{\boldsymbol{A}}$ and $\widetilde{\boldsymbol{B}}$ then $\widetilde{\boldsymbol{C}}$ else $\widetilde{\boldsymbol{D}}$"

设 $\widetilde{\boldsymbol{A}}$、$\widetilde{\boldsymbol{B}}$、$\widetilde{\boldsymbol{C}}$ 和 $\widetilde{\boldsymbol{D}}$ 分别是论域 X、Y、Z 和 W 上的模糊集合，则上述模糊条件语句所决定的三元模糊关系为 $\widetilde{\boldsymbol{R}}$，即

$$\widetilde{\boldsymbol{R}}=[[\widetilde{\boldsymbol{A}}\times\widetilde{\boldsymbol{B}}]^{T_1}\times\widetilde{\boldsymbol{C}}]\cup[\overline{[\widetilde{\boldsymbol{A}}\times\widetilde{\boldsymbol{B}}]^{T_1}}\times\widetilde{\boldsymbol{D}}]$$

$$\widetilde{\boldsymbol{C}}_1=[\widetilde{\boldsymbol{A}}_1\times\widetilde{\boldsymbol{B}}_1]^{T_2}\circ\widetilde{\boldsymbol{R}}$$

2）模糊条件语句"if $\widetilde{\boldsymbol{A}}$ and $\widetilde{\boldsymbol{B}}$ and $\widetilde{\boldsymbol{C}}$ then $\widetilde{\boldsymbol{D}}$"

设 $\widetilde{\boldsymbol{A}}$、$\widetilde{\boldsymbol{B}}$、$\widetilde{\boldsymbol{C}}$ 和 $\widetilde{\boldsymbol{D}}$ 分别是论域 X、Y、Z 和 W 上的模糊集合，则上述模糊条件语句所决定的是一个三输入单输出的四元模糊关系为 $\widetilde{\boldsymbol{R}}$，即

$$\widetilde{\boldsymbol{R}}=[\widetilde{\boldsymbol{A}}\times\widetilde{\boldsymbol{B}}\times\widetilde{\boldsymbol{C}}]^{T_1}\times\widetilde{\boldsymbol{D}}$$

$$\widetilde{\boldsymbol{D}}_1=[\widetilde{\boldsymbol{A}}_1\times\widetilde{\boldsymbol{B}}_1\times\widetilde{\boldsymbol{C}}_1]^{T_2}\circ\widetilde{\boldsymbol{R}}$$

3）模糊条件语句"if $\widetilde{\boldsymbol{A}}$ or $\widetilde{\boldsymbol{B}}$ then $\widetilde{\boldsymbol{C}}$ or $\widetilde{\boldsymbol{D}}$"

设 $\widetilde{\boldsymbol{A}}$ 和 $\widetilde{\boldsymbol{B}}$ 是论域 X 上的模糊集合，$\widetilde{\boldsymbol{C}}$ 和 $\widetilde{\boldsymbol{D}}$ 分别是论域 Y 上的模糊集合，则上述模糊条件语句所决定的是 $\boldsymbol{X}\times\boldsymbol{Y}$ 论域上的二元模糊关系 $\widetilde{\boldsymbol{R}}$，即

$$\widetilde{\boldsymbol{R}}=[(\widetilde{\boldsymbol{A}}\cup\widetilde{\boldsymbol{B}})\times(\widetilde{\boldsymbol{C}}\cup\widetilde{\boldsymbol{D}})]\cup[\overline{(\widetilde{\boldsymbol{A}}\cup\widetilde{\boldsymbol{B}})}\times\boldsymbol{E}]$$

$$\widetilde{\boldsymbol{C}}_1=\widetilde{\boldsymbol{A}}_1\circ\widetilde{\boldsymbol{R}}$$

4）模糊条件语句"if $\widetilde{\boldsymbol{A}}$ and $\widetilde{\boldsymbol{B}}$ then $\widetilde{\boldsymbol{C}}$ and $\widetilde{\boldsymbol{D}}$"

相当于"if $\widetilde{\boldsymbol{A}}$ and $\widetilde{\boldsymbol{B}}$ then $\widetilde{\boldsymbol{C}}$"和"if $\widetilde{\boldsymbol{A}}$ and $\widetilde{\boldsymbol{B}}$ then $\widetilde{\boldsymbol{D}}$"两套控制策略，分别对应于

$$\widetilde{\boldsymbol{R}}_1=[\widetilde{\boldsymbol{A}}\times\widetilde{\boldsymbol{B}}]^{T_1}\times\widetilde{\boldsymbol{C}}$$

$$\widetilde{\boldsymbol{C}}_1=[\widetilde{\boldsymbol{A}}_1\times\widetilde{\boldsymbol{B}}_1]^{T_2}\circ\widetilde{\boldsymbol{R}}_1$$

$$\widetilde{\boldsymbol{R}}_2=[\widetilde{\boldsymbol{A}}\times\widetilde{\boldsymbol{B}}]^{T_1}\times\widetilde{\boldsymbol{D}}$$

$$\widetilde{\boldsymbol{C}}_2=[\widetilde{\boldsymbol{A}}_1\times\widetilde{\boldsymbol{B}}_1]^{T_2}\circ\widetilde{\boldsymbol{R}}_2$$

第3章

面向形象思维的建模与仿真

3.1 连接主义学派研究成果概述

以人工神经网络为代表的连接主义的出发点是对脑神经系统结构及其计算机制的初步模拟。连接主义学派研制了人工神经细胞、人工神经网络模型、脑模型，在模拟人脑的形象思维方面开辟了新的途径。人工神经网络从信息处理的角度对生物脑神经网络进行抽象，用数理方法建立某种类脑模型，但这种模型远不是人脑神经网络的真实写照，而只是对它的简化、抽象与模拟。但这种简化的拟脑模型能反映人脑神经网络的基本特性，它们在模式识别、系统辨识、信号处理、自动控制、组合优化、预测预估、故障诊断、医学与经济学等领域，成功地解决了传统方法难以解决的实际问题，特别是在直觉和形象思维信息处理方面，取得了良好的效果，具有拟人智能特性和广阔的应用前景。

3.1.1 神经网络：基于神经细胞连接机理的拟脑仿智模型

神经细胞是构筑神经系统和人脑的基本单元，具有结构和功能的自组织、自协调特性，通过可塑的突触耦合，实现神经细胞之间的连接和通信，组成有机的、复杂的神经网络和人脑。人工神经网络是由人工神经细胞的相互连接所组成的，模拟生物神经网络结构的，具有拟人学习、联想、记忆和识别等智能信息处理功能的，基于神经细胞连接机理的拟脑模型。

1943 年，W. Mcculloch 和 W. Pitts 在分析、总结生物神经细胞基本性能的基础上，首先提出的人工神经细胞模型，被称为 M－P 模型。20 世纪 50 年代末，F. Rosenblatt 研究制作了“感知机”(perceptron)，它是一种基于浅层人工神经网络的脑模型,由于其权值自学习能力引起了巨大关注,首次使人工神经网络从理论研究走向工程实践。当时,国际上许多实验室仿效制作感知机,分别用于文字识别、声音识别、声纳信号识别及学习记忆方面。但是,由于简单感知机在理论上的局限性以及当时电子技术条件的限制,60 年代落下低谷。60 年代初,B. Widrow 提出了自适应线性元件网络。70 年代,日本学者研制了"认知机"(cognitron)、"联想机"(associatron)。80 年代初期,美国物理学家 J. J. Hopfield 提出了全互联的 Hopfield 神经网络,给出了"旅行商"难题的最优结果;反向传播多层感知机 BP 神经网络的研究开发,突破了简单感知机在理论上的局限性,引起了巨大的反响。人们重新认识到人工神经网络的潜力和应用价值,形成了 90 年代人工神经网络的研究开发及应用的新高潮。

辛顿的深度神经网络和深度学习算法提出之后,随着 GPU 并行计算的推广和大数据的出现,在大规模数据上训练多层神经网络成为可能,从而大大提升了神经网络的学习和泛化能力。然而,增加层数的人工神经网络仍然是脑神经系统的粗糙模拟,且其学习的灵活性仍远逊于人脑。

在人工神经网络的研究中,大多数学者主要关心提升网络学习的性能。Poggio 及其合作者的工作是人工神经网络向更类脑方向发展的典范,特别是其模仿人类视觉信息处理通路构建的 HMAX 模型上的一系列工作。此外,Bengio 及其合作者融合了脑的基底神经节与前额叶的信息处理机制,提出了类脑强化学习,也是人工神经网络向更类脑的方向发展有较大影响力的工作。加拿大滑铁卢大学 Eliasmith 团队的 SPAUN 脑模拟器是多脑区协同计算领域标志性的工作。由 Hawkins 提出的分层时序记忆(hierarchical temporal memory)模型更为深度地借鉴了脑信息处理机制,主要体现在该模型借鉴了脑皮层的 6 层组织结构及不同层次神经元之间的信息传递机制、皮质柱的信息处理原理等。

3.1.2 元胞自动机:基于神经细胞自进化自组织机制的拟脑仿智模型

1956 年,Von Neumann 在算法理论和信息理论综合研究的基础上,提出了元胞自动机(cellular automaton,CA)。其后,S. Wolfram 对元胞自动机的基本性质做了更系统的阐述和进一步的拓展,可用于模拟自然生物系统与生命活动过程的自进化、自组织现象,如,用数学生命对遗传、变异、进化、生长过程和现象,进行计算机仿真;用不同的自进化规则、自组织方法,可构建各种不同的拟脑"模型。

20 世纪 80 年代末、90 年代初,美国麻省理工学院研制了基于元胞自动机的多处理器计算机 CAM8,为用自进化、自组织方法组建基于元胞自动机的拟脑模型,提供了实现方法与技术。日本京都现代通信研究所的“元胞自动机 - 仿脑计划”(CAM - brain machine project),研究开发了机器猫的“拟脑”系统,包含约 3770 万个用电子器件实现的“人工神经细胞”。通过模拟自然脑的生物演化过程可提高机器猫人工脑的学习能力,以达到执行特定任务的目的,其智商可与小猫媲美。

3.1.3　神经计算机:基于神经科学与计算机技术的拟脑仿智模型

关于人工神经网络模型和算法的理论分析和硬件实现技术的大量研究开发工作,为“神经计算机”(neural computer)走向应用,提供了科学技术和物质基础。人们期望神经计算机重建电脑的形象,极大地提高海量信息处理速度和能力,在更多方面取代传统计算机。

许多专家认为,第六代电子计算机是模仿人脑判断能力和适应能力,并具有可并行处理多种数据功能的“神经计算机”。与基于知识信息处理的第五代计算机不同,神经计算机的信息不是存在存储器中,而是存储在神经细胞之间的联络网中。若有节点断裂,仍有重建资料的能力。此外,它还具有联想记忆、视觉和声音识别能力。神经计算机可以识别对象的性质与状态,并能采取相应的行动,而且可同时并行处理实时变化的海量数据,并迅速得出结论。传统的信息处理系统只能处理条理清晰、界限分明的数据。而人脑却具有能处理支离破碎、含糊不清信息的灵活性,人们曾期待“第六代电子计算机”具有类似人脑的智慧和灵活性。

据报道,1990 年,日本理光公司宣布:研制出一种具有学习功能的大规模集成电路“神经 LST”。这是一种模仿人脑的神经细胞的芯片,每块芯片上载有一个神经元,把所有芯片连接起来构成神经网络,利用生物的神经信息传送方式,其信息处理速度为每秒 90 亿次。日本富士通研究所开发的神经计算机,每秒更新数据速度近千亿次。日本电气公司推出一种神经网络声音识别系统,能够识别出不同人的声音,正确率达 99.8%。美国有报道称,研究出一种由左脑和右脑两个神经块连接而成的神经计算机,右脑为经验功能部分,有 1 万多个神经元,适用于图像识别;左脑为识别功能部分,含有 100 万个神经元,适用于存储单词和语法规则。纽约、迈阿密和伦敦的飞机场已经用神经电脑来检查爆炸物,每小时可查 600 ~ 700 件行李,检出率为 95%,误差率为 2%。神经计算机将会广泛应用于各领域,例如,识别文字、符号、图形、语言以及声纳和雷达收到的信号,判读支票,对市场进行估计,分析新产品,进行医学诊断,控制智能机器人,实现汽车和飞行器的自动驾驶,发现和识别军事目标,进行智能决策和智能指挥等。

3.2 神经网络的模型

3.2.1 神经元模型

人工神经网络是在现代神经生物学研究基础上提出的一种模拟生物过程、反映人脑某些特性的计算结构。它不是人脑神经系统的真实描写,而只是对它的某种抽象、简化和模拟。神经元及其突触是神经网络的基本器件,因此,模拟生物神经网络应首先模拟生物神经元。在人工神经网络中,神经元常被称为"处理单元"。有时从网络的观点出发常把它称为"节点"。人工神经元是对生物神经元的一种形式化描述,它对生物神经元的信息处理过程进行抽象,并用数学语言予以描述;对生物神经元的结构和功能进行模拟,并用模型图予以表达。

1. 神经元的建模

目前人们提出的神经元模型已有很多,其中最早提出且影响最大的,是1943年心理学家McCulloch和数学家W. Pitts在分析总结神经元基本特性的基础上首先提出的M－P模型。该模型经过不断改进后,形成目前广泛应用的形式神经元模型。关于神经元的信息处理机制,该模型在简化的基础上提出以下6点假定进行描述。

(1)每个神经元都是一个多输入单输出的信息处理单元;

(2)神经元输入分兴奋性输入和抑制性输入两种类型;

(3)神经元具有空间整合特性和阈值特性;

(4)神经元输入与输出间有固定的时滞,主要取决于突触时延;

(5)忽略时间整合作用和不应期;

(6)神经元本身是非时变的,即其突触时延和突触强度均为常数。

显然,上述假定是对生物神经元信息处理过程的简化和概括,它清晰地描述了生物神经元信息处理的特点,而且便于进行形式化表达。下面根据上述假定,对神经元进行形式化描述,即建立神经元的人工膜型,包括图解表达和公式表达两种形式。

图解表达可用图3－1中的神经元模型示意图表示。

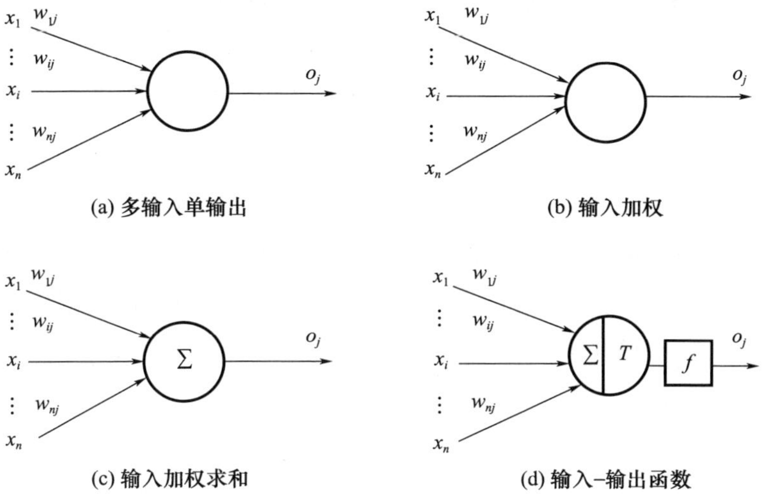

图 3-1　神经元模型示意图

图 3-1(a)表明，正如生物神经元有许多激励输入一样，人工神经元也应该有许多的输入信号(图中每个输入的大小用确定数值 x_i 表示)，它们同时输入神经元 j，输出也同生物神经元一样仅有一个，用 o_j 表示神经元输出。图 3-1(b)表明，生物神经元具有不同的突触性质和突触强度，其对输入的影响是使有些输入在神经元产生脉冲输出过程中所起的作用比另外一些输入更为重要。图中对神经元的每一个输入都有一个加权系数 w_{ij}，称为权重值，其正负模拟了生物神经元中突触的兴奋和抑制，其大小则代表了突触的不同连接强度。图 3-1(c)表示作为人工神经网络的基本处理单元，必须对全部输入信号进行整合，以确定各类输入的作用总效果，组合输入信号的“总和值”相应于生物神经元的膜电位。图 3-1(d)表示神经元激活与否取决于某一阈值电平，即只有当其输入总和超过阈值 T 时，神经元才被激活而发放脉冲，否则神经元不会产生输出信号。输出与输入之间的对应关系可用某种函数 f 来表示，这种函数一般都是非线性的。

2. 神经元的数学模型

上述内容可用一个数学表达式进行抽象与概括。令 $x_i(t)$ 表示 t 时刻神经元 j 接收的来自神经元 i 的输入信息，$o_j(t)$ 表示 t 时刻神经元 j 的输出信息，则神经元 j 的状态可表达为

$$o_j(t) = f\left\{\left[\sum_{i=1}^{n} w_{ij}x_i(t-\tau_{ij})\right] - T_j\right\} \tag{3-1}$$

式中：τ_{ij}为输入输出间的突触时延；T_j为神经元j的阈值；w_{ij}为神经元i到j的突触连接系数或称权重值；$f(\ )$为神经元转移函数。

为简单起见，将式(3-1)中的突触时延取为单位时间，则式(3-1)可写为

$$o_j(t+1)=f\left\{\left[\sum_{i=1}^{n}w_{ij}x_i(t)\right]-T_j\right\} \tag{3-2}$$

式(3-2)描述的神经元数学模型全面表达了神经元模型的6点假定。其中输入x_i的下标$i=1,2,\cdots,n$，输出o_j的下标j体现了神经元模型假定(1)中的“多输入单输出”。权重值w_{ij}的正负体现了假定(2)中“突触的兴奋与抑制”。T_j代表假定(3)中神经元的“阈值”；“输入总和”常称为神经元在t时刻的净输入，用

$$net'_j(t)=\sum_{i=1}^{n}w_{ij}x_i(t) \tag{3-3}$$

表示，$\text{net}'_j(t)$体现了神经元j的空间整合特性而未考虑时间整合，当$net'_j(t)-T_j>0$时，神经元才能被激活。$o_j(t+1)$与$x_i(t)$之间的单位时差意味着所有神经元具有相同的、恒定的工作节律，对应于假定(4)中的“突触延搁”；w_{ij}与时间无关体现了假定(6)中神经元的“非时变”。

为简便起见，在后面用到式(3-3)时，常将其中的(t)省略。式(3-3)还可表示为权重向量$\boldsymbol{W}_j$和输入向量$\boldsymbol{X}$的点积，即

$$\text{net}'_j=\boldsymbol{W}_j^{\mathrm{T}}\boldsymbol{X} \tag{3-4}$$

其中$\boldsymbol{W}_j$和$\boldsymbol{X}$均为列向量，定义为

$$\boldsymbol{W}_j=(w_{1j}w_{2j}\cdots w_{nj})^{\mathrm{T}}$$

$$\boldsymbol{X}=(x_1x_2\cdots x_n)^{\mathrm{T}}$$

如果令$x_0=-1$，$w_{0j}=T_j$，则有$-T_j=x_0w_{0j}$，因此净输入与阈值之差可表达为

$$\text{net}'_j-T_j=\text{net}_j=\sum_{i=0}^{n}w_{ij}x_i=\boldsymbol{W}_j^{\mathrm{T}}\boldsymbol{X} \tag{3-5}$$

显然，式(3-4)中列向量$\boldsymbol{W}_j$和$\boldsymbol{X}$的第一个分量的下标均从1开始，而式(3-5)中则从0开始。采用式(3-5)的约定后，净输入改写为net_j，与原来的区别是包含了阈值。综合以上各式，神经元模型可简化为

$$o_j=f(\text{net}_j)=f(\boldsymbol{W}_j^{\mathrm{T}}\boldsymbol{X}) \tag{3-6}$$

3. 神经元的转移函数

神经元的各种不同数学模型的主要区别在于采用了不同的转移函数（亦称激励函数或传输函数），从而使神经元具有不同的信息处理特性。神经元的信

息处理特性是决定人工神经网络整体性能的三大要素之一，因此转移函数的研究具有重要意义。神经元的转移函数反映了神经元输出与其激活状态之间的关系，最常用的转移函数有以下 4 种形式。

1）阈值型转移函数

图 3－2 给出两种阈值型转移函数，图 3－2(a)所示为单极性阈值型转移函数，采用单位阶跃函数，即

$$f(x)=\begin{cases}1 & (x\geqslant 0)\\ 0 & (x<0)\end{cases} \tag{3-7}$$

具有这一作用方式的神经元称为阈值型神经元，这是神经元模型中最简单的一种，经典的 M－P 模型就属于这一类。图 3－2(b)所示为双极性阈值型转移函数，采用符号函数，即

$$\operatorname{sgn}(x)=\begin{cases}1 & (x\geqslant 0)\\ -1 & (x<0)\end{cases} \tag{3-8}$$

这是神经元模型中常用的一种，许多处理离散信号的神经网络采用符号函数作为转移函数。阈值型函数中的自变量 x 代表 net'_j-T_j，即当 $\mathrm{net}'_j\geqslant T_j$时，神经元为兴奋状态，输出为 1；当 $net'_j<T_j$时，神经元为抑制状态，输出为 0 或 －1。

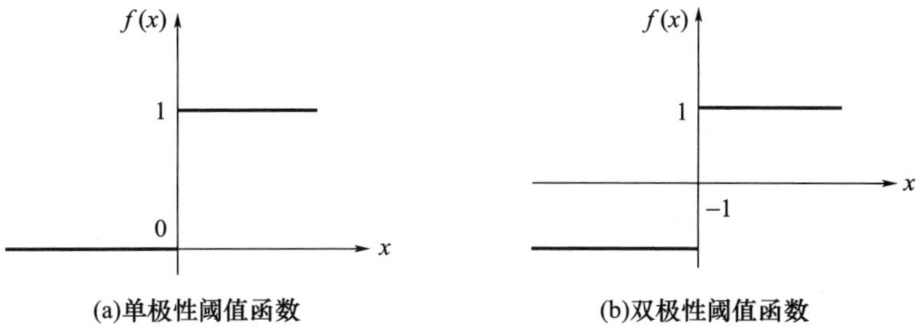

图 3－2　阈值型转移函数

2）非线性转移函数

非线性转移函数为实数域 **R** 到[0.1]闭集的非减连续函数，代表了状态连续型神经元模型。最常用的非线性转移函数是单极性 Sigmoid 函数曲线，简称 S 型函数，其优点是函数本身及其导数都是连续的，因而在处理上十分方便，缺点是具有饱和特性，造成梯度下降缓慢甚至消失。单极性 S 型函数定义为

$$f(x)=\frac{1}{1+e^{-x}} \tag{3-9}$$

有时也常采用双极性 S 型函数等形式

$$f(x)=\frac{2}{1+e^{-x}}-1=\frac{1-e^{-x}}{1+e^{-x}} \tag{3-10}$$

S 型函数其曲线特点见图 3-3。

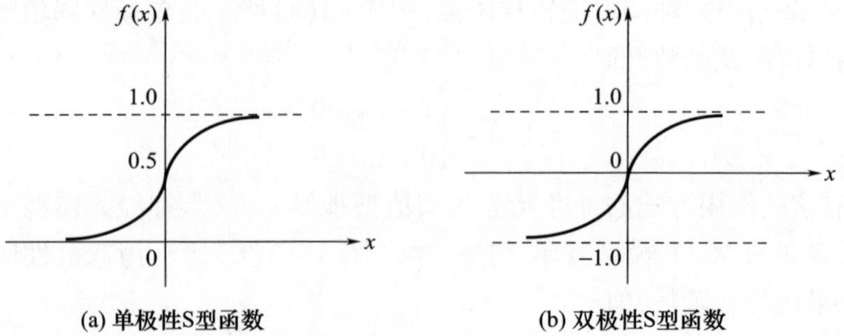

图 3-3 Sigmoid 转移函数

3）分段线性转移函数

该函数的特点是神经元的输入与输出在一定区间内满足线性关系。由于具有分段线性的特点，因而在实现上比较简单。这类函数也称为线性整流函数（Rectified Linear Unit，ReLU）。单极性的 ReLU 函数表达式为

$$f(x)=\begin{cases}0 & (x\leqslant 0)\\ cx & (0<x\leqslant x_c)\\ 1 & (x_c<x)\end{cases} \tag{3-11}$$

图 3-4 给出该函数曲线。

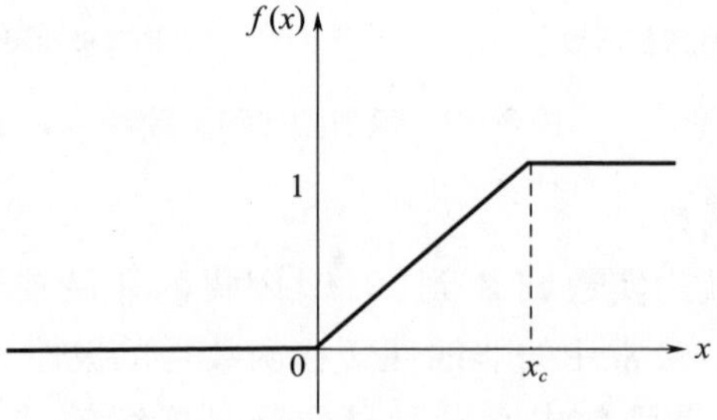

图 3-4 ReLU 转移函数

4）概率型转移函数

采用概率型转移函数的神经元模型其输入与输出之间的关系是不确定的，

需用一个随机函数来描述其输出状态为 1 或为 0 的概率。设神经元输出为 1 的概率为

$$P(1)=\frac{1}{1+e^{-x/T}} \tag{3-12}$$

式中:T 称为温度参数。由于采用该转移函数的神经元输出状态分布与热力学中的玻耳兹曼(Boltzmann)分布相类似,因此这种神经元模型也称为热力学模型。

3.2.2 神经网络模型

大量神经元组成庞大的神经网络,才能实现对复杂信息的处理与存储,并表现出各种优越的特性。神经网络的强大功能与其大规模并行互连、非线性处理以及互连结构的可塑性密切相关。因此必须按一定规则将神经元连接成神经网络,并使网络中各神经元的连接权按一定规则变化。生物神经网络由数以亿计的生物神经元连接而成,而人工神经网络限于物理实现的困难和为了计算简便,是由相对少量的神经元按一定规律构成的网络。人工神经网络中的神经元常称为节点或处理单元,每个节点均具有相同的结构,其动作在时间和空间上均同步。

人工神经网络的模型很多,可以按照不同的方法进行分类。其中常见的两种分类方法是,按网络连接的拓扑结构分类和按网络内部的信息流向分类。

1. 网络拓扑结构类型

神经元之间的连接方式不同,网络的拓朴结构也不同。根据神经元之间连接方式,可将神经网络结构分为两大类:

1)层次型结构

具有层次型结构的神经网络将神经元按功能分成若干层,如输入层、中间层(也称为隐层)和输出层,各层顺序相连,如图 3-5 所示。输入层各神经元负责接收来自外界的输入信息,并传递给中间各隐层神经元;隐层是神经网络的内部信息处理层,负责信息变换,根据信息变换能力的需要,隐层可设计为一层或多层;最后一个隐层传递到输出层各神经元的信息经进一步处理后即完成一次信息处理,由输出层向外界(如执行机构或显示设备)输出信息处理结果。

层次型网络结构有两种典型的结合方式:①单纯型层次网络结构,在图 3-5 所示的层次型网络中,神经元分层排列,各层神经元接收前一层输入并输出到下

一层,层内神经元自身以及神经元之间不存在连接通路。②输出层到输入层有连接的层次网络结构,图 3 - 6 所示为输入层到输出层有连接路径的层次型网络结构。其中输入层神经元既可接收输入,也具有信息处理功能。

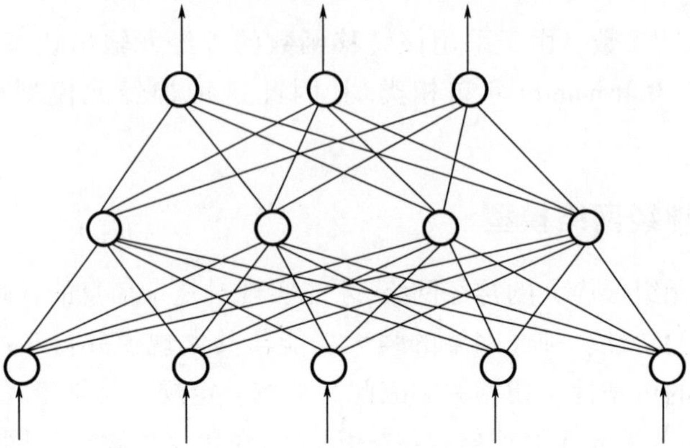

图 3 - 5　层次型网络结构

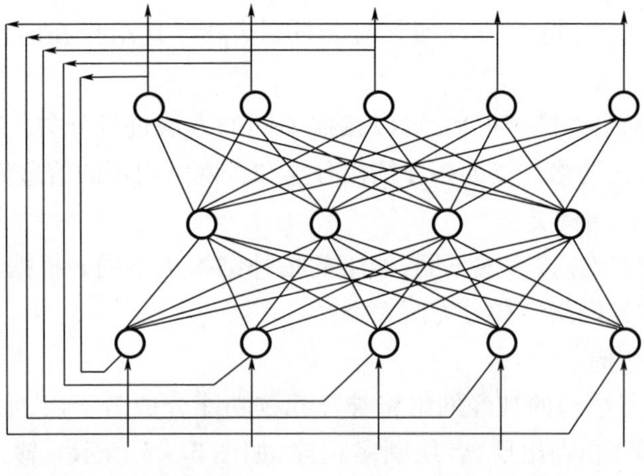

图 3 - 6　输出层到输入层有连接的层次型网络结构

2)互连型结构

对于互连型网络结构,网络中任意两个节点之间都可能存在连接路径,因此可以根据网络中节点的互连程度将互连型网络结构细分为 3 种情况:①全互连型,网络中的每个节点均与所有其他节点连接,如图 3 - 7 所示;②局部互连型,网络中的每个节点只与其邻近的节点有连接,如图 3 - 8 所示;③稀疏连接型,网络中的节点只与少数相距较远的节点相连。

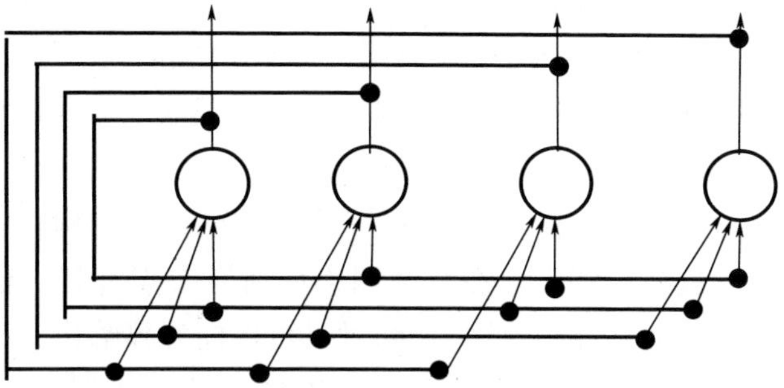

图3-7　全互连型网络结构示意图

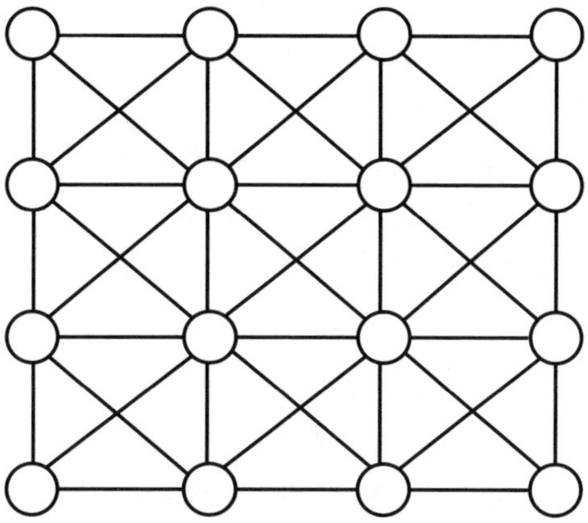

图3-8　局部互连型网络结构示意图

2. 网络信息流向类型

根据神经网络内部信息传递方向来分,有以下两种类型。

1)前馈型网络

单纯前馈型网络的结构特点与图3-5中所示的层次网络完全相同,前馈是因网络信息处理的方向是从输入层到各隐层再到输出层逐层进行而得名。从信息处理能力看,网络中的节点可分为两种:一种是输入节点,只负责从外界引入信息后向前传递给第一隐层;另一种是具有处理能力的节点,包括各隐层和输出层节点。前馈网络中除输出层外,任一层的输出是下一层的输入,信息的处理具有逐层传递进行的方向性,一般不存在反馈环路。因此这类网络很容易串联起来建立多层前馈网络。

多层前馈网络可用一个有向无环路的图表示。其中输入层常记为网络的第一层,第一个隐层记为网络的第二层,其余类推。所以,当提到具有单层计算神经元的网络时,指的应是一个两层前馈网络(输入层和输出层),当提到具有单隐层的网络时,指的应是一个三层前馈网络(输入层、隐层和输出层)。

2)反馈型网络

单纯反馈型网络的结构特点与图3－7中所示的网络结构完全相同,称为反馈网络是指其信息流向的特点。在反馈网络中所有节点都具有信息处理功能,而且每个节点既可以从外界接收输入,同时又可以向外界输出。

上面介绍的分类方法、结构形式和信息流向只是对目前常见的网络结构的概括和抽象。实际应用的神经网络可能同时兼有其中一种或几种形式。

神经网络的拓扑结构是决定神经网络特性的第二大要素,其特点可归纳为分布式存储记忆与分布式信息处理、高度互连性、高度并行性和结构可塑性。

3. 神经网络仿智的主要特点

神经网络是基于对人脑组织结构、活动机制的初步认识提出的一种类脑仿智信息处理体系。通过模仿脑神经系统的组织结构以及某些活动机理,神经网络可呈现出人脑的许多特征,并呈现出一些具有人脑形象思维风格的基本智能。

1)结构特点——并行处理、分布式存储与容错性

神经网络是由大量简单处理元件相互连接构成的高度并行的非线性系统,具有大规模并行性处理特征。虽然每个处理单元的功能十分简单,但大量简单处理单元的并行活动使网络呈现出丰富的功能并具有较快的速度。结构上的并行性使神经网络的信息存储必然采用分布式方式,即信息不是存储在网络的某个局部,而是分布在网络所有的连接权中。一个神经网络可存储多种信息,其中每个神经元的连接权中存储的是多种信息的一部分。当需要获得已存储的知识时,神经网络在输入信息激励下采用“联想”的办法进行回忆,因而具有联想记忆功能。神经网络内在的并行性与分布性表现在其信息的存储与处理都是空间上分布、时间上并行的。这两个特点必然使神经网络在两个方面表现出良好的容错性:一方面,由于信息的分布式存储,当网络中部分神经元损坏时不会对系统的整体性能造成影响,这一点就像人脑中每天都有神经细胞正常死亡而不会影响大脑的功能一样;另一方面,当输入模糊、残缺或变形的信息时,神经网络能通过联想恢复完整的记忆,从而实现对不完整输入信息的正确识别,这一特点就像人可以对不规范的手写字进行正确识别一样。

2)能力特点——自学习、自组织与自适应性

自适应性是指一个系统能改变自身的性能以适应环境变化的能力,它是神经网络的一个重要特征。自适应性包含自学习与自组织两层含义。神经网络的自学习是指当外界环境发生变化时,经过一段时间的训练或感知,神经网络能通过自动调整网络结构参数,使得对于给定输入能产生期望的输出,训练是神经网络学习的途径,因此经常将学习与训练两个词混用。神经系统能在外部刺激下按一定规则调整神经元之间的突触连接,逐渐构建起神经网络,这一构建过程称为网络的自组织(或称重构)。神经网络的自组织能力与自适应性相关,自适应性是通过自组织实现的。

3.3　神经网络的学习与训练

人类具有学习能力。从行为主义的观点看,人的知识和智慧是在不断的学习与实践中逐渐形成和发展起来的。关于学习,可定义为:“根据与环境的相互作用而发生的行为改变,其结果导致对外界刺激产生反应的新模式的建立”。

学习过程离不开训练,学习过程就是一种经过训练而使个体在行为上产生较为持久改变的过程。例如,游泳等体育技能的学习需要反复的训练才能提高,数学等理论知识的掌握需要通过大量的习题进行练习。一般来说,学习效果随着训练量的增加而提高,这就是通过学习获得的进步。

关于学习的神经机制,涉及神经元如何分布、处理和存储信息。这样的问题单用行为研究是不能回答的,必须把研究深入到细胞和分子水平。正如两位心理学家 D. Hebb 和 J. Konorski 提出的,学习和记忆一定包含有神经回路的变化。因此,从生理学角度看,学习涉及的记忆与思维等心理功能,均归因于神经细胞组群的活动。在大脑中,要建立功能性的神经元连接,突触的形成是关键。神经元之间的突触联系,其基本部分是先天就有的,从而构成个体在某一方面的学习优势或天赋。但其他部分则是由于在后天的学习过程中频繁地给予刺激而成长起来的。突触的形成、稳定与修饰均与刺激有关,随着外界给予的刺激性质不同,能形成和改变神经元间的突触联系。

正如人脑的智能是不同突触分布的宏观表现,人脑的学习能力即形成和改变突触联系的能力,人工神经网络的功能特性和智能体现由其连接的拓扑结构和突触连接强度,即连接权值决定。神经网络的全体连接权值可用一个矩阵 $\boldsymbol{W}$ 表示,其整体反映了神经网络对于所解决问题的知识存储。神经网络能够通过

对样本的学习训练,不断改变网络的连接权值以及拓扑结构,以使网络的输出不断地接近期望的输出。这一过程称为神经网络的学习或训练,其本质是可变权值的动态调整。神经网络的学习方式是决定神经网络信息处理性能的第三大要素,因此有关学习的研究在神经网络研究中具有重要地位。改变权值的规则称为学习规则或学习算法(也称训练规则或训练算法),在单个处理单元层次,无论采用哪种学习规则进行调整,其算法都十分简单。但当大量处理单元集体进行权值调整时,网络就呈现出"智能"特性,其中有意义的信息就分布地存储在调节后的权值矩阵中。

3.3.1 常用学习方式

神经网络的学习算法很多,根据学习方式可将神经网络的学习算法归纳为两类:监督学习(早期称为导师学习),无监督学习(无导师学习)。

1. 监督学习

监督学习采用的是纠错规则。在学习训练过程中需要不断给网络成对提供一个输入模式和一个期望网络正确输出的模式,称为"教师信号"或"标签"。将神经网络的实际输出同期望输出进行比较,当网络的输出与期望的教师信号不符时,根据差错的方向和大小按一定的规则调整权值,以使下一步网络的输出更接近期望结果。对于有导师学习,网络在能执行工作任务之前必须先经过学习,当网络对于各种给定的输入均能产生所期望的输出时,即认为网络已经在导师的训练下"学会"了训练数据集中包含的知识和规则,可以用来进行工作了。

在监督学习过程中,提供给神经网络学习的外部指导信息越多,神经网络学会并掌握的知识越多,解决问题的能力也就越强。但是,有时神经网络所解决的问题的先验信息很少,甚至没有,这种情况下无监督学习就显得更有实际意义。

2. 无监督学习

无监督学习过程中,需要不断向网络提供动态输入信息,网络能根据特有的内部结构和学习规则,在输入信息流中发现任何可能存在的模式和规律,同时能根据网络的功能和输入信息调整权值,这个过程称为网络的自组织,其结果是使网络能对属于同一类的模式进行自动分类。在这种学习模式中,网络的权值调整不取决于外来教师信号的影响,可以认为网络的学习评价标准隐含于网络的内部。

某些反馈型神经网络的权值不是通过学习过程获得的,需要将网络的权值设计成能记忆某些特定的例子。当向网络输入有关该例子的信息时,例子便被回忆起来。这样的学习不妨称为“灌输式”学习，灌输式学习中网络的权值一旦设计好就不再变动，因此其学习是一次性的，而不是一个训练过程。

3.3.2　常用学习规则

神经网络的运行一般分为学习阶段和工作两个阶段。学习是通过训练实现的，因此又称为训练阶段，其目的是从训练数据中提取隐含的知识和规律，并存储于网络中供工作阶段使用。

可以认为，一个神经元是一个自适应单元，其权值可以根据它所接收的输入信号、它的输出信号以及对应的监督信号进行调整。日本著名神经网络学者 Amari 于 1990 年提出一种神经网络权值调整的通用学习规则，该规则的图解表示见图 3 - 9。

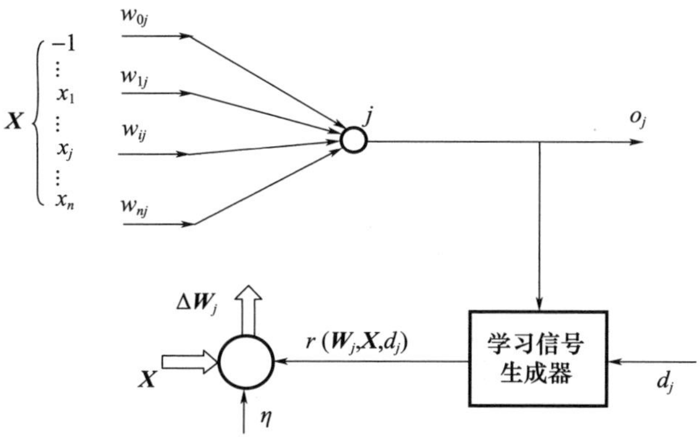

图 3 - 9　权值调整的一般情况

图 3 - 9 中的神经元 j 是神经网络中的某个节点，其输入用向量 $\boldsymbol{X}$ 表示，该输入可以来自网络外部，也可以来自其他神经元的输出。第 i 个输入与神经元 j 的连接权值用 w_{ij} 表示，连接到神经元 j 的全部权值构成了权向量 $\boldsymbol{W}_j$。应当注意的是，该神经元的阈值 $\boldsymbol{T}_j = w_{0j}$，对应的输入分量 x_0 恒为 -1。图中，$r = r(\boldsymbol{W}_j, \boldsymbol{X}, \boldsymbol{d}_j)$ 代表学习信号，该信号通常是 $\boldsymbol{W}_j$ 和 $\boldsymbol{X}$ 的函数，而在有导师学习时，它也是教师信号 d_j 的函数。通用学习规则可表达为：权向量 $\boldsymbol{W}_j$ 的在 t 时刻的调整量 $\Delta \boldsymbol{W}_j(t)$ 与 t 时刻的输入向量 $\boldsymbol{X}(t)$ 和学习信号 r 的乘积成正比。用数学式表示为

$$\Delta \boldsymbol{W}_j = \eta r[\boldsymbol{W}_j(t), \boldsymbol{X}(t), d_j(t)]\boldsymbol{X}(t) \tag{3-13}$$

式中：η 为正数，称为学习常数，其值决定了学习速率。基于离散时间调整时，下一时刻的权向量应为

$$W_j(t+1)=W_j(t)+\eta r[W_j(t),X(t),d_j(t)]X(t) \tag{3-14}$$

不同的学习规则对 $r(W_j,X,d_j)$ 有不同的定义，从而形成各种各样的神经网络。下面对常用学习算法做一简要介绍，其具体应用将在后续各章中展开。

1. Hebb 学习规则

1949 年，心理学家 D. O. Hebb 最早提出了关于神经网络学习机理的“突触修正”的假设。该假设指出，当神经元的突触前膜电位与后膜电位同时为正时，突触传导增强，当前膜电位与后膜电位正负相反时，突触传导减弱。也就是说，当神经元 i 与神经元 j 同时处于兴奋状态时，两者之间的连接强度应增强。根据该假设定义的权值调整方法，称为 Hebb 学习规则。

在 Hebb 学习规则中，学习信号简单地等于神经元的输出，即

$$r=f(W_j^{\mathrm{T}}X) \tag{3-15}$$

权向量的调整公式为

$$\Delta W_j=\eta f(W_j^{\mathrm{T}}X)X \tag{3-16a}$$

权向量中，每个分量的调整为

$$\begin{aligned}\Delta w_{ij}&=\eta f(W_j^{\mathrm{T}}X)x_i\\&=\eta\, o_j x_i\quad(i=0,1,\cdots,n)\end{aligned} \tag{3-16b}$$

式(3-16)表明，权值调整量与输入输出的乘积成正比。显然，经常出现的输入模式将对权向量有最大的影响。在这种情况下，Hebb 学习规则需预先设置权饱和值，以防止输入和输出正负始终一致时出现权值无约束增长。

此外，要求权值初始化，即在学习开始前($t=0$)，先对 $W_j(0)$ 赋予零附近的小随机数。

Hebb 学习规则代表一种纯前馈、无导师学习。该规则至今仍在各种神经网络模型中起着重要作用。

2. 感知器学习规则

1958 年，美国学者 Frank Rosenblatt 首次定义了一个具有单层计算单元的神经网络结构，称为感知器(perceptron)。感知器的学习规则规定，学习信号等于神经元期望输出(教师信号)与实际输出之差，即

$$r=d_j-o_j \tag{3-17}$$

式中：d_j 为期望的输出，$o_j=f(W_j^{\mathrm{T}}X)$。感知器采用了与阈值转移函数类似的符号转移函数，其表达为

$$f(W_j^{\mathrm{T}}X)=\mathrm{sgn}(W_j^{\mathrm{T}}X)=\begin{cases}1 & (W_j^{\mathrm{T}}X\geqslant 0)\\-1 & (W_j^{\mathrm{T}}X<0)\end{cases} \tag{3-18}$$

因此,权值调整公式应为

$$\Delta \boldsymbol{W}_j = \eta[d_j - \mathrm{sgn}(\boldsymbol{W}_j^{\mathrm{T}}\boldsymbol{X})]\boldsymbol{X} \tag{3-19a}$$

$$\Delta w_{ij} = \eta[d_j - \mathrm{sgn}(\boldsymbol{W}_j^{\mathrm{T}}\boldsymbol{X})]x_i \quad (i=0,1,\cdots,n) \tag{3-19b}$$

式中:当实际输出与期望值相同时,权值不需要调整;在有误差存在情况下,由于 d_j 和 $\mathrm{sgn}(\boldsymbol{W}_j^{\mathrm{T}}\boldsymbol{X}) \in \{-1,1\}$,权值调整公式可简化为

$$\Delta \boldsymbol{W}_j = \pm 2\eta \boldsymbol{X} \tag{3-19c}$$

感知器学习规则只适用于二进制神经元,初始权值可取任意值。

感知器学习规则代表一种有导师学习。由于感知器理论是研究其他神经网络的基础,该规则对于神经网络的有导师学习具有极为重要的意义。

3. δ(Delta)学习规则

1986 年,认知心理学家 McClelland 和 Rumelhart 在神经网络训练中引入了 δ 规则,该规则亦可称为连续感知器学习规则,与上述离散感知器学习规则并行。δ 规则的学习信号定义为

$$\begin{aligned} r &= [d_j - f(\boldsymbol{W}_j^{\mathrm{T}}\boldsymbol{X})]f'(\boldsymbol{W}_j^{\mathrm{T}}\boldsymbol{X}) \\ &= (d_j - o_j)f'(net_j) \end{aligned} \tag{3-20}$$

式(3-20)定义的学习信号称为 δ。式中,$f'(\boldsymbol{W}_j^{\mathrm{T}}\boldsymbol{X})$ 是转移函数 $f(net_j)$ 的导数。显然,δ 规则要求转移函数可导,因此只适用于有导师学习中定义的连续转移函数,如 Sigmoid 函数。

事实上,δ 规则很容易由输出值与期望值的最小平方误差条件推导出来。定义神经元输出与期望输出之间的平方误差为

$$\begin{aligned} E &= \frac{1}{2}(d_j - o_j)^2 \\ &= \frac{1}{2}[d_j - f(\boldsymbol{W}_j^{\mathrm{T}}\boldsymbol{X})]^2 \end{aligned} \tag{3-21}$$

式中:误差 E 是权向量 $\boldsymbol{W}_j$ 的函数。欲使误差 E 最小,$\boldsymbol{W}_j$ 应与误差的负梯度成正比,即

$$\Delta \boldsymbol{W}_j = -\eta \nabla E \tag{3-22}$$

式中:比例系数 η 是一个正常数。根据式(3-21),误差梯度为

$$\nabla E = -(d_j - o_j)f'(\boldsymbol{W}_j^{\mathrm{T}}\boldsymbol{X})\boldsymbol{X} \tag{3-23}$$

将此结果代入式(3-22),可得权值调整计算式,即

$$\Delta \boldsymbol{W}_j = \eta(d_j - o_j)f'(net_j)\boldsymbol{X} \tag{3-24a}$$

可以看出,式(3-24a)中 η 与 $\boldsymbol{X}$ 之间的部分正是式(3-8)中定义的学习信

号 δ。$\Delta \boldsymbol{W}_j$ 中每个分量的调整计算为

$$\Delta w_{ij} = \eta(d_j - o_j)f'(net_j)x_i \quad (i=0,1,\cdots,n) \tag{3-24b}$$

δ 学习规则可推广到多层前馈网络中,权值可初始化为任意值。

4. 最小均方学习规则

1962 年,Bernard Widrow 和 Marcian Hoff 提出了 Widrow - Hoff 学习规则。因为它能使神经元实际输出与期望输出之间的平方差最小,所以又称为最小均方规则(LMS)。LMS 学习规则的学习信号为

$$r = d_j - \boldsymbol{W}_j^{\mathrm{T}} \boldsymbol{X} \tag{3-25}$$

权向量调整量为

$$\Delta \boldsymbol{W}_j = \eta(d_j - \boldsymbol{W}_j^{\mathrm{T}} \boldsymbol{X})\boldsymbol{X} \tag{3-26a}$$

$\Delta \boldsymbol{W}_j$ 的各分量为

$$\Delta w_{ij} = \eta(d_j - \boldsymbol{W}_j^{\mathrm{T}} \boldsymbol{X})x_j \quad (i=0,1,\cdots,n) \tag{3-26b}$$

实际上,如果在 δ 学习规则中假定神经元转移函数为 $f(\boldsymbol{W}_j^{\mathrm{T}}\boldsymbol{X}) = \boldsymbol{W}_j^{\mathrm{T}}\boldsymbol{X}$,则有 $f'(\boldsymbol{W}_j^{\mathrm{T}}\boldsymbol{X}) = 1$,此时式(3-20)与式(3-25)相同。因此,LMS 学习规则可以看成是 δ 学习规则的一个特殊情况。该学习规则与神经元采用的转移函数无关,因而不需要对转移函数求导数,不仅学习速度较快,而且具有较高的精度。权值可初始化为任意值。

5. Correlation(相关)学习规则

相关学习规则规定学习信号为

$$r = d_j \tag{3-27}$$

易得出 $\Delta \boldsymbol{W}_j$ 及 Δw_{ij} 分别为

$$\Delta \boldsymbol{W}_j = \eta d_j \boldsymbol{X} \tag{3-28a}$$

$$\Delta w_{ij} = \eta d_j x_i \quad (i=0,1,\cdots,n) \tag{3-28b}$$

该规则表明,当 d_j 是 x_i 的期望输出时,相应的权值增量 Δw_{ij} 与两者的乘积 $d_j x_i$ 成正比。

如果 Hebb 学习规则中的转移函数为二进制函数,且有 $o_j = d_j$,则相关学习规则可看作 Hebb 规则的一种特殊情况。应当注意的是,Hebb 学习规则是无导师学习,而相关学习规则是有导师学习。这种学习规则要求将权值初始化为零。

6. Winner - Take - All(胜者为王)学习规则

Winner - Take - All 学习规则是一种竞争学习规则,用于无导师学习。一般将网络的某一层确定为竞争层,对于一个特定的输入 X,竞争层的所有 p 个神经

元均有输出响应，其中响应值最大的神经元为在竞争中获胜的神经元，即

$$\boldsymbol{W}_m^{\mathrm{T}}\boldsymbol{X} = \max_{i=1,2,\cdots,p}(\boldsymbol{W}_i^{\mathrm{T}}\boldsymbol{X}) \tag{3-29}$$

只有获胜神经元才有权调整其权向量 $\boldsymbol{W}_m$，调整量为

$$\Delta\boldsymbol{W}_m = \alpha(\boldsymbol{X} - \boldsymbol{W}_m) \tag{3-30}$$

式中：$\alpha \in (0,1]$，是一个小的学习常数，一般其值随着学习的进展而减小。由于两个向量的点积越大，表明两者越近似，所以调整获胜神经元权值的结果是使 $\boldsymbol{W}_m$ 进一步接近当前输入 $\boldsymbol{X}$。显然，当下次出现与 $\boldsymbol{X}$ 相象的输入模式时，上次获胜的神经元更容易获胜。在反复的竞争学习过程中，竞争层的各神经元所对应的权向量被逐渐调整为输入样本空间的聚类中心。

在有些应用中，以获胜神经元为中心定义一个获胜邻域，除获胜神经元调整权值外，邻域内的其他神经元也程度不同地调整权值。权值一般被初始化为任意值并进行归一化处理。

7. Outstar（外星）学习规则

神经网络中有两类常见节点，分别称为内星节点和外星节点，其特点见图 3－10。图 3－10(a)中的内星节点总是接受来自各神经元的输入加权信号，因此是信号的汇聚点，对应的权值向量称为内星权向量；图 3－10(b)中的外星节点总是向各神经元发出输出加权信号，因此是信号的发散点，对应的权值向量称为外星权向量。内星学习规则规定内星节点的输出响应是输入向量 $\boldsymbol{X}$ 和内星权向量 $\boldsymbol{W}_j$ 的点积。该点积反映了 $\boldsymbol{X}$ 与 $\boldsymbol{W}_j$ 的相似程度，其权值按式(3－30)调整。因此 Winner－Take－All 学习规则与内星规则一致。下面介绍外星学习规则。

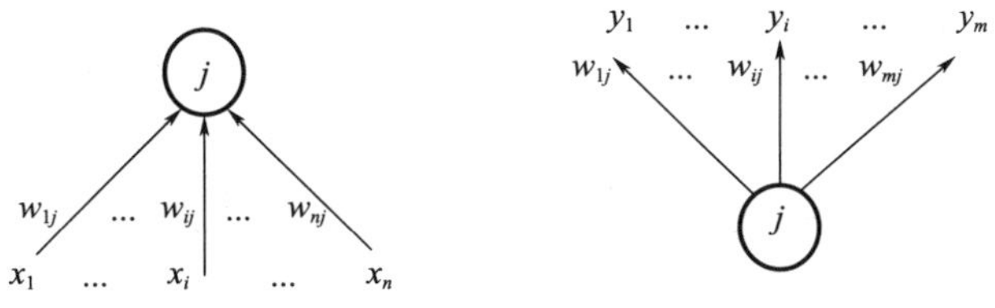

(a) 内星节点　　(b) 外星节点

图 3－10　内星节点与外星节点

外星学习规则属于有导师学习，其目的是生成一个期望的 m 维输出向量 $\boldsymbol{d}$，设对应的外星权向量用 $\boldsymbol{W}_j$ 表示，学习规则为

$$\Delta\boldsymbol{W}_j = \eta(\boldsymbol{d} - \boldsymbol{W}_j) \tag{3-31}$$

式中：η 的规定与作用和式(3－30)中的 α 相同。正像式(3－30)给出的内星学习规则使节点 j 对应的内星权向量向输入向量 $\boldsymbol{X}$ 靠拢一样，式(3－31)给出的外

星学习规则使节点 j 对应的外星权向量向期望输出向量 $\boldsymbol{d}$ 靠拢。

以上集中介绍了神经网络中几种常用的学习规则，有些规则之间有着内在联系，读者通过比较可体会其异同。对上述各种学习规则的对比总结列于表 3-1 中。

表 3-1　常用学习规则一览表

学习规则	权值调整		权值初始化	学习方式	转移函数
	向量式	元素式			
Hebb	$\Delta \boldsymbol{W}_j=\eta f(\boldsymbol{W}_j^{\mathrm{T}}\boldsymbol{X})\boldsymbol{X}$	$\Delta w_{ij}=\eta f(\boldsymbol{W}_j^{\mathrm{T}}\boldsymbol{X})x_i$	0	无导师	任意
Perceptron	$\Delta \boldsymbol{W}_j=\eta[d_j-\mathrm{sgn}(\boldsymbol{W}_j^{\mathrm{T}}\boldsymbol{X})]\boldsymbol{X}$	$\Delta w_{ij}=\eta[d_j-\mathrm{sgn}(\boldsymbol{W}_j^{\mathrm{T}}\boldsymbol{X})]x_i$	任意	有导师	二进制
Delta	$\Delta \boldsymbol{W}_j=\eta(d_j-o_j)f(\mathrm{net}_j)\boldsymbol{X}$	$\Delta w_{ij}=\eta(d_j-o_j)f(\mathrm{net}_j)x_i$	任意	有导师	连续
Widrow-Hoff	$\Delta \boldsymbol{W}_j=\eta(d_j-\boldsymbol{W}_j^{\mathrm{T}}\boldsymbol{X})\boldsymbol{X}$	$\Delta w_{ij}=\eta(d_j-\boldsymbol{W}_j^{\mathrm{T}}\boldsymbol{X})x_i$	任意	有导师	任意
Correlation	$\Delta \boldsymbol{W}_j=\eta d_j\boldsymbol{X}$	$\Delta w_{ij}=\eta d_j x_i$	0	有导师	任意
Winner-take-all	$\Delta \boldsymbol{W}_m=\eta(\boldsymbol{X}-\boldsymbol{W}_m)$	$\Delta \boldsymbol{W}_m=\eta(x_i-w_{im})$	随机、归一化	无导师	连续
Outstar	$\Delta \boldsymbol{W}_j=\eta(\boldsymbol{d}-\boldsymbol{W}_j)$	$\Delta w_{kj}=\eta(d_k-w_{kj})$	0	有导师	连续

3.4　对联想式记忆智能的建模与仿真

3.4.1　联想式记忆

人脑有大约 1.4×10^{11} 个神经细胞并广泛互连，因而能够存储大量的信息，并具有对信息进行筛选、回忆和巩固的联想式记忆能力。人脑不仅能对已学习的知识进行记忆，而且能在外界输入的部分信息刺激下，联想到一系列相关的存储信息，从而实现对不完整信息的自联想恢复，或关联信息的互联想，而这种互联想能力在人脑的创造性思维中起着非常重要的作用。

由于神经网络具有分布存储信息和并行处理信息的特点，因此它具有对外界刺激信息和输入模式进行联想式记忆的能力。这种能力是通过神经元之间的协同结构以及信息处理的集体行为而实现的。神经网络是通过其突触权值和连接结构来表达信息的记忆，这种分布式存储使得神经网络能存储较多的复杂模式和恢复记忆的信息。神经网络通过预先存储信息和学习机制进行自适应训练，可以从不完整的信息和噪声干扰中恢复原始的完整信息，这一能力使其在图象复原、图像和语音处理、模式识别、分类等方面具有巨大的潜在应用价值。

联想式记忆有两种基本形式：自联想记忆与异联想记忆，见图 3－11。

（1）自联想记忆。网络中预先存储（记忆）多种模式信息，当输入某个已存储模式的部分信息或带有噪声干扰的信息时，网络能通过动态联想过程回忆起该模式的全部信息。

（2）异联想记忆。如图 3－11 所示，网络中预先存储了多个模式对，每一对模式均由两部分组成，当输入某个模式对的一部分时，即使输入信息是残缺的或迭加了噪声的，网络也能回忆起与其对应的另一部分。

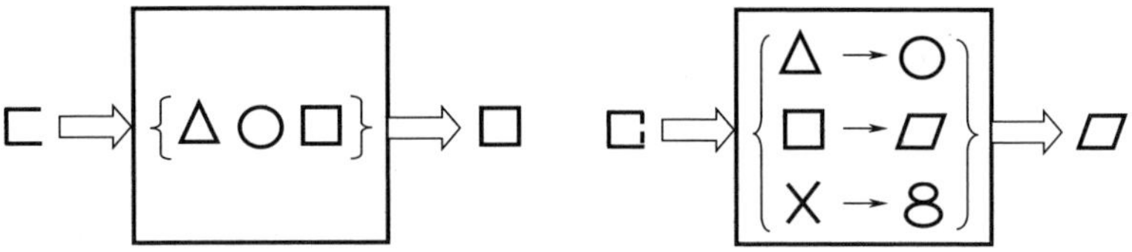

图 3－11　联想记忆

联想记忆网络的研究是神经网络的重要分支，在各种联想记忆网络模型中，Hopfield 网可实现自联想，对向传播神经网络（counter－propagation network，CPN）可实现异联想，而 BAM（bidirectional associative memory）网可实现互联想（双向异联想）。

3.4.2 Hopfield 网络

美国加州理工学院物理学家 J. J. Hopfield 教授于 1982 年发表了对神经网络发展颇具影响的论文，提出一种单层反馈神经网络。Hopfield 网络分为离散型和连续型两种网络模型，分别记作 DHNN（discrete hopfield neural network）和 CHNN（continues hopfield neural network），本节讨论前一种类型。

1. 网络的结构与工作方式

离散型反馈网络的拓扑结构如图 3－12 所示。这是一种单层全反馈网络，共有 n 个神经元。其特点是任一神经元的输出 x_i 均通过连接权 w_{ij} 反馈至所有神经元 x_j 作为输入。换句话说，每个神经元都通过连接权接收所有神经元输出反馈回来的信息，其目的是让任一神经元的输出都能受所有神经元输出的控制，从而使各神经元的输出能相互制约。每个神经元均设有一个阈值 T_j，以反映对输入噪声的控制。DHNN 可简记为 $N=(\boldsymbol{W},\boldsymbol{T})$。

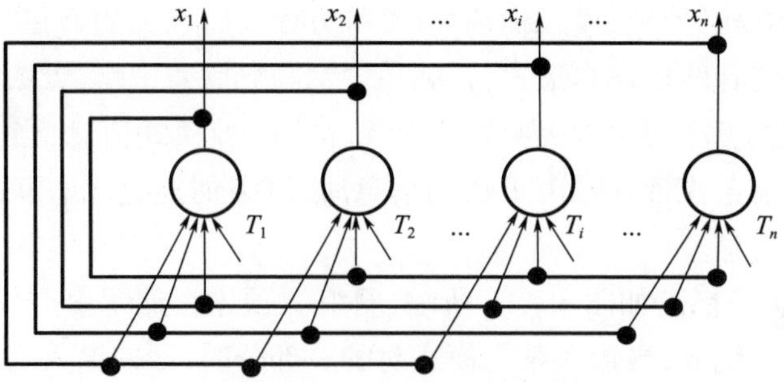

图 3-12　DHNN 的拓扑结构

1) 网络的状态

DHNN 中的每个神经元都有相同的功能,其输出称为状态,用 x_j 表示,所有神经元状态的集合就构成反馈网络的状态 $\boldsymbol{X}=[x_1,x_2,\cdots,x_n]^{\mathrm{T}}$。反馈网络的输入就是网络的状态初始值,表示为 $\boldsymbol{X}(0)=[x_1(0),x_2(0),\cdots,x_n(0)]^{\mathrm{T}}$。反馈网络在外界输入激发下,从初始状态进入动态演变过程,其间网络中每个神经元的状态在不断变化,变化规律为

$$x_j=f(\mathrm{net}_j)\quad(j=1,2,\cdots,n)$$

式中:$f(\cdot)$ 为转移函数,DHNN 的转移函数常采用符号函数,即

$$x_j=\mathrm{sgn}(\mathrm{net}_j)=\begin{cases}1 & \mathrm{net}_j\geqslant 0\\ -1 & \mathrm{net}_j<0\end{cases}\quad(j=1,2,\cdots,n)\tag{3-32}$$

式中净输入为

$$\mathrm{net}_j=\sum_{i=1}^{n}(w_{ij}x_i-T_j)\quad(j=1,2,\cdots,n)\tag{3-33}$$

对于 DHNN,一般有 $w_{ii}=0,w_{ij}=w_{ji}$。

反馈网络稳定时每个神经元的状态都不再改变,此时的稳定状态就是网络的输出,表示为

$$\lim_{t\to\infty}X(t)$$

2) 网络的异步工作方式

网络的异步工作方式是一种串行方式。网络运行时每次只有一个神经元 i 按式(3-22)进行状态的调整计算,其他神经元的状态均保持不变,即

$$x_j(t+1)=\begin{cases}\mathrm{sgn}[\mathrm{net}_j(t)] & (j=i)\\ x_j(t) & (j\neq i)\end{cases}\tag{3-34}$$

神经元状态的调整次序可以按某种规定的次序进行,也可以随机选定。每次神经元在调整状态时,根据其当前净输入值的正负决定下一时刻的状态,因此

其状态可能会发生变化,也可能保持原状。下次调整其他神经元状态时,本次的调整结果即在下一个神经元的净输入中发挥作用。

3)网络的同步工作方式

网络的同步工作方式是一种并行方式,所有神经元同时调整状态,即

$$x_j(t+1)=\mathrm{sgn}[\mathrm{net}_j(t)] \quad (j=1,2,\cdots,n) \tag{3-35}$$

2. 网络的稳定性与吸引子

反馈网络是一种能存储若干个预先设置的稳定点(状态)的网络。运行时,当向该网络作用一个起原始推动作用的初始输入模式后,网络便将其输出反馈回来作为下次的输入。经若干次循环(迭代)之后,在网络结构满足一定条件的前提下,网络最终将会稳定在某一预先设定的稳定点。

设 $\boldsymbol{X}(0)$ 为网络的初始激活向量,它仅在初始瞬间 $t=0$ 时作用于网络,起原始推动作用。$\boldsymbol{X}(0)$ 移去之后,网络处于自激状态,即由反馈回来的向量 $\boldsymbol{X}(1)$ 作为下一次的输入取而代之。

反馈网络作为非线性动力学系统,具有丰富的动态特性,如稳定性、有限环状态和浑沌状态等。

3. 网络的稳定性

由网络工作状态的分析可知,DHNN 实质上是一个离散的非线性动力学系统。网络从初态 $\boldsymbol{X}(0)$ 开始,若能经有限次递归后,其状态不再发生变化,即 $\boldsymbol{X}(t+1)=\boldsymbol{X}(t)$,则称该网络是稳定的。如果网络是稳定的,它可以从任一初态收敛到一个稳态,如图 3-13(a)所示;若网络是不稳定的,由于 DHNN 网每个节点的状态只有 1 和 -1 两种情况,网络不可能出现无限发散的情况,而只可能出现限幅的自持振荡,这种网络称为有限环网络,图 3-13(b)给出了它的相图。如果网络状态的轨迹在某个确定的范围内变迁,但既不重复也不停止,状态变化为无穷多个,轨迹也不发散到无穷远,这种现象称为浑沌,其相图如图 3-13(c)所示。对于 DHNN,由于网络的状态是有限的,因此不可能出现浑沌现象。

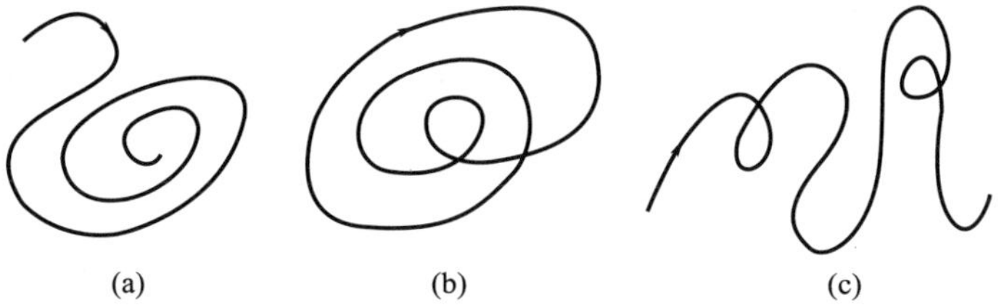

图 3-13 反馈网络的 3 种相图

利用 Hopfield 网络的稳态,可实现联想记忆功能。Hopfield 网络在拓扑结构及权矩阵均一定的情况下,能存储若干个预先设置的稳定状态;而网络运行后达到哪个稳定状态将与其初始状态有关。因此,若用网络的稳态代表一种记忆模式,初始状态朝着稳态收敛的过程便是网络寻找记忆模式的过程。初态可视为记忆模式的部分信息,网络演变的过程可视为从部分信息回忆起全部信息的过程,从而实现了联想记忆功能。

网络的稳定性与下面将要介绍的能量函数密切相关,利用网络的能量函数可实现优化求解功能。网络的能量函数在网络状态按一定规则变化时,能自动趋向能量的极小点。如果把一个待求解问题的目标函数以网络能量函数的形式表达出来,当能量函数趋于最小时,对应的网络状态就是问题的最优解。网络的初态可视为问题的初始解,而网络从初态向稳态的收敛过程便是优化计算过程,这种寻优搜索是在网络演变过程中自动完成的。

4. 吸引子与能量函数

网络达到稳定时的状态 $\boldsymbol{X}$,称为网络的吸引子。一个动力学系统的最终行为是由它的吸引子决定的,吸引子的存在为信息的分布存储记忆和神经优化计算提供了基础。如果把吸引子视为问题的解,那么从初态朝吸引子演变的过程便是求解计算的过程。若把需记忆的样本信息存储于网络不同的吸引子,当输入含有部分记忆信息的样本时,网络的演变过程便是从部分信息寻找全部信息,即联想回忆的过程。

下面给出 DHNN 吸引子的定义和定理。

定义 3-1 若网络的状态 $\boldsymbol{X}$ 满足 $\boldsymbol{X}=f(\boldsymbol{WX}-\boldsymbol{T})$,则称 $\boldsymbol{X}$ 为网络的吸引子。

定理 3-1 对于 DHNN,若按异步方式调整网络状态,且连接权矩阵 $\boldsymbol{W}$ 为对称阵,则对于任意初态,网络都最终收敛到一个吸引子。

下面通过对能量函数的分析对定理 3-1 进行证明。

定义网络的能量函数为

$$E(t)=-\frac{1}{2}\boldsymbol{X}^{\mathrm{T}}(t)\boldsymbol{WX}(t)+\boldsymbol{X}^{\mathrm{T}}(t)\boldsymbol{T} \tag{3-36}$$

令网络能量的改变量为 ΔE,网络状态的改变量为 $\Delta\boldsymbol{X}$,有

$$\Delta E(t)=E(t+1)-E(t) \tag{3-37}$$

$$\Delta\boldsymbol{X}(t)=\boldsymbol{X}(t+1)-\boldsymbol{X}(t) \tag{3-38}$$

将式(3-35)和式(3-37)代入式(3-36),则网络能量可进一步展开为

$$\Delta E(t)=E(t+1)-E(t)=-\frac{1}{2}[\boldsymbol{X}(t)+\Delta\boldsymbol{X}(t)]^{\mathrm{T}}\boldsymbol{W}[\boldsymbol{X}(t)+\Delta\boldsymbol{X}(t)]+$$

$$[\boldsymbol{X}(t)+\Delta\boldsymbol{X}(t)]^{\mathrm{T}}\boldsymbol{T}-\left[-\frac{1}{2}\boldsymbol{X}^{\mathrm{T}}(t)\boldsymbol{W}\boldsymbol{X}(t)+\boldsymbol{X}^{\mathrm{T}}(t)\boldsymbol{T}\right]$$

$$=-\Delta\boldsymbol{X}^{\mathrm{T}}(t)\boldsymbol{W}\boldsymbol{X}(t)-\frac{1}{2}\Delta\boldsymbol{X}^{\mathrm{T}}(t)\boldsymbol{W}\Delta\boldsymbol{X}(t)+\Delta\boldsymbol{X}^{\mathrm{T}}(t)\boldsymbol{T}$$

$$=-\Delta\boldsymbol{X}^{\mathrm{T}}(t)[\boldsymbol{W}\boldsymbol{X}(t)-\boldsymbol{T}]-\frac{1}{2}\Delta\boldsymbol{X}^{\mathrm{T}}(t)\boldsymbol{W}\Delta\boldsymbol{X}(t) \tag{3-39}$$

由于定理 3 - 1 规定按异步工作方式，第 t 个时刻只有 1 个神经元调整状态，设该神经元为 j，将 $\Delta\boldsymbol{X}(t)=[0,\cdots,0,\Delta x_j(t),0,\cdots,0]^{\mathrm{T}}$ 代入式(3 - 39)，并考虑到 $\boldsymbol{W}$ 为对称矩阵，有

$$\Delta E(t)=-\Delta x_j(t)\left[\sum_{i=1}^{n}(w_{ij}x_i-T_j)\right]-\frac{1}{2}\Delta x_j^{\ 2}(t)w_{jj}$$

设各神经元不存在自反馈，有 $w_{jj}=0$，并引入式(3 - 24)，上式可简化为

$$\Delta E(t)=-\Delta x_j(t)\mathrm{net}_j(t) \tag{3-40}$$

下面考虑式(3 - 40)中可能出现的所有情况。

情况 a：$x_j(t)=-1$，$x_j(t+1)=1$，由式(3 - 38)得 $\Delta x_j(t)=2$，由式(3 - 32)知，$\mathrm{net}_j(t)\geqslant 0$，代入式(3 - 40)，得 $\Delta E(t)\leqslant 0$。

情况 b：$x_j(t)=1$，$x_j(t+1)=-1$，所以 $\Delta x_j(t)=-2$，由式(3 - 32)知，$\mathrm{net}_j(t)<0$，代入式(3 - 40)，得 $\Delta E(t)<0$。

情况 c：$x_j(t)=x_j(t+1)$，所以 $\Delta x_j(t)=0$，代入式(3 - 40)，从而有 $\Delta E(t)=0$。

以上 3 种情况包括了式(3 - 40)可能出现的所有情况，由此可知在任何情况下均有 $\Delta E(t)\leqslant 0$，也就是说，在网络动态演变过程中。能量总是在不断下降或保持不变。由于网络中各节点的状态只能取 1 或 - 1，能量函数 $E(t)$ 作为网络状态的函数是有下界的，因此网络能量函数最终将收敛于一个常数，此时 $\Delta E(t)=0$。

下面分析当 $E(t)$ 收敛于常数时，是否对应于网络的稳态。当 $E(t)$ 收敛于常数时，有 $\Delta E(t)=0$，此时对应于以下两种情况：

情况 a：$x_j(t)=x_j(t+1)=1$，或 $x_j(t)=x_j(t+1)=-1$，这种情况下神经元 j 的状态不再改变，表明网络已进入稳态，对应的网络状态就是网络的吸引子。

情况 b：$x_j(t)=-1$，$x_j(t+1)=1$，$\mathrm{net}_j(t)=0$，这种情况下网络继续演变时，$x_j=1$ 将不会再变化。因为如果 x_j 由 1 变回到 - 1，则有 $\Delta E(t)<1$，与 $E(t)$ 收敛

于常数的情况相矛盾。

综上所述，当网络工作方式和权矩阵均满足定理 3－1 的条件时，网络最终将收敛到一个吸引子。

事实上，对 $w_{jj}=0$ 的规定是为了数学推导的简便，如不做此规定，上述结论仍然成立。此外当神经元状态取 1 和 0 时，上述结论也将成立。

定理 3－2 对于 DHNN，若按同步方式调整状态，且连接权矩阵 $\boldsymbol{W}$ 为非负定对称阵，则对于任意初态，网络都最终收敛到一个吸引子。

证明：由式(3－39)得

$$
\begin{aligned}
\Delta E(t) &= E(t+1) - E(t) \\
&= -\Delta \boldsymbol{X}^{\mathrm{T}}(t)[\boldsymbol{W}\boldsymbol{X}(t) - T] - \frac{1}{2}\Delta \boldsymbol{X}^{\mathrm{T}}(t)\boldsymbol{W}\Delta\boldsymbol{X}(t) \\
&= -\Delta \boldsymbol{X}^{\mathrm{T}}(t)\mathrm{net}(t) - \frac{1}{2}\Delta \boldsymbol{X}^{\mathrm{T}}(t)\boldsymbol{W}\Delta\boldsymbol{X}(t) \\
&= -\sum_{j=1}^{n}\Delta x_j(t)\mathrm{net}_j(t) - \frac{1}{2}\Delta \boldsymbol{X}^{\mathrm{T}}(t)\boldsymbol{W}\Delta\boldsymbol{X}(t)
\end{aligned}
$$

前已证明，对于任何神经元 j，有 $-\Delta x_j(t)\mathrm{net}_j(t)\leqslant 0$，因此上式第一项不大于0，只要 $\boldsymbol{W}$ 为非负定阵，第二项也不大于0，于是有 $\Delta E(t)\leqslant 0$，也就是说 $E(t)$ 最终将收敛到一个常数值，对应的稳定状态是网络的一个吸引子。

比较定理 3－1 和定理 3－2 可以看出，网络采用同步方式工作时，对权值矩阵 $\boldsymbol{W}$ 的要求更高，如果 $\boldsymbol{W}$ 不能满足非负定对称阵的要求，网络会出现自持振荡。异步方式比同步方式有更好的稳定性，应用中较多采用，但其缺点是失去了神经网络并行处理的优势。

以上分析表明，在网络从初态向稳态演变的过程中，网络的能量始终向减小的方向演变，当能量最终稳定于一个常数时，该常数对应于网络能量的极小状态，称该极小状态为网络的能量井，能量井对应于网络的吸引子。

5. 吸引子的性质

下面介绍吸引子的几个性质。

性质1：若 $\boldsymbol{X}$ 是网络的一个吸引子，且阈值 $T=0$，在 sgn(0)处，$x_j(t+1)=x_j(t)$，则 $-\boldsymbol{X}$ 也一定是该网络的吸引子。

证明：∵ $\boldsymbol{X}$ 是吸引子，即 $\boldsymbol{X}=f(\boldsymbol{W}\boldsymbol{X})$，从而有

$$f[\boldsymbol{W}(-\boldsymbol{X})]=f[-\boldsymbol{W}\boldsymbol{X}]=-f[\boldsymbol{W}\boldsymbol{X}]=-\boldsymbol{X}$$

∴ $-\boldsymbol{X}$ 也是该网络的吸引子。

性质2：若 $\boldsymbol{X}^a$ 是网络的一个吸引子，则与 $\boldsymbol{X}^a$ 的海明距离 $\mathrm{d}H(\boldsymbol{X}^a,\boldsymbol{X}^b)=1$ 的 $\boldsymbol{X}^b$ 一定不是吸引子。

证明：首先说明，两个向量的海明距离 $\mathrm{d}H(\boldsymbol{X}^a,\boldsymbol{X}^b)$ 是指两个向量中不相同元素的个数。不妨设 ${x_1}^a \neq {x_1}^b, {x_j}^a \neq {x_j}^b, j=2,3,\cdots,n$。

$\because w_{11}=0$，由吸引子定义，有

$$x_1^a = f\left(\sum_{i=2}^{n} w_{ii}x_i^a - T_1\right) = f\left(\sum_{i=2}^{n} w_{ii}x_i^b - T_1\right)$$

由假设条件知，${x_1}^a \neq {x_1}^b$，故

$$x_1^b \neq f\left(\sum_{i=2}^{n} w_{ii}x_i^b - T_1\right)$$

$\therefore$ $-\boldsymbol{X}$ 也是该网络的吸引子。

性质3：若有一组向量 $\boldsymbol{X}^p(p=1,2,\cdots,P)$ 均是网络的吸引子，且在 $\mathrm{sgn}(0)$ 处，$x_j(t+1)=x_j(t)$，则由该组向量线性组合而成的向量 $\sum\limits_{p=1}^{P} a_p \boldsymbol{X}^p$ 也是该网络的吸引子。

该性质请读者自己证明。

6. 吸引子的吸引域

能使网络稳定在同一吸引子的所有初态的集合，称该吸引子的吸引域。下面给出关于吸引域的两个定义。

定义3-2 若 $\boldsymbol{X}^a$ 是吸引子，对于异步方式，若存在一个调整次序，使网络可以从状态 $\boldsymbol{X}$ 演变到 $\boldsymbol{X}^a$，则称 $\boldsymbol{X}$ 弱吸引到 $\boldsymbol{X}^a$；若对于任意调整次序，网络都可以从状态 $\boldsymbol{X}$ 演变到 $\boldsymbol{X}^a$，则称 $\boldsymbol{X}$ 强吸引到 $\boldsymbol{X}^a$。

定义3-3 若对某些 $\boldsymbol{X}$，有 $\boldsymbol{X}$ 弱吸引到吸引子 $\boldsymbol{X}^a$，则称这些 $\boldsymbol{X}$ 的集合为 $\boldsymbol{X}^a$ 的弱吸引域；若对某些 $\boldsymbol{X}$，有 $\boldsymbol{X}$ 强吸引到吸引子 $\boldsymbol{X}^a$，则称这些 $\boldsymbol{X}$ 的集合为 $\boldsymbol{X}^a$ 的强吸引域。

欲使反馈网络具有联想能力，每个吸引子都应该具有一定的吸引域。只有这样，对于带有一定噪声或缺损的初始样本，网络才能经过动态演变而稳定到某一吸引子状态，从而实现正确联想。反馈网络设计的目的就是要使网络能落到期望的稳定点（问题的解）上，并且还要具有尽可能大的吸引域，以增强联想功能。

例3-1 设有3节点DHNN，用图3-14(a)所示的无向图表示，权值与阈值均已标在图中，试计算网络演变过程的状态。

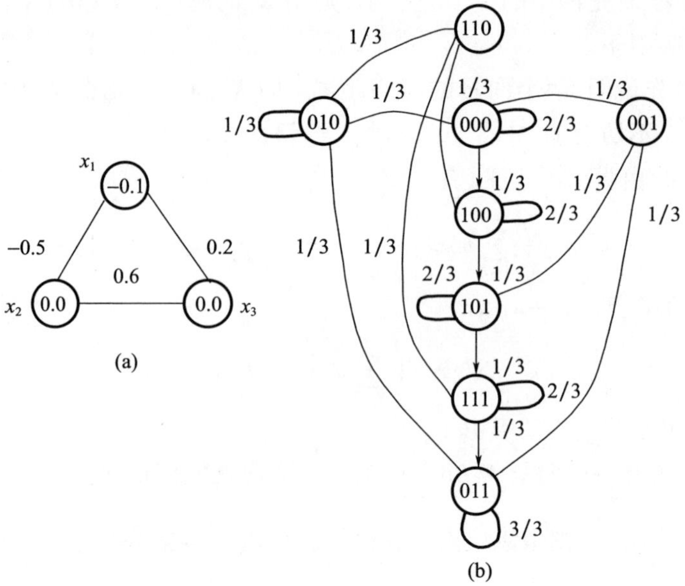

图 3-14　DHNN 状态演变示意图

解:设各节点状态取值为 1 或 0,3 节点 DHNN 网络应有 $2^3=8$ 种状态。不妨将 $\boldsymbol{X}=(x_1,x_2,x_3)^{\mathrm{T}}=(0,0,0)^{\mathrm{T}}$ 作为网络初态,按 1→2→3 的次序更新状态。

第 1 步:更新 x_1,$x_1=\mathrm{sgn}[(-0.5)\times 0+0.2\times 0-(-0.1)]=\mathrm{sgn}(0.1)=1$,其他节点状态不变,网络状态由 $(0,0,0)^{\mathrm{T}}$ 变成 $(1,0,0)^{\mathrm{T}}$。如果先更新 x_2 或 x_3,网络状态将仍为 $(0,0,0)^{\mathrm{T}}$,因此初态保持不变的概率为 2/3,而变为 $(1,0,0)^{\mathrm{T}}$ 的概率为 1/3。

第 2 步:此时网络状态为 $(1,0,0)^{\mathrm{T}}$,更新 x_2 后,得 $x_2=\mathrm{sgn}[(-0.5)\times 1+0.6\times 0-0]=\mathrm{sgn}(-0.5)=0$,其他节点状态不变,网络状态仍为 $(1,0,0)^{\mathrm{T}}$。如果本步先更新 x_1 或 x_3,网络相应状态将为 $(1,0,0)^{\mathrm{T}}$ 和 $(1,0,1)^{\mathrm{T}}$,因此本状态保持不变的概率为 2/3,而变为 $(1,0,0)^{\mathrm{T}}$ 的概率为 1/3。

第 3 步:此时网络状态为 $(1,0,0)^{\mathrm{T}}$,更新 x_3 得,$x_3=\mathrm{sgn}[0.2\times 1+0.6\times 0-0]=\mathrm{sgn}(0.2)=1$。

同理可算出其他状态之间的演变历程和状态转移概率,图 3-14(b)给出了 8 种状态的演变关系。图中,圆圈内的二进制串代表网络的状态 $x_1x_2x_3$,有向线表示状态转移方向,线旁标出了相应的状态转移概率。从图中可以看出,$\boldsymbol{X}=$

$(011)^{\mathrm{T}}$ 是网络的一个吸引子，网络从任意状态出发，经过几次状态更新后都将达到此稳定状态。

例 3-2 有一 DHNN 网，$n=4$，$T_j=0$，$j=1,2,3,4$，向量 $\boldsymbol{X}^a$、$\boldsymbol{X}^b$ 和权值矩阵 $\boldsymbol{W}$ 分别为

$$\boldsymbol{X}^a=\begin{pmatrix}1\\1\\1\\1\end{pmatrix},\boldsymbol{X}^b=\begin{pmatrix}-1\\-1\\-1\\-1\end{pmatrix},\boldsymbol{W}=\begin{pmatrix}0&2&2&2\\2&0&2&2\\2&2&0&2\\2&2&2&0\end{pmatrix}$$

检验 $\boldsymbol{X}^a$ 和 $\boldsymbol{X}^b$ 是否为网络的吸引子，并考查其是否具有联想记忆能力。

解：本例要求验证吸引子和检查吸引域，下面分两步进行。

(1)检验吸引子。由吸引子定义

$$f(\boldsymbol{W}\boldsymbol{X}^a)=f\begin{pmatrix}6\\6\\6\\6\end{pmatrix}=\begin{pmatrix}\mathrm{sgn}(6)\\\mathrm{sgn}(6)\\\mathrm{sgn}(6)\\\mathrm{sgn}(6)\end{pmatrix}=\begin{pmatrix}1\\1\\1\\1\end{pmatrix}=\boldsymbol{X}^a$$

所以 $\boldsymbol{X}^a$ 是网络的吸引子，因为 $\boldsymbol{X}^b=-\boldsymbol{X}^a$，由吸引子的性质 1 知，$\boldsymbol{X}^b$ 也是网络的吸引子。

(2)考察联想记忆能力。设有样本 $\boldsymbol{X}^1=(-1,1,1,1)^{\mathrm{T}}$、$\boldsymbol{X}^2=(1,-1,-1,-1)^{\mathrm{T}}$、$\boldsymbol{X}^3=(1,1,-1,-1)^{\mathrm{T}}$，试考查网络以异步方式工作时两个吸引子对 3 个样本的吸引能力。

令网络初态 $\boldsymbol{X}(0)=\boldsymbol{X}^1=(-1,1,1,1)^{\mathrm{T}}$。设神经元状态调整次序为 1→2→3→4，有

$$\boldsymbol{X}(0)=(-1,1,1,1)^{\mathrm{T}}\rightarrow\boldsymbol{X}(1)=(1,1,1,1)^{\mathrm{T}}=\boldsymbol{X}^a$$

可以看出该样本比较接近吸引子 $\boldsymbol{X}^a$，事实上只按异步方式调整了一步，样本 $\boldsymbol{X}^1$ 即收敛于 $\boldsymbol{X}^a$。

令网络初态 $\boldsymbol{X}(0)=\boldsymbol{X}^2=(1,-1,-1,-1)^{\mathrm{T}}$。设神经元状态调整次序为 1→2→3→4，有

$$\boldsymbol{X}(0)=(1,-1,-1,-1)^{\mathrm{T}}\rightarrow\boldsymbol{X}(1)=(-1,-1,-1,-1)^{\mathrm{T}}=\boldsymbol{X}^b$$

可以看出样本 $\boldsymbol{X}^2$ 比较接近吸引子 $\boldsymbol{X}^b$，按异步方式调整一步后，样本 $\boldsymbol{X}^2$ 收敛于 $\boldsymbol{X}^b$。

令网络初态 $\boldsymbol{X}(0)=\boldsymbol{X}^3=(1,1,-1,-1)^{\mathrm{T}}$，它与两个吸引子的海明距离相等。若设神经元状态调整次序为 1→2→3→4，有

$$X(0)=(1,1,-1,-1)^{\mathrm T}\rightarrow X(1)=(-1,1,-1,-1)^{\mathrm T}\rightarrow X(2)$$
$$=(-1,-1,-1,-1)^{\mathrm T}=X^b$$

若将神经元状态调整次序改为 3→4→1→2，则有

$$X(0)=(1,1,-1,-1)^{\mathrm T}\rightarrow X(1)=(1,1,1,-1)^{\mathrm T}\rightarrow X(2)=(1,1,1,1)^{\mathrm T}=X^a$$

从本例可以看出，当网络的异步调整次序一定时，最终稳定于哪个吸引子与其初态有关；而对于确定的初态，网络最终稳定于哪个吸引子与其异步调整次序有关。

7. 网络的权值设计

吸引子的分布是由网络的权值（包括阈值）决定的，设计吸引子的核心就是如何设计一组合适的权值。为了使所设计的权值满足要求，权值矩阵应符合以下要求。

（1）为保证异步方式工作时网络收敛，$\boldsymbol{W}$ 应为对称阵；

（2）为保证同步方式工作时网络收敛，$\boldsymbol{W}$ 应为非负定对称阵；

（3）保证给定的样本是网络的吸引子，并且要有一定的吸引域。

根据应用所要求的吸引子数量，可以采用以下不同的方法。

1）联立方程法

下面将以图 3-14（a）中的 3 节点 DHNN 网为例，说明权值设计的联立方程法。设要求设计的吸引子为 $X^a=(010)^{\mathrm T}$ 和 $X^b=(111)^{\mathrm T}$，权值和阈值在 $[-1,1]$ 区间取值，试求权值和阈值。

考虑到 $w_{ij}=w_{ji}$，对于状态 $X^a=(010)^{\mathrm T}$，各节点净输入应满足

$$net_1=w_{12}\times 1+w_{13}\times 0-T_1=w_{12}-T_1<0 \tag{3-41}$$

$$net_2=w_{12}\times 0+w_{23}\times 0-T_2=-T_2>0 \tag{3-42}$$

$$net_3=w_{13}\times 0+w_{23}\times 1-T_3=w_{23}-T_3<0 \tag{3-43}$$

对于 $X^b=(111)^{\mathrm T}$ 状态，各节点净输入应满足

$$net_1=w_{12}\times 1+w_{13}\times 1-T_1>0 \tag{3-44}$$

$$net_2=w_{12}\times 1+w_{23}\times 1-T_2>0 \tag{3-45}$$

$$net_3=w_{13}\times 1+w_{23}\times 1-T_3>0 \tag{3-46}$$

联立以上 6 项不等式，可求出 6 个未知量的允许取值范围。如取 $w_{12}=0.5$，则由式（3-41），有 $1<T_1\leqslant 1$，取 $T_1=0.7$；

由式（3-44），有 $0.2<w_{13}\leqslant 1$，取 $w_{13}=0.4$；

由式（3-42），有 $-1\leqslant T_2<0$，取 $T_2=-0.2$；

由式(3－45),有 $-0.7 < w_{23} \leqslant 1$,取 $w_{23} = 0.1$;

由式(3－46),有 $-1 \leqslant T_3 < 0.5$,取 $T_3 = 0.4$。

可以验证,利用这组参数构成的 DHNN 对于任何初态最终都将演变到,读者不妨一试。

2)外积和法

当所需要的吸引子较多时,可采用此方法。更为通用的权值设计方法是采用 Hebb 规则的外积和法。设给定 P 个模式样本 $\boldsymbol{X}^p, p = 1,2,\cdots,P, x \in \{-1,1\}^n$,并设样本两两正交,且 $n > P$,则权值矩阵为记忆样本的外积和,即

$$\boldsymbol{W} = \sum_{p=1}^{P} \boldsymbol{X}^p (\boldsymbol{X}^p)^{\mathrm{T}} \tag{3-47}$$

若取 $w_{jj} = 0$,式(3－47)应写为

$$\boldsymbol{W} = \sum_{p=1}^{P} [\boldsymbol{X}^p (\boldsymbol{X}^p)^{\mathrm{T}} - \boldsymbol{I}] \tag{3-48}$$

式中:$\boldsymbol{I}$ 为单位矩阵。式(3－48)写成分量元素形式,有

$$w_{ij} = \begin{cases} \sum_{p=1}^{P} x_i^p x_j^p & (i \neq j) \\ 0 & (i = j) \end{cases} \tag{3-49}$$

按以上外积和规则设计的矩阵 $\boldsymbol{W}$ 必然满足对称性要求。下面检验所给样本能否称为吸引子。

因为 P 个样本 $\boldsymbol{X}^p, p = 1,2,\cdots,P, x \in \{-1,1\}^n$ 是两两正交的,有

$$(\boldsymbol{X}^p)^{\mathrm{T}} \boldsymbol{X}^k = \begin{cases} 0 & (p \neq k) \\ n & (p = k) \end{cases}$$

所以

$$\begin{aligned} \boldsymbol{W}\boldsymbol{X}^k &= \sum_{p=1}^{P} [\boldsymbol{X}^p (\boldsymbol{X}^p)^{\mathrm{T}} - \boldsymbol{I}] \boldsymbol{X}^k \\ &= \sum_{p=1}^{P} [\boldsymbol{X}^p (\boldsymbol{X}^p)^{\mathrm{T}} \boldsymbol{X}^k - \boldsymbol{X}^k] \\ &= \boldsymbol{X}^k (\boldsymbol{X}^k)^{\mathrm{T}} \boldsymbol{X}^k - P\boldsymbol{X}^k \\ &= n\boldsymbol{X}^k - P\boldsymbol{X}^k = (n - P)\boldsymbol{X}^k \end{aligned}$$

因为 $n > P$,所以有

$$f(\boldsymbol{W}\boldsymbol{X}^p) = f[(n-P)\boldsymbol{X}^p] = \mathrm{sgn}[(n-P)\boldsymbol{X}^p] = \boldsymbol{X}^p$$

可见给定样本 $\boldsymbol{X}^p, p = 1,2,\cdots,P$,是吸引子。需要指出的是,有些非给定样本

也是网络的吸引子,它们并不是网络设计所要求的解,这种吸引子称为伪吸引子。

8. 网络的信息存储容量

当网络规模一定时,所能记忆的模式是有限的。对于所容许的联想出错率,网络所能存储的最大模式数 P_{max} 称为网络容量。网络容量与网络的规模、算法以及记忆模式向量的分布都有关系。下面给出 DHNN 存储容量的有关定理。

定理3-3　若 DHNN 网络的规模为 n,且权矩阵主对角线元素为0,则该网络的信息容量上界为 n。

定理3-4　若 P 个记忆模式 $\boldsymbol{X}^p, p=1,2,\cdots,P, x\in\{-1,1\}^n$ 两两正交, $n>P$,且权值矩阵 $\boldsymbol{W}$ 按式(3-48)得到,则所有 P 个记忆模式都是 DHNN($\boldsymbol{W},\boldsymbol{0}$)的吸引子。

定理3-5　若 P 个记忆模式 $\boldsymbol{X}^p, p=1,2,\cdots,P, x\in\{-1,1\}^n$ 两两正交, $n\geqslant P$,且权值矩阵 $\boldsymbol{W}$ 按式(3-47)得到,则所有 P 个记忆模式都是 DHNN($\boldsymbol{W},\boldsymbol{0}$)的吸引子。

由以上定理可知,当用外积和设计 DHNN 网时,如果记忆模式都满足两两正交的条件,则规模为 n 维的网路最多可记忆 n 个模式。一般情况下,模式样本不可能都满足两两正交的条件,对于非正交模式,网络的信息存储容量会大大降低。下面进行简要分析。

DHNN 的所有记忆模式都存储在权矩阵 $\boldsymbol{W}$ 中。由于多个存储模式互相重叠,当需要记忆的模式数增加时,可能会出现“权值移动”和“交叉干扰”。如将式(3-48)写为

$$\begin{cases}\boldsymbol{W}^0=0\\ \boldsymbol{W}^p=\boldsymbol{W}^{p-1}+\boldsymbol{X}^p(\boldsymbol{X}^p)^{\mathrm{T}}-\boldsymbol{I}\quad(p=1,2,\cdots,P)\end{cases}$$

可以看出,矩阵 $\boldsymbol{W}$ 对要记忆的模式 $\boldsymbol{X}^p, p=1,2,\cdots,P$,是累加实现的。每记忆一个新模式 $\boldsymbol{X}^p$,就要向原权值矩阵 $\boldsymbol{W}^{p-1}$ 加入一项该模式的外积 $\boldsymbol{X}^p\boldsymbol{X}^p$,从而使新的权值矩阵 $\boldsymbol{W}^p$ 从原来的基础上发生移动。如果在加入新模式 $\boldsymbol{X}^p$ 之前存储的模式都是吸引子,应有 $\boldsymbol{X}^k=f(\boldsymbol{W}^{p-1}\boldsymbol{X}^k), k=1,2,\cdots,p-1$,那么在加入模式 $\boldsymbol{X}^p$ 之后由于权值移动为 $\boldsymbol{W}^p$,式 $\boldsymbol{X}^k=f(\boldsymbol{W}^p\boldsymbol{X}^k)$ 就不一定对所有 $k(=1,2,\cdots,p-1)$ 均同时成立,也就是说网络在记忆新样本的同时可能会遗忘已记忆的样本。随着记忆模式数的增加,权值不断移动,各记忆模式相互交叉,当模式数超过网络容量 P_{max} 时,网络不但逐渐遗忘了以前记忆的模式,而且也无法记住新模式。

事实上，当网络规模 n 一定时，要记忆的模式数越多，联想时出错的可能性越大；反之，要求的出错概率越低，网络的信息存储容量上限越小。研究表明存储模式数 P 超过 $0.15n$ 时，联想时就有可能出错。错误结果对应的是能量的某个局部极小点，或称为伪吸引子。

提高网络存储容量有两个基本途径：一是改进网络的拓扑结构，二是改进网路的权值设计方法。常用的改进方法有：反复学习法、纠错学习法、移动兴奋门限法、伪逆技术、忘记规则和非线性学习规则等。读者可参考有关文献。

3.4.3　CPN

1987 年，美国学者 Robert Hecht – Nielsen 提出了对向传播神经网络（CPN）模型。CPN 能存储二进制或模拟值的模式对，因此这种网络模型可用作联想存储、模式分类、函数逼近、统计分析和数据压缩等用途。

1. 网络结构与运行原理

图 3 – 15 给出了对向传播网络的标准 3 层结构，各层之间的神经元通过全互连连接。从拓扑结构看，CPN 与 3 层 BP 网没有什么区别，但实际上它是由的自组织网和 Grossberg 的外星网组合而成的。其中隐层为 Kohonen 网的竞争层，该层的竞争神经元采用无导师的竞争学习规则进行学习，输出层为 Grossberg 层，它与隐层全互连，采用有导师的 Widrow – Hoff 规则或 Grossberg 规则进行学习。

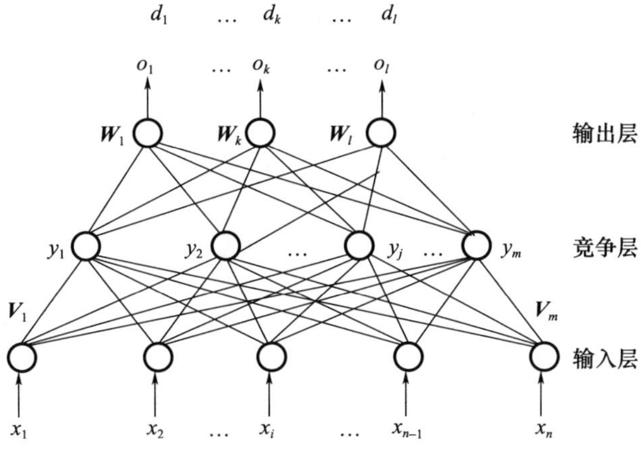

图 3 – 15　CPN 的拓扑结构

网络各层的数学描述如下:设输入向量用 $\boldsymbol{X}$ 表示为

$$\boldsymbol{X}=(x_1,x_2,\cdots,x_n)^{\mathrm{T}}$$

竞争结束后竞争层的输出用 $\boldsymbol{Y}$ 表示为

$$\boldsymbol{Y}=(y_1,y_2,\cdots,y_m)^{\mathrm{T}},y_i\in\{0,1\},i=1,2,\cdots,m$$

网络的输出用 $\boldsymbol{O}$ 表示为

$$\boldsymbol{O}=(o_1,o_2,\cdots,o_l)^{\mathrm{T}}$$

网络的期望输出用 $\boldsymbol{d}$ 表示为

$$\boldsymbol{d}=(d_1,d_2,\cdots,d_l)^{\mathrm{T}}$$

输入层到竞争层之间的权值矩阵用 $\boldsymbol{V}$ 表示为

$$\boldsymbol{V}=(\boldsymbol{V}_1,\boldsymbol{V}_2,\cdots,\boldsymbol{V}_j,\cdots,\boldsymbol{V}_m)$$

其中列向量 $\boldsymbol{V}_j$ 为隐层第 j 个神经元对应的内星权向量。竞争层到输出层之间的权值矩阵用 $\boldsymbol{W}$ 表示为

$$\boldsymbol{W}=(\boldsymbol{W}_1,\boldsymbol{W}_2,\cdots,\boldsymbol{W}_k,\cdots,\boldsymbol{W}_l)$$

其中列向量 $\boldsymbol{W}_k$ 为输出层第 k 个神经元对应的权向量。

网络各层按两种学习规则训练好之后,运行阶段首先向网络送入输入向量,隐层对这些输入进行竞争计算,若某个神经元的净输入值为最大则竞争获胜,成为当前输入模式类的代表,同时该神经元成为图 3-16(a)所示的活跃神经元,输出值为 1;而其余神经元处于非活跃状态,输出值为 0。

竞争取胜的隐含神经元激励输出层神经元,使其产生如图 3-16(b)所示的输出模式。由于竞争失败的神经元的输出值为 0,故它们在输出层神经元的净输入中没有贡献,不影响其输出值。因此输出就由竞争胜利的神经元所对应的外星向量来确定。

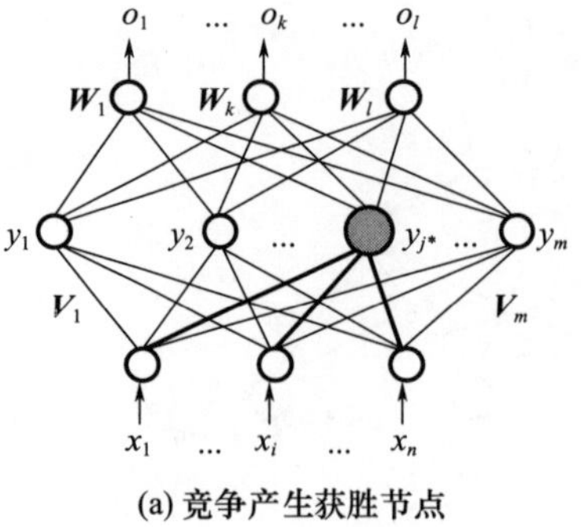

(a) 竞争产生获胜节点

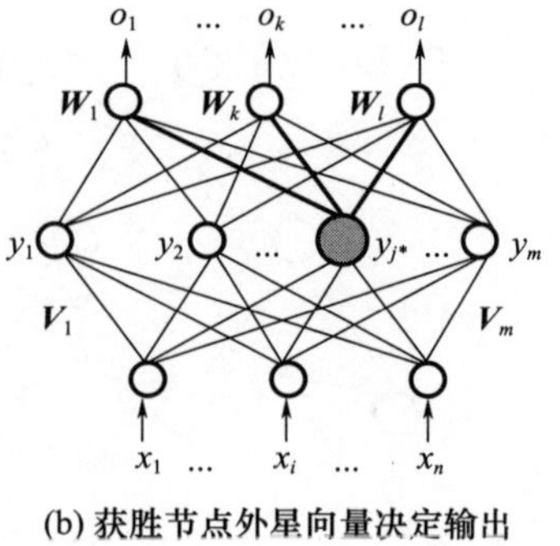

(b) 获胜节点外星向量决定输出

图 3-16 CNP 运行过程

2. CPN 的学习算法

网络的学习规则由无导师学习和有导师学习组合而成，因此训练样本集中输入向量与期望输出向量应成对组成，即：$\{\boldsymbol{X}^p, \boldsymbol{d}^p\}$，$p=1,2,\cdots,P$，$P$ 为训练集中的模式总数。

训练分为两个阶段进行，每个阶段采用一种学习规则。第一阶段用竞争学习算法对输入层至隐层的内星权向量进行训练，步骤如下。

(1) 将所有内星权随机地赋以 0～1 的初始值，并归一化为单位长度，得 $\hat{\boldsymbol{V}}$；训练集内的所有输入模式也要进行归一化，得 $\hat{\boldsymbol{X}}$。

(2) 输入一个模式 $\boldsymbol{X}^p$，计算净输入 $\mathrm{net}_j = \hat{\boldsymbol{V}}_j^{\mathrm{T}} \hat{\boldsymbol{X}}$，$j=1,2,\cdots,m$。

(3) 确定竞争获胜神经元 $net_{j^*} = \max\limits_j \{\mathrm{net}_j\}$，使 $y_{j^*}=1$，$y_j=0$，$j \neq j^*$。

(4) CPN 的竞争算法不设优胜邻域，因此只调整获胜神经元的内星权向量，调整规则为

$$\boldsymbol{V}_{j^*}(t+1) = \hat{\boldsymbol{V}}_{j^*}(t) + \eta(t)[\hat{\boldsymbol{X}} - \hat{\boldsymbol{V}}_{j^*}(t)] \tag{3-50}$$

式中：$\eta(t)$ 为学习率，是随时间下降的退火函数。由以上规则可知，调整的目的是使权向量不断靠近当前输入模式类，从而将该模式类的典型向量编码到获胜神经元的内星权向量中。

(5) 重复步骤(2)至步骤(4)直到 $\eta(t)$ 下降至 0。需要注意的是，权向量经过调整后必须重新作归一化处理。

第二阶段采用外星学习算法对隐层至输出层的外星权向量进行训练，步骤如下：

(1) 输入一个模式对 $\boldsymbol{X}^p$，$\boldsymbol{d}^p$，计算净输入 $\mathrm{net}_j = \hat{\boldsymbol{V}}_j^{\mathrm{T}} \hat{\boldsymbol{X}}$，$j=1,2,\cdots,m$，其中输入层到隐层的权值矩阵保持第一阶段的训练结果。

(2) 确定竞争获胜神经元 $\mathrm{net}_{j^*} = \max\limits_j \{\mathrm{net}_j\}$，使

$$y_j = \begin{cases} 0 & (j \neq j^*) \\ 1 & (j = j^*) \end{cases} \tag{3-51}$$

(3) 调整隐层到输出层的外星权向量，调整规则为

$$\boldsymbol{W}_{jk}(t+1) = \boldsymbol{W}_{jk}(t) + \beta(t)[d_k - o_k(t)] \quad \begin{matrix} j=1,2,\cdots,m \\ k=1,2,\cdots,l \end{matrix} \tag{3-52}$$

式中：$\beta(t)$ 为外星规则的学习率，也是随时间下降的退火函数；，o_k 是输出层神经元的输出值，计算式为

$$o_k(t) = \sum_{k=1}^{l} w_{jk} y_j \tag{3-53}$$

根据式(3－51),式(3－53)应简化为

$$o_k(t) = w_{j^*k} y_j^* = w_{j^*k} \tag{3-54}$$

将式(3－54)代入式(3－52),得外星权向量调整规则为

$$w_{jk}(t+1) = \begin{cases} w_{jk}(t) & (j \neq j^*) \\ w_{jk}(t) + \beta(t)[d_k - w_{jk}(t)] & (j = j^*) \end{cases} \tag{3-55}$$

由以上规则可知,只有获胜神经元的外星权向量得到调整,调整的目的是使外星权向量不断靠近并等于期望输出,从而将该输出编码到外星权向量中。

(4)重复步骤(1)至步骤(3)直到$\beta(t)$下降至0。

3.4.4 BAM 网络

1988 年 B. kosko 提出一种双向联想记忆网络模型,记为 BAM。该网络也分为离散型和连续型两种类型,在联想记忆方面的应用非常广泛,本章重点介绍离散型 BAM 网络。

1. BAM 网络结构与原理

BAM 网络拓扑结构如图 3－17 所示。该网是一种双层双向网络,当向其中一层加入输入信号时,另一层可得到输出。由于初始模式可以作用于网络的任一层,信息可以双向传播,所以没有明确的输入层或输出层,可将其中的一层称为 X 层,有 n 个神经元节点,另一层称为 Y 层,有 m 个神经元节点。两层的状态向量可取单极性二进制 0 或 1,也可以取双极性离散值 1 或 －1。如果令由 X 到 Y 的权矩阵为 $\boldsymbol{W}$,则由 Y 到 X 的权矩阵便是其转置矩阵 $\boldsymbol{W}^{\mathrm{T}}$。

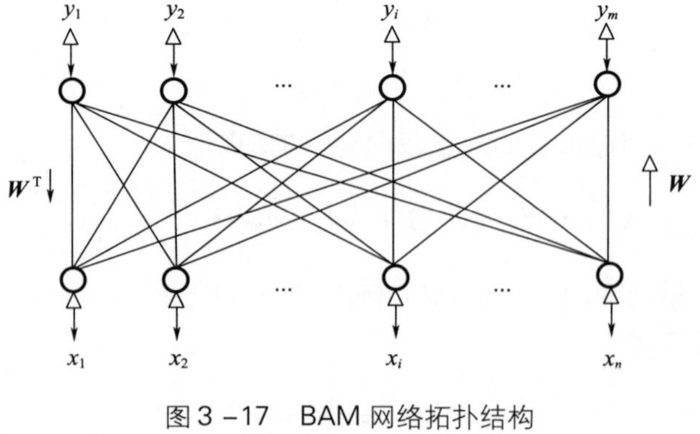

图 3－17　BAM 网络拓扑结构

BAM 网络实现双向异联想的过程是网络运行从动态到稳态的过程。对已建立权值矩阵的 BAM 网络，当将输入样本 $\boldsymbol{X}^P$ 作用于 X 侧时，该侧输出 $\boldsymbol{X}(1)=\boldsymbol{X}^P$ 通过 $\boldsymbol{W}$ 阵加权传到 Y 侧，通过该侧节点的转移函数 f_y 进行非线性变换后得到输出 $\boldsymbol{Y}(1)=f_y[\boldsymbol{W}\boldsymbol{X}(1)]$；再将该输出通过 $\boldsymbol{W}^{\mathrm{T}}$ 阵加权从 Y 侧传回 X 侧作为输入，通过 X 侧节点的转移函数 f_x 进行非线性变换后得到输出 $\boldsymbol{X}(2)=f_x[\boldsymbol{W}^{\mathrm{T}}\boldsymbol{Y}(1)]=f_x(\boldsymbol{W}^{\mathrm{T}}\{f_y[\boldsymbol{W}\boldsymbol{X}(1)]\})$。这种双向往返过程一直进行到两侧所有神经元的状态均不再发生变化为止。此时的网络状态称为稳态，对应的 Y 侧输出向量 $\boldsymbol{Y}^P$ 便是模式 $\boldsymbol{X}^P$ 经双向联想后所得的结果。同理，如果从 Y 侧送入模式 $\boldsymbol{Y}^P$，经过上述双向联想过程，X 侧将输出联想结果 $\boldsymbol{X}$。这种双向联想过程可用图 3－18表示。

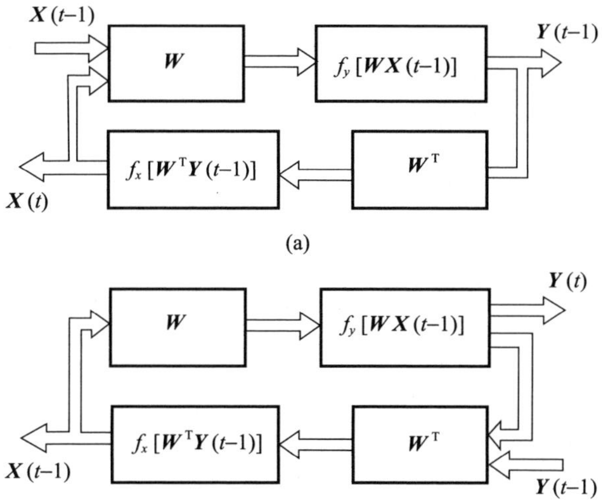

图 3－18　BAM 网络的双向联想过程

由图 3－18(a)和图 3－18(b)，有

$$\boldsymbol{X}(t+1)=f_x\{\boldsymbol{W}^{\mathrm{T}}f_y[\boldsymbol{W}\boldsymbol{X}(t)]\} \tag{3-56a}$$

$$\boldsymbol{Y}(t+1)=f_y\{\boldsymbol{W}f_x[\boldsymbol{W}^{\mathrm{T}}\boldsymbol{Y}(t)]\} \tag{3-56b}$$

对于经过充分训练的权值矩阵，当向 BAM 网络一侧输入有残缺的已存储模式时，网络经过有限次运行不仅能再另一侧实现正确的异联想，而且在输入侧重建了完整的输入模式。

2. 能量函数与稳定性

若 BAM 网络的阈值为 0，能量函数定义为

$$E = -\frac{1}{2}\boldsymbol{X}^{\mathrm{T}}\boldsymbol{W}^{\mathrm{T}}\boldsymbol{Y} - \frac{1}{2}\boldsymbol{Y}^{\mathrm{T}}\boldsymbol{W}\boldsymbol{X} \tag{3-57}$$

BAM 网络双向联想的动态过程就是能量函数量沿其状态空间中的离散轨迹逐渐减少的过程。当达到双向稳态时,网络必落入某一局部或全局能量最小点。

证明:式(3-57)中两项的计算结果均为标量,且有

$$\boldsymbol{Y}^{\mathrm{T}}\boldsymbol{W}\boldsymbol{X} = (\boldsymbol{Y}^{\mathrm{T}}\boldsymbol{W}\boldsymbol{X})^{\mathrm{T}} = (\boldsymbol{W}\boldsymbol{X})^{\mathrm{T}}\boldsymbol{Y} = \boldsymbol{X}^{\mathrm{T}}\boldsymbol{W}^{\mathrm{T}}\boldsymbol{Y}$$

式(3-57)简化为

$$E = -\boldsymbol{X}^{\mathrm{T}}\boldsymbol{W}^{\mathrm{T}}\boldsymbol{Y} \tag{3-58}$$

当 X 侧节点状态变化时,$\Delta\boldsymbol{X}$ 引起的能量变化 ΔE_X 为

$$\Delta E_X = -\Delta\boldsymbol{X}^{\mathrm{T}}\boldsymbol{W}^{\mathrm{T}}\boldsymbol{Y} = -\sum_{i=1}^{n}\Delta x_i\sum_{j=1}^{m}w_{ji}y_j = -\sum_{i=I}^{n}\Delta x_i\mathrm{net}_{Xi}$$

当 BAM 网络的转移函数取符号函数时,上式的分析可仿照 DHNN 网进行。可知对于 Δx_i 与 net_{Xi} 的任意组合均有 $\Delta E_X \leqslant 0$,其中 $\Delta E_X = 0$ 对应于 $\Delta x_i = 0, i = 1,2,\cdots,n$。

当 Y 侧节点状态变化时,$\Delta\boldsymbol{Y}$ 引起的能量变化 ΔE_Y 为

$$\Delta E_Y = -\Delta\boldsymbol{Y}^{\mathrm{T}}\boldsymbol{W}\boldsymbol{X} = -\sum_{j=1}^{m}\Delta y_j\sum_{i=1}^{n}w_{ij}x_i = -\sum_{j=1}^{m}\Delta y_j\mathrm{net}_{Yj}$$

同理,对于 Δy_j 与 net_{Yj} 的任意组合均有 $\Delta E_Y \leqslant 0$,而 $\Delta E_Y = 0$ 对应于 $\Delta y_j = 0$, $j = 1,2,\cdots,m$。

归纳以上分析,有

$$\begin{cases}\Delta E < 0 & (\Delta\boldsymbol{X} \neq \boldsymbol{0}, \Delta\boldsymbol{Y} \neq \boldsymbol{0}) \\ \Delta E = 0 & (\Delta\boldsymbol{X} = \boldsymbol{0}, \Delta\boldsymbol{Y} = \boldsymbol{0})\end{cases}$$

上式表明 BAM 网络的能量在动态运行过程中不断下降,当网络达到能量极小点时即进入稳定状态,此时网络两侧的状态都不再变化。

以上证明过程对 BAM 网络权矩阵的学习规则并未作任何限制,而且得到的稳定性的结论与状态更新方式为同步或异步无关。考虑到同步更新比异步更新时能量变化大,收敛速度比串行异步方式快,故采常用同步更新方式。

3. BAM 网络的权值设计

对于离散 BAM 网络,一般选转移函数 $f(\cdot) = \mathrm{sgn}(\cdot)$。当网络只需存储一对模式 $(\boldsymbol{X}^1, \boldsymbol{Y}^1)$ 时,若使其成为网络的稳定状态,应满足条件

$$\mathrm{sgn}(\boldsymbol{W}\boldsymbol{X}^1) = \boldsymbol{Y}^1 \tag{3-59a}$$

$$\mathrm{sgn}(\boldsymbol{W}^{\mathrm{T}}\boldsymbol{Y}^{1}) = \boldsymbol{X}^{1} \tag{3-59b}$$

容易证明，若 $\boldsymbol{W}$ 是向量 $\boldsymbol{Y}^1$ 和 $\boldsymbol{X}^1$ 外积，即

$$\boldsymbol{W} = \boldsymbol{Y}^1\boldsymbol{X}^{1\mathrm{T}}$$

$$\boldsymbol{W} = \boldsymbol{X}^1\boldsymbol{Y}^{1\mathrm{T}}$$

则式(3－59)的条件必然成立。

当需要存储 P 对模式时，将以上结论扩展为 P 对模式的外积和，从而得到 Kosko 提出的权值学习公式

$$\boldsymbol{W} = \sum_{p=1}^{P} \boldsymbol{Y}^p (\boldsymbol{X}^p)^{\mathrm{T}} \tag{3-60a}$$

$$\boldsymbol{W}^{\mathrm{T}} = \sum_{p=1}^{P} \boldsymbol{X}^p (\boldsymbol{Y}^p)^{\mathrm{T}} \tag{3-60b}$$

用外积和法设计的权矩阵，不能保证任意 P 对模式的全部正确联想，但下面的定理表明，如对记忆模式对加以限制，用外积和法设计 BAM 网具有较好的联想能力。

定理 3－6 若 P 个记忆模式 $\boldsymbol{X}^p, p=1,2,\cdots,P, x\in\{-1,1\}^n$ 两两正交，且权值矩阵 $\boldsymbol{W}$ 按式(3－60)得到，则向 BAM 网输入 P 个记忆模式中的任何一个 $\boldsymbol{X}^p$ 时，只需一次便能正确联想起对应的模式 $\boldsymbol{Y}^p$。

证明：若网络权值矩阵按外积和规则设计，当向其 X 侧输入某模式 $\boldsymbol{X}^k$ 时，在 Y 侧应得到如下输出

$$\begin{aligned}\boldsymbol{Y}(1) &= f_y(\boldsymbol{W}\boldsymbol{X}^k) = f_y\left(\sum_{p=1}^{P} \boldsymbol{Y}^p (\boldsymbol{X}^p)^{\mathrm{T}}\boldsymbol{X}^k\right) \\ &= f_y\left[\boldsymbol{Y}^k(\boldsymbol{X}^k)^{\mathrm{T}}\boldsymbol{X}^k + \sum_{p\neq k}^{P} \boldsymbol{Y}^p (\boldsymbol{X}^p)^{\mathrm{T}}\boldsymbol{X}^k\right]\end{aligned}$$

当 P 个模式向量两两正交时，上式中的第二项应为零，Y 侧输出为

$$\boldsymbol{Y}(1) = f_y[\boldsymbol{Y}^k(\boldsymbol{X}^k)^{\mathrm{T}}\boldsymbol{X}^k] = f_y[\boldsymbol{Y}^k \|\boldsymbol{X}^k\|^2] = \mathrm{sgn}[\boldsymbol{Y}^k \|\boldsymbol{X}^k\|^2] = \boldsymbol{Y}^k$$

定理得证。

当输入含有噪声的模式时，BAM 网络需要经历一定的演变过程才能达到稳态，并分别在 X 侧和 Y 侧恢复模式对的本来面目。

例 3－3 某 BAM 网络 X 层有 14×10 个节点，Y 层有 12×9 个节点。设网络已存储了 3 对联想字符，其中一对字符是(S、E)。当向网络的 X 侧输入有 40% 噪声的字符 S 时，网络开始动态演变过程。从图 3－19 可以看出，初始输入模式很难辨认，随着网络的运行，字符对(S、E)在网络 X 和 Y 两侧的往返过程中逐渐清晰，最终稳定于正确模式。

图 3－19　含噪声字符的联想过程

Kosko 已证明：BAM 网络的存储容量为

$$P_{\max} \leqslant \min(n, m)$$

为提高 BAM 网络的存储容量和容错能力，人们对 BAM 网络提出多种改进算法和改进的网络结构。如多重训练法、快速增强法，自适应 BAM 网络、竞争 BAM 网络等。

3.5　对识别与分类智能的建模与仿真

从数学建模角度看，对输入样本的分类实际上是在样本空间找出符合分类要求的分割区域，每个区域内的样本属于一类。传统分类方法只适合解决同类相聚，异类分离的的识别与分类问题。但客观世界中许多事物（例如，不同的图像、声音、文字等）在样本空间上的区域分割曲面是十分复杂的，相近的样本可能属于不同的类，而远离的样本可能同属一类。人脑对各类有先验知识的复杂模式具有很强的非线性识别与分类能力，模拟这种能力的智能建模技术首推支持向量机（support vector machine，SVM）。SVM 可以很好地解决对非线性曲面的逼近，因此比传统的分类器具有更好的分类与识别能力。

从线性可分模式分类的角度看，支持向量机的主要思想是建立一个最优决策超平面，使得该平面两侧距平面最近的两类样本之间的距离最大化，从而对分类问题提供良好的泛化能力。对于非线性可分模式分类问题，根据 Cover 定理：将复杂的模式分类问题非线性地投射到高维特征空间可能是线性可分的，因此只要变换是非线性的且特征空间的维数足够高，则原始模式空间能变换为一个新的高维特征空间，使得在特征空间中模式以较高的概率为线性可分的。此时，应用支持向量机在算法在特征空间建立分类超平面，即可解决非线性可分的模式识别问题。

3.5.1　最优超平面的概念

考虑 P 个线性可分样本 $\{(\boldsymbol{X}^1,d^1),(\boldsymbol{X}^2,d^2),\cdots,(\boldsymbol{X}^p,d^p),\cdots,(\boldsymbol{X}^P,d^P)\}$，对于任一输入样本 $\boldsymbol{X}^p$，其期望输出为 $d^p=\pm1$，分别代表两类的类别标识。用于分类的超平面方程为

$$\boldsymbol{W}^{\mathrm{T}}\boldsymbol{X}+b=0 \tag{3-61}$$

式中：$\boldsymbol{X}$ 为输入向量；$\boldsymbol{W}$ 为权值向量；b 为偏置，相当于前几章中的负阈值（$b=-T$），则有

$$\boldsymbol{W}^{\mathrm{T}}\boldsymbol{X}^p+b>0 \quad 当\ d^p=+1$$
$$\boldsymbol{W}^{\mathrm{T}}\boldsymbol{X}^p+b<0 \quad 当\ d^p=-1$$

由式(3-61)定义的超平面与最近的样本点之间的间隔称为分离边缘，用 ρ 表示。支持向量机的目标是找到一个使分离边缘最大的超平面，即最优超平面。图 3-20 给出二维平面中最优超平面的示意图。可以看出，最优超平面能提供两类之间最大可能的分离，因此确定最优超平面的权值 $\boldsymbol{W}_0$ 和偏置 b_0 应是唯一的。在式(3-61)定义的一簇超平面中，最优超平面的方程应为

$$\boldsymbol{W}^{\mathrm{T}}\boldsymbol{X}_0+b_0=0 \tag{3-62}$$

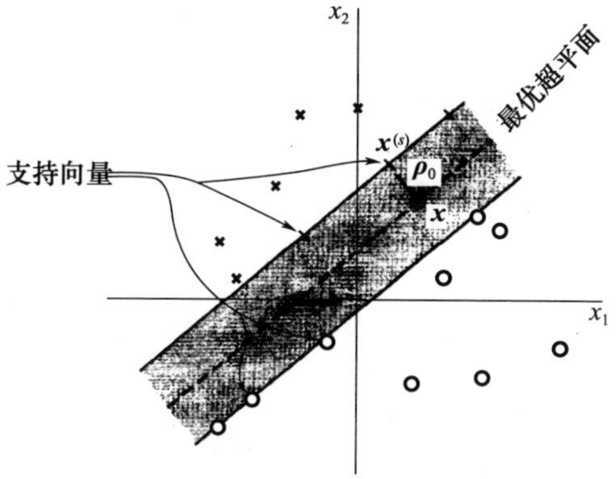

图 3-20　二维平面中的最优超平面

由解析几何知识可得样本空间任一点到最优超平面的距离为

$$r=\frac{\boldsymbol{W}_0^{\mathrm{T}}\boldsymbol{X}+b_0}{\|\boldsymbol{W}_0\|} \tag{3-63}$$

从而有判别函数

$$g(\boldsymbol{X})=r\|\boldsymbol{W}_0\|=\boldsymbol{W}_0^{\mathrm{T}}\boldsymbol{X}+b_0 \tag{3-64}$$

给出从 $\boldsymbol{X}$ 到最优超平面的距离的一种代数度量。

将判别函数进行归一化,使所有样本都满足

$$\begin{cases}W_0^{\mathrm{T}}X^p+b_0\geqslant 1 & \text{当 } d^p=+1\\ W_0^{\mathrm{T}}X^p+b_0\leqslant 1 & \text{当 } d^p=-1\end{cases}\quad (p=1,2,\cdots,P) \tag{3-65}$$

则对于离最优超平面最近的特殊样本$\boldsymbol{X}^s$ 满足$|g(\boldsymbol{X}^s)|=1$,称为支持向量。由于支持向量最靠近分类决策面,是最难分类的数据点,因此这些向量在支持向量机的运行中起着主导作用。

式(3-65)中的两行也可以组合起来用下式表示

$$d^p(\boldsymbol{W}^{\mathrm{T}}\boldsymbol{X}^p+b)\geqslant 1\quad (p=1,2,\cdots,P) \tag{3-66}$$

其中,$\boldsymbol{W}_0$ 用 $\boldsymbol{W}$ 代替。

由式(3-63)可导出从支持向量到最优超平面的代数距离为

$$r=\frac{g(X^s)}{\|\boldsymbol{W}_0\|}=\begin{cases}\dfrac{1}{\|\boldsymbol{W}_0\|} & (d^s=+1,\boldsymbol{X}^s\text{ 在最优超平面的正面})\\ -\dfrac{1}{\|\boldsymbol{W}_0\|} & (d^s=-1,\boldsymbol{X}^s\text{ 在最优超平面的负面})\end{cases} \tag{3-67}$$

因此,两类之间的间隔可用分离边缘表示为

$$\rho=2y=\frac{2}{\|\boldsymbol{W}_0\|} \tag{3-68}$$

式(3-68)表明,分离边缘最大化等价于使权值向量的范数 $\|\boldsymbol{W}\|$ 最小化。因此,满足式(3-66)的条件且使 $\|\boldsymbol{W}\|$ 最小的分类超平面就是最优超平面。

3.5.2 最优超平面的构建

1. 线性可分最优超平面

根据上面的讨论,建立最优线性分类超平面问题可以表示成如下的约束优化问题,即对于给定的训练样本$\{(\boldsymbol{X}^1,d^1),(\boldsymbol{X}^2,d^2),\cdots,(\boldsymbol{X}^p,d^p),\cdots,(\boldsymbol{X}^P,d^P)\}$,找到权值向量 $\boldsymbol{W}$ 和阈值 $\boldsymbol{T}$ 的最优值,使其在式(3-66)的约束下,最小化代价函数,即

$$\boldsymbol{\Phi}(\boldsymbol{W})=\frac{1}{2}\|\boldsymbol{W}\|^2=\frac{1}{2}\boldsymbol{W}^{\mathrm{T}}\boldsymbol{W} \tag{3-69}$$

这个约束优化问题的代价函数是 $\boldsymbol{W}$ 的凸函数，且关于 $\boldsymbol{W}$ 的约束条件是线性的，因此可以用拉格朗日（Lagrange）系数方法解决约束最优问题。引入拉格朗日函数得

$$L(\boldsymbol{W},b,\alpha)=\frac{1}{2}\boldsymbol{W}^{\mathrm{T}}\boldsymbol{W}-\sum_{p=1}^{P}\alpha_p[d^p(\boldsymbol{W}^{\mathrm{T}}\boldsymbol{X}^p+b)-1] \tag{3-70}$$

式中：$\alpha_p\geqslant 0, p=1,2,\cdots,P$ 称为拉格朗日系数。式(3－70)中的第一项为代价函数 $\boldsymbol{\Phi}(\boldsymbol{W})$，第二项非负，因此最小化 $\boldsymbol{\Phi}(\boldsymbol{W})$ 就转化为求拉格朗日函数的最小值。观察拉格朗日函数可以看出，欲使该函数值最小化，应使第一项 $\boldsymbol{\Phi}(\boldsymbol{W})\downarrow$，使第二项↑。为使第一项最小化，将式(3－70)对 $\boldsymbol{W}$ 和 b 求偏导，并使结果为零，即

$$\begin{aligned}\frac{\partial L(\boldsymbol{W},b,\alpha)}{\partial \boldsymbol{W}}&=\boldsymbol{0}\\ \frac{\partial L(\boldsymbol{W},b,\alpha)}{\partial b}&=\boldsymbol{0}\end{aligned} \tag{3-71}$$

利用式(3－70)和式(3－71)，经过整理可导出最优化条件 1 为

$$\boldsymbol{W}=\sum_{p=1}^{P}\alpha_p d^p\boldsymbol{X}^p \tag{3-72}$$

利用式(3－70)和式(3－71)可导出最优化条件 2 为

$$\sum_{p=1}^{P}\alpha_p d^p=0 \tag{3-73}$$

为使第二项最大化，将式(3－70)展开，即

$$L(\boldsymbol{W},b,\alpha)=\frac{1}{2}\boldsymbol{W}^{\mathrm{T}}\boldsymbol{W}-\sum_{p=1}^{P}\alpha_p d^p\boldsymbol{W}^{\mathrm{T}}\boldsymbol{X}^p-b\sum_{p=1}^{P}\alpha_p d^p+\sum_{p=1}^{P}\alpha_p$$

根据式(3－73)，上式中的第三项为零。根据式(3－72)，可将上式表示为

$$\begin{aligned}L(\boldsymbol{W},b,\alpha)&=\frac{1}{2}\boldsymbol{W}^{\mathrm{T}}\boldsymbol{W}-\boldsymbol{W}^{\mathrm{T}}\sum_{p=1}^{P}\alpha_p d^p\boldsymbol{X}^p+\sum_{p=1}^{P}\alpha_p\\&=\frac{1}{2}\boldsymbol{W}^{\mathrm{T}}\boldsymbol{W}-\boldsymbol{W}^{\mathrm{T}}\boldsymbol{W}+\sum_{p=1}^{P}\alpha_p\\&=-\frac{1}{2}\boldsymbol{W}^{\mathrm{T}}\boldsymbol{W}+\sum_{p=1}^{P}\alpha_p\end{aligned}$$

根据式(3－72)可得到

$$W^{\mathrm{T}}W=W^{\mathrm{T}}\sum_{p=1}^{P}\alpha_p d^p X^p=\sum_{p=1}^{P}\sum_{j=1}^{P}\alpha_p\alpha_j d^p d^j(X^p)^{\mathrm{T}}X^p$$

设关于 α 的目标函数为 $Q(\alpha)=L(\boldsymbol{W},b,\alpha)$，则有

$$Q(\alpha) = \sum_{p=1}^{P}\alpha_p - \frac{1}{2}\sum_{p=1}^{P}\sum_{j=1}^{P}\alpha_p\alpha_j d^p d^j (\boldsymbol{X}^p)^{\mathrm{T}}\boldsymbol{X}^p \tag{3-74}$$

至此，原来的最小化 $L(\boldsymbol{W},b,\alpha)$ 函数问题转化为一个最大化函数 $Q(\alpha)$ 的"对偶"问题，即：给定训练样本 $\{(\boldsymbol{X}^1,d^1),(\boldsymbol{X}^2,d^2),\cdots,(\boldsymbol{X}^p,d^p),\cdots,(\boldsymbol{X}^P,d^P)\}$，求解使式(3－74)为最大值的拉格朗日系数 $\{\alpha_1,\alpha_2,\cdots,\alpha_p,\cdots,\alpha_P\}$，并满足约束条件 $\sum_{p=1}^{P}\alpha_p d^p=0$；$\alpha_p \geqslant 0, p=1,2,\cdots,P$。

以上为不等式约束的二次函数极值问题(qqadratic programming，QP)。由 Kuhn－Tucker 定理知，式(3－74)的最优解必须满足以下最优化条件(KKT 条件)，即

$$\alpha_p[(\boldsymbol{W}^{\mathrm{T}}\boldsymbol{X}^p+b)d^p-1]=0 \quad (p=1,2,\cdots,P) \tag{3-75}$$

可以看出，在两种的情况下式(3－75)中的等号成立：一种情况是 α_p 为零；另一种情况是 α_p 不为零而 $(\boldsymbol{W}^{\mathrm{T}}\boldsymbol{X}^p+b)d^p=1$。显然，第二种情况仅对应于样本为支持向量的情况。

设 $Q(\alpha)$ 的最优解为 $\{\alpha_{01},\alpha_{02},\cdots,\alpha_{0p},\cdots,\alpha_{0P}\}$，可通过式(3－72)计算最优权值向量，其中多数样本的拉格朗日系数为零，因此

$$\boldsymbol{W}_0 = \sum_{p=1}^{P}\alpha_{0p}d^p\boldsymbol{X}^p = \sum_{\substack{\text{所有支}\\\text{持向量}}}\alpha_{0p}d^s\boldsymbol{X}^s \tag{3-76}$$

即最优超平面的权向量是训练样本向量的线性组合，且只有支持向量影响最终的划分结果，这就意味着如果去掉其他训练样本再重新训练，得到的分类超平面是相同的。但如果一个支持向量未能包含在训练集内时，最优超平面会被改变。

利用计算出的最优权值向量和一个正的支持向量，可通过式(3－65)进一步计算出最优偏置，即

$$d_0 = 1-\boldsymbol{W}_0^{\mathrm{T}}\boldsymbol{X}^s \tag{3-77}$$

求解线性可分问题得到的最优分类判别函数为

$$f(\boldsymbol{X}) = \operatorname{sgn}\left[\sum_{p=1}^{P}\alpha_{0_p}d^p(\boldsymbol{X}^p)^{\mathrm{T}}\boldsymbol{X}+b_0\right] \tag{3-78}$$

在式(3－78)中的 P 个输入向量中，只有若干个支持向量的拉格朗日系数不为零，因此计算复杂度取决于支持向量的个数。

对于线性可分数据，该判别函数对训练样本的分类误差为零，而对非训练样

本具有最佳泛化性能。

2. 非线性可否数据最优超平面的构建

若将上述思想用于非线性可分模式的分类时，会有一些样本不能满足式(3－66)的约束，而出现分类误差。因此需要对适当放宽该式的约束，将其变为

$$d^p(\boldsymbol{W}^{\mathrm{T}}\boldsymbol{X}^p+b)\geqslant 1-\xi_p \quad (p=1,2,\cdots,P) \tag{3-79}$$

式中引入了松弛变量$\xi_p\geqslant 0, p=1,2,\cdots,P$，它们用于度量一个数据点对线性可分理想条件的偏离程度。当$0\leqslant\xi_p\leqslant 1$时，数据点落入分离区域的内部，且在分类超平面的正确一侧；当$\xi_p>1$时，数据点进入分类超平面的错误一侧；当$\xi_p=0$时，相应的数据点即为精确满足式(3－66)的支持向量$\boldsymbol{X}^s$。

建立非线性可分数据的最优超平面可以采用与线性可分情况类似的方法，推导过程与上述方法相同，得到的结果为

$$\begin{gathered}\sum_{p=1}^{P}\alpha_p d^p = 0\\ 0\leqslant\alpha_p\leqslant C \quad (p=1,2,\cdots,P)\end{gathered} \tag{3-80}$$

可以看出，线性可分情况下的约束条件 $\alpha_p\geqslant 0$ 在非线性可分情况下被替换为约束更强的$0\leqslant\alpha_p\leqslant C$，因此线性可分情况下的约束条件 $\alpha_p\geqslant 0$ 可以看作非线性可分情况下的一种特例。

此外，$\boldsymbol{W}$ 和 b 的最优解必须满足的最优化条件改变为

$$\alpha_p[(\boldsymbol{W}^{\mathrm{T}}\boldsymbol{X}^p+b)d^p-1+\xi_p]=0 \quad (p=1,2,\cdots,P) \tag{3-81}$$

最终推导得到的 $\boldsymbol{W}$ 和 b 的最优解计算式以及最优分类判别函数与式(3－76)、式(3－77)和式(3－78)完全相同。

3.5.3　非线性支持向量机

在解决模式识别问题时，经常遇到非线性可分模式的情况。支持向量机的方法是，将输入向量映射到一个高维特征向量空间，如果选用的映射函数适当且特征空间的维数足够高，则大多数非线性可分模式在特征空间中可以转化为线性可分模式，因此可以在该特征空间构造最优超平面进行模式分类，这个构造与内积核相关。

1. 基于内积核的最优超平面

设 $\boldsymbol{X}$ 为 N 维输入空间的向量，令 $\boldsymbol{\Phi}(\boldsymbol{X})=[\phi_1(\boldsymbol{X}),\phi_2(\boldsymbol{X}),\cdots,\phi_M(\boldsymbol{X})]^{\mathrm{T}}$ 表示从输入空间到 M 维特征空间的非线性变换，称为输入向量 $\boldsymbol{X}$ 在特征空间诱导

出的“像”。参照前述思路，可以在该特征空间定义构建一个分类超平面。

$$\sum_{j=1}^{M} w_j \phi_j(\boldsymbol{X}) + b = 0 \tag{3-82}$$

式中：$w_j, j=1,2,\cdots,M$，为将特征空间连接到输出空间的权值；b 为偏置或负阈值。令 $\phi_0(X)=1, w_0=b$，式(3-82)可简化为

$$\sum_{j=0}^{M} w_j \phi_j(\boldsymbol{X}) = 0 \tag{3-83}$$

或写成

$$\boldsymbol{W}^{\mathrm{T}}\boldsymbol{\Phi}(\boldsymbol{X}) = 0 \tag{3-84}$$

将适合线性可分模式输入空间的式(3-72)用于特征空间中线性可分的“像”，只需用 $\phi(\boldsymbol{X})$ 替换 $\boldsymbol{X}$，得到

$$\boldsymbol{W} = \sum_{p=1}^{P} \alpha_p d^p \boldsymbol{\Phi}(\boldsymbol{X}^p) \tag{3-85}$$

将式(3-85)代入式(3-86)可得特征空间的分类超平面为

$$\sum_{p=1}^{P} \alpha_p d^p \boldsymbol{\Phi}^{\mathrm{T}}(\boldsymbol{X}^p)\boldsymbol{\Phi}(\boldsymbol{X}) = 0 \tag{3-86}$$

式中：$\boldsymbol{\Phi}^{\mathrm{T}}(\boldsymbol{X}^p)\boldsymbol{\Phi}(\boldsymbol{X})$ 表示第 p 个输入模式 $\boldsymbol{X}^p$ 在特征空间的像 $\boldsymbol{\Phi}(\boldsymbol{X}^p)$ 与输入向量 $\boldsymbol{X}$ 在特征空间的像 $\boldsymbol{\Phi}(\boldsymbol{X})$ 的内积，因此在特征空间构造最优超平面时，仅使用特征空间中的内积。若能找到一个函数 $K(\cdot)$，使得

$$K(\boldsymbol{X},\boldsymbol{X}^p) = \boldsymbol{\Phi}^{\mathrm{T}}(\boldsymbol{X})\boldsymbol{\Phi}(\boldsymbol{X}) = \sum_{j=1}^{M} \phi_j(\boldsymbol{X})\phi_j(\boldsymbol{X}^p) \quad (p=1,2,\cdots,P) \tag{3-87}$$

则在特征空间建立超平面时无须考虑变换 ϕ 的形式。$K(\boldsymbol{X},\boldsymbol{X}^p)$ 称为内积核函数。

泛函分析中的 Mercer 定理给出作为核函数的条件：$K(\boldsymbol{X},\boldsymbol{X}')$ 表示一个连续的对称核，其中 $\boldsymbol{X}$ 定义在闭区间 $\boldsymbol{a} \leqslant \boldsymbol{X} \leqslant \boldsymbol{b}$，$\boldsymbol{X}'$类似。核函数 $K(\boldsymbol{X},\boldsymbol{X}')$ 可以展开为级数。

$$K(\boldsymbol{X},\boldsymbol{X}') = \sum_{i=1}^{\infty} \lambda_i \phi_i(\boldsymbol{X})\phi_i(\boldsymbol{X}') \tag{3-88}$$

式中：$\lambda_i > 0$。保证式(3-88)一致收敛的充要条件是

$$\int_b^a \int_b^a K(\boldsymbol{X},\boldsymbol{X}')\boldsymbol{\Phi}(\boldsymbol{X})\boldsymbol{\Phi}(\boldsymbol{X}')\,\mathrm{d}\boldsymbol{X}\mathrm{d}\boldsymbol{X}' \geqslant 0 \tag{3-89}$$

对于所有满足 $\int_b^a \boldsymbol{\Phi}^2(\boldsymbol{X})\,\mathrm{d}\boldsymbol{X} < \infty$ 的 $\boldsymbol{\Phi}(\cdot)$成立。

可以看出式(3-89)对于内积核函数 $K(\boldsymbol{X},\boldsymbol{X}^p)$ 的展开是 Mercer 定理的一种特殊情况。Mercer 定理指出如何确定一个候选核是不是某个空间的内积核,但没有指出如何构造函数 $\phi_i(\boldsymbol{X})$。

对核函数 $K(\boldsymbol{X},\boldsymbol{X}^p)$ 的要求是满足 Mercer 定理,因此其选择有一定的自由度。下面给出 3 种常用的核函数。

1)多项式核函数

$$K(\boldsymbol{X},\boldsymbol{X}^p)=[(\boldsymbol{X}\cdot\boldsymbol{X}^p)+1]^q \tag{3-90}$$

采用该函数的支持向量机是一个 q 阶多项式分类器,其中 q 为由用户决定的参数。

2)Gauss 核函数

$$K(\boldsymbol{X},\boldsymbol{X}^p)=\exp\left(-\frac{|\boldsymbol{X}-\boldsymbol{X}^p|^2}{2\sigma^2}\right) \tag{3-91}$$

采用该函数的支持向量机是一种径向集函数分类器。

3)Sigmoid 核函数

$$K(\boldsymbol{X},\boldsymbol{X}^p)=\tanh(k(\boldsymbol{X}\cdot\boldsymbol{X}^p))+c \tag{3-92}$$

采用该函数的支持向量机实现的是一个单隐层感知器神经网络。

使用内积核在特征空间建立的最优超平面定义为

$$\sum_{p=1}^{P}\alpha_p d^p K(\boldsymbol{X},\boldsymbol{X}^p)=0 \tag{3-93}$$

2. 非线性支持向量机神经网络

支持向量机的思想是,对于非线性可分数据,在进行非线性变换后的高维特征空间实现线性分类,此时最优分类判别函数为

$$f(\boldsymbol{X})=\mathrm{sgn}\left[\sum_{p=1}^{P}\alpha_{0_p}d^p K(\boldsymbol{X}^p,\boldsymbol{X})+b_0\right] \tag{3-94}$$

令支持向量的数量为 N_s,去除系数为零的项,式(3-94)可改写为

$$f(\boldsymbol{X})=\mathrm{sgn}\left[\sum_{s=1}^{N_s}\alpha_{0s}d^s K(\boldsymbol{X}^s,\boldsymbol{X})+b_0\right] \tag{3-95}$$

从支持向量机分类判别函数的形式上看,它类似于一个 3 层前馈神经网络。其中隐层节点对应于输入样本与一个支持向量的内积核函数,而输出节点对应于隐层输出的线性组合。图 3-21 给出支持向量机神经网络的示意图。

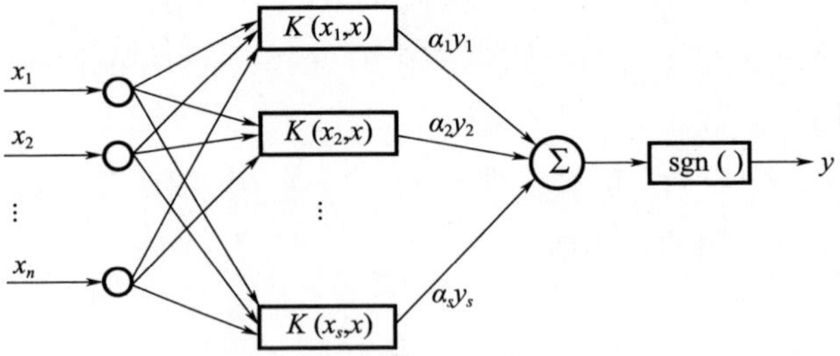

图 3 -21　支持向量机神经网络

设计一个支持向量机时，只需选择满足 Mercer 条件的核函数而不必了解将输入样本变换到高维特征空间的 $\boldsymbol{\Phi}(\cdot)$ 的形式，但下面给出的简单的核函数实际上能够构建非线性映射 $\boldsymbol{\Phi}(\cdot)$。

设输入数据为 2 维平面的向量 $\boldsymbol{X}=[x_1,x_2]^{\mathrm{T}}$，共有 3 个支持向量，因此应将 2 维输入向量非线性映射为 3 维空间的向量 $\boldsymbol{\Phi}(\boldsymbol{X})=[\phi_1(\boldsymbol{X}),\phi_2(\boldsymbol{X}),\phi_3(\boldsymbol{X})]^{\mathrm{T}}$。选择 $K(\boldsymbol{X}^i,\boldsymbol{X}^j)=[(\boldsymbol{X}^i)^{\mathrm{T}}\cdot\boldsymbol{X}^j]^2$，使映射 $\boldsymbol{\Phi}(\cdot)$ 从 $\boldsymbol{R}^2\to\boldsymbol{R}^3$ 满足

$$[(\boldsymbol{X}^i)^{\mathrm{T}}\cdot\boldsymbol{X}^j]^2=\boldsymbol{\Phi}^{\mathrm{T}}(X)\boldsymbol{\Phi}(X)$$

对于给定的核函数，映射 $\boldsymbol{\Phi}(\cdot)$ 和特征空间的维数都不是唯一的，例如，对于本例的情况可选 $\boldsymbol{\Phi}(\boldsymbol{X})=[x_1^2,\phi_2(\boldsymbol{X}),\phi_3(\boldsymbol{X})]^{\mathrm{T}}$，或 $\boldsymbol{\Phi}(\boldsymbol{X})=[\phi_1(\boldsymbol{X}),\phi_2(\boldsymbol{X}),\phi_3(\boldsymbol{X})]^{\mathrm{T}}$。

3.5.4　支持向量机的学习算法

在能够选择变换 ϕ(取决于设计者在这方面的知识)的情况下，用支持向量机进行求解的学习算法如下。

(1)通过非线性变换 ϕ 将输入向量映射到高维特征空间；

(2)在约束条件 $\sum_{p=1}^{P}\alpha_p d^p=0$，$0\leqslant\alpha_p\leqslant C$(或 $\alpha_p\geqslant0$)，$p=1,2,\cdots,P$ 下求解使目标函数

$$Q(\alpha)=\sum_{p=1}^{P}\alpha_p-\frac{1}{2}\sum_{p=1}^{P}\sum_{j=1}^{P}\alpha_p\alpha_j d^p d^j\boldsymbol{\Phi}^{\mathrm{T}}(\boldsymbol{X}^p)\boldsymbol{\Phi}(\boldsymbol{X}^j)\tag{3-96}$$

最大化的 α_{0p}；

(3)计算最优权值

$$\boldsymbol{W}_0=\sum_{p=1}^{P}\alpha_{0p}d^p\boldsymbol{\Phi}(\boldsymbol{X}^p)\tag{3-97}$$

(4)对于待分类模式 $\boldsymbol{X}$,计算分类判别函数

$$f(\boldsymbol{X}) = \operatorname{sgn}\left[\sum_{p=1}^{P}\alpha_{0_p}d^p\,\boldsymbol{\Phi}^{\mathrm{T}}(\boldsymbol{X}^p)\boldsymbol{\Phi}(\boldsymbol{X}) + b_0\right] \tag{3-98}$$

根据 $f(\boldsymbol{X})$ 为 1 或 -1,决定 $\boldsymbol{X}$ 的类别归属。

若能选择一个内积核函数 $K(\boldsymbol{X}^p,\boldsymbol{X})$,可避免进行变换,此时用支持向量机进行求解的学习算法如下。

(1)准备一组训练样本 $\{(\boldsymbol{X}^1,d^1),(\boldsymbol{X}^2,d^2),\cdots,(\boldsymbol{X}^p,d^p),\cdots,(\boldsymbol{X}^P,d^P)\}$;

(2)在约束条件 $\sum_{p=1}^{P}\alpha_p d^p = 0$,$0\leqslant\alpha_p\leqslant C$(或 $\alpha_p\geqslant 0$),$p=1,2,\cdots,P$ 下求解使目标函数

$$Q(\alpha) = \sum_{p=1}^{P}\alpha_p - \frac{1}{2}\sum_{p=1}^{P}\sum_{j=1}^{P}\alpha_p\alpha_j d^p d^j K(\boldsymbol{X}^p,\boldsymbol{X}^j) \tag{3-99}$$

最大化的 α_{0p},其中 $K(\boldsymbol{X}^p,\boldsymbol{X}^j)$,$p,j=1,2,\cdots,P$ 可以看作是 $P\times P$ 对称矩阵 $\boldsymbol{K}$ 的第 pj 项元素;

(3)计算最优权值

$$W_0 = \sum_{p=1}^{P}\alpha_{0p}d^p\,\boldsymbol{Y}^p \tag{3-100}$$

$\boldsymbol{Y}$ 为隐层输出向量;

(4)对于待分类模式 $\boldsymbol{X}$,计算分类判别函数

$$f(\boldsymbol{X}) = \operatorname{sgn}\left[\sum_{p=1}^{P}\alpha_{0_p}d^p K(\boldsymbol{X}^p,\boldsymbol{X}) + b_0\right]$$

根据 $f(\boldsymbol{X})$ 为 1 或 -1,决定 $\boldsymbol{X}$ 的类别归属。

上面讨论的支持向量机只能解决两个分类问题,目前没有一个统一的方法将其推广到多分类的情况,但已有不少设计者针对具体问题提出了值得借鉴的方法,读者可参考相关论文。

支持向量机常被用于径向基函数网络和多层感知器的设计中。在径向基函数类型的支持向量机中,径向基函数的数量和它们的中心分别由支持向量的个数和支持向量的值决定,而传统的 RBF 网络对这些参数的确定则依赖于经验知识。在单隐层感知器类型的支持向量机中,隐节点的个数和它们的权值向量分别由支持向量的个数和支持向量的值决定。

与径向基函数和多层感知器相比,支持向量机的算法不依赖于设计者的经验知识,且最终求得的是全局最优值而不是局部极值,因而具有良好的泛化能力而不会出现过学习现象。支持向量机由于算法复杂导致训练速度较慢,其中的

主要原因是在算法第(2)步的寻优过程中涉及大量矩阵运算。目前提出的一些改进训练算法是基于循环迭代的思想,下面介绍3类改进算法的主要思路。

(1)Vapnik等提出的块算法。对于给定的训练集,通过某种迭代方式逐步排除非支持向量。首先选择一部分样本构成工作样本集进行训练,剔除其中的非支持向量,并用训练结果对剩余样本进行检验,将不符合训练结果的样本或其中一部分与本次结果的支持向量合并成为一个新的工作样本集,重新进行训练。反复进行直到获得最优结果。块算法适合于支持向量的数目远远小于训练样本数的情况。当支持向量的数量较多时,随着算法迭代次数的增多,工作样本集会越来越大。

(2)Qsuna等提出的分解算法。算法的主要思想是将训练样本分为工作集和非工作集,工作集中的样本数量远小于总样本数。每次只对工作集中的样本进行训练,而固定非工作集样本。该算法的关键在于确定一种最优的工作样本集选择方法。该算法需要注意的问题是:①应用KKT优化条件推出问题的终止条件;②工作集训练样本的选择方法应保证分解算法快速收敛,且计算量少。

(3)Platt的SMO算法。上述两种算法都需要对分解后的子系统求解QP问题的内循环。尽管求解的QP问题比原问题规模小,但仍须用数值法求解,从而带来一些计算精度和计算复杂性方面的问题。序列最小优化(sequential minimal optimzation,SMO)算法的工作空间只包含2个样本,在每一步迭代时只对2个Lagrange系数进行优化,因此该算法中只需一段简洁的程序代码就能解决QP优化问题。尽管在SMO算法中QP子问题增多,但总的计算速度大为提高,使该算法成为在实际问题中应用最广的方法。

第4章 面向进化智能的建模与仿真

4.1 进化智能概述

生物在繁殖和自然选择的作用下不断进化的过程是生物系统的动态自组织和自适应过程。在群体进化过程中,生物组织对环境的适应能力不断增强,生物群体不断发展和优化,呈现出一种自我优化的进化智能。这种生物优化机制对于搜索复杂系统的最优解等优化问题具有借鉴意义,是进化计算方法建模仿真的原型。

4.1.1 生物进化的机制与本质

达尔文进化论的观点认为,生物在繁衍生息的过程中,使自身品质不断得到改良以逐渐适应生存环境,显示了优异的自组织能力和对自然环境的自适应能力,这种生命现象被称为进化。

生物进化是以物种群体的形式进行的,组成群体的单个生物被称为个体。每个个体对其生存环境有不同的适应能力,这种适应能力被称为个体对环境的适应度。遗传是生物繁殖和进化的基础。生物的所有遗传信息都包含在生物细胞中的染色体上。具有遗传效应的 DNA 片段就是生物遗传的物质单位,被称为基因。生物的各种性状受相应基因的控制。基因组合的特异性决定了生物的多样性,基因结构的稳定性则保证了生物物种的稳定性,而繁殖过程中基因的重组和突变造成同种生物世代之间或同代不同个体之间的差异,使物种进化成为可能。

在一定环境的影响下,大多数高等生物物种通过自然选择和有性繁殖这两个基本过程实现进化。其中的进化机制可以分为自然选择、重组和突变 3 种基本形式。

(1)自然选择达尔文的“自然选择、适者生存”学说表明:具有较强适应环境变化能力的生物个体具有更高的生存能力,使得它们在种群中的数量不断增加,同时该生物个体所具有的染色体性状特征在自然选择中得以保留。

(2)重组来自不同父代染色体上的遗传物质进行随机组合,以产生不同于父代染色体的新染色体。那些在生物进化过程中所形成的对于自然环境有良好适应能力的信息都包含在父代个体所携带的染色体基因库中,并由子代个体继承下来。

(3)突变父代染色体上的基因或父代染色体数目、大小和结构发生突然的改变,从而形成具有新染色体的子代个体。这种改变是一种不可逆过程,具有突发性、间断性和不可预测性。突变对于保证生物群体的多样性具有不可替代的作用。

在上述 3 种基本进化形式的作用下,自然界中的生物经历着不断循环的进化过程。在这一过程中,生物群体不断得到发展和完善。因此,生物进化过程本质上是一种优化过程。

问题求解过程本质上是在解空间中搜索最优解的过程。由于解空间的庞大,通常难以在合理的计算代价下找到最优解。为了解决各工程技术领域中最优化问题,人们在对生物进化过程的理解和模拟中找到了新的途径,形成了进化计算的仿真模型。

4.1.2 进化智能的建模思路

进化算法(EC)本质上是基于遗传和自然选择等生物进化机制的启发式随机搜索算法,和其他许多搜索算法一样,也具有迭代形式。它从随机生成的初始解开始,经过反复迭代逐步改进当前解,直至搜索到最优解或满意解。与其他启发式迭代搜索方法不同的是,在进化算法的迭代过程中运用或体现了以下生物进化机制:

(1)每个解对应一个生物个体。一次迭代对应一代生物个体的繁殖,即通过迭代获得改进的是一组解。每一组解对应一个生物“群体”。

(2)迭代方法是对群体执行自然选择和遗传操作(基因重组、突变)。在自然选择过程中,根据个体的适应度对解进行评价和选择。个体的适应度由问题目标来确定,越接近最优解的个体,其适应度越高。遗传操作则改变了当前个体

(解),获得新的个体(解),可视为搜索手段。

(3)每个解对应一个生物个体,因此在求解前需将原问题的解编码为生物个体,待搜索结束后再变换为原问题的解的形式。尤其在遗传算法中,解是用染色体表示的,即表示为一组有序排列的基因,解的编码是一个重要问题。在普通搜索算法中,通常不必进行解的变换和反变换。

(4)解的搜索基于"自然选择,适者生存"原则,使最优解具有最大的生存可能性,是一种概率型搜索算法,有别于普通搜索算法中采用的确定型搜索策略。

基于上述认识,进化计算的一般步骤如下:

(1)随机产生解的一个初始群体。

(2)根据问题目标,评价当前群体中每个个体(解)的适应度。

(3)根据个体适应度,对当前群体执行自然选择和遗传操作(基因重组、突变等),获得迭代后的下一代解。

(4)如果所获得的个体(解)已满足要求,则算法停止,否则返回到步骤(2)。

进化算法是基于生物遗传学说和达尔文生物进化论的优化计算方法的统称,包括遗传算法(genetic algorithm,GA)、进化策略(evolutionary strategies,ES)和进化规划(evolutionary programming,EP)3 类,3 类算法既有共同的进化本质,又各自有所侧重。其中,遗传算法强调染色体的操作,进化策略强调个体级的行为变化,进化规划强调种群级的行为变化。

4.2　遗传算法

4.2.1　遗传算法的原理与特点

1. 遗传算法的基本原理

遗传算法的基本原理是基于达尔文的进化论和孟德尔的基因遗传学原理。进化论认为每一物种在不断的发展过程中都是越来越适应环境。物种的每个个体的基本特征被后代所继承,但后代又不完全同于父代,这些新的变化若适应环境,则被保留下来。在某一环境中也是那些更能适应环境的个体特征能被保留下来,这就是适者生存的原理。遗传学说认为遗传是作为一种指令码封装在每个细胞中,并以基因的形式包含在染色体中,每个基因有特殊的位置并控制某个特殊的性质,每个基因产生的个体对环境有一定的适应性,基因杂交和基因突变可能产生对环境适应性更强的后代,通过优胜劣汰的自然选择,适应值高的基因结构就保存下来。

遗传算法将问题的求解表示成“染色体”(用编码表示字符串)。该算法从一群“染色体”串出发,将它们置于问题的“环境”中,根据适者生存的原则,从中选择出适应环境的“染色体”进行复制,通过交叉、变异两种基因操作产生出新的一代更适应环境的“染色体”种群。随着算法的运行,优良的品质被逐渐保留并加以组合,从而不断产生出更佳的个体。这一过程就如生物进化那样,好的特征被不断地继承下来,坏的特性被逐渐淘汰。新一代个体中包含着上一代个体的大量信息,新一代的个体不断地在总体特性上胜过旧的一代,从而使整个群体向前进化发展。对于遗传算法,也就是不断接近最优解。

2. 遗传算法的主要特点

遗传算法将自然生物系统的重要机理运用到人工系统的设计中,与其他寻优算法必然有着本质的不同。常规的寻优方法主要有 3 种类型:解析法、枚举法和随机法。

解析法寻优是研究得最多的一种,它一般又可分为间接法和直接法。间接法是通过让目标函数的梯度为零,进而求解一组非线性方程来寻求局部极值。直接法是使梯度信息按最陡的方向逐次运动来寻求局部极值,它即为通常所称的爬山法。上述两种方法的主要缺点是:①它们只能寻找局部极值而非全局的极值;②它们要求目标函数是连续光滑的,并且需要导数信息。这两个缺点使得解析寻优方法的性能较差。

枚举法可以克服上述解析法的两个缺点,即它可以寻找到全局的极值,而且也不需要目标函数是连续光滑的。它的最大缺点是计算效率太低,对于一个实际问题,常常由于太大的搜索空间而不可能将所有的情况都搜索到。即使很著名的动态规划方法(它本质上也属于枚举法)也遇到“指数爆炸”的问题,它对于中等规模和适度复杂性的问题,也常常无能为力。

鉴于上述两种寻优方法有严重缺陷,随机算法受到人们的青睐。随机搜索通过在搜索空间中随机地漫游并随时记录下所取得的最好结果。出于效率的考虑,搜索到一定程度便终止。然而所得结果一般尚不是最优值。本质上随机搜索仍然是一种枚举法。

遗传算法虽然也用到了随机技术,但它不同于上述的随机搜索。它通过对参数空间编码并用随机选择作为工具来引导搜索过程向着更高效的方向发展。因此,随机地搜索并不一定意味着是一种无序的搜索。

总体说来,遗传算法与其他寻优算法相比的主要特点可以归纳为:

(1)遗传算法是对参数的编码进行操作,而不是对参数本身。

(2)遗传算法是从许多初始点开始并行操作,而不是从一个点开始。因而可以有效地防止搜索过程收敛于局部最优解,而且有较大的可能求得全部最优解。

(3)遗传算法通过目标函数来计算适应度,而不需要其他的推导和附属信息,从而对问题的依赖性较小。

(4)遗传算法使用概率的转变规则,而不是确定性的规则。

(5)遗传算法在解空间内不是盲目地穷举或完全随机测试,而是一种启发式搜索,其搜索效率往往优于其他方法。

(6)遗传算法对于待寻优的函数基本无限制,它既不要求函数连续,更不要求可微;既可以是数学解析式所表达的显函数,又可以是映射矩阵甚至是神经网络等隐函数,因而应用范围很广。

(7)遗传算法更适合大规模复杂问题的优化。

4.2.2 遗传算法的基本操作

下面通过一个简单的例子,详细描述遗传算法的基本操作过程,然后给出简要的理论分析,从而清晰地展现遗传算法的原理与特点。

设需要求解的优化问题为寻找当自变量 x 在 0 ~ 31 取整数值时函数的最大值。枚举的方法是将 x 取尽所有可能值,观察是否得到最高的目标函数值。尽管对如此简单的问题该方法是可靠的,但这是一种效率很低的方法。下面我们运用遗传算法来求解这个问题。

遗传算法的第一步是先进行必要的准备工作,包括“染色体”串的编码和初始种群的产生。首先要将 x 编码为有限长度的“染色体”串。编码的方法很多,这里仅举一种简单易行的方法。针对本例中自变量的定义域,可以考虑采用二进制数来对其进行编码,这里恰好可用 5 位数来表示。例如,01010 对应 $x = 10$,11111 对应 $x = 31$。许多其他的优化方法是从定义域空间的某单个点出发来求解问题,并且根据某些规则,它相当于按照一定的路线,进行点到点的顺序搜索,这对于多峰值问题的求解很容易陷入局部极值。而遗传算法则是从一个种群(由若干个“染色体”串组成,每个串对应一个自变量值)开始,不断地产生和测试新一代的种群。这种方法从一开始便扩大了搜索的范围,因而可期望较快地完成问题的求解。初始种群的生成往往是随机产生的。对于本例,若设种群大小为 4,即含有 4 个个体,则需按位随机生成 4 个 5 位二进制串。例如,我们可以通过掷硬币的方法来生成随机的二进制串。若用计算机,可考虑首先产生 0 ~ 1 均匀分布的随机数,然后规定产生的随机数在 0 ~ 0.5 代表 0,0.5 ~ 1 的随机数代表 1。若用上述方法,随机生成如下 4 个串:01101、11000、01000、10011,这样便完成了遗传算法的准备工作。

下面介绍遗传算法的 3 个基本操作步骤。

1. 选择操作

选择(selection)也称再生(reproduction)或复制(copy),选择过程是个体串按照它们的适应度进行复制。本例中目标函数值即可用作适应度。直观地看,可以将目标函数考虑成为得率、功效等的量度。其值越大,越符合解决问题的需要。按照适应度进行串选择的含义是适应度越大的串,在下一代中将有更多的机会提供一个或多个子孙。这个操作步骤主要是模仿自然选择现象,将达尔文的适者生存理论运用于串的选择。此时,适应度相当于自然界中的一个生物为了生存所具备的各项能力的大小,它决定了该串是被选择还是被淘汰。本例中种群的初始串及对应的适应度列于表 4 - 1 中。

表 4 - 1　种群的初始串及对应的适应度

序号	串	x 值	适应度	占整体的百分数%	期望的选择数	实际得到的选择数
1	01101	13	169	14.4	0.58	1
2	11000	24	576	49.2	1.97	2
3	01000	8	64	5.5	0.22	0
4	10011	19	361	30.9	1.23	1
总计			1170	100.0	4.00	4
平均			293	25.0	1.00	1
最大值			576	49.0	1.97	2

选择操作可以通过随机方法来实现。如用计算机来实现,可考虑首先产生 0 ~ 1 均匀分布的随机数,若某串的选择概率为 40%,则当产生的随机数在 0 ~ 0.4 时该串被选择,否则该串被淘汰。

另外一种直观的方法是使用轮盘赌的转盘。群体中的每个串按照其适应度占总体适应度的比例占据盘面上的一块扇区。对应于本例,依照表 4 - 1 可以绘制出轮盘赌转盘如图 4 - 1 所示。选择过程即是 4 次旋转这个经划分的轮盘,从而产生 4 个下一代的种群。例如对于本例,串 1 所占轮盘的比例为 14.4%。因此每转动一次轮盘,结果落入串 1 所占区域的概率也就是 0.144。可见与高适应度相对应的串在下一代中将有较多的子孙。当一个串被选中进行选择时,此串将被完整地选择,然后将选择串添入匹配池。因此,旋转 4 次轮盘即产生出 4 个串。这 4 个串是上一代种群的复制,有的串可能被复制一次或多次,有的可能被淘汰。本例中,经选择后的新的种群为 01101、11000、11000、10011,这里串 1 被复制了一次,串 2 被复制了两次,串 3 被淘汰了,串 4 也被复制了一次。

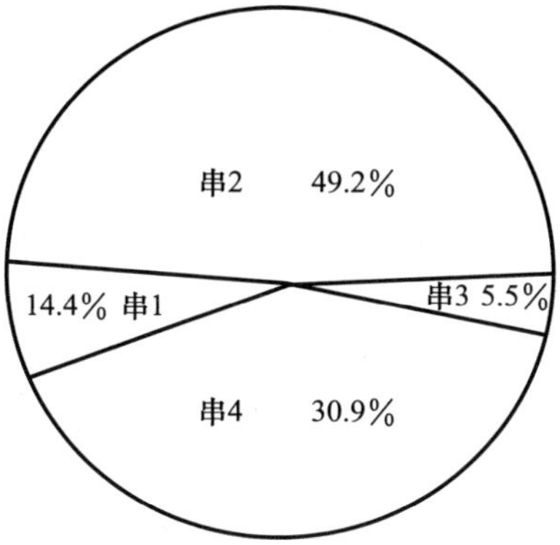

图 4 -1　选择操作的轮盘赌转盘

2. 交叉操作

交叉(crossover)操作可以分为如下两个步骤:第一步是将新选择产生的匹配池中的成员随机两两匹配;第二步是进行交叉繁殖。具体过程如下。

设串的长度为 l,则串的 l 个数字位之间的空隙标记为 $1,2,\cdots,l-1$。随机地从 $[1,l-1]$ 中选取一整数 k,则将两个父母串中从位置 k 到串末尾的子串互相交换,而形成两个新串。例如,本例中初始种群的两个个体分别为:$A_1=01101$ 和 $A_2=11000$。假定在 1 ~4 选取随机数,得到 $k=4$,即

$$A_1=0110 \vdots 1$$

$$A_2=1100 \vdots 0$$

那么经过交叉操作之后将得到如下两个新串

$$A_1'=01100$$

$$A_2'=11001$$

其中新串 A_1' 和 A_2' 是由老串 A_1 和 A_2 将第 5 位进行交换得到的结果。

表 4 -2 归纳了该例进行交叉操作前后的结果,从表中可以看出交叉操作的具体步骤。首先随机地将匹配池中的个体配对,结果串 1 和串 2 配对,串 3 和串

4 配对。此外,随机选取的交叉点的位置也如该表所示。结果串 1(01101)和串 2(11000)的交叉点为 4,二者只交换最后一位,从而生成两个新串 01100 和 11001。剩下的两个串在位置 2 交叉,结果生成两个新串 11011 和 10000。

表 4-2　交叉操作

新串号	匹配池	匹配对象	交叉点	新种群	x 值	适应度 $f(x)$
1	01101	2	4	01100	12	144
2	11000	1	4	11001	25	625
3	11000	4	2	11011	27	729
4	10011	3	2	10000	16	256
总计						1754
平均						439
最大值						729

3. 变异操作

变异(mutation)是以很小的概率随机地改变一个串位的值。如对于二进制串,是将随机选取的串位由 1 变为 0 或由 0 变为 1。变异的概率通常是很小的,一般只有千分之几。这个操作相对于选择和交叉操作而言,是处于相对次要的地位,其目的是防止丢失一些有用的遗传因子,特别是当种群中的个体,经遗传运算可能使某些串位的值失去多样性,从而可能失去检验有用遗传因子的机会,变异操作可以起到恢复串位多样性的作用。对于本例,变异概率设为 0.001,则对于种群的总共 20 个串位,期望的变异串位数为 $20 \times 0.001 = 0.02$(位),所以本例中无串位值的改变。

从表 4-1 和表 4-2 可以看出,在经过一次选择、交叉和变异操作后,最优的和平均的目标函数值均有所提高。种群的平均适应度从 293 增至 439,最大的适应度从 575 增至 729。可见每经过这样的一次遗传算法步骤,问题的解便朝着最优解方向前进了一步。可见,只要这个过程一直进行下去,它将最终走向全局最优解,每一步的操作是非常简单的,而且对问题的依赖性很小。

4.2.3　遗传算法的模式理论

前面通过一个简单的例子说明了按照遗传算法的操作步骤使得待寻优问题的性能朝着不断改进的方向发展,下面将进一步分析遗传算法的工作机理。

在上面的例子中，样本串第 1 位的“1”使得适应度比较大，对于该例的函数及 x 的编码方式很容易验证这一点。它说明某些子串模式（schemata）在遗传算法的运行中起着关键的作用。首位为“1”的子串可以表示成这样的模式：1^{****}，其中 * 是通配符，它既可代表“1”，也可代表“0”。该模式在遗传算法的一代一代地运行过程中不仅保留了下来，而且数量不断增加。正是这种适应度高的模式不断增加，才使得问题的性能不断改进。

一般地，对于二进制串，在{0,1}字符串中间加入通配符“ * ”即可生成所有可能模式。因此用{0,1,*}可以构造出任意一种模式。我们称一个模式与一个特定的串相匹配是指：该模式中的 1 与串中的 1 相匹配，模式中的 0 与串中的 0 相匹配，模式中的 * 可以匹配串中的 0 或 1。例如模式 00*00 匹配两个串：{00100,00000}，模式 *11*0 匹配 4 个串：{01100,01110,11100,11110}。可以看出，定义模式的好处是使我们容易描述串的相似性。

对于前面例子中的 5 位字串，由于模式的每一位可取 0、1 或 *，因此总共有 $3^5=243$ 种模式。对一般的问题，若串的基为 k，长度为 l，则总共有 $(k+1)^l$ 种模式。可见模式的数量要大于串的数量 k^l。一般地，一个串中包含 2^l 种模式。例如串 11111 是 2^l 个模式的成员，因为它可以与每个串位是 1 或 * 的任一模式相匹配。因此，对于大小为 n 的种群包含有 2^l 到 $n\times 2^l$ 种模式。

为论述方便，首先定义一些名词术语。不失一般性，下面只考虑二进制串。设一个 7 位二进制串可以用如下的符号来表示：

$$A=a_1\ a_2\ a_3\ a_4\ a_5\ a_6\ a_7$$

这里每个 a_i 代表一个二值特性（也称 a_i 为基因）。我们研究的对象是在时间 t 或第 t 代种群 $A(t)$ 中的个体串 A_j，$(j=1,2,\cdots,n)$。任一模式 $\boldsymbol{H}$ 是由三字符集合{0,1,*}生成的，其中 * 是通配符。模式之间有一些明显差别，例如，模式 011*1** 比模式 *****0* 包含更加确定的相似特性，模式 1****1* 比模式 1*1**** 跨越的长度要长。为此，我们引入两个模式的属性定义：模式次数和定义长度。

一个模式 $\boldsymbol{H}$ 的次数由 $O(\boldsymbol{H})$ 表示，它等于模式中固定串位的个数。例如，模式 $\boldsymbol{H}=011{*}1{**}$，其次数为 4，记为 $O(\boldsymbol{H})=4$。

模式 $\boldsymbol{H}$ 的长度定义为模式中第一个确定位置和最后一个确定位置之间的距离，用符号 $\delta(\boldsymbol{H})$ 表示。例如模式 $\boldsymbol{H}=011{*}1{**}$，其中第一个确定位置是 1，最后一个位置是 5，所以 $\delta(\boldsymbol{H})=5-1=4$。若模式 $\boldsymbol{H}={******}0$，则 $\delta(\boldsymbol{H})=0$。

下面分析遗传算法的几个重要操作对模式的影响。

1. 选择对模式的影响

在某一世代 t,种群 $A(t)$ 包含有 m 个特定模式,记为

$$m = m(\boldsymbol{H},t)$$

在选择过程中,$A(t)$ 中的任何一个串 A_j 以概率 $f_i/\sum f_i$ 被选中进行复制。因此可以期望在选择完成后,在 $t+1$ 世代,特定模式 $\boldsymbol{H}$ 的数量将变为

$$m(\boldsymbol{H},t+1) = m(\boldsymbol{H},t)nf(\boldsymbol{H})/\sum f_i = m(\boldsymbol{H},t)f(\boldsymbol{H})/\bar{f}$$

或写成

$$\frac{m(H,t+1)}{m(H,t)} = \frac{f(\boldsymbol{H})}{\bar{f}} \tag{4-1}$$

式中:$f(\boldsymbol{H})$ 为在世代 t 时对应于模式 $\boldsymbol{H}$ 的串的平均适应度。$\bar{f} = \sum f_i/n$ 为整个种群的平均适应度。

可见,经过选择操作后,特定模式的数量将按照该模式的平均适应度与整个种群平均适应度的比值成比例地改变。换而言之,适应度高于种群平均适应度的模式在下一代中的数量将增加,而低于平均适应度的模式在下一代中的数量将减少。另外,种群 A 的所有模式 $\boldsymbol{H}$ 的处理是并行进行的,即所有模式经选择操作后,均同时按照其平均适应度占总体平均适应度的比例进行增减。所以可以概括地说,选择操作对模式的影响是使得高于平均适应度的模式数量增加,低于平均值的模式数量减少。为了进一步分析高于平均适应度的模式数量增长,设

$$f(H) = (1+c)\bar{f} \quad c>0$$

则上面的方程可改写为如下的差分方程,即

$$m(H,t+1) = m(H,t)(1+c)$$

假定 c 为常数,可得

$$m(H,t) = m(H,0)(1+c)^t \tag{4-2}$$

可见,高于平均适应度的模式数量将呈指数形式增长。

对选择过程的分析表明,虽然选择过程成功地以并行方式控制着模式数量增减,但选择只是将某些高适应度个体全盘复制,或者丢弃某些低适应度个体,而决不会产生新的模式结构,因而性能的改进是有限的。

2. 交叉对模式的影响

交叉过程是串之间有组织的,然而又是随机的信息交换,它在创建新结构的同时,最低限度地破坏选择过程所选择的高适应度模式。为了观察交叉对模式

的影响,下面考察一个 $l=7$ 的串以及此串所包含的两个代表模式。

$$A=0111000$$

$$\boldsymbol{H}_1={}^*1^{****}0$$

$$\boldsymbol{H}_2={}^{***}10^{**}$$

首先回顾一下简单的交叉过程,先随机地选择一个匹配伙伴,再随机选取一个交叉点,然后互换相对应的子串。假定对上面给定的串,随机选取的交叉点为3,则很容易看出它对两个模式影响。下面用分隔符“|”标记交叉点。

$$A=011\mid 1000$$

$$\boldsymbol{H}_1={}^*1^*\mid {}^{***}0$$

$$\boldsymbol{H}_2={}^{***}\mid 10^{**}$$

除非串 A 的匹配伙伴在模式的固定位置与 A 相同(这里忽略这种可能性),否则模式$\boldsymbol{H}_1$ 将被破坏,因为在位置2的“1”和在置7的“0”将被分配至不同的后代个体中(这两个固定位置被代表交叉点的分隔符分在两边)。同样可以明显地看出,模式$\boldsymbol{H}_2$ 将继续存在,因为位置4的“1”和位置5的“0”原封不动地进入到下一代的个体。虽然该例中的交叉点是随机选取的,但不难看出模式$\boldsymbol{H}_1$ 比模式$\boldsymbol{H}_2$ 更易被破坏。若定量地分析,模式$\boldsymbol{H}_1$ 的定义长度为5,如果交叉点始终是随机地从 $l-1=7-1=6$ 个可能的位置选取,那么显然模式$\boldsymbol{H}_1$ 被破坏的概率为

$$p_{\mathrm{d}}=\delta(\boldsymbol{H}_1)/(l-1)=5/6$$

存活的概率为

$$p_{\mathrm{s}}=1-p_{\mathrm{d}}=1/6$$

类似地,模式$\boldsymbol{H}_2$ 的定义长度为1,它被破坏的概率为 $p_{\mathrm{d}}=1/6$,存活的概率为 $p_{\mathrm{s}}=1-p_{\mathrm{d}}=5/6$。推广到一般情况,可以计算出任何模式的交叉存活概率的下限为

$$p_{\mathrm{s}}\geqslant 1-\frac{\delta(\boldsymbol{H})}{l-1}$$

式中:“≥”表示当交叉点落入定义长度内时也存在模式不被破坏的可能性。

在前面的讨论中均假设交叉的概率为1,一般情况若设交叉的概率为 p_{c},则上式变为

$$p_{\mathrm{s}}\geqslant 1-p_{\mathrm{c}}\frac{\delta(\boldsymbol{H})}{l-1} \tag{4-3}$$

若综合考虑选择和交叉的影响,特定模式在下一代中的数量为

$$m(\boldsymbol{H},t+1) \geqslant m(\boldsymbol{H},t)\frac{f(\boldsymbol{H})}{\bar{f}}\left[1-p_c\frac{\delta(\boldsymbol{H})}{l-1}\right] \tag{4-4}$$

可见,对于那些高于平均适应度且具有短的定义长度的模式将更多地出现在下一代中。

3. 变异对模式的影响

变异是对串中的单个位置以概率 p_m 进行随机替换,因而它可能破坏特定的模式。一个模式 $\boldsymbol{H}$ 要存活意味着它所有的确定位置都存活。因此,由于单个位置的基因值存活的概率为 $(1-p_m)$,而且因为每个变异的发生是统计独立的,所以一个特定模式仅当它的 $O(\boldsymbol{H})$ 个确定位置都存活时才存活。从而得到经变异后,特定模式 $\boldsymbol{H}$ 的存活率为

$$(1-p_m)^{O(\boldsymbol{H})}$$

因为 $p_m \ll 1$,所以上式也可近似表示为

$$(1-p_m)^{O(H)} \approx 1-O(\boldsymbol{H})p_m \tag{4-5}$$

综合考虑上述选择、交叉及变异操作,可得特定模式 $\boldsymbol{H}$ 的数量改变为

$$m(H,t+1) \geqslant m(H,t)\frac{f(H)}{\bar{f}}\left[1-p_c\frac{\delta(H)}{l-1}\right](1-O(H)p_m) \tag{4-6}$$

模式理论是遗传算法的理论基础,它表明随着遗传算法的一代一代地进行,那些适应度高、长度短、阶次低的模式将在后代中呈指数级增长,最终得到的串即为这些模式的组合,因而可期望性能越来越得到改善,并最终趋向全局的最优点。

4.2.4 遗传算法的实现与改进

1. 编码问题

对于一个实际的待优化的问题,首先需要将问题的解表示为适于遗传算法进行操作的二进制子串,即染色体串,一般包括以下几个步骤。

(1)根据具体问题确定待寻优的参数。

(2)对每一个参数确定它的变化范围,并用一个二进制数来表示。例如,若参数 a 的变化范围为 $[a_{\min}, a_{\max}]$,用一位二进制数 b 来表示,则二者之间满足

$$a = a_{\min} + \frac{b}{2^m-1}(a_{\max}-a_{\min}) \tag{4-7}$$

这时参数范围的确定应覆盖全部的寻优空间,字长 m 的确定应在满足精度要求的情况下,尽量取小值,以尽量减小遗传算法计算的复杂性。

(3)将所有表示参数的二进制数串接起来组成一个长的二进制字串。该字串的每一位只有 0 或 1 两种取值。该字串即为遗传算法可以操作的对象。

上面介绍的是二进制编码,为最常用的编码方式。实际上也可根据具体问题特点采用其他编码方式,如浮点编码和混合编码等。

2. 初始种群的产生

产生初始种群的方法通常有两种。一种是用完全随机的方法产生。例如可用掷硬币或用随机数发生器来产生。设要操作的二进制字串总共 p 位,则最多可以有 2^p 种选择,设初始种群取 n 个样本($n<2^p$)。若用掷硬币的方法可这样进行:连续掷 p 次硬币,若出现正面表示 1,出现背面表示 0,则得到一个 p 位的二进制字串,即得到一个样本。如此重复 n 次即得到 n 个样本。若用随机数发生器来产生,可在 $0\sim2^p$ 之间随机地产生 n 个整数,则该 n 个整数所对应的二进制表示即为要求的 n 个初始样本。随机产生样本的方法适于对问题的解无任何先验知识的情况。另一种产生初始种群的方法是,对于具有某些先验知识的情况,可首先将这些先验知识转变为必须满足的一组要求,然后在满足这些要求的解中再随机地选取样本。这样选择初始种群可使遗传算法更快地到达最优。

3. 适应度的设计

遗传算法在进化搜索中基本不利用外部信息,仅以适应度函数(fitness function)为依据。利用种群中每个个体的适应度值进行搜索。因此,适应度函数的选择至关重要,直接影响到遗传算法的收敛速度以及能否找到最优解。一般情况下,适应度函数是由目标函数变换而成的。对目标函数值域的某种映射变换称为适应度的尺度变换。几种常见的适应度函数如下。

$$F(f(x))=f(x) \tag{4-8}$$

① 若目标函数 $f(x)$ 为最小化问题,令适应度函数

$$F(f(x))=-f(x) \tag{4-9}$$

这种适应度函数简单直观,但存在两个问题:一个是可能不满足常用的轮盘赌选择中概率非负的要求;另一个是某些代求解的函数值分布相差较大,由此得到的平均适应度可能不利于体现种群的平均性能。

② 若目标函数为最小问题,则

$$F(f(x))=\begin{cases}c_{\max}-f(x) & (f(x)<x_{\max})\\0 & (\text{其他})\end{cases} \tag{4-10}$$

式中：c_{max}为$f(x)$的最大估计值。若目标函数为最大问题，则

$$F(f(x))=\begin{cases}f(x)-c_{min} & (f(x)>x_{min})\\0 & (其他)\end{cases} \tag{4-11}$$

式中：c_{min}为$f(x)$的最小估计值。这种方法是对第一种方法的改进，称为“界限构造法”，但有时存在界限值预先估计困难或不精确的问题。

③ 若目标函数为最小问题，则

$$F(f(x))=\frac{1}{1+c+f(x)} \quad (c\geqslant 0, c+f(x)\geqslant 0) \tag{4-12}$$

④ 若目标函数为最大问题，则

$$F(f(x))=\frac{1}{1+c-f(x)} \quad (c\geqslant 0, c-f(x)\geqslant 0) \tag{4-13}$$

这种方法与第二种方法类似，c 为目标函数界限的保守估计值。

计算适应度可以看成是遗传算法与优化问题之间的一个接口。遗传算法评价一个解的好坏，不是取决于它的解的结构，而是取决于相应于该解的适应度。适应度的计算可能很复杂也可能很简单，它完全取决于实际问题本身。对于有些问题，适应度可以通过一个数学解析公式计算出来；而对于另一些问题，可能不存在这样的数学解析式子，它可能要通过一系列基于规则的步骤才能求得，或者在某些情况下是上述两种方法的结合。

4. 遗传算法的操作步骤

利用遗传算法解决一个具体的优化问题，一般分为 3 个步骤。

1）准备工作

（1）确定有效且通用的编码方法，将问题的可能解编码成有限位的字符串；

（2）定义一个适应度函数，用以测量和评价各解的性能；

（3）确定遗传算法所使用的各参数的取值，如种群规模 n、交叉概率 P_c、变异概率 P_m 等。

2）遗传算法搜索最佳串

（1）$t=0$，随机产生初始种群 $A(0)$；

（2）计算各串的适应度 $F_i(i=1,2,\cdots,n)$；

（3）根据 F_i 对种群进行选择操作，以概率 P_c 对种群进行交叉操作，以概率 P_m 对种群进行变异操作，经过 3 种操作产生新的种群；

（4）$t=t+1$，计算各串的适应度 F_i；

(5)当连续几代种群的适应度变化小于某个事先设定的值时,认为终止条件满足,若不满足返回(3);

(6)找出最佳串,结束搜索。

3)根据最佳串给出实际问题的最优解

图4－2给出了标准遗传算法的操作流程。

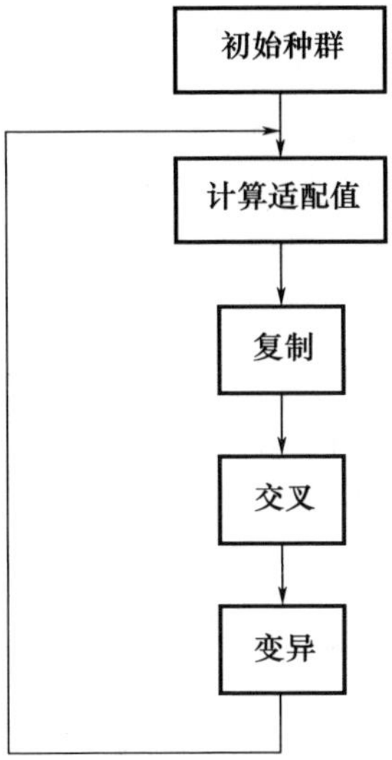

图4－2　标准遗传算法的操作流程

5. 遗传算法中的参数选择

在具体实现遗传算法的过程中,有一些参数需要事先选择,包括初始种群的大小 n、交叉概率 p_c、变异概率 p_m。这些参数对遗传算法的性能都有很重要的影响。

选择较大数目的初始种群可以同时处理更多的解,因此容易找到全局的最优解,其缺点是增加了每次迭代所需要的时间。

交叉概率的选择决定了交叉操作的频率。频率越高,可以越快地收敛到最有希望的最优解区域;但是太高的频率也可能导致收敛于一个解。

变异概率通常只取较小的数值,一般为0.001～0.1。若选取高的变异率,一方面可以增加样本模式的多样性,另一方面可能引起不稳定,但是若选取太小的变异概率,则可能难以找到全局的最优解。

自从遗传算法产生以来,研究人员从未停止过对遗传算法进行改进的探索,下面介绍一些典型的改进思路。

6. 遗传算法的改进

1)自适应变异

如果双亲的基因非常相近,那么所产生的后代相对于双亲也必然比较接近。这样所期待的性能改善也必然较小,这种现象类似于“近亲繁殖”。所以,群体基因模式的单一性不仅减慢进化历程,而且可能导致进化停止,过早地收敛于局部的极值解。Darrel Wnitly 提出了一种自适应变异的方法:在交叉之前,以海明(Hamming)距离测定双亲基因码的差异,根据测定值决定后代的变异概率。若双亲的差异较小,则选取较大的变异概率。通过这种方法,当群体中的个体过于趋于一致时,可以通过变异的增加来提高群体的多样性,即增加了算法维持全局搜索的能力;反之,当群体已具备较强的多样性时,则减小变异率,从而不破坏优良的个体。

2)部分替换法

设 P_G 为上一代进化到下一代时被替换的个体的比例,按此比例,部分个体被新的个体所取代,而其余部分的个体则直接进入下一代。P_G 越大,进化得越快,但算法的稳定性和收敛性将受到影响;而 P_G 越小,算法的稳定性较好,但进化速度将变慢。可见,应该寻求运行速度与稳定性、收敛性之间的协调平衡。

3)优秀个体保护法

这种方法是对于每代中一定数量的最优个体,使之直接进入下一代。这样可以防止优秀个体由于选择、交叉或变异中的偶然因素而被破坏掉。这是增强算法稳定性和收敛性的有效方法,但也可能使遗传算法陷入局部的极值范围。

4)移民法

移民法是为了加速淘汰差的个体以及引入个体多样性的目的而提出的。所需的其他步骤是用交叉产生出的个体替换上一代中适应度低的个体,继而按移民的比例,引入新的外来个体来替换新一代中适应度低的个体。这种方法的主要特点是不断地促进每一代的平均适应度的提高。但由于低适应度的个体很难被保存至下一代,而这些低适应度的个体中也可能包含着一些重要的基因模式块,所以这种方法在引入移民增加个体多样性的同时,由于抛弃低适应度的个体又减少了个体的多样性。所以,这里也需要适当的协调平衡。

5)分布式遗传算法

该方法将一个总的群体分成若干子群,各子群将具有略微不同的基因模式,它们各自的遗传过程具有相对的独立性和封闭性,因而进化的方向也略有差异,从而保证了搜索的充分性及收敛结果的全局最优性。另外,在各子群之间又以一定的比例定期地进行优良个体的迁移,即每个子群将其中最优的几个个体轮流送到其他子群中,这样做的目的是期望使各子群能共享优良的基因模式以防止某些子群向局部最优方向收敛。分布式遗传算法模拟了生物进化过程中的基因隔离和基因迁移,即各子群之间既有相对的封闭性,又有必要的交流和沟通。研究表明,在总的种群个数相同的情况下,分布式遗传算法可以得到比单一种群遗传算法更好的效果。不难看出,这里的分布式遗传算法与前面的移民法具有类似的特点。

4.3　进化策略

进化策略是 20 世纪 60 年代,德国柏林技术大学的两名学生 I. Rechenberg 和 H. P. Schwefel 利用流体工程研究所的风洞做实验,用以确定气流中物体的最优外形。由于当时存在的一些优化策略(如简单的梯度策略)不适于解决这类问题,Rechenberg 提出按照自然突变相自然选择的生物进化思想,对物体的外形参数进行随机变化并尝试其效果,进化策略的思想便由此诞生。ES 作为一种求解参数优化问题的方法,模仿生物进化原理,假设不论基因发生何种变化,产生的结果(性状)总遵循零均值、某一方差的高斯分布。

4.3.1　进化策略的形式与特点

1. 进化策略的实现形式

1)(1 +1)—ES

原始的进化策略的种群中只包含一个个体,而且只采用随机变异操作。在每次迭代中,对旧个体进行突变得到新个体后,计算新个体的适应度。如果新个体的适应度优于旧个体的适应度,则用新个体代替旧个体,否则不做替换。这种进化策略被称为(1 +1)策略,简写为(1 +1)—ES。

2)(μ +1)—ES

原始的(1 +1)—ES 没有体现群体的作用,具有明显的局限性。随后 Rechenberg 提出的(μ +1)—ES 对其进行了改进。改进后的进化策略在 μ(μ >1)个个体上进化,然后从 μ 个父代个体中随机选出两个个体,同时增加了重组算子,用于从两个个体中组合出 1 个新个体。在重组所获得的新个体上再执行突变操作。最后将突变后的个体与 μ 个父代个体中的最差个体进行比较,如果优于该最差个体,则取代它;否则重新执行重组和突变产生另一个新个体。

3) $(\boldsymbol{\mu}+\boldsymbol{\lambda})$—ES 与 $(\boldsymbol{\mu},\boldsymbol{\lambda})$—ES

$(\boldsymbol{\mu}+\boldsymbol{\lambda})$—ES 与 $(\boldsymbol{\mu},\boldsymbol{\lambda})$—ES 都在 μ 个父代个体上执行重组和变异,产生 λ 个新个体。二者区别仅在于子代群体的选择上。其中 $(\boldsymbol{\mu}+\boldsymbol{\lambda})$—ES 从 μ 个父代个体和 λ 个新个体的并集中再选择 μ 个子代个体;$(\boldsymbol{\mu},\boldsymbol{\lambda})$—ES 只在 λ 个新个体中再选择 μ 个子代个体,这里要求 $\lambda>\mu$。

2. 进化策略的主要特点

进化策略的主要特点是:

(1)进化发生在个体上,而不是发生在个体染色体上。因此在实数值优化问题中,直接采用解的原始十进制实数向量形式来表示个体。

(2)注重个体外在性能上的进化,不看重进化的具体地点和形式。因此首先产生新群体,然后在新旧两个群体上进行平等的选择。有别于遗传算法中首先选择然后产生新群体的方法。

(3)进化策略中的自然选择是按照确定方式进行的,有别于遗传算法和进化规划中的随机选择方式。

(4)进化策略中提供了重组算子,但进化策略中的重组不同于遗传算法中的交换。不是将个体的某一部分互换,而是使个体中的每一位发生结合,新个体中的每一位都包含有两个旧个体中的相应信息。

4.3.2 进化策略的基本技术

进化策略与进化规划一样,都是通过个体的随机扰动实现突变,而且随机扰动一般按照正态分布进行。因此,在进化策略中,对于每个个体而言,除了解向量本身以外,还有用于对解向量进行突变的方差向量和旋转角度向量(详见下面突变公式中的解释),但旋转角度不是必须的。在解的进化过程中,对应于解的方差和旋转角度也在进化。因此,进化策略中的个体通常表示为二元形式或三元形式。设个体向量长度为 n,$\boldsymbol{X}$ 表示个体的解向量:$\boldsymbol{X}=(x_i),i=1,2,\cdots,n$,$\boldsymbol{\sigma}$ 表示个体的方差向量:$\boldsymbol{\sigma}=(\sigma_i),i,=1,2,\cdots,n$,$\boldsymbol{\alpha}$ 表示个体的解向量:$\boldsymbol{\alpha}=(\alpha_{ij}),i=1,2,\cdots,n,j=1,2,\cdots,n$,则个体的二元表示和三元表示分别为 $(\boldsymbol{X},\boldsymbol{\sigma})$ 和 $(\boldsymbol{X},\boldsymbol{\sigma},\boldsymbol{\alpha})$。

1. 重组操作

进化策略中的重组操作类似于遗传算法中的交叉操作,通过两个父代个体的信息交换或结合获得新的个体。信息结合的重组方式是遗传算法中所没有的,即使在信息交换的具体重组方式上,进化策略也不同于遗传算法。

1）离散重组

从 μ 个父代个体中随机选择两个个体。假设这两个个体分别为

$$(\boldsymbol{X}^1,\boldsymbol{\sigma}^1)=((x_1^1,x_2^1,\cdots,x_n^1),(\sigma_1^1,\sigma_2^1,\cdots,\sigma_n^1))$$

$$(\boldsymbol{X}^2,\boldsymbol{\sigma}^2)=((x_1^2,x_2^2,\cdots,x_n^2),(\sigma_1^2,\sigma_2^2,\cdots,\sigma_n^2))$$

则重组后的新个体为

$$(\boldsymbol{X}',\boldsymbol{\sigma}')=((x_1^{q_1},x_2^{q_2},\cdots,x_n^{q_n}),(\sigma_1^{q_1'},\sigma_2^{q_2'},\cdots,\sigma_n^{q_n'})) \tag{4-14}$$

式中：$q_i,i=1,2,\cdots,n,q_i',i=1,2,\cdots,n$ 各自独立地并且等概率地在 1 ~ 2 随机取值。也就是说，通过随机地从两个父代个体中获取所需分量，组合成新个体。可见，离散重组是按位随机交换的重组方式。

2）中值重组

中值重组方式同样在随机选择的两个父代个体上进行，但重组后的新个体各分量取父代相应分量的平均值，即

$$(\boldsymbol{X}',\boldsymbol{\sigma}')=\left(\left(\frac{x_i^1+x_i^2}{2}\right),\left(\frac{\sigma_i^1+\sigma_i^2}{2}\right)\right)\quad(i=1,2,\cdots,n) \tag{4-15}$$

中值重组的推广是将 1/2 改为[0,1]区间中的任意值。

3）混杂重组

混杂重组方式的特点在于父代个体的选择上。首先随机选择一个固定的父代个体，然后针对子代个体的每个分量从父代个体中随机选择第二个父代个体，即第二个父代个体随分量的位置而改变。在确定了两个父代个体后，对应分量的组合方式，既可以采用离散方式，也可以采用中值方式。

2. 突变操作

进化策略中，突变操作的基本方式是在旧个体基础上增加随机变量，形成新个体。具体突变算子如下。

1）简单突变算子

设 x_i 表示旧个体的第 i 个分量，x_i' 表示新个体的第 i 个分量，$N(0,\sigma_i)$ 表示服从均值为 0、标准差为 σ_i 的正态分布的随机数，则简单突变算子为

$$x_i'=x_i+N(0,\sigma_i) \tag{4-16}$$

2）二元突变算子

$$\begin{cases}\sigma_i'=\sigma_i\cdot\exp(\tau'\cdot N(0,1)+\tau\cdot N_i(0,1))\\ x_i'=x_i+\sigma'_i\cdot N_i(0,1)\end{cases} \tag{4-17}$$

式中：$N(0,1)$ 为服从标准正态分布的针对全体分量产生的随机数；$N_i(0,1)$ 为服从标准正态分布的针对第 i 分量产生的随机数；τ',τ 分别为全局和局部系数，常

取为 1；σ_i 为旧个体应标准差的第 i 个分量；σ'_i 为新个体对应标准差的第 i 个分量；其余参数同公式(4-15)。

3)三元突变算子

$$\begin{cases} \sigma_i' = \sigma_i \cdot \exp(\tau' \cdot N(0,1) + \tau \cdot N_i(0,1)) \\ \alpha'_{ij} = \alpha_{ij} + \beta \cdot N_j(0,1) \\ x_i' = x_i + z_i \end{cases} \tag{4-18}$$

式中，α_{ij} 为个体第 i 分量与第 j 分量之间的父代旋转角度；α'_{ij} 为个体第 i 分量与第 j 分量之间的子代旋转角度；β 为系数，常取 0.0873；z_i 为服从正态分布 $N(0,\sigma_\alpha)$ 的随机变量，其方差取决于突变方差和旋转角度。首先根据旋转角度计算矩阵 $\boldsymbol{R}(r_{ij}), i, =1,2,\cdots,n, j=1,2,\cdots,n$，矩阵中各元素的计算公式是

$$r_{ij} = \begin{cases} \cos\alpha_{ij} & (i=j) \\ -\sin\alpha_{ij} & (i\neq j) \end{cases} \tag{4-19}$$

然后计算 z_i 正态分布的标准差

$$\sigma_\alpha = \left(\prod_{i=1}^{n-1} \prod_{j=i+1}^{n} r_{ij} \right) \cdot \sigma'_i \tag{4-20}$$

3. 选择操作

进化策略中的选择是确定型操作，它严格根据适应度的大小进行选择，子代个体中仅保留适应度最高的前若干个个体，而将劣质个体完全淘汰。这是进化策略的最大特点，有别于遗传算法和进化规划中的随机选择特性。此外，不同进化策略形式对应的选择方法略有不同，主要区别如下。

(1)$(\mu+\lambda)$ 选择保留旧个体，有时会是过时的可行解，妨碍算法将最优方向发展；而 (μ,λ) 选择全部舍弃旧个体，可保证算法始终从新的基础上全方位进化。

(2)$(\mu+\lambda)$ 选择保留旧个体，有时是局部最优解，从而误导进化策略收敛于次优解；而 (μ,λ) 选择舍弃旧的优良个体，容易进化至全局最优解。

(3)$(\mu+\lambda)$ 选择在保留旧个体的同时，也将进化参数 σ 保留下来，不利于进化策略中的自适应调整机制；而 (μ,λ) 选择恰好可以促进自适应调整。

实践表明，(μ,λ)—ES 优于 $(\mu+\lambda)$—ES，因此 (μ,λ)—ES 已成为进化策略算法中的主流。

4. 进化策略的算法流程

进化策略算法基本流程如下。

(1)确定问题的表达方式。

(2)随机生成初始种群,计算其中每个个体的适应度。

(3)用以下操作生成新群体,实现进化:

① 选择某种重组方式进行个体重组;

② 选择某种突变方式对重组后的个体进行突变;

③ 计算新个体适应度;

④ 选择适应度最高的前若干个优良个体组成下一代群体。

(4)反复执行③,直到终止条件满足,从群体中选择最优个体作为最优解。这里,终止条件与进化规划算法的终止条件类似。

4.4　进化规划

进化规划是 20 世纪 60 年代由 Fogel 提出的一种模仿自然进化原理以求解参数优化问题的算法。EP 的原理与 ES 相似,但强调自然进化中群体级行为变化,适用于解决目标函数或约束条件不可微的复杂非线性实值连续优化问题。

4.4.1　进化规划的算子与特点

1. 进化规划的遗传算子

1)突变算子

目前在进化规划中,人们已提出多种突变算子,但其基本途径都是独立地按正态分布随机改变解向量中的各个分量。设 x_i 表示旧个体的第 i 个分量,x_i' 表示新个体的第 i 个分量,$N_i(0,1)$ 表示服从标准正态分布的对应于第 i 个分量的随机数,则有以下突变算子:

标准进化规划中的突变算子

$$x_i' = x_i + \sqrt{\beta_i \cdot f(x) + \gamma_i} \cdot N_i(0,1) \tag{4-21}$$

式中:β_i,γ_i 为常数,通常分别取 1 和 0。

元进化规划中的突变算子

$$\begin{cases} x_i' = x_i + \sqrt{\sigma_i} \cdot N_i(0,1) \\ \sigma_i' = \sigma_i + \sqrt{\eta \cdot \sigma_i} \cdot N_i(0,1) \end{cases} \tag{4-22}$$

式中:σ_i 为旧个体第 i 个分量的标准差;σ_i' 为新个体第 i 个分量的标准差;η 为参数。

从式(4-22)可以看出,新个体的修改量取决于个体的方差,而个体方差在每次进化时自适应调整。具体执行过程是：首先根据旧个体分量的标准差获得新个体，其次对新个体分量的标准差进行更新，留待下次进化时使用。这种方法是目前进化规划中主要的突变手段。

2）旋转进化规划中的突变算子

$$\begin{cases}\boldsymbol{X}=\boldsymbol{X}+N(0,C)\\ \sigma_i'=\sigma_i+\sqrt{\eta\cdot\sigma_i}\cdot N_i(0,1)\\ \rho'_j=\rho_j+\sqrt{\xi\cdot\rho_j}\cdot N_j(0,1)\end{cases}\tag{4-23}$$

式中：$N_i(0,1)$为服从正态分布的随机向量；ρ'_j，ρ_j分别为新旧个体的相关系数；ξ为参数。

3）选择算子

在一次进化过程中，每个父代个体突变后得到一个子代个体，μ个父代个体总共产生μ个子代个体。将父代个体和子代个体合并，获得2μ个个体。进化规划中选择操作的目的是从这2μ个个体中再选出μ个个体构成下一代的群体。

一种常用的进化规划选择算子被称为随机型q竞争选择法。这里$q\geqslant1$，表示竞争规模。随机型q竞争法选择过程为：对于待选择的每个个体，从其他$2\mu-1$个个体中随机等概率地选取q个个体与之比较。在每次比较中，如果该个体的适应度不小于与之比较的个体的适应度，则该个体获得一次胜利。记录每个个体在q次比较中的获胜次数。最后选择获胜次数最多的μ个个体构成下一代的种群。

2. 进化规划的主要特点

（1）进化发生在个体上，而不是发生在个体染色体上。因此在实数值优化问题中，直接采用解的原始十进制实数向量形式来表示个体。

（2）注重个体外在性能上的进化，不看重进化的具体地点和形式。因此首先产生新群体，然后在新旧两个群体上进行平等的选择。有别于遗传算中首先选择然后产生新群体的方法。

（3）进化规划中没有任何重组算子，新个体的出现只依赖于个体的突变。这是进化规划区别于遗传算法和进化策略的最大特点。

4.4.2 进化规划的基本技术

1. 表达形式

EP采用十进制的实数表达优化问题。

$$\boldsymbol{X}=(x_1,x_2,\cdots,x_i,\cdots,x_n)$$

由 $\boldsymbol{X}$ 和 $\boldsymbol{\sigma}$ 组成的二元组$(\boldsymbol{X},\boldsymbol{\sigma})$是进化规划最常用的表达形式，也可以添加一个控制因子 $\boldsymbol{\rho}$，构成三元表达式$(\boldsymbol{X},\boldsymbol{\sigma},\boldsymbol{\rho})$，其中 $\boldsymbol{\rho}=(\rho_1,\rho_2,\cdots,\rho_i,\cdots,\rho_n)$，$\rho_i$ 表示 x_i 和 x_j 之间的协方差，$\rho_i=\dfrac{c_{ij}}{\sqrt{\sigma_i\sigma_j}}$。

2. 算法流程

(1)产生初始种群。EP 中产生初始种群的方法类似于进化策略中随机选择 μ 个个体作为进化计算的出发点。

(2)计算种群中各个体的适应度。

(3)利用突变算子对旧种群中每个个体进行突变操作，获得相应新个体，计算新个体的适应度。

(4)选择。新种群的个体数目 λ 等于旧种群的个体数目 μ，EP 的选择按照随机型 q - 竞争选择法获得下一代群体，即从新旧种群的 2μ 个个体中任选 q 个个体组成测试种群，然后将个体 i 的适应度与 q 个个体的适应度进行比较，记录个体 i 优于或等于 q 内各个体的次数，得到个体 i 的得分 W_i。

$$W_i=\sum_{j=1}^{q}\begin{cases}1 & (f_i\text{ 优于或等于} f_i)\\ 0 & (\text{其他})\end{cases}$$

以上得分测试分别对 2μ 个个体进行，每次测试时重新选择 q 个个体组成新的测试种群，按个体的得分选择分值高的 μ 个个体组成下一代新种群。

(5)反复执行(2)~(4)不断进化，直到满足终止条件为止。终止条件可以是最大进化代次、当前最优个体与期望值的偏差、适应度的变化趋势以及当前最优适应度与最差适应度之差，等等。

第5章 面向群体智能的建模与仿真

自然界的群居生物存在着大量群体智能现象,这些生物群体所呈现的社会性、分布式、自组织、协作性等智能以及自底向上的简单实现模式,为人类解决相关问题提供了天然的样板。

5.1 蚁群智能的建模与仿真

5.1.1 蚁群觅食行为的启发

意大利学者 Macro Dorigo 等在观察蚂蚁的觅食习性时发现,蚂蚁虽然视觉不发达,但它们在没有任何提示的情况下总能找到巢穴与食物源之间的最短路径。

蚂蚁为什么会有这样的能力呢?进一步研究发现,原来蚂蚁的秘密武器是一种遗留在其来往路径上的挥发性化学物质——信息素(pheromone),蚂蚁们正是通过信息素这个法宝来进行通信和相互协作的。

实际上,每只蚂蚁在开始寻找食物时并不知道食物在什么地方,它们只是各自向不同的方向漫无目的地随机寻找,这就形成了初始觅食方案的"多样性"。

蚂蚁在寻找食物源的时候,在其经过的路径上释放一种称为信息素的激素,使一定范围内的其他蚂蚁能够察觉到。当一只幸运的蚂蚁发现食物后,它会一路释放信息素与周围的蚂蚁进行通信,于是附近的其他蚂蚁们就被吸引过来。信息素会随着时间的流逝逐渐挥发,直至消失,但新找到食物的蚂蚁们会释放更多的信息素,这样越来越多的蚂蚁会找到食物。由于离食物源越短的路径上信息素浓度越高,更多的蚂蚁渐渐被吸引到短路径上来。当某条路径上通过的蚂蚁越来越多时,信息素浓度也就越来越高,蚂蚁们选择这条路径的概率也就越高,结果导致这条路径上的信息素浓度进一步提高,蚂蚁走这条路的概率也进一步提高,这种选择过程称作"正反馈"。

正反馈的结果会导致出现一条被大多数蚂蚁重复的最短路径,这就是寻找食物的"最优"路径,是蚂蚁群体在解决觅食这个问题时,通过分布式协作给出的优化方案。尽管每只蚂蚁并不知道如何寻找最短路径,但由于每只蚂蚁个体都遵循了"根据信息素浓度进行路径选择"这样一条天生的规则,整个蚁群系统就能呈现出"找到最优路径"这一群体智能效果。

在所有蚂蚁都没有找到食物的时候,环境中就没有可用的信息素了,那么蚂蚁有没有相对有效的方法找到食物呢? 答案是肯定的,这是因为在没有信息素时候的蚂蚁们采用了一种有效的移动规则。首先,每只蚂蚁会随机选择并保持一个固定方向不断向前移动,而不会原地转圈或者震动;其次,当蚂蚁碰到障碍物时会立即改变方向而不会"一条道走到黑",这种行为可以看作是环境中的障碍物使蚂蚁对开始时的错误方向进行了纠正。

当大量蚂蚁向四面八方出发觅食时,似乎早晚会有一只蚂蚁最先发现食物,于是其他蚂蚁们就会在信息素的引导下沿着最短路径很快向食物聚集。不过,我们也不能完全排除会出现这样的情况:在最初的时候,一部分蚂蚁通过随机选择了同一条路径,随着这条路径上蚂蚁释放的信息素越来越多,更多的蚂蚁也选择这条路径,但这条路径并不是最优(即最短)的,导致蚂蚁找到的不是最优解,而是次优解。

5.1.2　蚁群算法的规则

化学通信是蚂蚁采取的基本信息交流方式之一,在蚂蚁的生活习性中起着重要的作用。M. Dorigo 等利用生物蚁群能通过个体间简单的信息传递,搜索从蚁巢至食物间最短路径的集体寻优特征,于 1991 年首先提出了人工蚁群算法,简称蚁群算法(ant colony optimization,ACO)。

将蚁群算法应用于解决优化问题的基本思路为:用蚂蚁的行走路径表示待优化问题的可行解,整个蚂蚁群体的所有路径构成待优化问题的解空间。路径较短的蚂蚁释放的信息素量较多,随着时间的推进,较短的路径上累积的信息素浓度逐渐增高,选择该路径的蚂蚁个数也越来越多。最终,整个蚂蚁会在正反馈的作用下集中到最佳的路径上(图 5 - 1),此时对应的便是待优化问题的最优解。

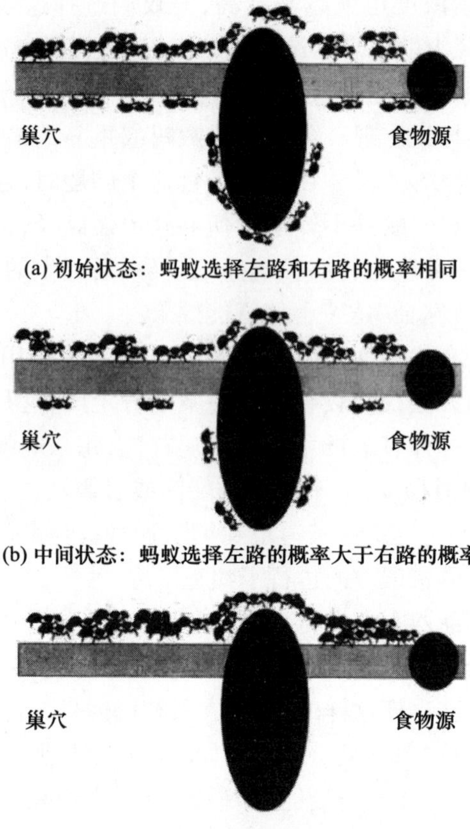

(a) 初始状态：蚂蚁选择左路和右路的概率相同

(b) 中间状态：蚂蚁选择左路的概率大于右路的概率

(c) 终了状态：全部蚂蚁都选择左侧路径

图 5 –1　蚂蚁的路径选择过程

ACO 算法对人工蚂蚁的活动范围和环境做了如下规定。

(1)感知范围。每只人工蚂蚁能感知和移动的范围是一个方格世界,其大小用一个称为速度半径的参数表示。例如,速度半径为 3,则蚁群能感知和移动的范围就是 3 ×3 个方格世界。

(2)环境信息。人工蚂蚁及其所在的环境都是虚拟的,在这个虚拟世界中,存在着障碍物和其他蚂蚁,以及找到食物的蚂蚁播撒的食物信息素。每只蚂蚁只能感知到其观察范围内的信息素,而且这些信息素会以一定的速率消失。

为了模拟生物蚁群的群体智能,ACO 算法从生物蚁群的觅食行为中抽象出 4 条规则。

① 觅食规则。在每只蚂蚁能感知的范围内首先寻找是否有食物存在。若

有食物则直接向食物移动，否则判断是否有食物信息素存在，以及哪一位置的信息素最多，然后向信息素最多的位置移动。

② 移动规则。有信息素存在时，每只蚂蚁都朝向信息素最多的方向移动。当环境中没有信息素指引时，蚂蚁会按照自己原来运动的方向惯性地运动下去。在运动的方向上会出现随机的小扰动，为了防止蚂蚁原地转圈，它会记住刚才走过了哪些点，如果发现要走的下一点已经在之前走过了，它就会尽量避开。

③ 避障规则。如果蚂蚁要移动的方向有障碍物挡路，它会随机选择一个方向避开障碍物；如果环境中有信息素指引，它会遵循觅食规则。

④ 信息素规则。蚂蚁在刚找到食物的时候播撒的信息素最多，随着它走远的距离，播撒的信息素越来越少。

尽管蚂蚁之间并没有直接的接触和联系，但是每只蚂蚁都根据这 4 条规则与环境进行互动，从而通过信息素这个信息纽带将整个蚂蚁关联起来了。

5.1.3　蚁群算法的数学模型

ACO 算法充分利用了生物蚁群通过个体间简单的信息传递，搜索从蚁巢至食物间最短路径的集体寻优特征。在求解具有 NP 难度的旅行商(TSP)问题，以及求解 Job－Shop 调度问题、二次指派问题以及多维背包等问题时，显示了其在组合优化类问题求解方面的优越特性。TSP 问题属于典型的优化组合问题，其数学描述为：给定 n 个城市的集合，寻找一条只经过一次的具有最短长度的闭合路径。下面以 TSP 问题为基准给出 ACO 算法的数学模型。

设 $d_{ij}(i,j=0,1,\cdots,n-1)$ 表示城市 i 和城市 j 之间的距离，m 表示蚂蚁的总数量，$\tau_{ij}(t)$ 表示在 t 时刻 (i,j) 连线上的信息素浓度。

蚂蚁 $k(k=1,2,\cdots,m)$ 在运动过程中的转移方向由各条路径上的信息量浓度决定。可用禁忌表 $\text{tabu}_k(k=1,2,\cdots,m)$ 记录第 k 只蚂蚁在当前时刻 t 已走过的所有城市，并禁忌蚂蚁在一个周游结束前再次访问这些城市，tabu_k 会随着蚂蚁的运动动态调整。

在初始时刻，m 只蚂蚁会被随机地放置，各路径上的初始信息素浓度是相同的。在 t 时刻，蚂蚁 k 从城市 i 转移到城市 j 的状态转移概率为

$$P_{ij}^{k}=\begin{cases}\dfrac{\tau_{ij}^{\alpha}(t)\eta_{ij}^{\beta}(t)}{\sum\limits_{k\in \text{allowed}_k}\tau_{ij}^{\alpha}(t)\eta_{ij}^{\beta}(t)} & (j\in \text{allowed}_k)\\ 0 & (\text{其他})\end{cases}\tag{5-1}$$

式中：$allowed_k=\{n- \ tabu_k\}$ 为蚂蚁 k 下一步可以选择的所有节点；α 为信息启发式因子，在算法中代表轨迹相对重要程度，反映路径上的信息量对蚂蚁选择路径所起的影响程度，该值越大，蚂蚁间的协作性就越强；β 为期望启发式因子，在算法中代表能见度的相对重要性；η 为启发函数，又称能见度，在算法中表示由城市 i 转移到城市 j 的期望程度，通常可取 $\eta_{ij}=1/d_{ij}$。在算法运行时每只蚂蚁将根据式(5-1)进行搜索前进。

在蚂蚁运动过程中，为了避免在路上残留过多的信息素而使启发信息被淹没，在每只蚂蚁遍历完成后，要对残留信息进行更新处理。由此，在 $t+n$ 时刻，路径(i,j)上信息调整为

$$\tau_{ij}(t+n)=(1-\rho)\times\tau_{ij}(t)+\Delta\tau_{ij}(t) \tag{5-2}$$

$$\Delta\tau_{ij}(t)=\sum_{k=1}^{m}\Delta\tau_{ij}^{k}(t) \tag{5-3}$$

式中：ρ 为变化范围为[0,1]的常数系数，表示信息的持久度；ρ 的大小关系到算法的全局搜索能力和收敛速度，则可用 $1-\rho$ 代表信息素残留因子，表示一次寻找结束后路径(i,j)的信息素增量。在初始时刻 $\Delta\tau_{ij}(0)=0$，$\Delta\tau_{ij}^{k}(t)$表示第 k 只蚂蚁在本次遍历结束后路径(i,j)的信息素。

根据信息素更新策略的不同，有以下 3 种基本蚁群算法模型。

1) Ant-Cycle 模型

Ant-Cycle 又称为蚁周算法，算法的步骤可表述为：

(1)初始化：计数器 $t=0$，周期计算器 NC=0，各支路信息素初始值 $\tau_{ij}=c$（c 为小的正常数），$\Delta\tau_{ij}=0$，将 m 只蚂蚁随机放置在不同节点上；

(2)for $k=1$ to m do 将第 k 只蚂蚁的起始城市位置存入 $tabu_k$；以概率$P_{ij}^{k}(t)$选择下一个城市 j，将蚂蚁 k 移到城市 j，在 $tabu_k$ 中插入 j，执行以上循环 $n-1$ 次，至 $tabu_k$ 全满；

(3)for $k=1$ to m do 计算蚂蚁 k 所周游的长度 L_k，更新所找到的最短周游路线，设 Q 为常数，按以下策略更新每条支路上蚂蚁 k 留下的信息素

$$\Delta\tau_{ij}^{k}=\begin{cases}\dfrac{Q}{L_k} & (\text{蚂蚁 } k \text{ 走过 } ij)\\ 0 & (\text{其他})\end{cases} \tag{5-4}$$

(4)若 $NC<NC_{max}$，清空所有禁忌表，返回(2)；

(5)打印最短路径。

2) Ant - Quantity 模型

Ant - Quantity 又称为蚁量算法,其信息素更新策略为

$$\Delta\tau_{ij}^{k}=\begin{cases}\dfrac{Q}{d_{ij}} & (\text{蚂蚁 } k \text{ 在时刻 } t \text{ 到 } t+1 \text{ 之间从 } i \text{ 到 } j)\\ 0 & (\text{其他})\end{cases} \tag{5-5}$$

3) Ant - Density 模型

Ant - Density 又称为蚁密算法,其信息素更新策略为

$$\Delta\tau_{ij}^{k}=\begin{cases}Q & (\text{蚂蚁 } k \text{ 在时刻 } t \text{ 到 } t+1 \text{ 之间从 } i \text{ 到 } j)\\ 0 & (\text{其他})\end{cases} \tag{5-6}$$

从式(5-4)~式(5-6)可以看出,蚁量算法和蚁密算法中的信息素是在蚂蚁完成一步后更新的,即采用的是局部信息;而在蚁周算法中,路径中信息素是在蚂蚁完成一个循环后更新的,即应用的是整体信息。在一系列标准测试问题上运行的实验表明,蚁周算法的性能优于其他两种算法。

5.2　蜂群智能的建模与仿真

蜜蜂是一种群居昆虫,人们通过观察发现,虽然单个蜜蜂的行为极为简单,但是它们组成的群体却表现出非常复杂的行为。

5.2.1　蜂群觅食行为的启发

自然界的蜜蜂能够在任何环境下高效率地发现优质蜜源,这是因为蜜蜂种群根据各自的分工完成不同的活动,并能以特有的方式实现蜂群间的信息共享和交流,从而找到问题的最优解。

蜜蜂采蜜是一项分工协作的劳动。部分蜜蜂作为侦察蜂在蜂巢附近寻找蜜源,一旦发现了蜜源,它们会用管状的口器(喙)将花蜜吸进蜜囊中,将蜜囊装满后就飞回到巢中。

侦察蜂把带回的花蜜分给其他蜜蜂,让它们品尝并熟悉花蜜的气味,同时还振动翅膀,摆动身体,翩翩起舞,用特殊的舞蹈语言向同伴描述自己的发现。得到信息的蜜蜂就大量地飞向蜜源地,开始忙碌地采集花蜜。

蜜蜂在长期进化过程中,发展了一套基于舞蹈语言的通信联络系统,使得整个蜂群能够进行协调一致的行动。为了破解蜜蜂的舞蹈语言,早在 1915 年,德国生物学家卡尔·冯·弗里希(Karl von Frisch)就和自己的学生和同事对蜜蜂

进行了长达50多年的试验研究。弗里希要求自己的助手把一个蜂蜜盘放在附近的某个地方，自己则守在蜂窝的旁边。很快，有一只蜜蜂发现了蜂蜜盘，飞回蜂窝，开始用它的舞蹈语言向同伴描述自己的发现。他们认真仔细地观察蜜蜂的行为并做了大量的记录，经过无数次试验，科学家们终于懂得了蜜蜂各种舞蹈形式的意义，成功地将蜜蜂的舞蹈语言解码了。

科学家们发现，与蜜源地点有关的舞蹈基本上是两种：圆舞和8字形的摆尾舞，两种舞之间以刀形舞过渡（图5－2）。

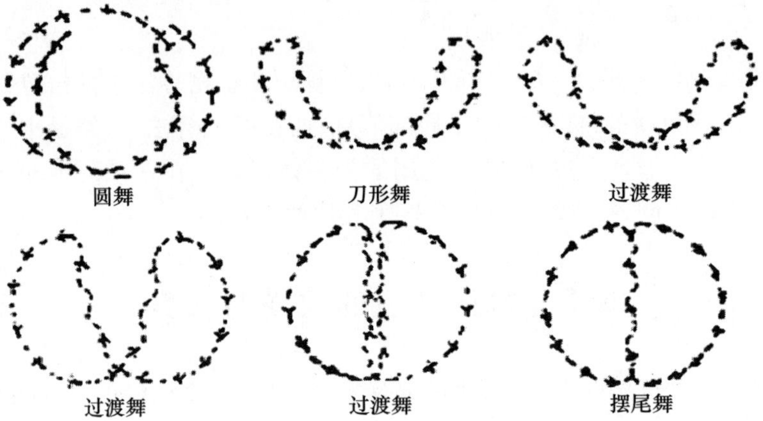

图5－2　蜜蜂的舞蹈

圆舞侦察蜂在离蜂巢较近的地方（100m以内）采回花蜜时，把采到的花蜜从蜜囊里返吐出来，身傍的同伴们用管状喙把它吸走。然后，它在一个地方兜着小圆圈跳起圆舞。圆舞的意思是蜂巢附近发现了蜜源，动员它的同伴们出去采集。第一批加入的采集蜂采了花蜜返回蜂巢后，也照样跳起圆舞。

摆尾舞蜜蜂如果在离蜂巢较远的地方采到花蜜，按照弗里希的描述，它返回蜂巢吐出花蜜后，会在蜂巢上右一圈、左一圈地跳起“∞”字形的摆尾舞。在跳“∞”字形舞蹈的直线阶段时，蜜蜂在沿直线蹒跚爬行时不断地振动翅膀，发出嗡嗡声，同时腹部还会左右摆动。

弗里希发现，这种舞蹈传递的信息非常丰富。摇摆舞的持续时间决定了食物距离的远近，食物地点越远跳摇摆舞的时间越长。摇摆的方向表示采集地点的方位，它的平均角度表示采集地点与太阳位置的角度。如果蜜源位于太阳的同一方向，舞蹈蜂会先向一侧爬半个圆圈，然后头朝上爬一直线，同时左右摆动它的腹部，爬到起点再向另一侧爬半个圆圈。如此返复在一个地点做几次同样的摆尾舞，再爬到另一个地点进行同样的舞蹈。如果蜜源位于与太阳相反的方向，它在直线爬行摆动腹部时头朝下。蜜源位于与太阳同一方向但偏左呈一定角度时，它在直线爬行摆动腹部时，头朝上偏左与一条想象中的虚拟重力线也呈一定角度。找到食物的蜜蜂通过跳舞这种方式，能够吸引蜂巢内其他蜜蜂的注意。一旦这些蜜蜂把这段舞蹈看过5~6遍之后，就会立即飞往食物地点，就如同装了导航系统一样。

如果几只侦察蜂发现了多个不同的蜜源，一开始会有几拨蜜蜂跟随不同的侦察蜂前往不同的蜜源。当某个蜜源在采蜜后质量仍然很高时，蜜蜂们会回到蜂巢继续通过舞蹈招募更多的同伴，因此跟随采蜜的蜜蜂数量取决于蜜源质量。蜜蜂的此种行为对于整个蜂巢的生存来说极为重要，因为这种方式能保证蜂群快速找到高质量的蜜源。

由此可见，蜂群快速高效地找到高质量蜜源的群体智能行为是通过任务分工、信息交流、角色转换与协作实现的，这些行为在人工蜂群算法中得到很好的借鉴。

5.2.2 蜂群算法的基本模型

受蜂群采蜜行为呈现出的群体智能的启发，土耳其学者D. Karaboga等在2005年提出了一种新颖的全局优化算法——人工蜂群算法(Artificial Bee Colony Algorithm，ABC)，以解决多变量函数优化问题。目前，ABC算法已在函数优化、神经网络训练以及控制工程等领域得到许多成功应用。

1. 基本模型的组成要素

蜂群算法的基本模型包含食物源、雇佣蜂(employed foragers)和非雇佣蜂(unemployed foragers)三个组成要素。

食物源的位置即待优化问题的解，其质量由离蜂巢的远近、花蜜的丰富程度和获得花蜜的难易程度等多方面的因素决定。蜂群算法使用食物源的“收益率”(profitability)这个参数来代表影响食物源质量的各个因素。质量高的食物源将招募到更多的蜜蜂来采蜜。

被雇用的蜜蜂是已经找到食物源的蜜蜂，又称为引领蜂(leader)，每个引领蜂对应一个特定的食物源。引领蜂中储存了某个食物源的相关信息，如相对于蜂巢的距离、方向、食物源的丰富程度等，并将这些信息以一定的概率与其他蜜蜂分享。

非雇用的蜜蜂是没有发现食物源的蜜蜂，又分为侦查蜂(scouter)和跟随蜂(onlooker)。侦察蜂的任务是搜索蜂巢附近的新食物源；跟随蜂的任务是在蜂巢中观察引领蜂的舞蹈提供的信息，并根据这些信息选择合适的食物源。

2. 蜜蜂的行为模式

蜂群算法的初始时刻,蜂群由侦察蜂和跟随蜂组成。侦察蜂首先对食物源进行搜索,其搜索策略可以由系统提供的先验知识决定,也可以采取完全随机的方式。经过一轮侦查后,若侦察蜂找到食物源,它就转变为引领蜂,在算法的"舞蹈区"将食物源信息传递给跟随蜂。跟随蜂观察各引领蜂的食物源信息,并选择优质食物源进行跟随,同时在食物源附近进行邻域搜索。如果跟随蜂搜索到的新食物源比原引领蜂的旧食物源的收益率更高,则以新食物源替换旧食物源,同时跟随蜂的角色转换为引领蜂。如果某个食物源的收益率很长时间未被更新,该食物源即被放弃,对应的引领蜂转换为侦察蜂,重新开始搜索新食物源,一旦找到新食物源,其身份再次转换为引领蜂。

在群体智能的形成过程中,蜜蜂间交换信息是最为重要的一环。蜂群算法中的舞蹈区是蜂巢中最为重要的信息交换地。不同食物源的引领蜂通过摇摆舞的持续时间等来表现食物源的收益率,而跟随蜂可以依据不同食物源的收益率来选择到哪个食物源采蜜。蜜蜂被招募到某一个食物源的概率与食物源的收益率成正比。

蜜蜂在采蜜结束回到蜂巢卸下蜂蜜后,将选择以下 3 种行为模式。

(1)食物源质量差,放弃找到的食物源而成为跟随蜂;

(2)食物源质量高,跳摇摆舞为所发现的食物源招募更多的蜜蜂,然后回到食物源采蜜;

(3)食物源质量高,继续返回原食物源采蜜而不招募其他蜜蜂。

跟随蜂则选择以下两种行为模式。

(1)转变成为侦察蜂并搜索蜂巢附近的食物源;

(2)在观察完摇摆舞后传递的信息后,被招募到某个食物源采蜜。

图 5-3 描述了蜂群算法中各类蜜蜂的行为模式。

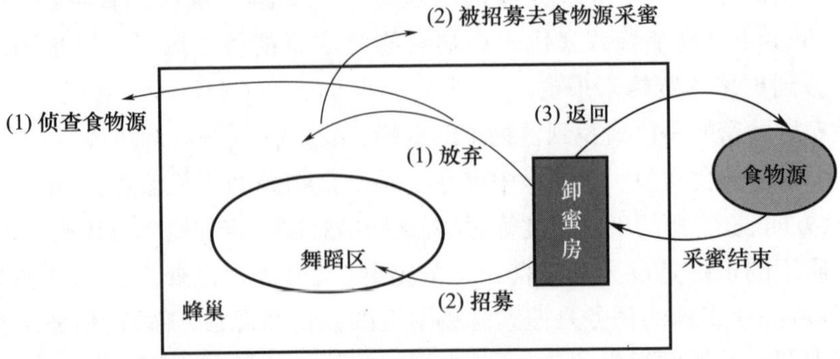

图 5-3 蜂群算法中各类蜜蜂的行为模式

5.2.3　基础 ABC 算法

蜂群算法将一个食物源的位置 $\boldsymbol{X}$ 看作问题的一个可行解，食物源的丰富程度对应解的优劣程度，高收益率的食物源对应着高质量的解。蜂群算法寻找食物源的过程就是寻找优化问题最优解的过程。

蜂群算法的主要特点是只需要对问题的解进行优劣的比较就能找到最优解。假设 3 只引领蜂同时提供了 3 个食物源的信息，跟随蜂会选择其中收益率最高的食物源 $\boldsymbol{X}$；如果之后又在食物源 $\boldsymbol{X}$ 附近发现新的食物源 $\boldsymbol{Y}$，且 $\boldsymbol{Y}$ 的收益率高于 $\boldsymbol{X}$，意味着 $\boldsymbol{Y}$ 对应的解优于 $\boldsymbol{X}$ 对应的解，于是跟随蜂就会放弃食物源 $\boldsymbol{X}$ 选择食物源 $\boldsymbol{Y}$，否则放弃 $\boldsymbol{Y}$ 保留 $\boldsymbol{X}$。这种行为称为局部寻优。蜂群算法正是通过各人工蜂个体的局部寻优行为，使全局最优解逐步显现出来，而且有着较快的收敛速度。

1. 初始化阶段

一只侦察蜂对应一个食物源，因此侦察蜂的数量（即种群规模）与食物源数量 SN 相等。随机初始化种群为

$$x_{ij}=L_j+\mathrm{rand}(0,1)(U_j-L_j) \tag{5-7}$$

式中：$i=1,2,\cdots,SN$；$j=1,2,\cdots,D$，D 是设计参数的个数（即维度）；L_j，U_j 分别为第 j 维的下界和上界。

ABC 算法是通过种群迭代来完成寻优过程的随机搜索算法，在搜索过程中，引领蜂、跟随蜂和侦察蜂相继开始工作。

2. 引领蜂阶段

在引领蜂阶段，通过在食物源 x_{ij} 的领域内进行局部搜索来模拟真实觅食行为中的食物源开采。基础 ABC 算法的局部搜索定义为

$$v_{ij}=x_{ij}+\phi_{ij}(x_{ij}-x_{kj}) \tag{5-8}$$

式中：i 为当前解；k 为随机选择的邻域解；ϕ_{ij} 为 $[-1,1]$ 符合均匀分布的随机数。

式(5-8)定义的局部搜索中，只改变了当前解中随机选择的一个维度（参数 j）。局部搜索完成后，贪婪选择当前解和变异解中较好的解保留下来，并丢弃较差解。种群中的每个食物源都会应用局部搜索和贪婪选择。

当引领蜂寻找并发现新的食物源后，新的食物源的蜜量就会与旧位置 x_{ij} 上的食物源的蜜量进行比较。如果新的食物源的蜜量比旧的食物源的蜜量多或者一样多，就用新的食物源来替代旧的食物源，旧的食物源将被淘汰。否则，旧的食物源被保留。

3. 跟随蜂阶段

跟随蜂阶段从引领蜂阶段结束时开始。跟随蜂将依概率选择被引领蜂发现的食物源,然后进一步搜索食物源的邻域以寻找较优解。与引领蜂阶段搜索较优解不同的是,搜索不是在每个解附近逐一执行的,而是根据适应度值随机选择的,即高质量的解将更有可能被选择到,这称为 ABC 算法的正反馈属性。跟随蜂选择每个解的概率正比于该解的适应度值 $\mathrm{fit}(x_i)$,即

$$p_i = \frac{\mathrm{fit}(x_i)}{\sum_{i=1}^{SN} \mathrm{fit}(x_i)} \tag{5-9}$$

$\mathrm{fit}(x_i)$代表了该食物源的丰富程度。基于适应度值的选择机制将以较大机会选择较优解,选择机制可以是轮盘赌、基于排名、随机遍历抽样、锦标赛等,在基础 ABC 中采用的是轮盘赌,这与真实蜂群情况类似,根据雇佣蜂的跳舞信息,更好的食物源会吸引更多蜜蜂的注意。

4. 侦察蜂阶段

在引领蜂和跟随蜂阶段,如果通过规定的循环搜索次数后,局部搜索无法进一步改善解,可认为解已耗尽(食物源已被充分开采),同时该食物源对应的引领蜂转变为侦察蜂,按式(5-7)随机产生一个新的食物源位置代替原解。

5.3 其他群体智能的建模与仿真

群体智能最主要的特点是:不存在一个高高在上的“指挥中心”,每个个体的行为都遵循简单的经验规则,而且只对局部的信息做出反应;但是当这些个体一起协同工作时,却呈现出非常复杂的高明策略。下面分析几种著名优化算法所模拟的生物群体,看看这些群体中的个体如何以简单行为规则形成奇妙的群体智能。

5.3.1 鱼群智能的建模与仿真

2003 年李晓磊等提出一种称为人工鱼群算法(atificial fish - swarm algorithm,AFSA)的群体智能算法。该算法模拟自然界鱼群的觅食、聚群、追尾等行为,构造生物个体的底层行为,通过鱼群中个体的局部寻优使全局最优值从群体中呈现出来。

1. 鱼群的行为规则与数学描述

在一片水域中,鱼生存数目最多的地方往往就是本水域中营养物质最多的

地方。从优化的角度看，营养物质最多的地方就是鱼群觅食问题的最优解。根据鱼群的这一群体智能特点，研究人员提出了人工鱼群算法，通过模仿鱼的个体行为实现寻优。

那么，鱼群究竟是如何进行寻优的呢？观察鱼类的生活习性和行为规律，可以发现鱼类有以下4种典型行为。

1）觅食行为（prey）

一般情况下鱼在水中随机地自由游动，当发现食物时，则会向食物逐渐增多的方向快速游去。设人工鱼的总数为 N，用状态 $\boldsymbol{X}=(x_1,\cdots,x_i,\cdots,x_n)$（$x_i$ 为寻优变量）代表人工鱼个体。设 Rand( ) 为随机函数，产生 0 ~ 1 的随机数；在时刻 t，状态为 $\boldsymbol{X}_i$ 的人工鱼在其视野内按 Rand( ) 随机地选择另一个状态 $\boldsymbol{X}_j$，则首先计算 $\boldsymbol{X}_i$ 和 $\boldsymbol{X}_j$ 的目标函数值 $\boldsymbol{Y}_i$ 与 $\boldsymbol{Y}_j$，如果 $\boldsymbol{Y}_j>\boldsymbol{Y}_i$，则人工鱼向状态 $\boldsymbol{X}_j$ 靠近一个 step，其新状态变为

$$\boldsymbol{X}_i^{t+1}=\boldsymbol{X}_i^t+\frac{\boldsymbol{X}_j-\boldsymbol{X}_i^t}{\|\boldsymbol{X}_j-\boldsymbol{X}_i^t\|}*\text{Step}*\text{Rand}() \tag{5-10}$$

反之，重新选取新状态，判断是否满足条件，如果反复尝试达到设定的次数后仍然不满足条件，则随机移动一步。

2）聚群行为（swarm）

为了保证自身的生存和躲避危害，鱼在游动过程中会自然地聚集成群。鱼聚群时不是依靠有意识的组织和调度而形成整体，而是遵守3条简单的规则：

（1）分隔规则，尽量避免与临近伙伴过于拥挤；

（2）对准规则，尽量与临近伙伴的平均方向一致；

（3）内聚规则，尽量朝临近伙伴的中心移动。

当每条鱼都遵守以上规则游动时，便形成了整群鱼特定的自组织方式。每条鱼都能通过它周围邻居的行动来感知发生了什么，一条鱼发现了食物，信息会很快在一群鱼中传播开来，整群鱼会形成集体觅食的效果；一旦危险到来，鱼群边缘的鱼就会有快速逃避的行动，带动整群鱼产生倏忽的散聚。

用 $d_{ij}=|x_i-x_j|$ 表示人工鱼个体 x_i，x_j 之间的距离，δ 表示鱼群的拥挤度；人工鱼 $\boldsymbol{X}_j^t$ 搜索当前视野内（$d_{ij}<\text{Visuanl}$）的伙伴数目 n_f 和中心位置 $\boldsymbol{X}_c$，若有 $\dfrac{\boldsymbol{Y}_c}{n_f}>\delta\boldsymbol{Y}_i$ 则表明伙伴中心位置状态较优且不太拥挤，则朝伙伴的中心位置移动一步。

$$\boldsymbol{X}_i^{t+1}=\boldsymbol{X}_i^t+\frac{\boldsymbol{X}_c-\boldsymbol{X}_i^t}{\|\boldsymbol{X}_c-\boldsymbol{X}_i^t\|}*\text{Step}*\text{Rand}() \tag{5-11}$$

否则进行觅食行为。

3)追尾行为(follow)

当鱼群中的一条鱼或几条鱼发现食物时,其临近的伙伴会尾随其快速到达食物点,这样的行为又会导致更远处的鱼尾随过来。

人工鱼搜索当前视野内(d_{ij} < Visuanl)的伙伴中具有最大函数值$\boldsymbol{Y}_j^*$的最优伙伴$\boldsymbol{X}_j^*$,如果$\frac{\boldsymbol{Y}_j}{n_f} > \delta \boldsymbol{Y}_i$,表明最优伙伴的周围不太拥挤,则朝该伙伴移动一步。

$$\boldsymbol{X}_i^{t+1} = \boldsymbol{X}_i^t + \frac{\boldsymbol{X}_j^* - \boldsymbol{X}_i^t}{\| \boldsymbol{X}_j^* - \boldsymbol{X}_i^t \|} * \text{Step} * \text{Rand}( ) \tag{5-12}$$

否则执行觅食行为。

4)随机行为(move)

单独的鱼在水中通常都是随机游动的,这样可以更大范围地寻找食物点或身边的伙伴。人工鱼随机移动一步,便到达一个新的状态,即

$$\boldsymbol{X}_j = \boldsymbol{X}_j^t + \text{Visuanl} * \text{Rand}( ) \tag{5-13}$$

式中:Visuanl 表示人工鱼视野,限制了人工鱼的感知范围。

虽然每条鱼所遵循的上述行为规则都非常简单,却能使整个鱼群整体呈现出较高的智能。

2. 人工鱼群算法概述

1)公告牌

AFSA 算法用公告牌记录最优人工鱼个体状态。每条人工鱼在执行完一次迭代后将自身当前状态与公告牌中记录的状态进行比较,若优于公告牌中的状态则用自身状态更新公告牌中的状态,否则公告牌的状态不变。当整个算法的迭代结束后,公告牌的值就是最优解。

2)行为评价

行为评价是用来反映鱼自主行为的一种方式,在解决优化问题时选用两种方式评价:一种是选择最优行为执行;另一种是选择较优方向。对于解决极大值问题,可以使用试探法,即模拟执行群聚、追尾等行为,然后评价行动后的值选择最优的来执行,默认的行为为觅食行为。

3)迭代终止条件

通常的方法是判断连续多次所得值的均方差小鱼允许的误差;或判断聚集于某个区域的人工鱼的数目达到某个比例;或连续多次所得的均值不超过已寻找的极值;或限制最大迭代次数。若满足终止条件,则输出公告牌的最优记录;

否则继续迭代。

3) 算法步骤

(1) 初始化。为各参数设置初值：种群规模 N、各人工鱼的初始位置、视野 Visual、步长 step、拥挤度因子 δ、重复次数 Try - number。

(2) 计算初始鱼群各个体的适应值，取最优人工鱼状态及其值记录在公告牌。

(3) 对每个个体进行评价，对其要执行的觅食、聚群、追尾和随机行为进行选择。

(4) 执行人工鱼个体选择的行为，更新个体以生成新鱼群。

(5) 评价所有个体，若某个体优于公告牌，则将公告牌更新为该个体。

(6) 当公告牌上最优解达到满意误差界内或者达到迭代次数上限时算法结束，否则转(3)。

5.3.2 鸟群智能的建模与仿真

1. 鸟群的信息分享

假设一群鸟飞出鸟巢去找食物，每一只鸟都知道自己离食物的距离有多远，却都不知道食物在哪个方向，所以各自在空中漫无目的地搜索。

怎样才能很快找到食物呢？鸟群采用了一种非常简单有效的策略：每过一段时间，大家共享各自与食物的距离，看看谁离食物的距离最近。一旦确定某只鸟离食物最近，大家就修改自己的飞行速度和方向，向那只幸运的鸟的位置靠拢，并在其周围继续搜索食物。用这样的策略可以不断缩短与食物的距离直到找到食物。

源于对鸟群觅食行为的研究，1995 年 Eberhart 博士和 kennedy 博士提出了粒子群优化(particle swarm optimization，PSO)算法。PSO 算法在对动物集群活动行为观察基础上，利用群体中的个体对信息的共享使整个群体的运动在问题求解空间中产生从无序到有序的演化过程，从而获得最优解。粒子群中的每一个粒子模拟鸟群中的一只鸟，具有速度和位置两个属性，速度代表移动的快慢，位置代表移动的方向。每个粒子可看作 N 维搜索空间中的一个搜索个体，粒子的当前位置对应优化问题的一个候选解。算法的核心思想是利用粒子群中的个体对信息的共享使得整个群体的运动产生从无序到有序的演化过程，从而获得问题的最优解。

2. 粒子群优化算法概述

在 PSO 算法中，每个优化问题的解都是搜索空间中的一个无质量粒子，对应于鸟群中的一只鸟。

1）PSO 算法的数学描述

（1）每个粒子 $i\in(1,D)$ 都具有两个属性，分别是速度 $\boldsymbol{V}_i=(v_{i1},v_{i2},\cdots,v_{iD})$ 和位置 $\boldsymbol{X}_i=(x_{i1},x_{i2},\cdots,x_{iD})$，分别代表移动的快慢和方向，粒子在每一维的速度都会被限制在一个最大速度 $V_{\max}$。

（2）每个粒子都有一个适应度函数（fitness function），用以确定适应值以判断目前位置的好坏。

（3）每个粒子 $i\in(1,D)$ 在搜索 D 维空间中搜寻最优解，将其记为当前个体极值 $\text{pbest}_i=(p_{i1},p_{i2},\cdots,p_{iD})$，并将个体极值与整个粒子群里的其他粒子共享，最优的个体极值作为整个粒子群的当前全局最优解 $\text{gbest}_i=(g_{i1},g_{i2},\cdots,g_{iD})$。

（4）所有粒子根据自己找到的当前个体极值以及整个粒子群共享的当前全局最优解来调整自己的速度和位置；粒子 i 第 d 维速度为

$$v_{id}^{k}=Wv_{id}^{k-1}+c_1r_1(\text{pbest}_{id}-x_{id}^{k-1})+c_2r_2(\text{gbest}_d-x_{id}^{k-1}) \tag{5-14}$$

式中：v_{id}^{k} 为第 k 次迭代时粒子 i 的速度向量中的第 d 维分量；x_{id}^{k} 为第 k 次迭代时例子 i 的位置向量中的第 d 维分量；c_1,c_2 为加速度常数，r_1,r_2 为 $[0,1]$ 的随机数，用于调节最大学习步长；W 为非负惯性权重，用于调节解空间的搜索范围。

（5）每一个粒子都有记忆功能，能记住它经过的最佳位置。

PSO 算法同遗传算法类似，是一种基于迭代的优化算法。系统初始化为一组随机解，通过迭代搜寻最优值。但是它没有遗传算法用的交叉以及变异，而是粒子在解空间追随最优的粒子进行搜索。同遗传算法比较，PSO 算法的优势在于简单容易实现并且没有许多参数需要调整。

2）PSO 算法流程

（1）初始化粒子群：给每个粒子赋予随机的初始位置和速度；

（2）计算适应值：根据适应度函数计算每个粒子的适应值；

（3）求个体最佳适应值：对每一个粒子，将其当前位置的适应值与其历史最佳位置（pbest）对应的适应值比较，如果当前位置的适应值更高，则用当前位置更新历史最佳位置；

（4）求群体最佳适应值：对每一个粒子，将其当前位置的适应值与其全局最佳位置对应的适应值比较，如果当前位置的适应值更高，则用当前位置更新全局最佳位置；

（5）更新粒子位置和速度：根据公式更新每个粒子的速度与位置；

（6）判断算法是否结束：若未满足结束条件，则返回步骤（2），若满足结束条件则算法结束，全局最佳位置即全局最优解。

5.3.3　狼群智能的建模与仿真

严酷的生活环境和千百年的进化，造就了狼群严密的组织系统及其精妙的协作捕猎方式。2007 年杨晨光等根据狼群的捕食行为提出一种模拟狼群智能的群体智能算法，称为狼群算法（Wolf Pack Algorithm，WPA）

1. 狼群团队的协作规则

1）狼群的角色分工

头狼是在“弱肉强食”“胜者为王”等竞争策略中产生的首领。它不断地根据狼群所感知到的信息进行决策，既要避免狼群陷入危险境地又要指挥狼群尽快地捕获猎物；探狼在猎物的可能活动范围内游猎，根据猎物留下的气味进行自主决策，气味越浓表明狼离猎物越近，探狼始终朝着气味最浓的方向搜寻，一旦发现猎物踪迹，会立即向头狼报告；猛狼听命于头狼的召唤来对猎物进行围攻。

2）猎物分配规则

捕获猎物后，狼群并不是平均分配猎物，而是按“论功行赏、由强到弱”的方式分配，即先将猎物分配给最先发现、捕到猎物的强壮的狼，而后再分配给弱小的狼。这种近乎残酷的食物分配方式可保证有能力捕到猎物的狼获得充足的食物，进而保持其强健的体质，在下次捕猎时仍可顺利地捕到猎物，从而维持着狼群主体的延续和发展。

3）“胜者为王”头狼产生规则

在初始解空间中，由具有最优目标函数值的人工狼担任头狼；在迭代过程中，将每次迭代后最优狼的目标函数值与前一代中头狼的目标函数值进行比较，若更优则取代头狼位置。

4）“强者生存”的狼群更新机制

按照“由强到弱”的原则进行猎物将导致弱小的狼会被饿死，因此在算法中去除目标函数值最差的人工狼，同时随机产生新的人工狼。

在整个狼群捕猎活动中，头狼、探狼和猛狼间的默契配合成就了狼群近乎完美的捕猎行动，而“由强到弱”的猎物分配又促使狼群向最有可能再次捕获到猎物的方向繁衍发展。

2. 狼群算法概述

狼群算法的具体实现有多种版本，下面以吴虎胜等 2013 年发表的论文中提出的算法为例进行阐述。设人工狼总数为 N，待寻优的变量空间为维数 D，则狼群的猎场为 $N \times D$ 的欧式空间。人工狼 i 的状态可表示为 $\boldsymbol{X}_i = (x_{i1}, x_{i2}, \cdots, x_{iD})$，其中，$x_{id}$为人工狼 i 在待寻优的第 d 为变量空间所处的位置。人工狼所感知到的猎物气味浓度为 $\boldsymbol{Y}=f(\boldsymbol{X})$，其中 $\boldsymbol{Y}$ 为目标函数值。人工狼 p 和 q 之间的距离可表示为

$$L(p,q) = \sum_{d=1}^{D} |x_{pd} - x_{qd}|$$

也可以选用其他的距离度量。

狼群算法将狼群的整个捕猎活动抽象为 3 种智能行为，即游走行为、召唤行为、围攻行为，以及“胜者为王”的头狼产生规则和“强者生存”的狼群更新机制。

1）头狼产生规则

初始解空间中，具有最优目标函数值的人工狼即为头狼；在迭代过程中，将每次迭代后最优狼的目标函数值与前一代中头狼的值进行比较，若更优则 对头狼位置进行更新，若此时存在多匹的情况，则随机选一匹成为头狼。头狼不执行 3 种智能行为而直接进入下次迭代，直到它被其他更强的人工狼所替代。

2）游走行为

将解空间中除头狼外最佳的 S_{num} 匹人工狼视为探狼，在解空间中搜索猎物，S_{num}随机取$[N/(\alpha+1), N/\alpha]$之间的整数，α 为探狼比例因子。探狼 i 通过感知空气中的猎物气味计算该当前位置猎物的气味浓度 $\boldsymbol{Y}_i$。若 $\boldsymbol{Y}_i$大于头狼所感知的猎物气味浓度 $\boldsymbol{Y}_{\text{lead}}$，表明猎物离探狼 i 已相对较近且该探狼最有可能捕获猎物。于是 $\boldsymbol{Y}_{\text{lead}}=\boldsymbol{Y}_i$，探狼 i 替代头狼并发起召唤行为；若 $\boldsymbol{Y}_i<\boldsymbol{Y}_{\text{lead}}$，则探狼向 h 个方向分别前进一步（此时的步长称为游走步长 step_a），并记录每前进一步后所感知的猎物气味浓度后退回原位置。向第 $p(p=1,2,\cdots,h)$ 个方向前进后，探狼 i 在第 d 维空间中所处的位置为

$$x_{id}^{p} = x_{id} + \sin\left(2\pi \times \frac{p}{h}\right) \times \text{step}_{\alpha}^{d} \tag{5-15}$$

此时探狼所感知的猎物气味浓度为 $\boldsymbol{Y}_{ip}$，选择气味浓度大于 $\boldsymbol{Y}_{ip}$ 的最浓气味方向前进一步，并更新探狼状态 $\boldsymbol{X}_i$，重复以上游走行为直到 $\boldsymbol{Y}_i>\boldsymbol{Y}_{\text{lead}}$或达到最大游走次数 $T_{\max}$。

3）召唤行为

头狼发起召唤，召集周围的 M_{num}只猛狼向头狼所在位置奔袭，其中 $M_{\text{num}}=N-S_{\text{num}}-1$，奔袭步长为 step_b。第 $k+1$ 次迭代时，猛狼 i 在第 d 为变量空间中的位置为

$$x_{id}^{k+1} = x_{id}^{k} + \text{step}_b^d \times \frac{g_b^k - x_{id}^k}{|g_b^k - x_{id}^k|} \tag{5-16}$$

式中：g_b^k为第 k 代群体头狼在第 d 维空间中的位置。式(5－16)的第一部分为人工狼当前位置，体现狼的围猎基础，第二部分表示人工狼逐渐向头狼位置聚集的趋势，体现头狼对狼群的指挥。

奔袭途中，若猛狼 i 感知到的猎物气味浓度 $\boldsymbol{Y}_i > \boldsymbol{Y}_{\text{lead}}$，则 $\boldsymbol{Y}_{\text{lead}} = \boldsymbol{Y}_i$，该猛狼转化为头狼并发起召唤行为；若 $\boldsymbol{Y}_i < \boldsymbol{Y}_{\text{lead}}$，则猛狼 i 继续奔袭直到其与头狼 s 之间的距离 d_{is}小于 d_{near}时加入到对猎物的攻击行列，即转入围攻行为。设待寻优的第 d 个变量的取值范围为$[\min_d, \max_d]$，则判定距离 d_{near}为

$$d_{\text{near}} = \frac{1}{D \times \omega} \times \sum_{d=1}^{D} |\max_d - \min_d| \tag{5-17}$$

式中：ω 为距离判定因子，其不同取值将影响算法的收敛速度。召唤行为体现了狼群的信息传递与共享机制，并融入了社会认知观点，通过狼群中其他个体对群体优秀者的“追随”与“响应”，充分显示出算法的社会性和智能性。

4）围攻行为

经过奔袭的猛狼已离猎物较近，这时猛狼要联合探狼对猎物进行紧密的围攻以期将其捕获。这里将离猎物最近的狼，即头狼的位置视为猎物的移动位置。对于第 k 代狼群，设猎物在第 d 维空间中的位置为G_d^k，则狼群的围攻行为可表示为

$$x_{id}^{k+1} = x_{id}^k + \lambda \times \text{step}_c^d \times |G_d^k - x_{id}^k| \tag{5-18}$$

式中：λ 为$[-1,1]$均匀分布的随机数；step_c为人工狼 i 执行围攻行为时的攻击步长。若实施围攻行为后，人工狼感知到的猎物气味浓度大于其原位置状态所感知的猎物气味浓度，则更新此人工狼的位置，否则人工狼位置不变。设待寻优第 d 个变量的取值范围为$[\min_d, \max_d]$，则 3 种智能行为中所涉及的游走步长 step_a、奔袭步长 step_b、攻击步长 step_c在第 d 维空间中的步长的关系为

$$\text{step}_a^d = \text{step}_b^d/2 = 2\,\text{step}_c^d = |\max_d - \min_d|/S \tag{5-19}$$

式中：S 为步长因子，表示人工狼在解空间搜索最优解的精细程度。

5）“强者生存”的狼群更新机制

为体现“强者生存”的狼群更新机制，在算法中去除目标函数值最差的 R 只人工狼，同时随机产生 R 只新的人工狼。R 取 $[n/(2\times\beta), n/\beta]$随机整数，$\beta$ 为群体更新比例因子。

3. 狼群算法步骤

狼群算法的具体步骤如下。

（1）初始化狼群中人工狼位置 $\boldsymbol{X}_i$及其数目 N，最大迭代次数 $k_{\max}$，探狼比例

因子 α，最大游走次数 T_{max}，距离判定因子 w，步长因子 S，更新比例因子 β。

(2) 选取最优人工狼为头狼，除头狼外最佳的 S_{num} 匹人工狼为探狼并执行游走行为，当探狼感知的猎物气味浓度 $\boldsymbol{Y}_i > \boldsymbol{Y}_{lead}$ 或达到最大游走次数 T_{max}，转(3)。

(3) 人工猛狼据式(5-16)向猎物奔袭，若途中猛狼感知的猎物气味浓度 $\boldsymbol{Y}_i > \boldsymbol{Y}_{lead}$，则 $\boldsymbol{Y}_{lead} = \boldsymbol{Y}_i$，替代头狼并发起召唤行为；若 $\boldsymbol{Y}_i < \boldsymbol{Y}_{lead}$，则猛狼继续奔袭直到 $d_{is} \leqslant d_{near}$，转(4)。

(4) 按式(5-18)对参与围攻行为的人工狼位置进行更新，执行围攻行为。

(5) 按"胜者为王"的头狼产生规则对头狼位置进行更新，按照"强者生存"的狼群更新机制进行群体更新。

(6) 判断是否达到优化精度要求或最大迭代次数 k_{max}，若达到则输出头狼的位置，即所求问题的最优解，否则转(2)。

智仿篇
——基于人工智能的建模与仿真及应用

随着人工智能技术的不断发展和突破，现代仿真技术越来越多地引入人工智能技术，形成智能仿真这一新的方向。人工智能技术的应用丰富了仿真的建模方法，使过去一大类无法进行数学建模的对象得以建模；同时也拓展了建模仿真的应用范围，使其能应用于具有较强不确定性的系统。

第6章 基于神经网络的建模仿真技术

6.1 基于多层感知器的建模仿真及应用

多层感知器是一种含有隐层的多层前馈神经网络,信息从输入层进入网络逐层向前传递至输出层。由于多层前馈神经网络的训练经常采用误差反向传播(BP)算法,人们也常把多层感知器网络直接称为 BP 网。

6.1.1 基于 BP 算法的多层感知器模型

BP 算法的基本思想是,学习过程由信号的正向传播与误差的反向传播两个过程组成。正向传播时,输入样本从输入层传入,经各隐层逐层处理后,传向输出层。若输出层的实际输出与期望的输出(教师信号)不符,则转入误差的反向传播阶段。误差反传是将输出误差以某种形式通过隐层向输入层逐层反传,并将误差分摊给各层的所有单元,从而获得各层单元的误差信号,此误差信号即作为修正各单元权值的依据。这种信号正向传播与误差反向传播的各层权值调整过程,是周而复始地进行的。权值不断调整的过程,也就是网络的学习训练过程。此过程一直进行到网络输出的误差减少到可接受的程度,或进行到预先设定的学习次数为止。

采用 BP 算法的多层感知器是至今为止应用最广泛的神经网络,在多层感知器的应用中,以图 6-1 所示的单隐层网络的应用最为普遍。一般习惯将单隐层感知器称为三层感知器,三层包括输入层、隐层和输出层。

三层感知器中,输入向量为 $\boldsymbol{X}=(x_1,x_2,\cdots,x_i,\cdots,x_n)^{\mathrm{T}}$,图中 $x_0=-1$ 是为隐层神经元引入阈值而设置的;隐层输出向量为 $\boldsymbol{Y}=(y_1,y_2,\cdots,y_j,\cdots,y_m)^{\mathrm{T}}$,图中

$y_0=-1$ 是为输出层神经元引入阈值而设置的；输出层输出向量为 $\boldsymbol{O}=(o_1,o_2,\cdots,o_k,\cdots,o_l)^{\mathrm{T}}$；期望输出向量为 $\boldsymbol{d}=(d_1,d_2,\cdots,d_k,\cdots,d_l)^{\mathrm{T}}$。输入层到隐层之间的权值矩阵用 $\boldsymbol{V}$ 表示，$\boldsymbol{V}=(\boldsymbol{V}_1,\boldsymbol{V}_2,\cdots,\boldsymbol{V}_j,\cdots,\boldsymbol{V}_m)$，其中列向量 $\boldsymbol{V}_j$ 为隐层第 j 个神经元对应的权向量；隐层到输出层之间的权值矩阵用 $\boldsymbol{W}$ 表示，$\boldsymbol{W}=(\boldsymbol{W}_1,\boldsymbol{W}_2,\cdots,\boldsymbol{W}_k,\cdots,\boldsymbol{W}_l)$，其中列向量 $\boldsymbol{W}_k$ 为输出层第 k 个神经元对应的权向量。下面分析各层信号之间的数学关系。

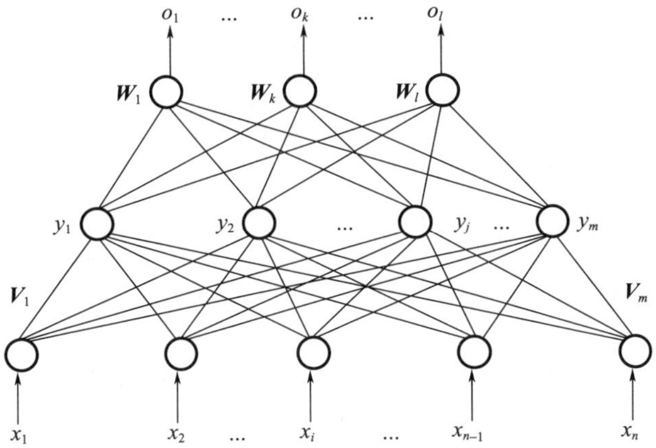

图 6 –1　三层感知器

对于输出层，有

$$o_k=f(\mathrm{net}_k)\quad(k=1,2,\cdots,l)\tag{6-1}$$

$$\mathrm{net}_k=\sum_{j=0}^{m}w_{jk}y_j\quad(k=1,2,\cdots,l)\tag{6-2}$$

对于隐层，有

$$y_j=f(\mathrm{net}_j)\quad(j=1,2,\cdots,m)\tag{6-3}$$

$$\mathrm{net}_j=\sum_{i=0}^{n}v_{ij}x_i\quad(j=1,2,\cdots,m)\tag{6-4}$$

以上两式中，转移函数 $f(x)$ 均为单极性 Sigmoid 函数

$$f(x)=\frac{1}{1+\mathrm{e}^{-x}}\tag{6-5}$$

$f(x)$ 具有连续、可导的特点，且有

$$f'(x)=f(x)[1-f(x)]\tag{6-6}$$

根据应用需要，也可以采用双极性 Sigmoid 函数（或称双曲线正切函数）

$$f(x)=\frac{1-\mathrm{e}^{-x}}{1+\mathrm{e}^{-x}} \tag{6-7}$$

式(6－1)～式(6－5)共同构成了三层感知器网络的数学模型。

6.1.2 BP 学习算法

下面以三层感知器为例介绍 BP 学习算法,然后将结论推广到一般多层感知器的情况。

当网络输出与期望输出不等时,存在输出误差 E,定义为

$$E=\frac{1}{2}(\boldsymbol{d}-\boldsymbol{O})^2=\frac{1}{2}\sum_{k=1}^{l}(d_k-o_k)^2 \tag{6-8}$$

将以上误差定义式展开至隐层,有

$$E=\frac{1}{2}\sum_{k=1}^{l}[d_k-f(\mathrm{net}_k)]^2=\frac{1}{2}\sum_{k=1}^{l}\left[d_k-f\left(\sum_{j=0}^{m}w_{jk}y_j\right)\right]^2 \tag{6-9}$$

进一步展开至输入层,有

$$E=\frac{1}{2}\sum_{k=1}^{l}\left\{d_k-f\left[\sum_{j=0}^{m}w_{jk}f(\mathrm{net}_j)\right]\right\}^2=\frac{1}{2}\sum_{k=1}^{l}\left\{d_k-f\left[\sum_{j=0}^{m}w_{jk}f\left(\sum_{i=0}^{n}v_{ij}x_i\right)\right]\right\}^2 \tag{6-10}$$

由式(6－10)可以看出,网络输入误差是各层权值 w_{jk}、v_{ij}的函数,因此调整权值可改变误差 E。

调整权值的原则显然是使误差不断地减小,因此应使权值的调整量与误差的梯度下降成正比,即

$$\Delta w_{jk}=-\eta\frac{\partial E}{\partial w_{jk}}\quad(j=0,1,2,\cdots,m;k=1,2,\cdots,l) \tag{6-11a}$$

$$\Delta v_{ij}=-\eta\frac{\partial E}{\partial v_{ij}}\quad(i=0,1,2,\cdots,n;j=1,2,\cdots,m) \tag{6-11b}$$

式中:负号表示梯度下降;常数 $\eta\in(0,1)$为比例系数,反映了训练速率。

下面推导三层 BP 算法权值调整的计算式。事先约定,在全部推导过程中,对输出层均有 $j=0,1,2,\cdots,m;k=1,2,\cdots,l$;对隐层均有 $i=0,1,2,\cdots,n;j=1,2,\cdots,m$。

对于输出层,式(6－11a)可写为

$$\Delta w_{jk}=-\eta\frac{\partial E}{\partial w_{jk}}=-\eta\frac{\partial E}{\partial \mathrm{net}_k}\times\frac{\partial \mathrm{net}_k}{\partial w_{jk}} \tag{6-12a}$$

对隐层,式(6－11b)可写为

$$\Delta v_{ij} = -\eta \frac{\partial E}{\partial v_{ij}} = -\eta \frac{\partial E}{\partial \text{net}_j} \times \frac{\partial \text{net}_j}{\partial v_{ij}} \tag{6-12b}$$

对输出层和隐层各定义一个误差信号，令

$$\delta_k^o = -\frac{\partial E}{\partial \text{net}_k} \tag{6-13a}$$

$$\delta_j^y = -\frac{\partial E}{\partial \text{net}_j} \tag{6-13b}$$

综合应用式（6－2）和式（6－13a），可将式（6－12a）的权值调整式改写为

$$\Delta w_{jk} = \eta \delta_k^o y_j \tag{6-14a}$$

综合应用式（6－4）和式（6－13b），可将式（6－12b）的权值调整式改写为

$$\Delta v_{ij} = \eta \delta_j^y x_i \tag{6-14b}$$

可以看出，只要计算出式（6－14）中的误差信号δ_k^o和δ_j^y，权值调整量的计算推导即可完成。下面继续推导如何求δ_k^o和δ_j^y。

对于输出层，δ_k^o可展开为

$$\delta_k^o = -\frac{\partial E}{\partial \text{net}_k} = -\frac{\partial E}{\partial o_k} \times \frac{\partial o_k}{\partial \text{net}_k} = -\frac{\partial E}{\partial o_k} f'(\text{net}_k) \tag{6-15a}$$

对于隐层，δ_j^y可展开为

$$\delta_j^y = -\frac{\partial E}{\partial \text{net}_j} = -\frac{\partial E}{\partial y_j} \times \frac{\partial y_j}{\partial \text{net}_j} = -\frac{\partial E}{\partial y_j} f'(\text{net}_j) \tag{6-15b}$$

下面求式（6－15）中网络误差对各层输出的偏导。

对于输出层，利用式（6－8），可得

$$\frac{\partial E}{\partial o_k} = -(d_k - o_k) \tag{6-16a}$$

对于隐层，利用式（6－9），可得

$$\frac{\partial E}{\partial y_j} = -\sum_{k=1}^{l} (d_k - o_k) f'(\text{net}_k) w_{jk} \tag{6-16b}$$

将以上结果代入式（6－15），并应用式（6－6），得

$$\delta_k^o = (d_k - o_k) o_k (1 - o_k) \tag{6-17a}$$

$$\begin{aligned} \delta_j^y &= \left[\sum_{k=1}^{l} (d_k - o_k) f'(\text{net}_k) w_{jk} \right] f'(\text{net}_j) \\ &= \left(\sum_{k=1}^{l} \delta_k^o w_{jk} \right) y_j (1 - y_j) \end{aligned} \tag{6-17b}$$

将式(6－17)代回到式(6－14),得到三层感知器的 BP 学习算法权值调整计算公式为

$$\Delta w_{jk} = \eta\delta_k^o y_j = \eta(d_k - o_k)o_k(1 - o_k)y_j \tag{6－18a}$$

$$\Delta v_{ij} = \eta\delta_j^y x_i = \eta\left(\sum_{k=1}^{l}\delta_k^o w_{jk}\right)y_j(1 - y_j)x_i \tag{6－18b}$$

对于一般多层感知器,设共有 h 个隐层,按前向顺序各隐层节点数分别记为 $m_1, m_2, \cdots, m_h$,各隐层输出分别记为 $y^1, y^2, \cdots, y^h$,各层权值矩阵分别记为 $\boldsymbol{W}^1, \boldsymbol{W}^2, \cdots, \boldsymbol{W}^h, \boldsymbol{W}^{h+1}$,则各层权值调整计算公式为

输出层为

$$\Delta w_{jk}^{h+1} = \eta\,\delta_k^{h+1} y_j^h = \eta(d_k - o_k)o_k(1 - o_k)y_j^h \quad (j = 0,1,2,\cdots,m_h; k = 1,2,\cdots,l) \tag{6－19a}$$

第 h 隐层为

$$\Delta w_{ij}^h = \eta\,\delta_j^h\,y_i^{h-1} = \eta\left(\sum_{k=1}^{l}\delta_k^o w_{jk}^{h+1}\right)y_j^h(1 - y_j^h)\,y_i^{h-1}$$

$$(i = 0,1,2,\cdots,m_{h-1}; j = 1,2,\cdots,m_h) \tag{6－19b}$$

按以上规律逐层类推,则第一隐层权值调整计算公式为

$$\Delta w_{pq}^1 = \eta\,\delta_q^1 x_p = \eta\left(\sum_{r=1}^{m_2}\delta_r^2 w_{qr}^2\right)y_q^1(1 - y_q^1)x_p$$

$$(p = 0,1,2,\cdots,n; j = 1,2,\cdots,m_1) \tag{6－20}$$

BP 学习算法中,各层权值调整公式形式上都是一样的,均由 3 个因素决定,即:学习率 η、本层输出的误差信号 $\boldsymbol{\delta}$ 以及本层输入信号 $\boldsymbol{Y}$(或 $\boldsymbol{X}$)。其中输出层误差信号与网络的期望输出与实际输出之差有关,直接反映了输出误差,而各隐层的误差信号与前面各层的误差信号都有关,是从输出层开始逐层反传过来的。

采用 BP 算法的多层感知器是神经网络在各个领域建模仿真中应用最广泛的一类网络,已经成功地解决了大量实际问题。下面介绍几个应用实例。

6.1.3 多层感知器在催化剂配方建模中的应用

随着化工技术的发展,各种新型催化剂不断问世,在产品的研制过程中,需要制定优化指标并设法找出使指标达到最佳值的优化因素组合,因此属于典型的非线性优化问题。目前常用的方法是采用正交设计法安排实验,利用实验数据建立指标与因素间的回归方程,然后采用某种寻优法,求出优化配方与优化指

标。这种方法的缺陷是,数学模型粗糙,难以描述优化指标与各因素之间的非线性关系,以其为基础的寻优结果误差较大。

理论上已经证明,三层前馈神经网络可以任意精度逼近任意连续函数。本例采用 BP 神经网络对脂肪醇催化剂配方的实验数据进行学习,以训练后的网络作为数学模型映射配方与优化指标之间的复杂非线性关系,获得了较高的精度。网络设计方法与建模效果如下。

(1)网络结构设计与训练。首先利用正交表安排实验,得到一批准确的实验数据作为神经网络的学习样本。根据配方的因素个数和优化指标的个数设计神经网络的结构,然后用实验数据对神经网络进行训练。完成训练之后的多层前馈神经网络,其输入与输出之间形成了一种能够映射配方与优化指标内在联系的连接关系,可作为仿真实验的数学模型。图 6－2 给出针对五因素、三指标配方的实验数据建立的三层前馈神经网络。5 维输入向量与配方组成因素相对应,3 维输出向量与 3 个待优化指标:脂肪酸甲脂转化率 $TR\%$、脂肪醇产率 $Y_{OH}\%$ 和脂肪醇选择性 $S_{OH}\%$ 相对应。通过试验确定隐层结点数为 4。正交表安排了 18 组实验,从而得到 18 对训练样本。

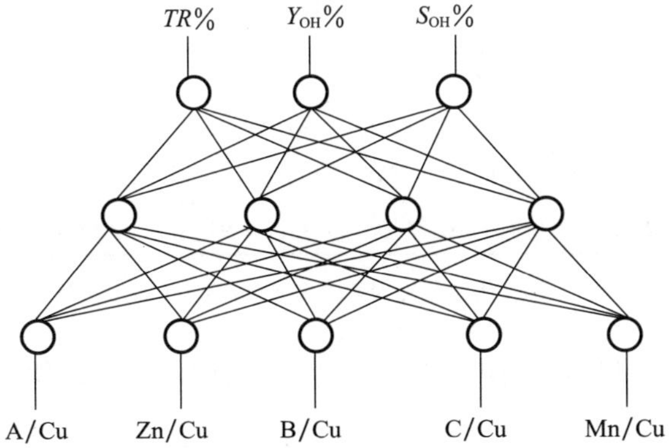

图 6－2　催化剂配方的神经网络模型

(2)多层感知器络模型与回归方程仿真结果的对比。表 6－1 给出多层感知器配方模型与回归方程建立的配方模型的仿真结果对比。其中回归方程为经二次多元逐步回归分析,在一定置信水平下经过 F 检验而确定的最优回归方程。从表中可以看出,采用 BP 算法训练的多层前馈神经网络具有较高的仿真精度。

表 6-1 催化剂配方的神经网络模型与回归方程模型输出结果对比

序号	A/Cu	Zn/Cu	B/Cu	C/Cu	Mn/Cu	TR_1%	TR_2%	TR_3%	Y_{OH1}%	Y_{OH2}%	Y_{OH3}%	S_{OH1}%	S_{OH2}%	S_{OH3}%
1	0.0500	0.130	0.080	0.140	0.040	94.50	94.62	83.83	96.30	96.56	95.98	97.80	97.24	102.83
2	0.0650	0.070	0.120	0.160	0.020	88.05	88.05	92.43	75.50	75.97	76.50	86.5	86.67	79.65
3	0.0800	0.190	0.080	0.060	0.000	60.25	60.43	82.03	40.21	41.43	44.87	96.25	95.36	81.92
4	0.0950	0.110	0.060	0.160	0.040	93.05	93.11	94.31	97.31	96.29	105.11	99.30	99.39	103.08
5	0.1100	0.050	0.020	0.060	0.020	94.65	94.72	85.79	88.55	88.06	77.89	95.20	97.49	87.12
6	0.1250	0.170	0.000	0.140	0.000	96.05	95.96	97.08	95.50	96.69	105.43	99.50	99.52	104.71
7	0.1400	0.090	0.160	0.040	0.040	61.00	61.13	65.39	59.72	58.90	54.76	67.35	69.10	73.52
8	0.155	0.030	0.120	0.140	0.020	70.40	70.39	80.44	37.50	41.83	46.36	52.25	51.38	71.45
9	0.1700	0.150	0.100	0.040	0.000	83.30	83.32	70.22	82.85	82.48	59.50	99.20	96.53	74.30
10	0.0500	0.070	0.060	0.120	0.050	84.50	85.27	70.22	90.90	90.46	91.51	95.90	97.87	92.75
11	0.0650	0.190	0.040	0.020	0.030	69.50	69.45	80.77	61.80	65.03	55.22	88.20	92.41	98.44
12	0.0800	0.130	0.000	0.120	0.010	94.55	94.60	94.75	97.60	95.74	92.44	103.40	97.93	101.65
13	0.095	0.050	0.160	0.020	0.050	70.95	69.51	92.88	62.54	60.40	52.50	60.10	62.63	68.12
14	0.110	0.170	0.140	0.100	0.030	87.20	87.16	78.64	91.00	89.19	76.92	103.60	99.36	92.22
15	0.125	0.110	0.100	0.000	0.010	64.20	64.08	69.59	58.30	59.12	54.02	58.90	60.22	72.50
16	0.140	0.030	0.080	0.100	0.050	86.15	86.15	82.40	75.65	61.43	29.93	86.50	78.07	79.28
17	0.155	0.150	0.040	0.000	0.030	77.15	77.17	75.23	71.90	71.72	83.94	91.80	91.74	94.23
18	0.170	0.090	0.020	0.080	0.010	96.05	96.00	87.05	94.60	94.62	94.61	98.00	99.12	90.35

注：下标 1 表示实测结果；下标 2 表示神经网络输出结果；下标 3 表示回归方程计算结果。

6.1.4 多层感知器在城市年用水量预测中的应用

城市用水量预测在水资源规划和管理中起着重要的作用。传统的预测方法有数理统计法和用水量定额法。数理统计法又包括时序法、回归分析法、灰色预测法。考虑到城市用水量受城市人口规模、管理水平、经济发展水平、产业结构与技术进步等众多因素影响，具有非线性的特征，采用基于 BP 神经网络的非线性时间序列递推预测方法，对城市用水量进行预测，而不是建立年用水量与各影响因素之间的关系模型。

表 6-2 为 D.L 区 1986—1998 年 13 年用水量记录数据资料。本例用 1986—1997 年数据构建训练样本对网络进行训练，并用 1998 年的数据作为验证。

表 6－2　D. L 区历年用水量资料

年份/年	用水量/(10^4t)	年份/年	用水量/(10^4t)
1986	2378.9	1993	2784.5
1987	2476.8	1994	2618.4
1988	2606.5	1995	2896.7
1989	2413.3	1996	3035.3
1990	2585.6	1997	3266.3
1991	2637.2	1998	3304.2
1992	2596.3		

1. 预测城市用水量的 BP 网络设计

1)BP 网络结构参数的设计

从预测城市用水量的角度出发,首先确定神经网络的基本结构。本例采用的神经网络为典型的 3 层 BP 神经网络以建立年用水量预测模型。输入层节点数 $n=4$,输出层节点数 $m=3$。而隐层节点数的选择是人工神经网络最为关键的步骤,它直接影响网络对复杂问题的映射能力。例中采用试凑法确定最佳隐节点数。先设置较少的隐节点训练网络,然后逐渐增加隐节点数,用同一样本集进行训练,从中确定网络误差最小时对应的隐节点数为 9。隐层、输出层神经元的转移函数选用 Sigmoid 函数。

2)数值处理与训练样本生成

对于城市用水量时间序列 $Q=(Q_1,Q_2,\cdots,Q_t)$。设序列中最大值、最小值分别为 $Q_{\max}$、$Q_{\min}$。对时间序列的值做归一化处理。令

$$x_i=\frac{Q_i-Q_{\min}}{Q_{\max}-Q_{\min}}a+b$$

式中:x_i为归一化后序列的第 i 个量;a,b 分别为参数,设 $a=0.9$,$b=(1-a)/2$。因神经元的转移函数取做 Sigmoid 函数,这样做可避免神经元的输出进入饱和状态。

得到 $\boldsymbol{X}=(x_1,x_2,\cdots,x_t)$之后,令 $\boldsymbol{X}_k=(x_k,x_{k+1},\cdots,x_{k+(n-1)})$为第 k 个输入样本,令 $\boldsymbol{T}_k=(x_{k+(n-m)+1},x_{k+(n-m+1)+1},\cdots,x_{k+(n-1)+1})$为第 k 个输出样本。其中,n 为第一层输入神经元的个数,m 为输出层神经元的个数。

第 1 个输入样本为:$\boldsymbol{X}_1=(x_1,x_2,x_3,x_4)$,第 1 个输出样本为:$\boldsymbol{T}_1=(x_3,x_4,x_5)$。

第 8 个输入样本为：$\boldsymbol{X}_8=(x_8,x_9,x_{10},x_{11})$，第 8 个输出样本为：$\boldsymbol{T}_8=(x_{10},x_{11},x_{12})$。

其余样本类推。经归一化处理后的神经网络训练样本如表 6－3 所列。

表 6－3　年用水量预测神经网络训练样本

序列	输入样本				输出样本		
1	0.0500	0.1452	0.2714	0.0835	0.2714	0.0835	0.2510
2	0.1452	0.2714	0.0835	0.2510	0.0835	0.2510	0.3012
3	0.2714	0.0835	0.2510	0.3012	0.2510	0.3012	0.2615
4	0.0835	0.2510	0.3012	0.2615	0.3012	0.2615	0.4445
5	0.2510	0.3012	0.2615	0.4445	0.2615	0.4445	0.2830
6	0.3012	0.2615	0.4445	0.2830	0.4445	0.2830	0.5536
7	0.2615	0.4445	0.2830	0.5536	0.2830	0.5536	0.6883
8	0.4445	0.2830	0.5536	0.6883	0.5536	0.6883	0.9131

3）BP 算法的改进

BP 算法虽然得到了广泛的应用，但它也存在自身的限制与不足，例如训练速度慢、容易陷入极小点、泛化能力低等。所以近十几年来许多研究人员对其做了深入研究，提出了许多改进方法。本例采用了下面两种改进方法。

（1）自适应学习速率调整法。对于每一个具体网络都存在一个合适的学习速率。但对于较复杂的网络，在误差曲面的不同部位可能需要不同的学习速率。为了加速收敛过程，一个较好的思路是自适应改变学习率，使网络的训练在不同的阶段自动设置不同学习速率、调整公式为

$$\eta(t+1)=\begin{cases}1.05\eta(t) & (E(t+1)<E(t))\\ 0.7\eta(t) & (E(t+1)>1.04E(t))\\ \eta(t) & (\text{其他})\end{cases}$$

式中：η 为学习率，可根据误差 E 的大小自动调整。

（2）附加动量法。附加动量法使网络在修正其权值时，不仅考虑误差在梯度上的作用，而且考虑在误差曲面上变化趋势的影响。在没有附加动量的作用下，网络可能陷入局部极小值，而利用附加动量的作用则有可能滑过此极小值。有附加动量因子的权值调整公式为

$$\begin{cases}\Delta w_{ij}(t+1)=(1-m_c)\eta\delta_i p_j+mc\Delta w_{ij}(t)\\ \Delta b_i(t+1)=(1-m_c)\eta\delta_i+m_c\Delta b_i(t)\end{cases}$$

式中：m_c为动量因子；一般取 0.95 左右；p_j为输入层第 j 个神经元的输入；δ_i为第 i 个神经元输出的误差信号。

2. 预测城市年用水量的过程

将 8 组样本对输入网络进行训练。隐层节点数先从 4 开始进行训练，逐步增加到 9 时网络预测结果较好。允许最大误差设为 0.001，训练 28302 次后达到训练要求。把需预测的样本 $\boldsymbol{X}_9 = (0.2830, 0.5536, 0.6885, 0.9131)$ 输入网络，得到 $\boldsymbol{T}_9 = (x_{11}', x_{12}', x_{13}')$。1998 年年用水量的值为

$$Q_{13} = \frac{(x_{13}' - b) \times (Q_{\max} - Q_{\min})}{a} + Q_{\min}$$

以此类推，把需预测的样本 $\boldsymbol{X}_{10}$输入网络，得到 $\boldsymbol{T}_{10} = (x_{12}', x_{13}', x_{14}')$。即由 x_{14}'可得到 1999 年用水量。递推下去可预测到以后年份的年用水量。

基于 BP 算法及改进 BP 算法的预测结果见表 6-4。

表 6-4　模型测试结果与实际结果对比

年份/年	实际用水量/(10^4t)	改进 BP 算法		BP 算法	
		预测值/(10^4t)	相对误差/%	预测值/(10^4t)	相对误差/%
1990	2585.6	2636.7	1.98	2623.4	-1.46
1991	2637.2	2613.4	-0.90	2607.2	1.14
1992	2596.3	2603.7	0.28	2572.0	0.94
1993	2784.5	2700.6	-3.01	2757.0	0.99
1994	2618.4	2664.0	1.74	2744.0	-4.80
1995	2896.7	2916.2	0.67	2872.3	0.84
1991	3035.3	3028.1	-0.24	2993.8	1.37
1997	3266.3	3255.4	-0.33	3270.2	-0.12
1998	3304.2	3287.1	-0.52	3560.7	-7.76

3. 案例分析

(1) 通过将时间序列构造成 BP 神经网络的输入输出样本对，设计一输入层：隐层：输出层节点为 4：9：3BP 网络，从而实现了神经网络对具有时间序列的对象进行预测的目的。

(2) 采用试凑先对隐层神经元数取较小值，然后逐渐增加，通过实验可知网络训练次数随着隐层神经元数目的增加，训练次数有减少的趋势，不过当增加到一定的值时，预测的相对误差较大而且网络结构复杂，文中隐层神经元数取 9。

(3)通过建立神经网络来实现对非线性较强的城市用水量的预测,实验表明预测结果精度较高。本例说明改进 BP 算法的预测精度比普通 BP 算法要高,相对误差较小。本例训练样本若能再多些,则网络预测精度会更高。

6.1.5 多层感知器在磨煤机料位监测中的应用

钢球磨煤机,简称球磨机,是当前国内火电厂制粉系统中使用最多的制粉设备,并且广泛应用于采矿、冶金等其他行业。目前,球磨机筒内料位的检测,一般是由运行人员通过对运行参数的监控,间接判断料位是否过高或过低。尚无直接检测的方法。本例以某大型电厂制粉系统球磨机(型号为 MTZ350/600)为研究对象,设计了一个基于 BP 神经网络的料位监测系统,以对球磨机的料位状态进行监测。

1. 磨煤机料位监测中 BP 网络设计

神经网络能够实现对象的非线性预测,可检测出多变量与预测量之间的关系。它能够识别各种状态并对其进行分类。神经网络虽不能给出准确的输出信息,但所输出的信息能够接近最佳答案。利用神经网络的这些功能特点,可以建立球磨机料位动态监测系统。

1)BP 网络结构参数的设计

BP 神经网络是一种多层前馈型网络,根据 Kolmogorov 定理,给定任何一连续函数,都可由一个三层 BP 网络来实现,输入层与隐层各节点之间,隐层与输出层各节点之间用可调整的权值来连接。本例选取的 BP 网络为三层结构。从输入层到隐层和隐层到输出层的传递函数分别采用 S 型函数和线性函数。

2)输入层神经元个数及参数的确定

这里输入参数是指影响料位监测的几个主要因素。本例中输入层神经元个数为 11 个,分别是制粉系统的 11 个运行参量:二次风箱压力、磨煤机入口热风温度、磨煤机入口热风门开度、磨煤机出口温度、排粉机入口温度、磨煤机入口负压、磨煤机进出口压差、粗粉分离器出口负压、排粉机入口负压、排粉机电流和磨煤机电流。

3)输出层及隐层神经元个数的确定

输出层输出对料位高低的判断结果,结果分 3 种,料位正常、料位过高、料位过低,输出神经元有 3 个。输出为 100 时表示料位过高、010 时表示料位正常、001 时表示料位过低。

网络隐层神经元的数目对网络有一定的影响，隐节点数量太少，网络的从样本中获取的信息能力就差，不足以概括和体现训练集中的样本规律；隐节点数量过多，又可能把样本中非规律性的内容（如噪声等）也学会记牢，从而出现“过度吻合”问题，反而降低了泛化能力。此外隐节点数太多还会增加训练时间。所以考虑到网络输入和输出之间高度的非线性及一般 BP 网络设计原则，并经过试算，确定隐层神经元数为 23。在实际训练中，如果训练结果不理想，还可以适当增加或减少隐层神经元的数目。

4）样本的选取

因为神经网络的泛化能力只具有内插功能，对外部数据的泛化能力很差，所以训练样本对的选取对能否通过训练得到合理、精确的模型来说至关重要。因此，本例分别在 160MW、200MW、250MW、300MW 4 种典型负荷工况下采集了大量的数据。

由于隐层神经元转移函数选用了 S 型函数，而 BP 网络的输入节点物理量各不相同，数值相差甚远，若将这 11 个量直接输入到网络中，小数值信息可能被大数值信息淹没，所训练的网络不能反映料位与各影响因素之间的关系。故必须对样本对的输入和输出数据先进行数据规格化处理。

$$x_k' = \frac{x_k - \vec{x}}{\delta}$$

其中

$$\vec{x} = \frac{1}{11}\sum_{k=1}^{11} x_k, \delta = \sqrt{\frac{1}{11-1}\sum_{k=1}^{11} (x_k - \vec{x})^2}$$

将所采集到的数据通过数据频率分布图等方法剔除异常数据对，把剩下的数据样本分成 2 个部分，即训练样本和测试样本。共准备了 120 组训练样本对，40 组测试样本对计 160 组数据。

5）初始权值设定和学习速率选取

（1）初始权值参数赋初值。由于系统是非线性的，初始权值对学习是否能达到局部最小，是否收敛及对训练速度的影响关系很大。取初始权值为（ −1,1）之间的随机数。

（2）学习速率的选取。学习速率和负梯度的乘积决定了权值和阈值的调整量，学习速率越大则调整步伐越大，但容易振荡，这里设为 0.02。

（3）系统平均误差设为 0.05。在训练过程中，应重复选取多个初始点进行训练，以保证训练结果全局最优性。

6)改进的 BP 网络算法

由于 BP 算法在实用中存在 3 个主要的缺点,即收敛速度慢、网络容错能力差、容易出现局部最优问题,本例对现有的 BP 算法进行了一些改进。

在加权系数调整时,增加一个惯性动量项,考虑了前一次权值的变化量对本次权值调整的作用,使加权系统变化更加平滑,计算式为

$$\boldsymbol{W}_{ji}(t+1)=\boldsymbol{W}_{ji}+\Delta\boldsymbol{W}_{ji}+\alpha[\boldsymbol{W}_{ji}(t)-\boldsymbol{W}_{ji}(t-1)]$$

式中:$0<\alpha<1$。

除了使用附加动量法,还使用具有自适应学习速率的梯度下降法,能够增加稳定性,提高收敛速度,计算式为

$$\eta(t+1)=\begin{cases}1.05\eta(t) & (E(t+1)<E(t))\\ 0.7\eta(t) & (E(t+1)>1.04E(t))\\ \eta(t) & (\text{其他})\end{cases}$$

式中:η 为学习速率,可根据误差 E 的大小自动调整。

2. 磨煤机料位监测网络的训练及测试过程

通过对样本对的反复学习,系统的误差达到了系统平均误差的要求(0.05),网络的权值调整完毕。为了检验网络的正确性,将测试样本对输入网络进行测试。网络对测试数据识别的部分结果与实际情况的比较如表 6-5 所示。

由表 6-5 可以看出,网络具有一定的泛化能力,在中低负荷的情况下,其判定结果的正确率比运行人员的判断要好,基本上可满足生产要求,但在高负荷的情况下准确率不高。这是由于在高负荷的情况下,锅炉运行参数变化较大,耦合度较高,输入数据不能够完全及时地反映实际运行工况,致使网络的误判率增加引起。在这种情况下,若能与其他传统监测方法相结合,网络的容错性、鲁棒性和泛化能力会有所提高。此外由于数据采集和现场测量仪表存在一定误差,使有些测试样本的输入造成网络的输出误差,难以达到训练时误差要求。

表 6-5 磨煤机实际运行工况与神经网络输出值比较

项目	测点 1	测点 2	测点 3	测点 4	测点 5	测点 6	测点 7	测点 8	测点 9	测点 10	测点 11
负荷/MW	160	160	160	200	200	200	250	250	250	300	300
二次风箱压力/kPa	0.2	0.2	0.2	0.35	0.35	0.35	0.45	0.45	0.45	0.70	0.70
磨煤机入口热风温度/℃	260	260	260	265	265	265	270	270	270	275	275

续表

项目	测点 1	测点 2	测点 3	测点 4	测点 5	测点 6	测点 7	测点 8	测点 9	测点 10	测点 11
磨煤机入口热风门开度/%	80	80	80	75	75	75	70	70	70	65	65
磨煤机出口温度/℃	115	135	95	118	133	100	121	134	109	123	135
排粉机入口温度/℃	110	130	85	114	131	90	118	132	98	120	133
磨煤机入口负压/Pa	-800	-1000	-550	-800	-1050	-500	-800	-1080	-350	-800	-1000
磨煤机进、出口压差/kPa	1.6	0.8	2.2	1.6	0.7	2.5	1.6	0.6	2.7	1.6	0.5
粗粉分离器出口负压/Pa	-3500	-2800	-4500	-3600	-2820	-4400	-3650	-2850	-4650	-3450	-2600
排粉机入口负压/Pa	-4500	-3800	-5600	-4550	-3600	-5500	-4550	-3850	-5670	-4400	-3750
排粉机电流/A	50	47	47	50	48.1	46.5	50.2	48.3	46.8	50.3	48.5
磨煤机电流/A	88	91	82	87.9	90.7	81.6	88.6	91.5	81.9	88.7	91.5
故障现象	正常	缺煤	堵塞	正常	缺煤	堵塞	正常	缺煤	堵塞	正常	缺煤
运行人员判断结果	正常	正常	堵塞	堵塞	缺煤	正常	正常	正常	堵塞	缺煤	缺煤
网络判断结果	正常	缺煤	堵塞	正常	缺煤	堵塞	正常	缺煤	堵塞	正常	缺煤

注:(1)以上参数是在两侧制粉系统同时运行、排粉机入口风门开度不变、给煤机转速不变的情况下采集所得;

(2)在各不同负荷下的参数值只列出了一组数据,实际运行中参数值可随具体煤种、调节手段、环境温度、设备特性、故障程度等的差异而有所变化。

3. 案例分析

(1)通过 BP 神经网络对球磨煤机的料位进行监测是切实可行的,网络具有很强的自学习性、自适应性和容错性,是一种比较实用的方法。

(2)当燃用贫煤、无烟煤或其他煤种时,也可用这种网络模型,但应根据不同的运行特点,选取相关样本作为模型的训练样本,对模型进行训练,重新获取相应的模型参数。

(3)将 BP 神经网络模型引入 DCS 即可进行在线训练,并随时提供预测结果给运行人员进行参考。同时 BP 神经网络设计方法可以应用于电厂制粉系统在线优化运行。

6.1.6 多层感知器在项目投资风险评价中的应用

当今世界风险投资的影响越来越大,尤其是在高新技术产业化的进程中,风险投资扮演了一个重要的角色,它能促进高新技术产业的发展,推动技术创新。风险投资业的骄人成绩吸引着越来越多的高科技技术企业,但要从众多的高技术企业中挑选增长潜力高、风险适中的企业进行投资,就需要凭借有效的评价方法来进行筛选,尤其是对项目投资的风险进行评价。

目前国内外使用的项目投资风险评价方法很多,应用较为广泛的有德尔菲法、主成分分析法、层次分析法、灰色系统评价法、模糊综合评价法。但是这些方法存在缺陷,那就是评价中的随机因素影响较多,评价结果易受评价人员主观意识的影响,易带有个人偏见和片面性,主观性较强。本例利用神经网络特有的优点——自学习、自组织、自适应能力,克服了主观因素的影响,将其应用于项目投资风险评价方面,取得了较好的效果。

本例利用 BP 神经网络建立项目投资风险目标和主要影响因素之间的关系模型。

1. 项目投资风险评价中主要因素

(1)环境政策风险国家政策法规风险 U1、宏观经济波动风险 U2、自然环境风险 U3;

(2)技术风险技术的先进性 U4、理论基础的合理性 U5、技术的可替代性 U6、技术的易模仿性 U7、技术的可靠性 U8、技术的适应性 U9、技术的研发条件 U10、知识产权保护 U11;

(3)管理风险管理者素质和经验 U12、企业组织的合理性 U13、决策的科学性 U14;

(4)市场风险潜在顾客的需求量 U15、市场份额 U16、市场进入障碍 U17、新产品导人频率 U13、营销能力 U19;

(5)生产风险原材料供应 U20、生产设备情况 U21、生产人员情况 U22;

(6)变现风险 U23。

影响项目投资风险的各风险因素 U1 ~ U23 中既有定性因素又有定量因素，而且即使是定量因素，其量纲差异也很大。因此，对于各风险因素 U1，U2，…，U23，采用专家打分的方法进行。打分分为 5 个等级：低(1.0)，较低(0.7)，一般(0.5)，较高(0.3)，高(0.1)。

2. 项目投资风险评价中 BP 神经元网络设计

(1)BP 网络的结构及参数。对项目投资风险评价问题，可以看作是投资项目的各风险因素到该项目的最终评价值之间的非线性映射。由于一个三层 BP 网络可以以任意精度去逼近任意映射关系，因此，本文采用三层 BP 网络结构。从输入层到隐层和隐层到输出层的转移函数采用双极性 S 型函数。

(2)输入层神经元个数及参数的确定。本例中输入层神经元确定为 23 个，分别是各风险因素的专家打分值。

(3)输出层神经元个数的确定。输出层只有一个神经元，表示投资项目的风险综合评价结果。它是一个代数值，取值范围为[0,1]，输出层分值越低，说明投资项目总的投资风险越高；分值越高，项目投资风险越低。

评价结果分类：评价分值设为 T。当 T 在 0.8 ~ 1.0 为优，表示总的投资风险很低；当 T 在 0.7 ~ 0.8 的为良，说明总的投资风险低；当 T 在 0.5 ~ 0.7 为中，说明该项目总的投资风险一般；当 T 在 0.5 以下为差，表明总的投资风险高。

(4)训练样本与测试样本。项目投资风险网络的训练样本集一般是可信度高的权威性评价结果，可以通过专家对少量典型风险投资项目实际运行结果的评价得到。对于待评价的项目，只要专家给出各风险因素的分值，就可以应用神经网络评价系统进行综合风险评价，并由输出层给出评价分值。

本例以福建省经济开发创业中心对 14 个高技术项目投资风险所作的评价形成训练与测试样本如表 6-6 所示。其中前 10 组数据作为训练集训练该网络，其余 4 组作为测试集模拟待评估的对象。

表 6-6 训练与测试样本

样本序号		1	2	3	4	5	6	7	8	9	10	11	12	13	14
输入样本	U1	0.5	0.7	0.7	0.7	0.7	0.5	0.7	0.5	1.0	0.7	1.0	0.5	0.5	0.7
	U2	0.5	0.5	1.0	1.0	1.0	0.5	1.0	0.1	1.0	0.5	1.0	0.5	0.1	0.5
	U3	0.7	1.0	1.0	0.7	0.7	0.7	0.7	0.5	0.7	0.7	1.0	0.7	0.5	0.7
	U4	0.7	0.7	1.0	0.7	0.7	0.7	0.7	0.7	0.7	0.7	0.7	0.7	0.3	0.7
	U5	0.5	1.0	1.0	0.5	0.5	0.5	0.5	0.3	1.0	0.5	1.0	0.5	0.3	0.5
	U6	1.0	1.0	1.0	1.0	1.0	0.5	0.7	0.3	0.7	0.7	1.0	0.7	0.3	0.5

续表

样本序号		1	2	3	4	5	6	7	8	9	10	11	12	13	14
输入样本	U7	0.7	0.7	0.7	0.7	0.7	0.5	0.5	0.5	0.7	0.5	0.7	0.7	0.5	0.7
	U8	0.5	0.7	1.0	0.7	0.7	0.5	0.7	0.5	0.7	0.7	0.7	0.7	0.5	0.5
	U9	1.0	1.0	1.0	1.0	1.0	0.5	0.7	0.5	1.0	0.7	1.0	0.5	0.3	0.5
	U10	0.7	1.0	1.0	0.7	0.7	0.7	0.7	0.7	1.0	0.7	1.0	0.7	0.5	0.7
	U11	0.7	0.7	0.7	0.7	0.7	0.7	0.7	0.7	0.7	0.5	0.7	0.7	0.3	0.7
	U12	1.0	1.0	1.0	1.0	1.0	0.5	0.5	0.5	1.0	0.5	1.0	0.5	0.3	0.5
	U13	1.0	1.0	1.0	1.0	1.0	0.3	0.7	0.3	0.7	0.7	0.7	0.7	0.3	0.7
	U14	0.7	0.7	0.7	0.7	0.7	0.7	0.7	0.5	0.7	0.7	0.7	0.7	0.5	0.5
	U15	0.7	0.7	1.0	0.7	0.7	0.7	0.5	0.7	0.7	0.7	0.4	0.7	0.3	0.7
	U16	0.7	0.7	0.7	0.7	0.7	0.7	0.7	0.7	0.7	0.7	0.7	0.5	0.3	0.7
	U17	1.0	0.7	1.0	1.0	1.0	0.7	0.7	0.7	1.0	0.7	0.7	0.7	0.3	0.7
	U18	0.7	1.0	0.7	0.7	0.7	0.3	0.7	0.7	1.0	0.7	0.7	0.7	0.3	0.7
	U19	0.7	0.7	0.7	0.7	0.7	0.7	0.7	0.3	1.0	1.0	1.0	0.7	0.3	0.7
	U20	1.0	0.5	1.0	1.0	1.0	0.5	0.5	0.5	1.0	0.5	0.5	1.0	0.1	0.5
	U21	0.7	0.7	1.0	0.7	0.7	0.7	0.7	0.7	0.7	0.7	0.7	0.7	0.3	0.4
	U22	1.0	1.0	1.0	1.0	1.0	0.5	0.5	0.5	1.0	0.5	1	0.5	0.3	0.5
	U23	1.0	1.0	1.0	1.0	1.0	0.3	0.7	0.7	0.7	0.7	0.7	0.7	0.3	0.7
输出样本	*T*	0.713	0.766	0.913	0.727	0.460	0.571	0.683	0.488	0.861	0.641	0.827	0.647	0.340	0.604

3. 案例分析

本例使用 MATLAB6.5 软件实现编程。建立投资项目三层 BP 神经网络结构,用表 6-6 中前 10 组数据作为训练集训练该网络,神经网络训练结果与专家实际评估结果比较见表 6-7。表 6-6 中其余 4 组作为测试集模拟待评估的对象。测试集网络测试结果与实际评估结果比较见表 6-8。

表 6-7 神经网络训练结果与专家实际评估结果比较

序号	1	2	3	4	5	6	7	8	9	10
专家评估	0.713	0.766	0.913	0.727	0.460	0.571	0.683	0.488	0.861	0.641
网络评估	0.711	0.766	0.931	0.729	0.459	0.571	0.681	0.488	0.860	0.641

表 6－8　测试集网络测试结果与实际评估结果比较

序号	11	12	13	14
专家评估	0.827	0.647	0.340	0.604
测试结果	0.809	0.661	0.352	0.611

(1)从表6－7 和表6－8 可以看出,不仅全部训练样本与专家评价结果非常接近,而且 4 个测试集仿真评价的结果也与专家评价结果非常接近。

(2)将 BP 神经网络模型运用于项目投资风险评价,成功克服了传统项目评价的局限性和仅依赖专家经验决策等弊端,很好地描述了项目投资风险结果与各影响因素之间的关系。

(3)采用计算机模拟专家评估需要一定的样本来训练网络,因此,在训练样本的选择上还有待进一步完善,但神经网络模型在现代经济非线性领域的应用前景非常广阔。

6.2　基于径向基函数网的建模仿真及应用

径向基函数(RBF)神经网络是另一种常用的前馈网络。从函数逼近的角度看,RBF 网络是局部逼近网络,而多层感知器(包括 BP 网络)是全局逼近网络,造成两种网络不同的原因在于网络中隐层单元对输入量的处理方式不同,多层感知器使用内积,而 RBF 网络采用距离。全局逼近网络中的一个或多个可调参数(权值和阈值)对任何一个输出都有影响,对于每个输入输出数据对,网络的每一个连接权均需进行调整,从而导致学习速度很慢,对于有实时性要求的应用来说常常是不可容忍的;局部逼近网络对输入空间的某个局部区域只有少数几个连接权影响网络的输出,对于每个输入输出数据对,只有少量的连接权需要进行调整,从而使它具有学习速度快的优点,这一点对于有实时性要求的应用来说至关重要。

6.2.1　正则化 RBF 网络原理与学习算法

1. 基于径向基函数技术的函数逼近与内插

考虑一个由 N 维输入空间到 1 维输出空间的映射。设 N 维空间有 P 个输入向量 $\boldsymbol{X}^p, p=1,2,\cdots,P$,它们在输出空间相应的目标值为 $d^p, p=1,2,\cdots,P$,P 对输入－输出样本构成了训练样本集。插值的目的是寻找一个非线性映射函数 $F(X)$,使其满足插值条件

$$F(\boldsymbol{X}^p)=d^p \quad (p=1,2,\cdots,P) \tag{6-21}$$

式中:函数 F 描述了一个插值曲面。严格插值或精确插值,是一种完全内插,即该插值曲面必须通过所有训练数据点。

采用径向基函数技术解决插值问题的方法是,选择 P 个基函数,每一个基函数对应一个训练数据,各基函数的形式为

$$\varphi(\|\boldsymbol{X}-\boldsymbol{X}^p\|) \quad (p=1,2,\cdots,P) \tag{6-22}$$

式中:基函数 φ 为非线性函数,训练数据点 $\boldsymbol{X}^p$ 是 φ 的中心。基函数以输入空间的点 $\boldsymbol{X}$ 与中心 $\boldsymbol{X}^p$ 的距离作为函数的自变量。由于距离是径向同性的,故函数 φ 被称为径向基函数。基于径向基函数技术的插值函数定义为基函数的线性组合,即

$$F(X)=\sum_{p=1}^{P} w_p\varphi(\|\boldsymbol{X}-\boldsymbol{X}^p\|) \tag{6-23}$$

将式(6-21)的插值条件代入式(6-23),得到 P 个关于未知系数 $w^p, p=1,2,\cdots,P$ 的线性方程组

$$\begin{aligned}
\sum_{p=1}^{P} w^p\varphi(\|\boldsymbol{X}^1-\boldsymbol{X}^p\|) &= d^1\\
\sum_{p=1}^{P} w^p\varphi(\|\boldsymbol{X}^2-\boldsymbol{X}^p\|) &= d^2\\
&\vdots\\
\sum_{p=1}^{P} w^p\varphi(\|\boldsymbol{X}^P-\boldsymbol{X}^p\|) &= d^P
\end{aligned} \tag{6-24}$$

令 $\varphi_{ip}=\varphi(\|X^i-X^p\|), i=1,2,\cdots,P, p=1,2,\cdots,P$,则上述方程组可改写为

$$\begin{bmatrix}\varphi_{11} & \varphi_{12} & \cdots & \varphi_{1P}\\ \varphi_{21} & \varphi_{22} & \cdots & \varphi_{2P}\\ \vdots & \vdots & & \vdots\\ \varphi_{P1} & \varphi_{P2} & \cdots & \varphi_{PP}\end{bmatrix}\begin{bmatrix}w_1\\ w_2\\ \vdots\\ w_p\end{bmatrix}=\begin{bmatrix}d^1\\ d^2\\ \vdots\\ d^P\end{bmatrix} \tag{6-25}$$

令 $\boldsymbol{\Phi}$ 表示元素为 φ_{ip} 的 $P\times P$ 阶矩阵,$\boldsymbol{W}$ 和 $\boldsymbol{d}$ 分别表示系数向量和期望输出向量,式(6-25)还可写成向量形式

$$\boldsymbol{\Phi W}=\boldsymbol{d} \tag{6-26}$$

式中:$\boldsymbol{\Phi}$ 为插值矩阵。若 $\boldsymbol{\Phi}$ 为可逆矩阵,就可以从式(6-26)中解出系数向量 $\boldsymbol{W}$,即

$$\boldsymbol{W}=\boldsymbol{\Phi}^{-1}\boldsymbol{d} \tag{6-27}$$

Micchelli 定理:对于一大类函数,如果 $\boldsymbol{X}^1,\boldsymbol{X}^2,\cdots,\boldsymbol{X}^p$ 各不相同,则 $P\times P$ 阶插值矩阵是可逆的。大量径向基函数满足 Micchelli 定理,式(6-28)~式(6-30)为 3 种常用的径向基函数。

1)高斯(Gauss)函数

$$\varphi(r)=\exp\left(-\frac{r^2}{2\sigma^2}\right) \tag{6-28}$$

2)反演 S 型(Reflected sigmoidal)函数

$$\varphi(r)=\frac{1}{1+\exp\left(\frac{r^2}{\sigma^2}\right)} \tag{6-29}$$

3)拟多二次(Inverse multiquadrics)函数

$$\varphi(r)=\frac{1}{(r^2+\sigma^2)^{1/2}} \tag{6-30}$$

式(6-28)~式(6-30)中的 σ 称为该基函数的扩展常数或宽度。

2. 正则化 RBF 网络的原理及特点

正则化 RBF 网络的结构如图 6-3 所示。其特点是:网络具有 N 个输入节点,P 个隐节点,l 个输出节点;网络的隐节点数等于输入样本数,并将所有输入样本设为径向基函数的中心,各径向基函数取统一的扩展常数。

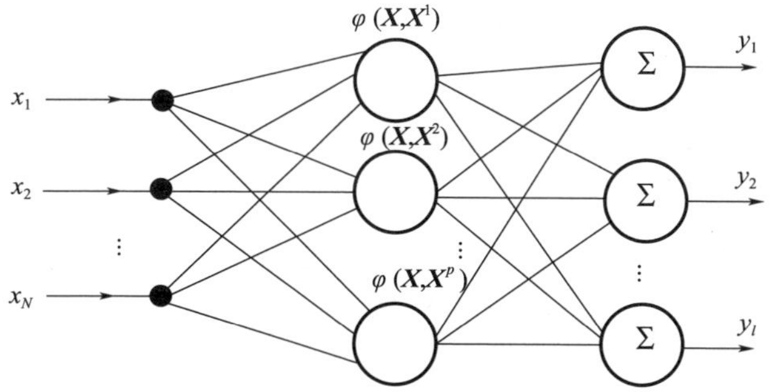

图 6-3 正则化 RBF 网络

对各层的数学描述如下:$\boldsymbol{X}=(x_1,x_2,\cdots,x_N)^{\mathrm{T}}$ 为网络输入向量;$\varphi_j(\boldsymbol{X})$,$(j=1,2,\cdots,P)$,为任一隐节点的激活函数,称为“基函数”,一般选用高斯函数;$\boldsymbol{W}$ 为输出权矩阵,其中 w_{jk},$(j=1,2,\cdots,P,k=1,2,\cdots,l)$,为隐层第 j 个节点与输出层第 k 个节点间的突触权值;$\boldsymbol{Y}=(y_1,y_2,\cdots,y_l)^{\mathrm{T}}$为网络输出;输出层神经元采用线性激活函数。

当输入训练集中的某个样本 $\boldsymbol{X}^p$ 时，对应的期望输出 d^p 就是教师信号。为了确定网络隐层到输出层之间的 P 个权值，需要将训练集中的样本逐一输入一遍，从而可得到式(6-24)中的方程组。网络的权值确定后，对训练集的样本实现了完全内插，即对所有样本误差为 0，而对非训练集的输入模式，网络的输出值相当于函数的内插，因此径向基函数网络可用作函数逼近。

正则化 RBF 网络具有以下 3 个特点：①正则化网络是一种通用逼近器，只有要足够的隐节点，它可以任意精度逼近紧集上的任意多元连续函数；②具有最佳逼近特性，即任给一个未知的非线性函数 f，总可以找到一组权值使得正则化网络对于 f 的逼近由于所有其他可能的选择；③正则化网络得到的解是最佳的，"最佳"体现在同时满足对样本的逼近误差和逼近曲线的平滑性。

3. 正则化 RBF 网络的学习算法

当采用正则化 RBP 网络结构时，隐节点数即样本数，基函数的数据中心即为样本本身，只需考虑扩展常数和输出节点的权值。

径向基函数的扩展常数可根据数据中心的散布而确定，为了避免每个径向基函数太尖或太平，一种选择方法是将所有径向基函数的扩展常数设为

$$\delta = \frac{d_{\max}}{\sqrt{2P}} \tag{6-31}$$

式中：$d_{\max}$ 为样本之间的最大距离；P 为样本的数目。

输出层的权值常采用最小均方算法(LMS)，权值调整公式为

$$\Delta \boldsymbol{W}_k = \eta(d_k - \boldsymbol{W}_k^{\mathrm{T}}\boldsymbol{\Phi})\boldsymbol{\Phi} \tag{6-32a}$$

$\Delta\boldsymbol{W}_k$ 的各分量为

$$\Delta w_{jk} = \eta(d_k - \boldsymbol{W}_k^{\mathrm{T}}\boldsymbol{\Phi})\varphi_j \quad (j=0,1,\cdots,P;k=1,2,\cdots,l) \tag{6-32b}$$

权值可初始化为任意值。

6.2.2 广义 RBF 网络原理与学习算法

1. 模式可分性的 Cover 定理

Cover 定理可以定性地表述为：将复杂的模式分类问题非线性地投射到高维空间将比投射到低维空间更可能是线性可分的。根据 Cover 定理，非线性可分问题可能通过非线性变换获得解决。

设 $\boldsymbol{F}$ 为 P 个输入模式 $\boldsymbol{X}^1,\boldsymbol{X}^2,\cdots,\boldsymbol{X}^P$ 的集合，其中每一个模式必属于两个类 $\boldsymbol{F}_1$ 和 $\boldsymbol{F}_2$ 中的某一类。若存在一个输入空间的超曲面，使得分别属于 $\boldsymbol{F}_1$ 和 $\boldsymbol{F}_2$ 的点(模式)分成两部分，就称这些点的二元划分关于该曲面是可分的；若该曲

面为线性方程 $\boldsymbol{W}^{\mathrm{T}}\boldsymbol{X}=0$ 确定的超平面，则称这些点的二元划分关于该平面是线性可分的。设有一组函数构成的向量 $\boldsymbol{\varphi}(\boldsymbol{X})=[\varphi_1(\boldsymbol{X}),\varphi_2(\boldsymbol{X}),\cdots,\varphi_M(\boldsymbol{X})]$，将原来 N 维空间的 P 个模式点映射到新的 M 空间（$M>N$）相应点上，如果在该 M 维 $\boldsymbol{\varphi}$ 空间存在 M 维向量 $\boldsymbol{W}$，使得

$$\begin{cases}\boldsymbol{W}^{\mathrm{T}}\boldsymbol{\varphi}(\boldsymbol{X})>0 & (\boldsymbol{X}\in\boldsymbol{F}^1)\\ \boldsymbol{W}^{\mathrm{T}}\boldsymbol{\varphi}(\boldsymbol{X})<0 & (\boldsymbol{X}\in\boldsymbol{F}^2)\end{cases}$$

则由线性方程 $\boldsymbol{W}^{\mathrm{T}}\boldsymbol{\varphi}(\boldsymbol{X})=0$ 确定了 M 维 $\boldsymbol{\varphi}$ 空间中的一个分界超平面，这个超平面使得映射到 M 维 $\boldsymbol{\varphi}$ 空间中的 P 个点在 $\boldsymbol{\varphi}$ 空间是线性可分的。而在 N 维 $\boldsymbol{X}$ 空间，方程 $\boldsymbol{W}^{\mathrm{T}}\boldsymbol{\varphi}(\boldsymbol{X})=0$ 描述的是 $\boldsymbol{X}$ 空间的一个超曲面，这个超曲面使得原来在 $\boldsymbol{X}$ 空间非线性可分的 P 个模式点分为两类，此时称原空间的 P 个模式点是可分的。

2. 广义 RBF 网络的原理及特点

在 RBF 网络中，将输入空间的模式点非线性地映射到一个高维空间的方法是，设置一个隐层，令 $\varphi(\boldsymbol{X})$ 为隐节点的激活函数，并令隐节点数 M 大于输入节点数 N 从而形成一个维数高于输入空间的高维隐（藏）空间。如果 M 够大，则在隐空间输入是线性可分的。

由于正则化网络的训练样本与"基函数"是一一对应的。当样本数 P 很大时，权值矩阵也很大，求解网络的权值时容易产生病态问题（ill conditioning）。为解决这一问题，可减少隐节点的个数，即 $N<M<P$，N 为样本维数，P 为样本个数，从而得到广义 RBF 网络。

与正则化 RBF 网络相比，广义 RBF 网络有以下几点不同：①径向基函数的个数 M 与样本的个数 P 不相等，且 M 常常远小于 P；②径向基函数的中心不再限制在数据点上，而是由训练算法确定；③各径向基函数的扩展常数不再统一，其值由训练算法确定；④输出函数的线性中包含阈值参数，用于补偿基函数在样本集上的平均值与目标值的平均值之间的差别。

3. 广义 RBF 网络的学习算法

学习算法由两个阶段组成：第一阶常采用 K – means 聚类算法，即 K – 均值聚类方法，其任务是用自组织聚类方法为隐层节点的径向基函数确定合适的数据中心，并根据各中心之间的距离确定隐节点的扩展常数。第二阶段为监督学习阶段，其任务是用有监督学习算法训练输出层权值，一般采用梯度法进行训练。

1）数据中心的 K – 均值聚类算法

（1）初始化。选择 M 个互不相同向量作为初始聚类中心：$\boldsymbol{c}_1(0),\boldsymbol{c}_2(0),\cdots,$

$c_M(0)$，选择的方法可以是随机选取，也可以参考第4章SOFM网络的初始化方法。

(2)计算各样本点与聚类中心点的距离 $\| X^p - c_j(k) \|$，$p = 1,2,\cdots,P$；$j = 1,2,\cdots,M$。

(3)相似匹配。令 j^* 代表竞争获胜隐节点的下标，当

$$j^*(X^p) = \min_j \| X^p - c_j(k) \| \quad (p = 1,2,\cdots,P) \tag{6-33}$$

时，X^p 被归为第 j^* 类，从而将全部样本划分为 M 个子集：$U_1(k), U_2(k), \cdots, U_M(k)$，每个子集构成一个以聚类中心为典型代表的聚类域。

(4)更新各类的聚类中心。可采用两种调整方法：

① 对各聚类域中的样本取均值（K - 均值聚类法），令 $U_j(k)$ 表示第 j 个聚类域，N_j 为第 j 个聚类域中的样本数，则

$$c_j(k+1) = \frac{1}{N_l} \sum_{X \in U_j(k)} X \tag{6-34}$$

令 $k = k+1$，转到第(2)步。重复上述过程，对于 K - 均值聚类法，直到 $c(k+1) = c(k)$ 时停止训练。

② 采用竞争学习规则调整数据中心，则第(4)步中

$$c_j(k+1) = \begin{cases} c_j(k) + \eta [X^p - c_j(k)] & (j = j^*) \\ c_j(k) & (j \neq j^*) \end{cases} \tag{6-35}$$

式中：η 为学习率，$0 < \eta < 1$。重复第①步，直到 $c(k)$ 的改变量小于要求的值时停止训练。

各聚类中心确定后，可根据各中心之间的距离 d_j 确定对应径向基函数的扩展常数。

$$d_j = \min_i \| c_j - c_i \|$$

则扩展常数取

$$\delta_j = \lambda d_j \tag{6-36}$$

λ 为重叠系数。

混合学习过程的第二步是用有监督学习算法得到输出层的权值，常采用LMS算法。更简捷的方法是用伪逆法直接计算。以单输出RBF网络为例，设输入为 X^p 时，第 j 个隐节点的输出为 $\varphi_{pj} = \varphi(\| X^p - c_j \|)$，$p = 1,2,\cdots,P$，$j = 1,2,\cdots,M$，则隐层输出矩阵为

$$\hat{\Phi} = [\varphi_{pj}]_{P \times M}$$

若RBF网络的待定输出权值为 $W = [w_1, w_2, \cdots, w_M]$，则网络输出向量为

$$F(\boldsymbol{X}) = \hat{\boldsymbol{\Phi}}\boldsymbol{W} \tag{6-37}$$

令网络输出向量等于教师信号 $\boldsymbol{d}$，则 $\boldsymbol{W}$ 可用 $\hat{\boldsymbol{\Phi}}$ 的伪逆 $\hat{\boldsymbol{\Phi}}^{+}$ 求出

$$\boldsymbol{W} = \hat{\boldsymbol{\Phi}}^{+}\boldsymbol{d} \tag{6-38}$$

$$\hat{\boldsymbol{\Phi}}^{+} = (\hat{\boldsymbol{\Phi}}^{\mathrm{T}}\hat{\boldsymbol{\Phi}})^{-1}\hat{\boldsymbol{\Phi}}^{\mathrm{T}} \tag{6-39}$$

2）数据中心的监督学习算法

关于数据中心的监督学习算法，最一般的情况是对输出层各权向量赋小随机数并进行归一化处理隐节点 RBF 函数的中心、扩展常数和输出层权值均采用监督学习算法进行训练。下面以单输出 RBF 网络为例，介绍一种梯度下降算法。

定义目标函数为

$$E = \frac{1}{2}\sum_{i=1}^{P} e_i^2 \tag{6-40}$$

式中：P 为训练样本数；e_i 为输入第 i 个样本时的误差信号，定义为

$$e_i = d_i - F(\boldsymbol{X}_i) = d_i - \sum_{j-1}^{M} w_j G(\| \boldsymbol{X}_i - \boldsymbol{C}_j \|) \tag{6-41}$$

式(6－41)的输出函数中忽略了阈值。

为使目标函数最小化，各参数修正量应与其负梯度成正比，经推导得到计算式为

$$\Delta \boldsymbol{c}_j = \eta \frac{w_j}{\delta_j^2}\sum_{i=1}^{P} e_i G(\| \boldsymbol{X}_i - \boldsymbol{c}_j \|)(\boldsymbol{X}_i - \boldsymbol{c}_j) \tag{6-42}$$

$$\Delta \delta_j = \eta \frac{w_j}{\delta_j^3}\sum_{i=1}^{P} e_i G(\| \boldsymbol{X}_i - \boldsymbol{c}_j \|)\| \boldsymbol{X}_i - \boldsymbol{c}_j \|^2 \tag{6-43}$$

$$\Delta w_j = \eta \sum_{i=1}^{P} e_i G(\| \boldsymbol{X}_i - \boldsymbol{c}_j \|) \tag{6-44}$$

上述目标函数是所有训练样本引起的误差的总和，导出的参数修正公式是一种批处理式调整。目标函数也可定义为瞬时值形式，即当前输入样本引起的误差

$$E = \frac{1}{2}e^2 \tag{6-45}$$

使上式中目标函数最小化的参数修正式为单样本训练模式，即

$$\Delta \boldsymbol{c}_j = \eta \frac{w_j}{\delta_j^2} e G(\| \boldsymbol{X} - \boldsymbol{c}_j \|)(\boldsymbol{X} - \boldsymbol{c}_j) \tag{6-46}$$

$$\Delta \delta_j = \eta \frac{w_j}{\delta_j^3} e G(\| \boldsymbol{X} - \boldsymbol{c}_j \|)\| \boldsymbol{X} - \boldsymbol{c}_j \|^2 \tag{6-47}$$

$$\Delta w_j = \eta e_i G(\| \boldsymbol{X} - \boldsymbol{c}_j \|) \tag{6-48}$$

6.2.3 RBF 网络在地表水质评价中的应用

《地表水环境质量标准》(GHZB 1—1999)与某市 1998 年 7 个地表水点的监测数据分别见表 6-9 和表 6-10。

表 6-9 地表水质评价标准 (单位:mg/L)

评价指标	Ⅰ级	Ⅱ级	Ⅲ级	Ⅳ级	Ⅴ级
DO*	0.1111	0.1667	0.2	0.3333	0.5000
CODmn	2	4	8	10	15
CODCr	15	16	20	30	40
BOD_5	2	3	4	6	10
NH_4-N	0.4	0.5	0.6	1.0	1.5
挥发酚	0.001	0.003	0.005	0.010	0.100
总砷	0.01	0.05	0.07	0.10	0.11
Cr^{+6}	0.01	0.03	0.05	0.07	0.10

注:DO* 代表 DO 的倒数(表 6-10 同)。

表 6-10 地表水质监测数据 (单位:mg/L)

评价指标	待评样本						
	1	2	3	4	5	6	7
DO*	0.1925	0.3130	0.1587	0.1908	0.2532	0.4651	0.1653
COD_{mn}	9.175	10.375	0.925	6.120	17.910	19.940	0.810
COD_{cr}	49.6	47.84	18.68	47.33	99.40	71.31	1.65
BOD_5	7.13	14.24	2.33	9.26	17.58	6.68	0.51
NH_4-N	21.21	8.43	0.29	13.78	7.51	12.33	0.32
挥发酚	0.005	0.007	0.000	0.004	0.016	0.015	0.001
总砷	0.041	0.188	0.006	0.018	0.057	0.088	0.004
Cr^{+6}	0.023	0.030	0.012	0.018	0.040	0.034	0.017
网络输出	4.252	4.252	1.5581	4.252	4.252	4.252	1.3369
水质等级	Ⅴ级	Ⅴ级	Ⅱ级	Ⅴ级	Ⅴ级	Ⅴ级	Ⅱ级

下面采用径向基网络方法进行该市地表水质评价。

1. 训练样本集、检测样本集及其期望目标的生成

(1)训练样本集。为了解决仅用评价标准作为训练样本,训练样本数过少和无法构建检测样本的问题,在各级评价标准内按随机均匀分布方式线性插生成训练样本,小于Ⅰ级标准的生成500 个,Ⅰ、Ⅱ级标准之间的生成500 个,其余以此类推,共形成2 500 个训练样本。

(2)测试样本集。用相同的方法生成检测样本,小于Ⅰ级标准生成100 个,Ⅰ、Ⅱ级标准之间生成100 个,其余以此类推,共形成500 个检测样本。

(3)期望目标。小于Ⅰ级标准的训练样本和检测样本的期望目标为0 ~ 1 之间的数值,Ⅰ、Ⅱ级标准之间的训练样本和检测样本的期望目标为1 ~ 2 之间的数值,Ⅱ、Ⅲ级标准之间的训练样本和检测样本的期望目标为2 ~ 3 之间的数值,其余以此类推。根据各生成样本的内插比例可计算出其期望目标值在各取值区间的对应值。据上述思路可以确定Ⅰ、Ⅱ、Ⅲ、Ⅳ、Ⅴ各级水的网络输出范围分别为:小于1、1 ~ 2 、2 ~ 3 、3 ~ 4 、大于4 。

试验两种预处理方案:一种是将原始数据归一化到 - 1 ~ 1;另一种是不对原始数据进行预处理。

2. 径向基网络的设计与应用效果

(1)利用 Matlab 构建径向基网络。RBF 网络输入层神经元数取决于水质评价的指标数,据题意确定为8,输出层神经元数设定为1,利用 Matlab 中的 newrb 函数训练网络,自动确定所需隐层单元数。隐层单元激励函数为 radbas,加权函数为 dist,输入函数为 netprod,输出层神经元的激励函数为纯线性函数 purelin,加权函数为 dotprod,输入函数为 netsum。

(2)网络的应用效果。采用连续目标、归一化原始数据进行网络训练与测试,当训练次数等于9 时,训练样本的均方误差为0. 0003,对于2500 个训练样本与500 个检测样本的错判率等于零。将该训练好的网络应用于7 个待评点的评价,所得网络输出与评价结果见表6 - 10。

6. 2. 4　RBF 网络在地下温度预测中应用

由卫星热红外遥感数据反演的陆面温度、地表面温度与地表层20cm 处的温度之间存在着较复杂的非线性关系,而地表层20cm 以下各层的温度分布呈现出较好的规律性,因此地表层20cm 处为温度分布规律的转折点。

通过对实测数据进行训练,可建立反映各陆面影响因素与地表层20cm 处

温度关系的神经网络模型，采用径向基函数网建模可获得满意的网络特性。利用径向基函数网络模型研究卫星热红外遥感反演陆面数据与地表层 20cm 温度 T_{-20cm} 的相关性，可合理地描述和解释各陆面因素对 T_{-20cm} 的影响。

1. 地表层 20cm 温度与陆面影响因素模型

由于地表面处于多种热源叠加的环境中，如陆面气温的热传导、日光的热辐射以及地热的传导和红外辐射，等等。因此，影响地表面温度（T_0）的主要因素可包括：陆面气温（T）、地表层 20cm 温度（T_{-20}）、地质状况（g）、天气状况（w）、测定时间（t）、风速（v）、高程（h）、经纬度（e,n）等多种因素，可表示为

$$T_{0cm}=G(T,T_{-20},g,w,t,v,h,n,e)$$

为预测地表层 20cm 深处温度 T_{-20}，通过上式可得到关于 T_{-20} 的函数关系

$$T_{-20}=F(T,T_0,g,w,t,v,h,n,e)$$

上式表明，地表层 20cm 深处温度 T_{-20} 是高维空间向 1 维空间的非线性映射。但事实上，该式的解析表达无法给出，因此采用 RBF 网络对上式建模。

（1）训练样本集设计。神经网络的输出为地表层 20cm 深处温度 T_{-20}，输入为影响 T_{-20} 的各个因素。各影响因素的表示方法如下：

①地质状况采用十进制；②天气状况分为晴、阴、雨三种，分别用 1，0，－1 表示；③测定时间采用二进制码；④高程编号规则为：2900～3000 编为 1，3000～3100 编为 2，3100～3200 编为 3，依次类推，直到 25；⑤其余影响因素直接用其测量值表示。

（2）训练集与测试集。对 108 个钻孔数据组进行筛选，去除测量误差过大的奇异样本和相关信息（测定时间、天气状况、高程、气温、风速）不完整的样本。在 60 组数据完整的有效钻孔温度数据中，在保证覆盖各种地质状况的条件下选出包含输入、输出最值的数据构成训练样本集，数量占总数据的 3/4；其余 1/4 钻孔温度数据作为测试集样本。

（3）基于 Matlab 工具箱的网络设计。利用 Matlab 的神经网络工具箱进行网络的设计和训练，其中网络训练采用 newrb 函数，自动确定所需隐层单元数。隐层单元激励函数采用 radbas，加权函数采用 dist，输入函数采用 netprod，输出层神经元激励函数采用纯线性函数 purelin，加权函数为 dotprod，输入函数为 netsum。

表 6－11 列出 5 种训练误差与测试误差的情况，可以看出第 4 种情况最好。

表 6－11　网络训练误差与测试误差

序号	温度/℃	训练集均方误差/%	温度/℃	测试集均方误差/%
1	0.10	0.56	1.90	10.72
2	0.50	2.79	1.70	9.41
3	0.8	4.47	1.72	9.59
4	1.00	5.59	1.20	6.89
5	1.20	6.70	1.30	7.12
6	1.41	7.90	7.76	1.40

2. 基于 RBF 网络模型的相关性分析

利用已经训练好的 RBF 网络对各影响因素进行分析。在保持其他影响因素数值为平均值的情况下，令待分析因素在适当的范围内等间隔取值，利用所建立的 RBF 网络模型对 T_{-20}进行预测，从而可绘制一组 T_{-20}预测值随各影响因素变化的曲线，如图 6－4 所示。

由图 6－4 可以看出，各单一因素对 T_{-20cm}预测值的影响分别为：

(1)天气状况：雨天使 T_{-20cm}预测值较晴天升高，阴天使 T_{-20cm}预测值较晴天降低；

(2)测定时间：从上午 9:00—10:00(编号 1)后 T_{-20cm}预测值随时间缓慢升高，午后 15:00—16:00(编号 7)时段 T_{-20cm}预测值达到全天最高，其后逐渐降低；

(3)高程：同等陆面条件下高程值上升，则 T_{-20cm}预测值降低；

(4)风速：同等陆面条件下风速值越大，T_{-20cm}预测值越高；

(5)经度：在东经 90°～95°，随着该值上升，T_{-20cm}预测值略有降低；

(6)纬度：在北纬 29°～37°，随着该值增大，T_{-20cm}预测值略有升高；

(7)气温：气温越高，T_{-20cm}预测值越高，是影响 T_{-20cm}的主要因素之一；

(8)地表温度 T_{0cm}：在 T_{0cm}较低的区段，T_{-20cm}预测值随 T_{0cm}升高而显著升高；在 T_{0cm}较高的区段，T_{-20cm}预测值随 T_{0cm}升高而略有升高，也是影响 T_{-20cm}的主要因素之一。

相关性分析结果表明，除了地质状况外，相关程度最大的 4 个因素依次为：气温 T、地表面温度 T_0、高程和风速。若仅以地质状况类型和上述 4 个因素为神经网络的输入，则网络的结构将得到进一步简化，当训练均方误差设为 0.8℃时，测试均方误差 1.2348℃(6－90%)。

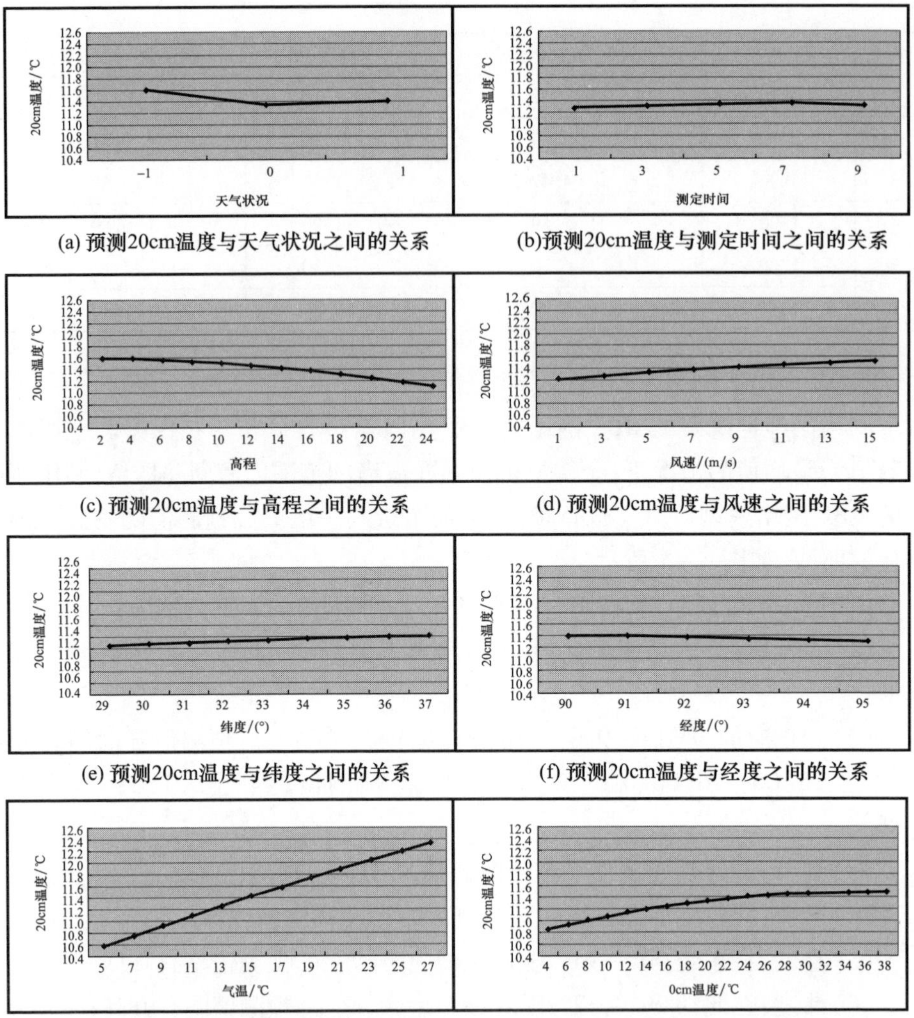

(a) 预测20cm温度与天气状况之间的关系

(b)预测20cm温度与测定时间之间的关系

(c) 预测20cm温度与高程之间的关系

(d) 预测20cm温度与风速之间的关系

(e) 预测20cm温度与纬度之间的关系

(f) 预测20cm温度与经度之间的关系

(g) 预测20cm温度与气温之间的关系

(h) 预测20cm温度与0cm温度之间的关系

图6－4　各陆面因素与 $T_{-20\mathrm{cm}}$ 预测值的相关性

6.2.5　RBF 网络在工程车辆自动变速控制中的应用

1. 问题描述

为充分发挥工程车辆发动机的功率，减轻工人劳动强度，需要在传动系统中实现多挡位的自动变速，依靠变速箱换挡来适应载荷的变化。这要求找到一种可以保证变矩器在高效区范围内工作的换挡规律，以确定不同作业情况下的挡位。

根据所测得的 3 个参数(油门开度 A、发动机转速 nB 及变矩器涡轮转速 nt)确定最佳挡位的方法称为三参数节能换挡规律。该换挡规律根据工程车辆的运行状态及作业情况做出变速箱挡位决策,使变矩器经常工作在高效区,同时保证传动系统具有较高的动力性。三参数节能换挡规律实质上是油门开度、变矩器转速比 i 到挡位的非线性映射分类,适合采用神经网络来实现。

采用 RBF 神经网络利用优化后得到的工程车辆运行状态及相应的最佳挡位作为输入样本,对神经网络进行训练,将获得的分类规律存储在网络中。在实际应用时根据测得的反映工程车辆具体运行状态的参数,进行归一化处理后输入网络,就能够识别出车辆工作点所对应的最佳挡位。换挡控制器根据网络输出的最佳挡位、驾驶员的命令,形成换挡控制信号,并驱动换挡执行机构完成换挡过程。

2. 建模与仿真

1)样本设计

以 ZL 50E 装载机为例,在驾驶员进行手工操纵换挡时,通过传感器采集到换挡时的油门开度、变矩器速比与挡位的数据,作为样本数据。

样本的输入:对油门开度 α、变矩器速比 i 信号进行归一化;

样本的教师信号:采用"n 中取 1"法对挡位信号进行编码,挡位一共分为 4 挡,4 个输出信号中与所选择的挡位相对应的信号为"1",其他 3 个为"0";

训练数据如表 6－12 所列。

表 6－12　采用 RBF 算法的训练数据

数据输入		理想输出			
α	t	Y_1	Y_2	Y_3	Y_4
0.2	0.50	1	0	0	0
0.2	0.60	1	0	0	0
0.2	0.70	1	0	0	0
0.3	0.55	0	1	0	0
0.3	0.70	0	1	0	0
0.3	0.80	0	1	0	0
0.3	0.90	0	0	1	0
0.4	0.55	0	0	1	0
0.4	0.70	0	0	1	0
0.4	0.80	0	0	1	0
0.4	0.90	0	0	1	0
0.5	0.55	0	0	1	0

续表

数据输入		理想输出			
α	t	Y_1	Y_2	Y_3	Y_4
0.5	0.70	0	0	1	0
0.5	0.80	0	0	1	0
0.5	0.90	0	0	1	0
0.6	0.55	0	0	0	1
0.6	0.70	0	0	0	1
0.6	0.80	0	0	0	1
0.6	0.90	0	0	0	1

2)RBF 模型设计及训练

输入节点设计:由于输入是油门开度和变矩器速比,因此输出节点为 2;

输出节点设计:根据样本教师信号的编码,选择节点数为 4;

RBF 学习算法:采用两阶段学习算法,即采用 K – 均值聚类算法调整隐层中心,采用递推最小二乘算法 RLS 调节权值。

3)仿真结果

根据三参数节能换挡规律,以变矩器效率不低于 0.75 为目标,采用优化后的工程车辆换挡试验数据来训练 RBF 神经网络。利用 Matlab 进行神经网络的训练计算训练数据如表 6 – 13 所示,对于所有输入样本,神经网络输出与期望输出之间总的误差定义为 E,期望目标误差 $E \leqslant 0.01$,经过训练后的神经网络用表 6 – 13 中给出的数据进行检验,结果证明能够判断出最佳挡位。

表 6 – 13 采用 RBF 算法的检验数据

检验数据输入		网络输出			
α'	t'	Y_1'	Y_2'	Y_3'	Y_4'
0.21	0.49	0.80	0.42	-0.20	0
0.21	0.62	0.81	0.41	-0.20	0
0.21	0.69	0.81	0.43	-0.21	0
0.32	0.54	0	0.80	0.22	0
0.32	0.69	0	0.78	0.24	0
0.32	0.78	0	0.82	0.20	0
0.32	0.88	0	0.42	0.60	0
0.40	0.54	0	0	1	0
0.40	0.68	0	0	1	0

续表

检验数据输入		网络输出			
α'	t'	$Y_1{}'$	$Y_2{}'$	$Y_3{}'$	$Y_4{}'$
0.40	0.78	0	0	0.99	0
0.40	0.89	0	0	0.97	0
0.52	0.54	0	0.12	0.83	0.07
0.52	0.74	0	0.12	0.83	0.07
0.52	0.78	0	0.09	0.85	0.07
0.52	0.87	0	0.13	0.81	0.07
0.60	0.56	0	0	0	1
0.60	0.72	0	0	0	1
0.60	0.83	0	0	0	1
0.60	0.92	0	-0.16	0.16	1

4)试验台数据仿真验证结果

为考查 RBF 神经网络训练后的效果,利用在工程车辆传动试验台上测得的自动变速系统运行数据(油门开度、发动机转速、涡轮转速),对 RBF 神经网络进行了验证性仿真试验。设定仿真时间段及最大仿真步长为 100s,按照训练后的 RBF 神经网络模型,输入各个仿真时段的系统运行数据,仿真结果见图 6-5。由仿真结果可见,RBF 神经网络能够通过自动换挡使液力变矩器保持在高效区工作,从而使传动系统工作效率保持在 0.75 左右。

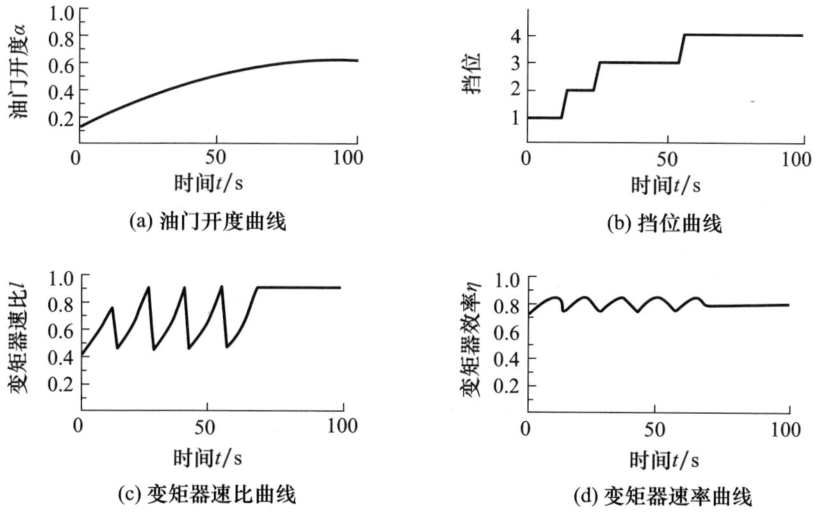

图 6-5　仿真结果

3. 案例分析

工程车辆自动变速技术的核心是按照某种目标如发动机效率来寻找最佳挡位,是一个非线性映射分类问题。具体而言,将高效率所对应的油门开度、变矩器速比作为网络的输入,输出为应该采用的挡位。仿真结果表明,该方法能够根据车辆运行状态确定最佳挡位。

6.2.6 RBF 网络在人脸年龄估计中的应用

1. 问题描述

人的年龄不同,面部特征也会有所变化。不同年龄段,人脸部具有不同的特征,年龄与人脸部特征之间存在着一定的函数关系,即 $age = f(x)$。其中,age 为人的年龄,x 为与年龄相应的脸部特征。因此可以通过人脸图像来估计年龄,这是一个非线性映射问题,可以采用 RBF 网络解决。

2. 建模与仿真

1)样本设计

原始样本:采用塞浦路斯大学的 FG - NET Aging database 人脸图像库以及自己建立的人脸库,达 1200 张人脸图像,包括 93 个人不同年龄段的图像来进行实验。直接采用图像的灰度特征维数较高,因此需要对其进行特征抽取,降低维数。

(1)特征提取:采用非负矩阵分解法(Non - negative Matrix Factori - zation, NMF)来提取人脸图像特征。具体的分解方法如下:

对于任何 Num 幅图像,每一幅图像为 $n \times 1$ 维矩阵,组成矩阵 $\boldsymbol{X} = [x_{ij}]$($n * Num$)维,其每一列均是一幅人脸图像的非负灰度值所组成,都可以将其分解为 2 个矩阵 $\boldsymbol{B}$、$\boldsymbol{H}$ 的乘积。

$$\boldsymbol{X} \approx \boldsymbol{BH}$$

式中:$\boldsymbol{B}$ 为 $n \times m$ 维基矩阵;$\boldsymbol{H}$ 为 $m \times Num$ 维系数矩阵;若 $m < n$,用系数矩阵代替原始数据矩阵,就可以实现对原始数据矩阵的降维,得到数据特征的降维矩阵,达到了降维的目的。

(2)训练集和测试集:其中,1000 幅作为训练样本,200 幅作为测试样本。图像归一化为 116 像素 × 160 像素,并截取人脸部分,防止头发等其他部分干扰。因此,训练集中 $Num = 1000$;$n = 116 \times 160$,取 $m < n$,将 $\boldsymbol{X}$ 矩阵分解获得 $\boldsymbol{H}$ 矩阵作为特征矩阵,一共 1000 个训练样本,样本维数为 m。

2)RBF 网络设计:

输入节点设计:$\boldsymbol{H}$ 是 $m \times Num$ 维系数矩阵,故输入节点数取 m;

输出节点设计：输出值为人的年龄，故输出节点数为 1；

训练算法：采用 K －均值聚类方法和梯度下降法训练 RBF 网络；

基于 Boosting 集成方法的 RBF 网络集成：Boosting 方法实施中需要训练多个网络，前一个网络训练失败的样本在下一个网络训练时会赋予较大的权值，因此该样本对网络权系数、中心更新的影响也大，使得新的网络能很好地反映前面训练失败的样本，从而提高网络的准确性和泛化能力。所有网络训练结束后，将多个网络的输出进行组合获得最终的输出。

3）仿真结果

训练完毕后得到年龄估计函数，用训练样本中 100 幅图片进行测试，正确率达到 92.6%。为进一步验证方法的准确性，用测试样本中 190 幅 10 ~ 50 岁的人脸图片进行年龄估计，其正确率达到了 86%。实验结果见图 6－6 和表 6－14 所示。

图 6－6 为实验部分结果，其中图 6－6（a）为训练样本的年龄估计结果，图6－6（b）为测试样本的年龄估计结果。

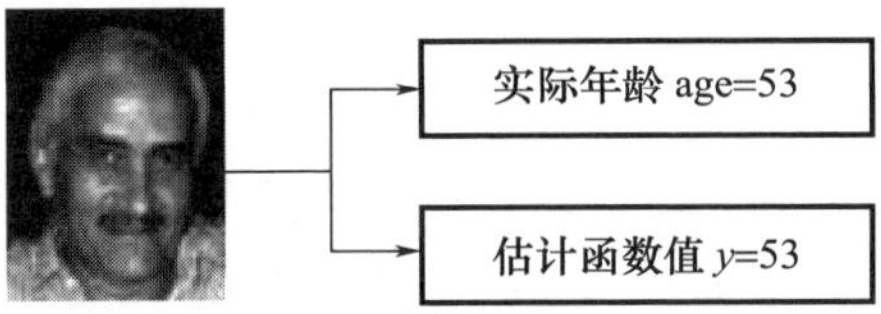

(a) 训练样本图像年龄估计

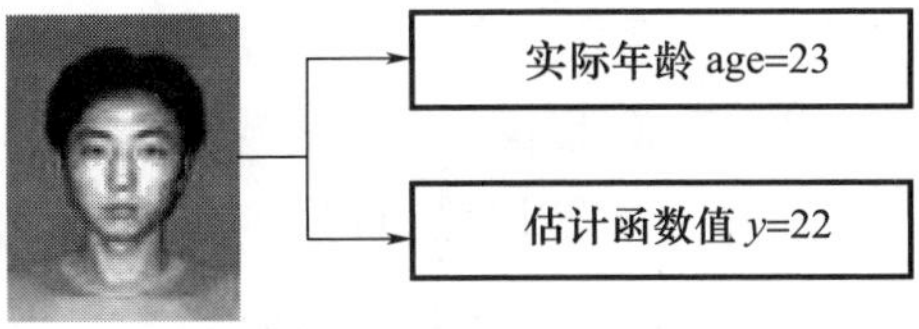

(b) 测试样本图像年龄估计

图 6－6　年龄估计

表 6－14　年龄估计结果

研究者	图像库	训练用图像	测试图像	年龄估计正确率
Kwon 和 Lobo	47 幅：包括婴儿、青年和老年	—	15 幅	100%
Horng	230 幅：包括婴儿、青年和老年	—	230 幅	81.6%
Hayashi3	300 幅 15 ~ 64 岁	—	300 幅	27%
Lanitis	330 幅：0 ~ 35 岁	250 幅	80 幅	平均错误为 3.83 年
文中方法	1200 幅	0 ~ 80 岁 1000 幅	200 幅	86%

3. 案例分析

通过人脸图像来估计年龄,实际上是一个从高维数据到1维的一个非线性映射问题,若直接采用图像的灰度信息会造成输入向量维数过大,因此采用NMF方法对其进行降维。RBF网络可以解决该非线性映射问题,但为了提高网络的泛化能力,可以采用第1章提到的集成方法。

6.2.7 RBF网络红外光谱法用于中药大黄样品的真伪分类

1. 问题描述

大黄为蓼科大黄属植物,正品大黄有泻下的作用、抗病原微生物、止血、活血和保肝利胆的作用。但同属的一些植物大黄有时与正品混淆,这些大黄的泻下作用较正品大黄弱,多用作外用或兽药。因此,它的真伪鉴定是确保用药安全、有效的最重要环节。不同种类的药品其红外光谱也有所区别,可以采用RBF网络对光谱数据进行处理,分辨出不同的类别。

2. 建模与仿真

1)样本准备

仪器设备:傅里叶变换中红外光谱仪为PE1730型光谱仪,DTGS检测器。

测试条件:光谱分辨率$4cm^{-1}$。测量范围:$4000\sim400cm^{-1}$。温度控制在22℃。

样品:选用45个不同品种和不同产地的大黄样品。根据我国药典的要求将其分为正品大黄和非正品大黄两类,其中22个为正品样本,23个为非正品样本。大黄样品经干燥后粉碎成60目的粉末后直接测定。采用压片法对大黄样品进行测量,在测试之前先进行背景扫描以减少空气中水蒸气和二氧化碳对测试带来的影响,扫描30次。为了保证样品数据的代表性,用红外光对样品扫描30次,取这30次测量的平均值。

大黄正品与非正品的红外光谱比较见图6-7。

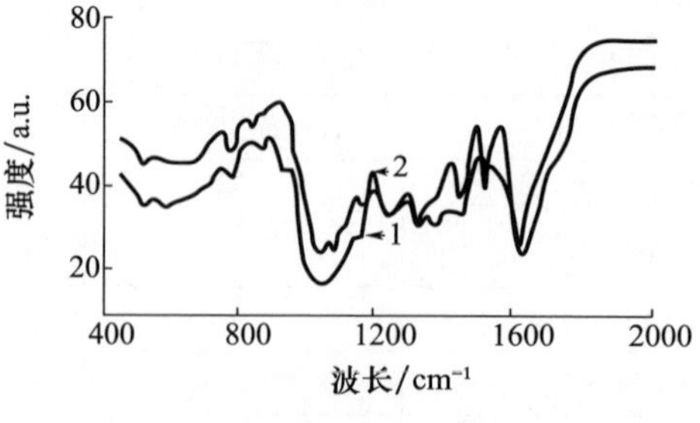

图6-7 正品1与非正品大黄样品2的红外光谱图

由图 6－7 可看出 1300～1600cm^{-1}峰的形状有明显的差别，非正品在此区间有 3 个峰，而正品有 1 个大峰。此外，正品与非正品在 800～1000cm^{-1}内波形也有所不同。

2）样本的预处理

样本的输入向量：选取 2000～452cm^{-1}的光谱进行计算。在保证数据信息损失小的情况下，为减少网络的训练时间，用小波变换对数据进行了压缩，从压缩前的 775 个点压缩为 49 个变量。并进行归一化处理。

样本的输出向量：由于分为两类，可以设定期望输出分别为（1，0）和（0，1）

3）网络模型的评价方法

采用"n 中取 1"的方法对网络模型进行交叉验证，依次取一个样本作为验证集，其余的作为训练集。这样每一个样本被用作检验样本一次，而被用作训练样本 $n-1$ 次，n 为样本总数。

4）网络的训练

输入层节点数选 49，对应光谱数据的 49 个变量；输出层节点数选 2，对应类别编码（1，0）和（0，1）。计算程序用 Matlab 语言编写，采用 appcoef 函数进行一维小波变换对光谱数据进行压缩，用 solverb 函数训练网络，输出结果的判定阈值设为 0.5。

5）训练参数的选择

通过实验进行比较来确定：

（1）目标误差的选择：solverb 函数中涉及 4 个参数，其中影响分类结果的参数主要有目标误差（error goal，EG）和径向基函数分布常数（spread constant，SC）。通过多次实验比较，可以得出目标误差为 0.01 时得到最高的正确识别率同时对应的均方根误差为最小。所以，选定目标误差为 0.01。

（2）径向基函数的分布常数的选择：分布常数的值在 1～10 时对结果的影响最大，通过多次实验比较，可以得出分布常数等于 5 时正确识别率达到最大值 97.78%，均方根误差也最低为 0.2579，所以选定 SC 值为 5。

6）实验结果

最终选定的目标误差为 0.01，径向基函数的分布常数为 5，此时网络达到最优化。依此为条件对样品进行预测分类。总的正确识别率为 97.78%，其中正品的正确识别率为 95.56%，有 1 个被错误分类，非正品的正确识别率为 100%。

只要中药材的各成分组成相对稳定，其光谱就有一定的重现性，且样品的红外光谱的测定非常简便、快速。神经网络适宜处理大量的、模糊的数据。两者之间的结合可以成为中药鉴别的一种有效手段。

3. 案例剖析与小结

通过对大黄样品的红外光谱数据处理,来辨别其真伪,这是一个分类问题。在这一问题中,光谱数据作为神经网络的输入,类别作为其输出。若采用光谱图上的全部采样点作为输入,会造成输入维数过大,对应网络输入节点数过多,训练缓慢,因此在保证光谱主要特征的前提下,对其进行小波变换可以降低维数。由于在该例当中,样本数不大,评价网络性能时的数据划分采用了交叉验证的形式,可以更准确地评价网络性能,另外,在训练中目标误差和分布常数的确定对最终结果有影响,可以通过实验比较来确定。

6.2.8 RBF 网络在船用柴油机智能诊断中的应用

1. 问题描述

柴油机在从技术状态变差直至发生故障往往是一个逐渐积累的变化过程,同时必然会引起有关参数的变化,如压力、温度、噪声、转速、流量漏泄、振动等。柴油机故障诊断技术所要解决的问题是建立柴油机动力系统运行的故障现象与故障源之间映射关系的模型,以实现柴油机故障分类,并得出相应的诊断策略。RBF 网络可以实现多输入、多输出非线性系统的模式识别与分类,可以作为故障诊断的方法。

2. 建模与仿真

1)征兆/故障样本集

通过计算机的仿真计算,可以模拟柴油机工作状态,获得发动机各种工况下的运行参数,来建立相应的故障样本集。具体来说,采用船舶二冲程增压柴油机运行性能预测程序,对装船量最多的 MAN – B&W L60MC 型柴油机工作过程进行数值模拟计算,获得各征兆变量偏离基准值的偏差。偏差经过处理获得诊断用的征兆集数据,并经归一化为网络的输入模式。把仿真计算所获得的状态参数,经过特征选择,找出对于故障反映最敏感的特征信号作为神经网络的输入向量,建立故障模式训练样本集,对网络进行训练。

训练样本集:在发动机负荷为 50% MCR,75% MCR,环境大气温度为 300K 时,仿真得出涡轮增压系统输入样本向量和相应的输出目标向量的征兆/故障样本集,作为训练样本集,如表 6 – 15 所示。

测试样本集:如表 6 – 16 和表 6 – 17 所示,表 6 – 16 列出了在发动机负荷为 65% MCR,环境大气温度为 300K 时的输入样本集,表 6 – 17 列出了负荷在 90%

MCR,环境温度为312K时涡轮增压系统故障征兆输入变量偏离样本集±10%或个别变量偏离样本集较大时的数据。这些作为检验RBF网络诊断故障的能力和准确性。

2)径向基函数网络模型

输入层节点:节点数等于故障征兆数;

输出层节点:节点数等于故障原因。

3)网络的训练

在MATLAB环境下,调用Solverbe()进行训练获得隐层和输出层的权矩阵,然后输入实时的征兆模式调用Simurb()进行仿真计算输出结果。

4)实验结果与网络容错分析

表6-17表示发动机负荷为65% MCR,环境大气温度为300K时网络测试结果。可见,给定故障分别为Ⅰ级、Ⅱ级的输入征兆量,用训练过的RBF网络测试,网络对给定故障在所有工况的诊断识别率很高,几乎达到100%,可见采用这种诊断方法是成功而且快捷有效的,不仅对柴油机故障模式有很高的准确识别率,并能对故障严重程度进行定量的预测。

对各输入变量偏离样本值±10%或其中某个变量偏离样本值较大时进行仿真实验,如某个传感器有故障或数据处理有误,其输出向量与目标向量很接近,不会影响总的输出模式,即对征兆信号的噪声不敏感,表明这样的网络有较强的容错和抗干扰能力。因为RBF网络在工作时,信息的存储与处理是同时进行的,经过处理后,信息的隐含特征和规则分布于神经元之间的连接强度上,通常具有一定的冗余性。这样,当不完全信息或含噪声信息输入时,神经网络就可以根据这些分布的记忆对输入信息进行处理,恢复全部信息。表6-17所示为负荷在90% MCR,环境温度为312K时涡轮增压系统故障征兆输入变量偏离样本集±10%或个别变量偏离样本集较大时网络的部分测试结果。

表6-15　网络对给定涡轮增压系统征兆/故障样本集(50% MCR,75% MCR,300K)

序号	网络输入量(I)								输出量(O)				
1	0	0	0	0	0	0	0	0.5	0	0	0	0	0
2	0.18	0.143	0.094	0.19	-0.025	0.176	0.362	0.5	0	0	1	0	0
3	0.1	0	0	0.1	0	0.1	0.1	0.5	0	0	0.5	0	0
4	0.605	-0.256	-0.294	-0.499	0.115	-0.374	-0.044	0.5	0	0	0	1	0
5	0.203	-0.061	-0.08	-0.141	0.052	-0.105	-0.018	0.5	0	0	0	0.5	0
6	0	0	0	0	0	0	0	0.8	0	0	0	0	0
7	0.479	0.319	0.212	0.307	-0.038	0.326	0.672	0.7	0	0	1	0	0

续表

序号	网络输入量(*I*)								输出量(*O*)				
8	0.183	0.066	0.03	0.054	−0.007	0.059	0.2	0.7	0	0	0.5	0	0
9	0.501	−0.066	−0.109	−0.192	0.102	−0.144	−0.06	0.7	0	0	0	1	0
10	0.241	−0.027	−0.048	−0.098	0.055	−0.069	−0.031	0.7	0	0	0	0.5	0

表 6－16　网络对给定涡轮增压系统故障的测试结果(65% MCR,300K)

序号	网络输入量(*I*)和输出量(*O*)									给定故障	诊断结果
1	*I*	1.017	0.48	−0.784	−0.695	0.075	−0.614	−0.089	0.65	F2 = Ⅰ	
	O	0	0.88	0.161	−0.015	0.119					F2 = Ⅰ
2	*I*	0.167	0.016	−0.011	0.006	−0.005	0.009	0.156	0.65	F3 = Ⅱ	
	O	0	−0.008	0.436	0.094	−0.024					F3 = Ⅱ
3	*I*	0.302	−0.016	−0.035	−0.093	0.057	−0.069	−0.026	0.65	F4 = Ⅱ	
	O	0	−0.02	0.068	0.577	0.044					F4 = Ⅱ
4	*I*	0.357	0.484	0.436	0.396	0.102	0.444	0.029	0.65	F5 = Ⅰ	
	O	0	−0.02	−0.077	0.088	0.911					F5 = Ⅰ

表 6－17　输入变量偏离样本值 ±10% 或个别变量偏离样本值
较大时的测试结果(90% MCR,312K)

序号	网络输入量(*I*)和输出量(*O*)										给定故障	诊断结果
①输入变量偏离样本集 +10% 时涡轮增压系统故障的诊断结果												
1	*I*	0.1	0.1	0.1	0.1	0.1	0.1	0.1	0.9		F1 = 正常	
	O	0	0	0.17	0.035	0.149						F1 = 正常
2	*I*	0.8	−1	−0.7	−0.85	0.063	−0.662	−0.16	0.9		F2 = Ⅱ	
	O	0	1.1	−0.005	0.044	−0.003						F2 = Ⅱ
3	*I*	0.3	0	−0.308	−0.455	0.03	−0.367	−0.092	0.9		F3 = Ⅰ	
	O	0	0.5	0	−0.031	0.003						F3 = Ⅰ
②输入变量偏离样本集 −10% 时气缸组件与燃烧系统故障的诊断结果												
1	*I*	1	0	−0.007	0.9						F2 = Ⅰ	
	O	0	1	0.009	0.028	0	0	0.008	0	0.004		F2 = Ⅰ
2	*I*	0.4	0	−0.004	0.9						F2 = Ⅱ	
	O	0	0.4	0.224	0.062	0	0	−0.057	0	−0.03		F2 = Ⅱ
3	*I*	0.3	0	−0.005	0.9						F3 = Ⅰ	
	O	0	0	1.058	−0.056	0	0	0.029	0	0.016		F3 = Ⅰ

3. 案例分析

对柴油机故障进行诊断这一问题实际上是根据其运行中的各种状态参数(征兆)来判断是否发生故障,这是一个分类问题。解决这一问题的关键在于建立征兆/故障样本集,这一数据的获取在本例当中采用仿真的方法得到。这样,网络的输入节点数对应征兆的个数,网络的输出节点数对应故障的种类编码。通过训练建立了 RBF 网络的诊断模型,之后对征兆信号加入噪声来测试网络的容错性,结果表明 RBF 网络应用于船用柴油机故障诊断方法是可行的,具有对故障模式和严重程度较好的识别能力,诊断的准确性较高,而且对征兆信号的噪声不敏感,允许个别信号有较大的误差。

6.2.9　RBF 网络在多级入侵检测中的应用

1. 问题描述

随着互联网技术的飞速发展,网络安全技术日益重要。入侵检测系统作为网络安全的核心技术之一,它追踪和检测计算机网络系统中的数据流或用户行为等信息,通过分析信息来识别是否有网络入侵发生。入侵检测有两种基本方法:误用检测和异常检测。前者要求必须预先知道系统入侵的知识,常被用于检测已知的入侵类型。后者假定所有的入侵行为都与正常行为不同,通过二者之间的比较来判断是否有新型的入侵行为,但是它不能提供入侵的详细信息。对信息的检测和判断可看作是一个模式分类的问题,RBF 网络精度较高且训练时间较短,可以作为检测方法。

2. 建模与仿真

1)多级入侵检测系统

一般的神经网络入侵检测系统应用单一的神经网络结构,它只能是误用检测或异常检测之一。为了将误用检测技术和异常检测技术结合起来同时应用于入侵检测系统,该例中采用了一种基于层次结构的神经网络入侵检测模型,模型中的第一层神经网络是一个异常检测分类器,它用于识别正常数据包和入侵数据包;第二层神经网络是一个误用检测分类器,它用于识别入侵数据包的入侵类型。基于 RBF 神经网络的多级入侵检测系统如图 6－8 所示。

2)数据的准备

数据来自于“KDD Cup 1999 Data”。该数据是从 DARPA 1998 原始数据集抽取出 41 维特征(34 项数值特征和 7 项无数值意义的字符特征),如表 6－18 所示。数据集中 38 种攻击行为主要分为 4 大类:拒绝服务 DoS、远程用户到本地的非授权访问 R2L、非授权获得超级用户权限 U2R 以及探测攻击 PROBE。为了便于神经网络处理,将具有数值意义与不具有数值意义的信息按数值形式统一进行了编码,并进行了归一化处理。

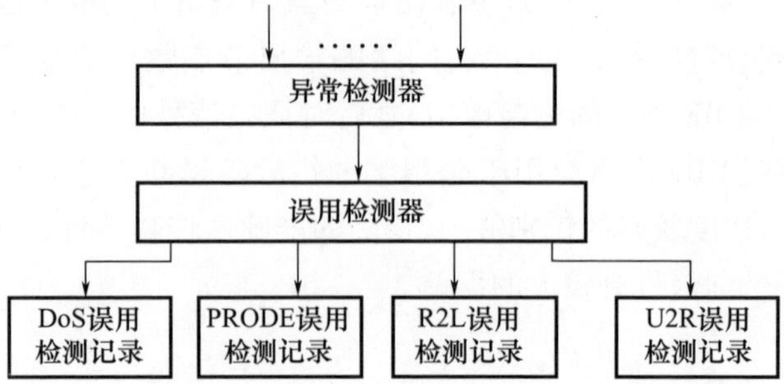

图 6-8 基于 RBF 神经网络的多级入侵检测系统

表 6-18 网络入侵特征变量

变量名	类型	变量名	类型
duration	continuous	is_guest_login	symbolic
protocol_type	symbolic	count	continuous
service	symbolic	srv_count	continuous
flag	symbolic	serror_rate	continuous
src_bytes	continuous	srv_serror_rate	continuous
dst_bytes	continuous	rerror_rate	continuous
land	symbolic	srv_rerror_rate	continuous
wrong_fragment	continuous	same_srv_rate	continuous
urgent	continuous	diff_srv_rate	continuous
hot	continuous	srv_diff_host_rate	continuous
num_failed_logins	continuous	dst_host_count	continuous
logged_in	symbolic	dst_host_srv_count	continuous
num_compromised	continuous	dst_host_same_srv_rate	continuous
root_shell	continuous	dst_host_diff_srv_rate	continuous
su_attempted	continuous	dst_host_same_src_port_rate	continuous
num_root	continuous	dst_host_srv_diff_host_rate	continuous
num_file_creations	continuous	dst_host_serror_rate	continuous
num_shells	continuous	dst_host_srv_serror_rate	continuous
num_access_files	continuous	dst_host_rerror_rate	continuous
num_outbound_cmds	continuous	dst_host_srv_rerror_rate	continuous
is_host_login	symbolic		

3）训练集和测试集

从"KDD Cup 1999Data"的训练和测试数据集中，抽取的训练数据和测试数据覆盖了所有的 4 种入侵类型，即 DoS，R2L，U2R 和 PROBE。

第一层 RBF 网络作为一个异常检测器：训练数据集由纯粹的正常数据构成，随机抽取了 10000 个正常数据作为训练数据集；

第二层 RBF 网络作为一个误用检测器：训练集由 20000 个攻击数据和 10000 个正常数据组成。

测试集：包含了 10000 个正常数据以及 22000 个包含 PROBE，DoS，U2R 和 R2L 类型的攻击数据，得到 RBF 神经网络异常检测的全面性能。然后测试数据中只包含了某一种特定的入侵数据，这样就得到对某一种入侵的检测性能。为了使实验更具代表性，选定了 4 种攻击类型：Neptune（SYN Flooding），Portsweep，Bufferoverflow，Guess - password，选择的攻击类型包含了攻击的 4 大类。

4）RBF 结构设计和训练

第一层 RBF 网络作为一个异常检测器：

（1）输入层节点数：41 个，对应用 41 维数据作为输入；

（2）隐层节点：1 个；

（3）输出层节点：1 个，输出 1 或 0 分别表示正常或入侵。

第二层 RBF 网络作为一个误用检测器：

（1）输入层节点数：41 个，对应用 41 维数据作为输入；

（2）输出层节点数：4 个节点，采用"n 中取 1"编码，输出为[1,0,0,0]，[0,1,0,0]，[0,0,1,0]和[0,0,0,1]分别代表 4 种攻击 U2R，PROBE，DoS，和 R2L；

（3）输出值的处理：RBF 网络输出量中令值最大的一个分量的值取 1，其他取 0；

（4）训练目标：令训练过程达到 2000 步或目标误差为 0.001；

（5）中心点和宽度确定：可由训练样本点在自变量空间的分布，选出或计算出有"代表性"的点，作为中心点，再由中心周围的样本点确定宽度，相应的有经验法、聚类法、多元分析法等；

（6）连接权值：以监督学习方式确定隐含层与输出层间的连接权，输出元为线性的可采用最小二乘回归。

5）网络测试结果

网络入侵检测得到的结果如表 6 - 19 所示。

表 6-19　RBF 网络入侵检测测试结果

攻击类型	全面的		Neptune		Guess - password		Buffer - overflow		Port sweep	
	DR	FR	DR	FR	DR	FR	DR	FR	DR	FR
检测率/%	99.2	1.2	98.2	1.2	98.8	1.2	98.2	1.2	98.4	1.2

3. 案例分析

在本例当中,网络的入侵检测分为两级:第一级是检测是否有入侵;第二级是检测入侵的类型。这两次的检测实际上都可以划归为分类问题,都可以采用 RBF 网络解决。网络的输入节点由特征量来决定,输出由类别的编码来决定。

6.3　基于时序递归网络的建模与仿真及应用

作为具有延迟单元的动态递归神经网络,具有较好的动态特性,适合应用与动态系统建模之中,例如控制系统辨识,化工动态过程建模,生物过程建模,语音识别等。

6.3.1　递归网络常用模型

1. 输入输出递归网络通用模型

图 6-9 给出一种在静态多层感知器基础上加入延时单元的通用递归网络模型。其中外部单输入信号和网络的单输出信号都通过延迟单元展成空间表示后再送给多层感知器作为输入。

图 6-9 中的递归网络模型也可以称为有外部输入的非线性自回归模型(nonlinear autoregressive with exogenous inputs model,NARX)。网络的输入层接受两类信号,根据到控制系统中的习惯,来自网络外部的输入表示为 $u(k),u(k-1),\cdots,u(k-p+1)$,来自网络输出的反馈信号表示为 $y(k),y(k-1),\cdots,y(k-q+1)$,网络作为非线性系统的动态描述为

$$y(k+1)=F(y(k),\cdots,y(k-q+1),u(k),\cdots,u(k-p+1)) \quad (6-49)$$

2. Elman 网络模型

J. L. Elman 于 1990 年提出一种简单的递归网络模型,如图 6-10 所示。该网络输入层接受两种信号,一种是外加输入 $\boldsymbol{U}(k)$,另一种是来自隐层的反馈信号 $\boldsymbol{X}^c(k)$(相当于系统中的状态变量),将接受反馈的节点称为联系单元(context unit),$\boldsymbol{X}^c(k)$ 表示联系单元在时刻 k 的输出;隐层输出为 $\boldsymbol{X}(k+1)$,输出为 $\boldsymbol{Y}(k+1)$。

当输出节点采用线性转移函数时,有如下方程:

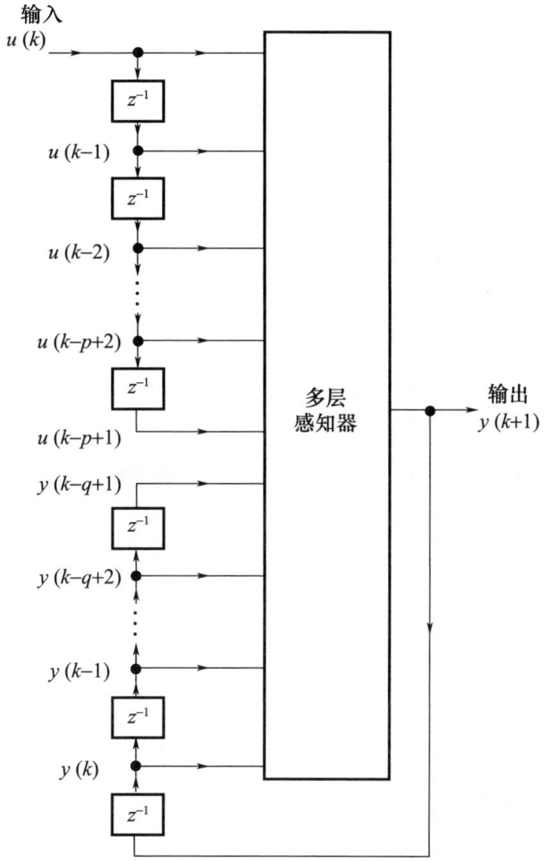

图6－9　一种通用递归网络模型

(1)隐单元:

$$\boldsymbol{X}(k+1)=\boldsymbol{F}(\boldsymbol{X}^c(k),\boldsymbol{U}(k))$$

(2)联系单元:

$$\boldsymbol{X}^c(k)=\boldsymbol{X}(k-1)$$

(3)输出单元:

$$\boldsymbol{Y}(k+1)=\boldsymbol{W}\boldsymbol{X}(k+1)$$

3. 递归多层感知器模型

递归多层感知器(recurrent multilayer perceptron, RMLP)的结构如图6－11所示。该模型有一个或多个隐层,每一个计算层均对其邻近层有一个反馈。

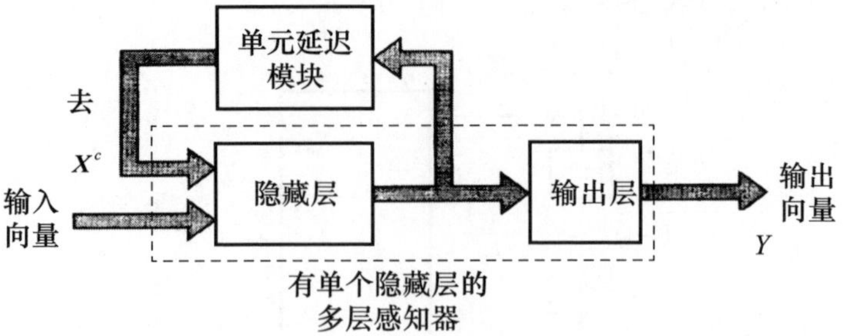

图6-10　Elman 网络模型

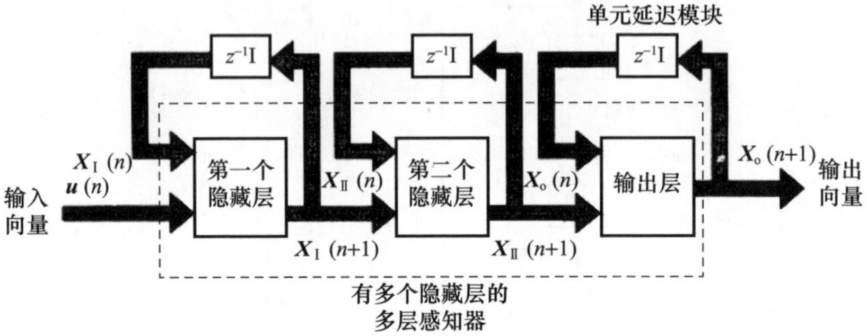

图6-11　递归多层感知器模型

第一个隐层的输出用向量 $\boldsymbol{X}_{\mathrm{I}}(k)$ 表示,第二个隐层的输出用向量 $\boldsymbol{X}_{\mathrm{II}}(k)$ 表示,以此类推。输出层的输出用向量 $\boldsymbol{X}_{\mathrm{o}}(k)$ 表示。RMLP 对输入的动态响应可用联立方程组描述为

$$\begin{cases} X_{\mathrm{I}}(k+1)=\boldsymbol{F}_{\mathrm{I}}(\boldsymbol{X}_{\mathrm{I}}(k),\boldsymbol{U}(k)) \\ X_{\mathrm{II}}(k+1)=\boldsymbol{F}_{\mathrm{II}}(\boldsymbol{X}_{\mathrm{II}}(k),\boldsymbol{X}_{\mathrm{I}}(k)) \\ \qquad\vdots \\ X_{\mathrm{o}}(k+1)=\boldsymbol{F}_{\mathrm{o}}(\boldsymbol{X}_{\mathrm{o}}(k),\boldsymbol{X}_{K}(k)) \end{cases}$$

式中:$\boldsymbol{F}_{\mathrm{I}}(\cdot,\cdot),\boldsymbol{F}_{\mathrm{II}}(\cdot,\cdot),\cdots,\boldsymbol{F}_{\mathrm{o}}(,\cdot,)$分别为各隐层和输出层节点的转移函数;$k$ 为隐层数。

6.3.2　递归网络的学习算法

针对动态系统的递归网络是在多层感知器基础上增加延时和反馈单元而形成的,其学习算法有以下两种方式:

(1)分时段(epochwise)训练。在不同的时段内,待模拟的系统可以从许多不同的初始状态出发并达到不同的稳态,因此每一个“时段”对应于第 4 章中普通多层感知器的一个训练模式。在某一给定时段内,递归网络的训练从一个初始状态出发到达一个新的状态后停止,然后对于下一个时段训练又从一个新的初始状态出发。分时段训练适合于对动态系统的有限状态的模拟,用于离线训练的场合。

(2)连续训练。对于需要在线学习的情况或无法区分时段的情况,网络学习和信号处理必须同时进行,学习过程永不停止。例如,采用递归网络对语音信号建模。

1. 历时反向传播学习算法

历时反向传播学习算法(back - propagation through time,BPTT)是对标准 BP 算法的扩展,其思路是将网络的时序处理展开成一个分层的前向网络,下面以图 6 - 12 中给出的具有 2 个神经元的递归网络为例说明 BPTT 算法的思路。

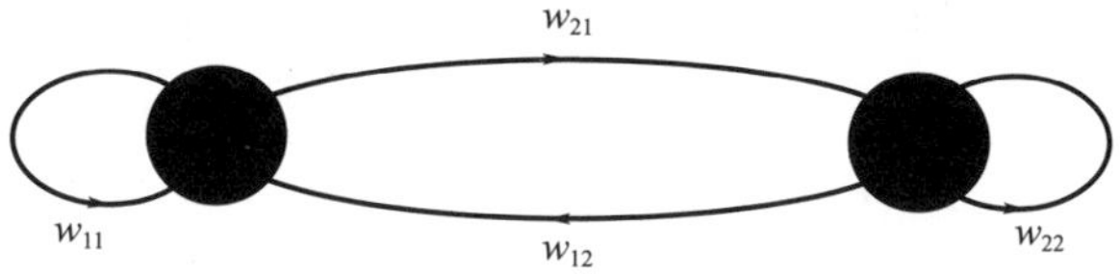

(a)

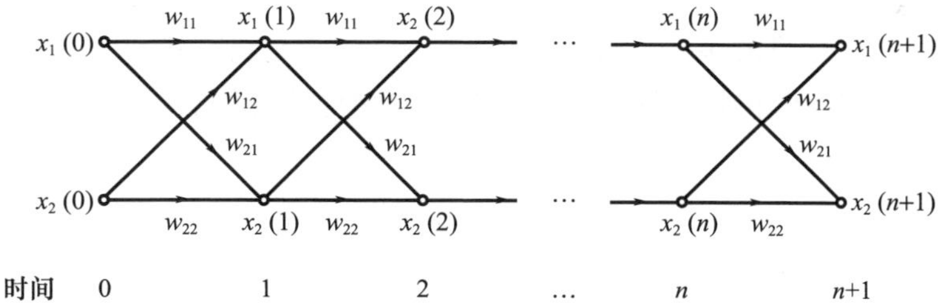

(b)

图 6 -12　具有 2 个神经元的递归网络

BPTT 算法通过一步一步地展开网络的时序操作,得到一个图 6 - 12(b)所示的前向网络。设 $n=0$ 为训练的起始时间,则每一步时序操作都复制新的一层加入网络。

2. 逐时段训练的 BPTT 算法

采用逐时段训练方式,将训练数据分为 P 组,每组为一个训练时段,设 k_0 为

一个训练时段的起始时间，k_1 为一个训练时段的结束时间，在这个时段内定义目标函数为

$$E_{总}(k_0,k_1) = \frac{1}{2}\sum_{k=k_0}^{k_1}\sum_{j\in A}e_j^2(k) = \frac{1}{2}\sum_{k=k_0}^{k_1}\sum_{j\in A}(d_j(k) - y_j(k))^2 \tag{6-50}$$

式中：$e_j(k)$为瞬时误差信号；$\boldsymbol{A}$ 为有外加给定输入的节点的集合。

与 BP 算法权值调整思路一样，逐时段训练 BPTT 算法采用目标函数的负梯度计算每个时刻的，神经元 j 的局部梯度定义为

$$\delta_j(k) = -\frac{\partial E_{总}(k_0,k_1)}{\partial \mathrm{net}_j(k)}$$

式中：$\mathrm{net}_j(k)$为神经元 j 的净输入。

在标准 BP 算法的基础上，逐时段 BPTT 算法按下述步骤进行：

第一步，对时段(k_0,k_1)内各时刻的数据，按图 6－12(b)中的信号流图逐层进行前向计算，保存输入数据、网络权值、网络输出期望输出。

第二步，应用上述前向计算结果，执行一个逐层反向传播过程，计算公式为

$$\delta_j(k) = \begin{cases} f'(v_j(k))e_j(k) & (k = k_1) \\ f'(\mathrm{net}_j(k))\{e_j(k) + \sum_{i\in A}w_{ij}\delta_k(k+1)\} & (k_0 < k < k_1) \end{cases} \tag{6-51}$$

式中：$f'(\cdot)$为转移函数对其自变量的导数。上述计算从时刻 k_1 开始反向进行直到时刻 k_0，所计算的步数即等于时段(k_0,k_1)内的时间序列长度。

第三步，当反向传播计算回到 k_0+1 时，对神经元 j 的权值调整为

$$\Delta w_{ij} = -\eta\frac{\partial E_{总}(k_0,k_1)}{\partial w_{ij}} = \eta\sum_{k=k_0+1}^{n_1}\delta_j(k)x_i(k-1) \tag{6-52}$$

式中：η 为学习率；$x_i(n-1)$为在时刻 $n-1$ 时作用于神经元 j 的第 i 个输入。

3. 截断的 BPTT 算法

如果只在一个固定的时间序列内存储相关的输入数据和网络状态的历史纪录，相应的 BPTT 算法称为截断的 BPTT 算法(truncated back－propagation through time，BPTT(h))，该时间序列的长度 h 称为截断深度，任何 h 时刻之前的信息均不需要存储。为了得到 BPTT 的实时形式，将需要最小化的目标函数定义为瞬时误差的平方和，即

$$E(k) = \frac{1}{2}\sum_{j\in A}e_j^2(k) \tag{6-53}$$

BPTT(h)算法对神经元 j 的局部梯度定义为

$$\delta_j(l) = -\frac{\partial E(l)}{\partial \text{net}_j(l)} \quad 对于 j \in A 且 k-h<l \leqslant k$$

BPTT(h)算法按下述步骤进行:

第一步,对区间($k-h,k$)内各时刻的数据,按图 6-12(b)中的信号流图逐层进行前向计算,保存输入数据和网络权值。

第二步,应用上述前向计算结果,执行一个逐层反向传播过程,计算公式为

$$\delta_j(l) = \begin{cases} f'(\text{net}_j(l))e_j(l) & (l=n) \\ f'(\text{net}_j(l))\sum\limits_{k \in A} w_{kj}(l)\delta_k(l+1) & (k-h<l<k) \end{cases} \tag{6-54}$$

上述计算反向进行到时刻 $k-h+1$ 时,所计算的步数等于 h。

第三步,当反向传播计算到 $k-h+1$ 时,对神经元 j 的权值调整为

$$\Delta w_{ij}(k) = \eta \sum_{l=k-h+1}^{n} \delta_j(l)x_i(l-1) \tag{6-55}$$

式中:η 和 $x_i(l-1)$定义如前。由于式(6-54)中使用了 $w_{kj}(l)$,训练时要求保留权值的历史记录。

比较式(6-51)和式(6-54)可以看出,BPTT(h)算法中只需要计算当前时间的误差信号 $e_j(k)$,因此不需要保存过去的期望输出值。

4. 实时递归学习算法

实时递归学习算法(real time recurrent learning,RTRL)适用的递归网络结构如图 6-13 所示。该网络的第一层为输入-反馈并置的联合输入层,部分节点负责接受计算层传来的反馈信号,部分节点负责接受外界的输入信号;第二层为计算处理层,该层神经元的输出全部通过延时单元反馈到联合输入层的反馈信号接受节点,同时其中一部分作为网络的输出,因此计算处理层既包含隐节点又包含输出节点。

用 $\boldsymbol{U}(k)$表示 k 时刻的 m 维外部输入向量,$\boldsymbol{X}(k)$表示由计算处理层反馈到联合输入层的 q 维向量,$\boldsymbol{Z}(k)$表示联合输入层的 $q+m$ 维总输入向量,$\boldsymbol{Y}(k+1)$表示下一时刻网络的输出向量。网络的连接权也由前馈和反馈两部分构成,共有$(q+m)\times q$ 个前向连接以及 q^2 个反馈连接,其中 q 个为自反馈连接。

n 时刻计算层神经元 j 的净输入为

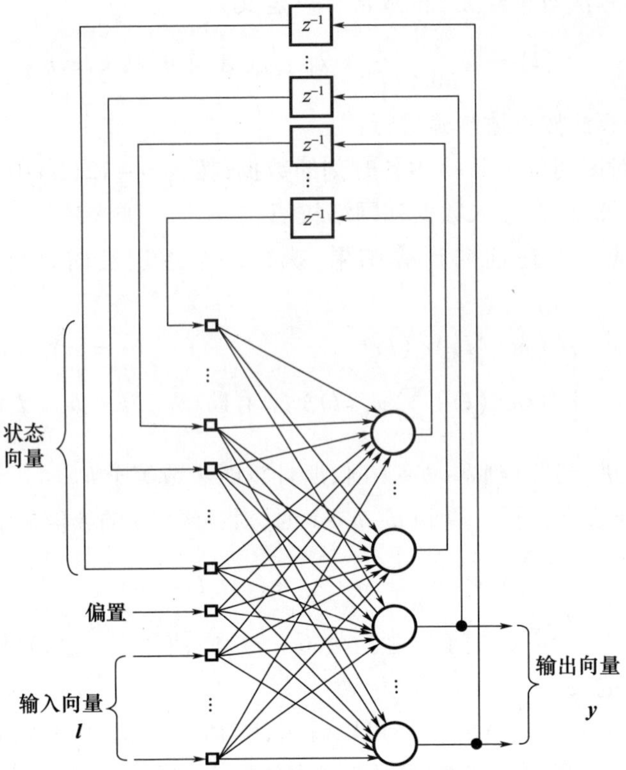

图 6 -13　RTRL 网络结构

$$\mathrm{net}_j(k) = \sum_{i=1}^{q+m} w_{ij} z_i(k) \quad (j = 1,2,\cdots,q) \tag{6-56}$$

式中：w_{ij}^a为输入层中反馈部分与输出层的连接权值；w_{ij}^b为输入层中外部输入部分与输出层的连接权值。

下一时刻神经元j的输出为

$$y_j(k+1) = f(\mathrm{net}_j(k)) \quad (j \in \boldsymbol{C}(k)) \tag{6-57}$$

式中：$\boldsymbol{C}(k)$为输出节点的集合，在不同的时刻$\boldsymbol{C}(k)$可以不同。

下面利用梯度下降法推导 RTRL 算法。首先定义q维误差向量$\boldsymbol{E}(k)$中的第j个分量为

$$e_j(k) = \begin{cases} d_j(k) - y_j(k) & (j \in \boldsymbol{C}(k)) \\ 0 & (j \notin \boldsymbol{C}(k)) \end{cases}$$

定义k时刻的瞬时误差平方和为

$$E(k) = \frac{1}{2}\sum_{j \subset C} e_j^2(k)$$

所有时间的总误差为

$$E_{总} = \sum_n E(k)$$

某一权值 $w_{lk}(k)$ 在 k 时刻的修正量为

$$\Delta w_{lk}(k) = -\eta \frac{\partial E(k)}{\partial w_{lk}(k)}$$

因为

$$\frac{\partial E(k)}{\partial w_{lk}(k)} = \sum_{j \in C} e_j(k) \frac{\partial e_j(k)}{\partial w_{lk}(k)} = -\sum_{j \in C} e_j(k) \frac{\partial y_j(k)}{\partial w_{lk}(k)}$$

根据式(6-56)与式(6-57)并利用微分的链式规则,得到

$$\frac{\partial y_j(k+1)}{\partial w_{lk}(k)} = \frac{\partial y_j(k+1)}{\partial \mathrm{net}_j(k)} \times \frac{\partial \mathrm{net}_j(k)}{\partial w_{lk}(k)} = f'(\mathrm{net}_j(k)) \frac{\partial \mathrm{net}_j(k)}{\partial w_{lk}(k)} \tag{6-58}$$

利用式(6-56)对 $w_{ij}(k)$ 求导,得到

$$\frac{\partial \mathrm{net}_j(k)}{\partial w_{lk}(k)} = \sum_{i=1}^{q+m} \frac{\partial(w_{ij} z_i(k))}{\partial w_{lk}(k)} = \sum_{i=1}^{q+m}\left[w_{ij}(k) \frac{\partial z_i(k)}{\partial w_{lk}(k)} + \frac{\partial w_{ij}(k)}{\partial w_{lk}(k)} z_i(k)\right]$$

只有当 $j=k,i=l$ 时,$\partial w_{ij}(k)/\partial w_{lk}(k)$ 为 1,否则为零。因此上式可写为

$$\frac{\partial \mathrm{net}_j(k)}{\partial w_{lk}(k)} = \sum_{i=1}^{q+m} w_{ij}(k) \frac{\partial z_i(k)}{\partial w_{lk}(k)} + \delta_{jk} z_j(k) \tag{6-59}$$

其中

$$\delta_{kj} = \begin{cases} 1 & (j=k) \\ 0 & (j \neq k) \end{cases}$$

$$\frac{\partial z_i(k)}{\partial w_{lk}(k)} = \begin{cases} 0 & (z_i(k) = u_i(k)) \\ \dfrac{\partial y_j(k)}{\partial w_{lk}(k)} & (z_i(k) = x_i(k)) \end{cases} \tag{6-60}$$

由式(6-58)~式(6-60)可得到

$$\frac{\partial y_j(k+1)}{\partial w_{lk}(k)} = f'(net_j(k))\left[\sum_{i=1}^{q} w_{ij}(k) \frac{\partial y_j(k)}{w_{lk}(k)} + \delta_{lk} z_l(k)\right] \tag{6-61}$$

设 $k=0$ 时,$\partial y_j(0)/\partial w_{lk}(0) = 0, j,k = 1,2,\cdots,q, l = 1,2,\cdots,q+m$。

根据上述结果,RTRL 算法的训练步骤如下:

(1)将权值初始化为均匀分布的随机数,从 $k=0$ 起,对每一时刻 k,用式(6-56)和式(6-57)进行前向计算,得出联合输入向量 $\boldsymbol{Z}(k) = [z_1, z_2, \cdots,$

$z_{q+m}]^{\mathrm{T}}=[x_1,x_2,\cdots,x_q,u_1,u_2,\cdots,u_m]^{\mathrm{T}}$。

(2)对$j,k=1,2,\cdots,q,l=1,2,\cdots,q+m$,按初始条件$\partial y_j(0)/\partial w_{lk}(0)=0$和式(6-61)计算$\partial y_j(k+1)/\partial w_{lk}(k)$。

(3)将$\partial y_j(k+1)/\partial w_{lk}(k)$和误差信号$e_j(k)=d_j(k)-y_j(k)$代入权值修正公式

$$\Delta w_{ij}(k+1)=\eta\sum_{j\in C}e_j(k)\frac{\partial y_j(k)}{\partial w_{lk}(k)} \tag{6-62}$$

(4)计算权值$w_{lk}(k+1)=w_{lk}(k)+\Delta w_{lk}(k)$,重复上述步骤直到误差小于预先设定的允许值。

6.3.3 NARX网络在系统辨识中的应用

在控制系统当中,特别是非线性控制系统,常常需要对动态系统进行辨识。利用静态神经网络进行辨识时,例如第2章的BP网络,第3章的RBF网络等,常常需要将一个动态时间的建模问题转化为一个静态空间的建模问题,例如将系统现在时刻和历史时刻的状态/输出都作为网络的输入,这就对辨识真实系统带来了不便,而且还存在对外部噪声较敏感等问题。而时序递归神经网络作为一种动态网络,其本身所具备的延迟单元或反馈结构,和实际动态系统从结构上和动态特性上更为接近,因此相比静态网络,更适合进行动态系统辨识,而且具有较高的抗干扰能力。

1. NARX网络用于非线性动态系统辨识的基本过程

本例将NARX网络用于自适应逆控制中的非线性动态系统辨识。在这一过程中,采用了离散训练和在线训练两种方式的结合,在辨识结构中采用了串-并行方法和并行方法相结合的方式。

1)离散训练和在线训练结合

在实际控制的初期,递归神经网络模型收敛需要一定时间,这样由于模型不精确会导致控制偏差大等的问题,因此神经网络往往需要进行离线的训练达到一定精度之后再对其进行在线自适应辨识,在离线训练时,可采用均匀分布的随机序列或伪随机码作为输入来训练网络。

2)串-并行方法和并行方法相结合

非线性动态系统辨识从结构一般有两种方式:一种是串-并行方式;另一种是并行方式,如图6-14所示。

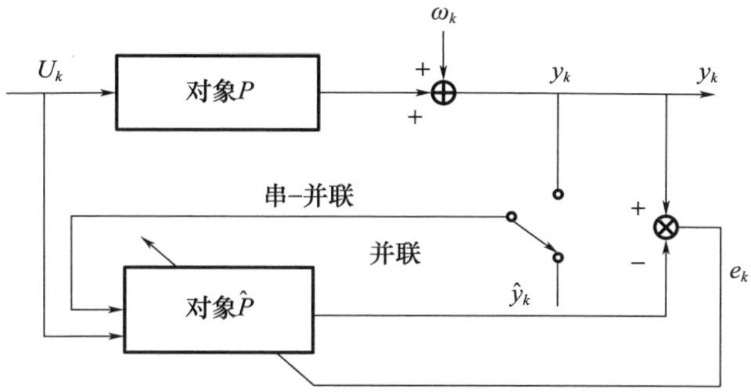

图 6 – 14　自适应对象建模

在辨识初期，先采用串 – 并联辨识结构，此时，被控对象的输出与外输入一起作为神经网络的输入，即式(6 – 49)中的 $y(k)$，$y(k-1)$，…，$y(k-q+1)$为对象输出，与模型本身无关，此时的神经网络就是一个前馈网络，可采用 BP 网络中的相关算法；当转为并联结构时，$y(k)$，$y(k-1)$，…，$y(k-q+1)$是神经网络本身历史时刻的输出，此时就构成了实时递归网络，应当采用 RTRL 等实时学习算法。

3) NARX 网络训练算法

在应用 RTRL 算法时，更新权值最基本的方式是采用梯度下降法，与 BP 算法类似，这种方法的收敛速度和精度都不高，因此可以借鉴训练 BP 网络中采用的 LM(Levenberg – Marquardt backpropagtion)算法来加快训练速度，LM 算法是梯度下降法与高斯 – 牛顿法的结合，由于利用了近似的二阶导数信息，LM 算法比传统的梯度法可以加快收敛速度，改善 RTRL 算法的性能。

2. 仿真实例及结果

在本例中，仿真对象选用一个单输入单输出的系统，它是由两个线性环节与一个双曲正切型非线性 Sigmoid 函数串联构成的非线性系统，如图 6 – 15 所示。

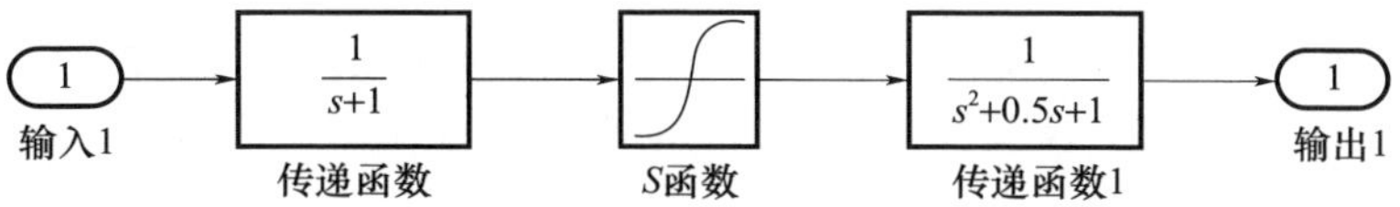

图 6 – 15　非线性对象

NARX 网路参数选择：输入输出的阶次 p，q 都取 2，隐层神经元设计为 10 个，训练初期 NARX 网络作为辨识模型，采用串 – 并联结构进行辨识，采用标准

LM 算法，之后转为并联结构时采用基于 RTRL 算法的 LM 算法。仿真步长选 0.05。

为验证 NARX 的非线性拟合特性和动态特性，系统对象参数在 200s 处发生改变，改变图 6－15 中对象的参数。由仿真结果可知，图 6－16 的前 200s 模型输出能对图 6－7 对象实现很好的跟踪，从而证实了 NARX 的表达非线性系统的能力；当在 200s 发生变化时，模型输出在 20s 左右后又实现了较好的跟踪，说明 NARX 具有较强的动态描述性能。

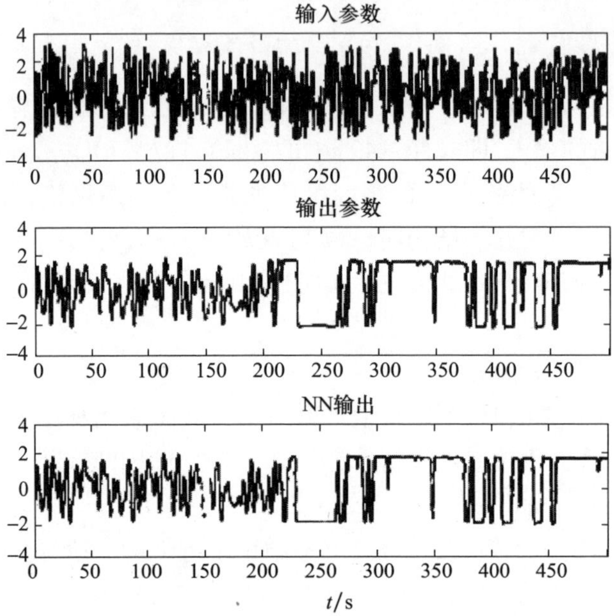

图 6－16　动态并联辨识结构的对象输出与模型输出

3. 案例分析

在本例中，要辨识的非线性系统是个单输入单输出的系统，这对 NARX 网络模型的结构参数（如阶次和隐层神经元个数）的选择要求较为宽松。本例选择了输入输出阶次为 2，隐层神经元个数为 10，可以达到较好的效果；为了能够使得模型用于在线辨识，满足控制精度，在训练初期采用串并联结构的离线训练，此时训练数据和模型本身的输出无关，然后切换至并联结构的在线辨识，这样在应用到在线辨识前，模型已经具备一定的拟合精度，这样，模型在线辨识的收敛速度也就能够达到一定的要求。对于一个实际的非线性系统，往往要更加复杂，比如多输入多输出系统，模型阶次的选择，算法的收敛速度等都需要更加深入的研究。

6.3.4　Elman 网络在股票价格预测中的应用

股市指数和股票价格的预测，是证券界和学术界研究的一个重要问题。相关的理论和模型包括定价理论、投资组合模型、时间序列统计模型如多元回归、ARIMA、GARCH 等以及神经网络模型。股票价格走势是一个动态系统，现有神经网络模型大多采用静态的 BP 网络和 RBF 网络，建模时常常将多个历史值作为静态网络的输入，这就不能很好地直接反映系统的动态特性。本例介绍如何采用典型的动态递归网络 Elman 网络建立股市 15 个交易日的最高股价及平均股价的预测模型的方法和实例。

1. 股票价格预测问题

股价的变化受到多种因素的影响，例如政治、经济、社会等方面的因素，这些因素所包含的信息难于获取，且具有很多不确定性。本例所考虑的股价预测模型，主要是考虑反应股市变化的基本历史信息，如股价、成交量等。本例将对两支上市股票：邯郸钢铁（代号 600001）及东风汽车（代号 600006）进行实际模拟与预测。

2. 基于 Elman 神经网络的股票价格预测模型

1）样本数据

实际训练与预测采用的数据是邯郸钢铁（代号 600001）650 个交易日的交易信息（从 2002－1－4 开始至 2004－9－24 止），其中 600 个交易日作为训练，50 个交易日用于预测。为检验模型的适应能力，又对东风汽车（代号 600006）进行了实际预测，一共是 500 个交易日的信息（从 2002－9－2 开始至 2004－10－12 止），其中 470 个交易日作为训练，30 个交易日用于预测。

2）样本输入输出选择

根据以上分析，选择两个输出，一个是未来 15 日的均价 t_1，一个是未来 15 日的最高价 t_2，根据相关性分析，选择影响输出的变量为 7 个，分别是当天最高价 x_1；当天收盘价 x_2；当天成交量 x_3；当天成交金额 x_4；15 日均价 x_5；15 日平均成交量 x_6；15 日内最高价 x_7。

3）数据的预处理

为减小原始样本数量级差异的影响，需对数据进行预处理，本例根据实际数据的数量级，处理了变量 x_3、x_4 和 x_6，经试验确定了以下预处理公式：$x_3 = x_3/(2\text{mean}(x_3))$；$x_4 = x_4/(2\text{mean}(x_4))$；$x_6 = x_6/(2\text{mean}(x_6))$。其中，mean 表示求平均值。

4)网络参数设置

权值与阈值随机产生,经试验确定权值的初始值域取(-0.1,0.1)较好。输入节点数选7个,对应7个输入变量;输出节点选2个,对应2个输出变量。网络结构试验了12个网络,分别是:7-5-2,7-10-2,7-4-2,7-6-4-2,7-10-8-2,7-10-6-2,7-12-8-6-2,7-12-10-5-2,7-16-12-8-4-2,7-9-5-2,7-9-4-2,7-10-5-2。隐层的传递函数选Sigmoid函数,输出层和连接层为线性函数。学习算法采用梯度最速下降方法。

5)仿真结果

对邯郸钢铁得出的最佳网络结构是7-10-6-2,而东风汽车的最佳网络结构是7-9-4-2,结果如图6-17、图6-18所示。

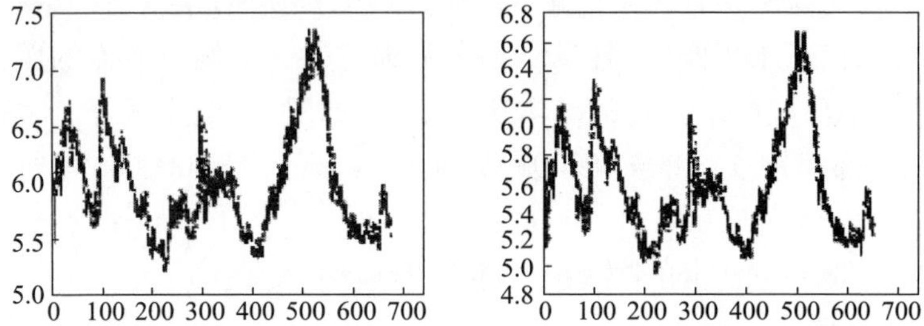

(a) 股价的均值学习与预测 (b) 股价的学习与预测

图6-17 邯郸钢铁股票预测仿真结果(虚线是训练及预测值,实线是实际值)

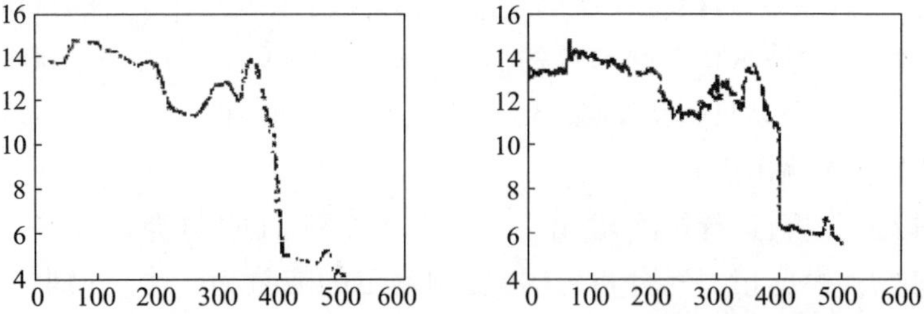

(a) 股价的均值学习与预测 (b) 股价的学习与预测

图6-18 东风汽车股票预测仿真结果

3. 案例分析

建立股价预测模型的关键,一是确定合适的输入变量,二是根据问题的特点选择合适的模型。本例考虑到影响股价的社会政治因素较难确定,选择了一些公开的股市基本历史信息作为输入,因此该模型本质上是一个动态系统,选用具有动态特性的递归网络会取得较好的效果，网络的输入输出根据问题而定，隐层参数的确定通过试验确定，仿真结果表明，利用 Elman 神经网络建立股票预测模型，可以取得较好的效果。

6.3.5　Elman 网络在故障诊断中的应用

在前面的章节中，已经介绍使用静态网络如 BP 网络、RBF 网络等进行故障诊断的例子。由前面例子的分析可知，神经网络在故障诊断应用的一般步骤是先把多个不同故障的特征和对应故障识别结果作为神经网络的训练样本，网络通过自学习、自适应能力，将这种非线性映射关系存储在网络之中，即可作为故障识别器使用，可识别出类似的故障。上述静态网络可以用来解决故障识别问题，但缺乏动态处理数据的能力，且对历史数据不敏感。Elman 神经网络则具有动态特性好、预测准确可靠等特点，本例将介绍 Elman 网络在油浸式电力变压器故障诊断的应用。

1. 油浸式电力变压器故障诊断

对电力变压器进行故障诊断具有经济和现实意义。本例的目标是识别出油浸式电力变压器的 5 种状态，一种是正常状态，另外四种是故障状态，包括中低温过热、高温过热、低能量放电、高能量放电。国内外学者对此提出了很多分析方法，其中气相色谱法是最早的诊断方法之一，其基本思路是通过检测变压器油在不同故障下，油中溶解气体的不同种类及其比例来区分故障类型。本例就是基于该方法确定表征故障的特征量和对应故障类型，以此作为神经网络的训练样本，从而建立 Elman 网络的故障诊断模型。

2. Elman 网络故障诊断模型

本例中，变压器故障诊断是利用其油中溶解气体（H_2、CH_4、C_2H_6、C_2H_4、C_2H_2）的体积分数，作为变压器发生故障时的特征量，即样本的输入；相应故障类型为样本的教师信号。获得实测变压器的气体历史数据共 50 组，其中 38 组样本用于训练，另外 12 组样本作为测试。测试样本如表 6－20 所示。

表 6－20　变压器故障数据(测试集)

样本	实际故障	H_2/(μL/L)	CH_4/(μL/L)	C_2H_6/(μL/L)	C_2H_4/(μL/L)	C_2H_2/(μL/L)
1	正常	7.50	5.70	3.40	2.60	32.00
2	中低温过热	120.00	120.00	3.30	84.00	0.55
3	中低温过热	93.00	58.00	43.00	37.00	0.00

续表

样本	实际故障	H_2/(μL/L)	CH_4/(μL/L)	C_2H_6/(μL/L)	C_2H_4/(μL/L)	C_2H_2/(μL/L)
4	中低温过热	160.00	130.00	33.00	96.00	0.00
5	高温过热	98.00	123.00	33.00	2.60	16.00
6	高温过热	73.00	520.00	140.00	120.00	6.00
7	低能量放电	1565.00	93.00	34.00	47.00	0.00
8	高能量放电	200.00	14.00	117.00	131.00	5.60
9	高能量放电	150.00	27.00	5.60	65.00	90.00
10	高能量放电	59.00	28.00	9.00	70.00	15.00
11	高能量放电	32.40	5.50	1.40	12.60	13.20
12	高能量放电	335.00	67.00	18.00	143.00	170.00

1)样本输入输出编码

由于变压器的状态为5种,故可以按照"n 中取1"进行编码,即正常状态为10000、中低温过热故障为01000、高温过热故障为00100、低能量放电故障为00010、高能量放电故障为00001,这样输出变量为5。

2)网络参数设定

网络结构:由于训练的样本比较简单,故选用基本 Elman 网络,即含有1个输入层、1个隐含层、1个联系层和1个输出层。

输入输出层节点个数:由于故障特征量为油中5种溶解气体(H_2、CH_4、C_2H_6、C_2H_4、C_2H_2)的体积分数,因此网络的输入层节点个数为5个。而网络的输出表示5种故障状态,由编码可知,Elman 网络的输出层节点的个数为5个。

隐层和联系层节点个数:Elman 网络的隐层神经元与联系神经元个数相同。本例根据所给的训练样本个数、经验公式和训练结果,最终确定隐层神经元个数为15。

学习算法:采用 BP 算法。

3)仿真结果

仿真预测结果如表6-21所示。

表6-21 Elman 与 BP 网络检测结果比较

编号	故障类型	期望输出	Elman 网络实际输出	BP 网络实际输出
1	正常	10000	*0.93350.00000.00040.00000.3352	0.00060.00000.00000.00001.0000
2	中低温过热	01000	*0.00310.98180.11810.00000.0013	*0.00001.00000.00000.00000.0000

续表

编号	故障类型	期望输出	Elman 网络实际输出	BP 网络实际输出
3	中低温过热	01000	0. 99900. 08080. 00000. 00000. 0012	1. 00000. 00000. 00000. 00000. 0000
4	中低温过热	01000	* 0. 01160. 92740. 01830. 00000. 0137	* 0. 00001. 00000. 00000. 00000. 0000
5	高温过热	00100	* 0. 00000. 00000. 84600. 00000. 0012	* 0. 00000. 00001. 00000. 00110. 0000
6	高温过热	00100	0. 00000. 00001. 00000. 00000. 9550	0. 00000. 00001. 00000. 00001. 0000
7	低能量放电	00010	* 0. 00140. 00000. 00001. 00000. 0000	* 0. 00000. 00000. 00011. 00000. 0011
8	高能量放电	00001	* 0. 00000. 00000. 00000. 00001. 0000	* 0. 00000. 00000. 00000. 00000. 9999
9	高能量放电	00001	* 0. 00000. 00000. 00090. 00001. 0000	* 0. 00000. 00000. 00000. 00000. 9998
10	高能量放电	00001	* 0. 00000. 00000. 00000. 00000. 9908	* 0. 00000. 00000. 00000. 03671. 0000
11	高能量放电	00001	* 0. 00000. 00000. 00000. 00001. 0000	* 0. 00000. 00000. 00000. 00001. 0000
12	高能量放电	00001	* 0. 00000. 00000. 00000. 00001. 0000	* 0. 00000. 00000. 00000. 00001. 0000

注:神经网络输出大于 0. 5 为 1,小于 0. 5 为 0。* 表示识别正确。

从表 6 - 21 的预测结果可以得出,在 12 组测试样本中,Elman 神经网络诊断正确的有 10 组,准确率为 10/12 × 100% = 83. 33%;而三比值法准确率在 75% 左右;BP 神经网络诊断正确的有 9 组,准确率为:9/12 × 100% = 75%。由训练过程和仿真结果可知,BP 网络对初值比较敏感,Elman 网络则训练结果较为稳定,预测的精度也较高。

3. 实例分析与小结

利用 Elman 网络对故障进行诊断,首先应确定故障样本,特别是如何选取故障特征向量,以及故障输出的编码,本例根据油浸式电力变压器故障诊断方面的专业知识,以气相色谱法为依据,选择了相应特征向量,输出采用“n 中选 1”编码。Elman 网络的输入输出节点即可确定,其他参数通过试验得到。仿真结果表明,Elman 网络相比三比值法和 BP 网络具有更高的准确性,且 Elman 网络结果比 BP 网络更可靠、稳定,可用于变压器的故障诊断。

6. 3. 6　网络集成在诺西肽发酵过程建模中的应用

对生物发酵过程进行优化控制,提高发酵产量的前提是建立发酵过程的模型。生物发酵过程是较为复杂的非线性动态系统,尽管有些已经建立了机理模型,但由于建模过程中做了某些假设和简化,因此建模的精度不高。针对这一“灰箱”系统,神经网络由于其具备较好的非线性拟合能力,在发酵过程的建模中获得了广泛的应用。如第 1 章所述,单个神经网络存在泛化能力不高的问题,通过神经网络集成可以以较小的运算量显著地提高其泛化能力，因此，本例将介绍采用 Elman 神经网络集成建立诺西肽发酵过程模型的步骤和方法。

1. 诺西肽发酵过程

诺西肽是一种典型的硫肽类抗生素，作为非吸收性动物饲料添加剂使用时，能明显促进动物的生长。通过建立诺西肽发酵过程模型，可以有助于对其过程进行优化控制，提高其发酵产量。通过发酵方式获取诺西肽，实验中，发酵实验采用 100L 搅拌式发酵罐，按照发酵工艺提供的培养基配方，进行分批发酵实验。发酵周期为 96h，采样周期为 3h。发酵初始基质质量浓度为 40g/L，初始菌体质量浓度为 1.2g/L，初始产物质量浓度为 0。

2. 诺西肽发酵 Elman 神经网络集成模型的建立

1）原始样本集的产生

通过诺西肽分批发酵实验中获得的数据构成样本集，其中，将 t 时刻的在线可测变量作为样本的输入，$t+\Delta t$ 时刻的发酵产物浓度作为样本输出，Δt 为采样间隔，根据上述实验设定取 3h。其中 9 批次作为训练数据，1 批次用于验证测试。

2）输入输出变量的选取

通过机理分析可知，温度 T、pH 值，通气量 Q 和搅拌转速 n 对诺西肽发酵产量的影响较大，因此选择这 4 个变量作为网络的输入变量。这几个变量的数据通过传感器系统自动获取与存储。将表征诺西肽发酵产量的产物浓度作为输出变量，这一变量通过离线化验分析获得。

3）数据的预处理

由于不同变量的数量级不一样，为避免小数据被淹没，需要对原始数据进行预处理，如进行标准化处理。

4）个体网络的生成

本例采用 Bagging 方法进行集成，因此个体网络的生成通过 Bootstrap 方法，即通过可重复取样技术由原始训练样本集生成不同的训练样本集，从而训练产生多个网络。个体 Elman 网络的个数取为 10，采用 BP 算法对单个 Elman 网络进行训练，网络结构采用一个隐层，隐层和输出层的激活函数分别取 S 型函数和线性函数，为使得个体网络更具差异性，隐层单元的个数在 10 ~ 30 随机选取不同值。其中，与基本 Elman 区别，这里的 Elman 网络的联系单元加入自反馈，公式修正为

$$\boldsymbol{X}^{c}(k)=\boldsymbol{X}(k-1)+\alpha\boldsymbol{X}^{c}(k-1)$$

可见，α 越接近于 1，考虑的时刻越远，$\alpha=0$ 时，改进的 Elman 网络就退化为基本

的 Elman 网络。

5）个体网络输出的结合

Bagging 方法一般采用简单平均的方式将个体网络的输出进行结合，本例采用加权平均的方式。组合权值的优化通过差分进化（DE）算法获得。DE 算法以遗传算法作为基本框架，特别针对实数编码设计了差分操作，并以此实现了杂交和变异，具有速度快，鲁棒性好，在实数域上搜索能力强的特点。组合权值可以直接进行实数编码，进行优化，无须解码，较为方便。

3. 实验结果

为验证 Elman 神经网络集成的性能，本例利用验证数据，比较了 BP 神经网络、Elman 神经网络和 Elman 神经网络集成建立的产物浓度模型，结果如图 6－19所示。

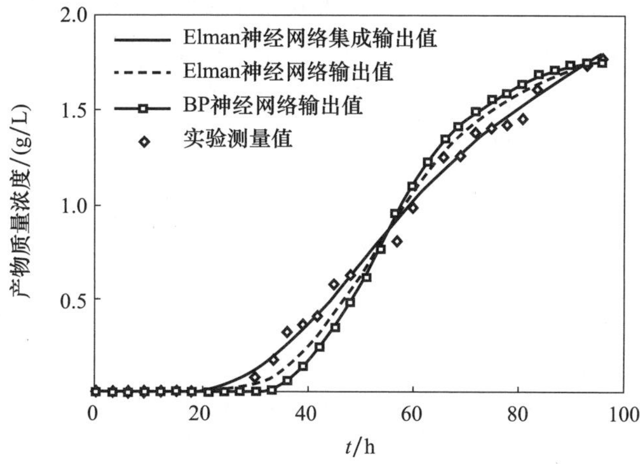

图 6－19　模型输出值与实验测量值比较图

由结果可见，在诺西肽发酵建模中，Elman 神经网络比 BP 神经网络性能要好，而 Elman 神经网络集成要优于单个 Elman 网络。

4. 案例分析

针对发酵过程是一个动态过程，本例选用了典型的动态神经网络 Elman 网络，它在前馈神经网络的基础上，通过延迟和反馈存储了内部状态，使其具有映射动态特征的功能，较适合建立发酵过程的模型。又针对单个网络泛化能力差的问题，采用了将多个 Elman 网络进行结合构成神经网络集成模型的方式，建立了诺西肽发酵模型。在应用集成技术中，主要采用了基于 Bagging 的方法，为进一步增加个体网络的差异度,个体网络采用了不同的结构和参数设置。最后集成的结论采用了加权平均的方式。实验结果表明,Elman 网络集成具有较好的建模精度和泛化能力。

6.3.7 递归神经网络的化工动态系统建模中的应用

化工过程对象往往是非线性、动态的、具有滞后的系统,利用静态神经网络虽然可以建立相应模型,但所需神经元较多,结构复杂,而递归神经网络由于其本身固有的反馈结构,只需较少的网络神经元就可以表达复杂的动态系统,本例将介绍一种改进的递归网络 DHORNN(dynamic - hide - output recurrent neural network),它是在 Elman 网络,Jordan 网络和 SIRNN 的基础上,将隐层的状态反馈、输出反馈以及时间序列延迟等有机地结合起来的一种动态递归网络。并将其用于典型化工动态过程,即连续搅拌釜式化学反应器(CSTR)的建模中。

1. CSTR 对象描述

连续搅拌釜式化学反应器是一个典型的非线性动态化工过程,如图 6 - 20 所示。其中,c_{Af}为进料浓度,q 为进料流量,q_c 为冷却水流量,这 3 个量可视为系统的输入;c_A 为反应器中组分的浓度,可视为系统的输出;T 为反应器中的温度;c_p 和 ρ 分别为反应物的比定压热容和密度;E 为活化能;V 是反应体积;k_0 为反应速率指前因子;c_{pc}和 ρ_c 为冷却水的比定压热容和密度。

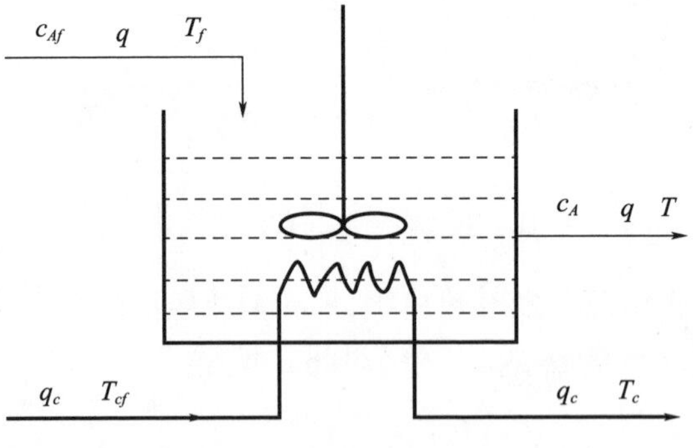

图 6 -20 连续搅拌釜反应器

该动态过程可以用两个微分方程表示为

$$\frac{\mathrm{d}c_A}{\mathrm{d}t}=\frac{q}{V}(c_{Af}-c_A)-k_0c_A\exp\left(-\frac{E}{RT}\right)$$

$$\frac{\mathrm{d}T}{\mathrm{d}t}=\frac{q}{V}(T_f-T)+\frac{(-\Delta H)k_0c_A}{\rho c_p}\exp\left(-\frac{E}{RT}\right)+\frac{\rho_c c_{pc}}{\rho c_p V}q_c\left[1-\exp\left(-\frac{h_A}{q_c\rho_c c_{pc}}\right)\right](T_d-T)$$

模型参数和正常的操作条件如表6-22所示。

表6-22　连续搅拌釜反应器操作条件

q/(L/min)	T_f/K	T_{cf}/K	V/L	h_A/[MJ/(min·K)]	k_0/min^{-1}
100	350	350	100	2.94	7.2×10^{10}
(E/R)/K	$-\Delta H$/(kJ/mol)	ρ,ρ_c/(kg/L)	c_p,c_{pc}/[J/(g·K)]	T/K	c_A/(mol/L)
9.95×10^3	840	1	4.2	440.2	8.36×10^{-2}

而系统的输入在一定范围内变化，设：$q_c\in[100,105]$，L/min；$c_{Af}\in[0.9,1.0]$，mol/L；$q\in[95,105]$，L/min。

2. 递归网络建模

1）样本数据

根据微分方程组构建样本数据，将 c_{Af}，q，q_c 作为输入，c_A 作为输出。使输入量在上述规定范围内随机变化，用龙格-库塔法对微分方程求解，得出相应输出 c_A。由此得到时间序列样本300组，其中前200组样本用于训练，后100组样本用于检验。

2）网络结构

改进的递归网络DHORNN，隐层和输出层均采用递归，并且在递归环节中引入序列延迟，这样就利用了系统过去更多时刻的输入输出与状态信息，提高了网络模型对复杂系统的建模能力。DHORNN网络结构如图6-21所示。

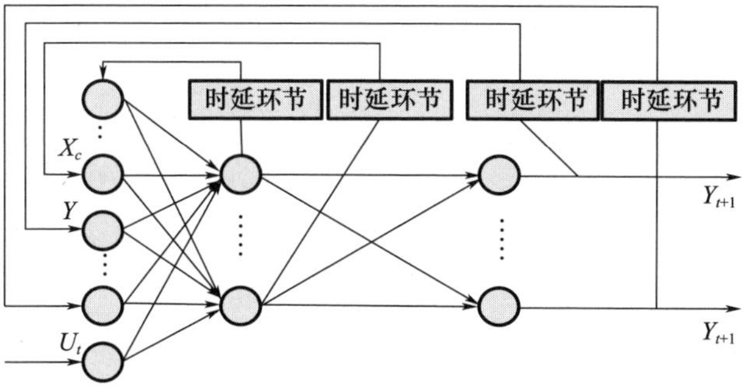

图6-21　DHORNN网络结构

其中，输入端部分节点为时间序列延迟节点，它是一个综合节点，接受并保存过去时刻隐层节点输出信息。列写网络的输出公式为

$$Y_{t+1}=f(X_c(t),X_c(t-1),\cdots,X_c(t-m),Y_t,Y_{t-1},\cdots,Y_{t-n},U_t)$$

式中：m,n 分别为隐层、输出层的最大时延值；X_c 为隐层反馈；Y 为输出层反馈；U_t 为系统输入。

3)参数设定和学习算法

网络的隐层节点数为4，针对每个反馈的状态变量的时间序列节点数为4，输出层的激励函数为 pureline，其他各层的激励函数均为 Tansig 函数。

训练算法采用基于 Levenberg – Marquardt 优化理论的 L – M 算法，训练数据归一化处理至[0,1]空间，误差目标设为均方误差函数 MSE = 0.0001。训练误差用前200组数据的 MSE 衡量；测试误差用后100组数据的相对误差衡量，即

$$\overline{e_r}=\sum_{i=1}^{100}\frac{|y_i-y_{oi}|}{100y_i}$$

式中：y_i 为理论输出；y_{oi}为网络模型输出。

4)仿真结果

DHORNN 分别采用 LM 算法和动态 BP 算法进行训练，并与采用动态 BP 算法的 BP 网络、Elman、修正的 Elman 网络、Jordan 网络比较，结果如表 6 – 23 所示。

表 6 – 23　DHORNN 与其它网络模型建模对比

递归神经网络结构	训练算法	训练步数	训练时间/min	训练误差	测试误差
Elman	动态 BP 算法	1000	7.14	0.0142	0.0130
Modified Elman	动态 BP 算法	877	6.31	0.0091	0.0010
Jordan	动态 BP 算法	1000	7.16	0.0167	0.0180
DHORNN	动态 BP 算法	712	6.50	9.81×10^{-5}	5.89×10^{-4}
DHORNN	L – M 算法	28	1.03	7.11×10^{-5}	2.25×10^{-4}

由仿真结果可知，前3种递归神经网络收敛速度慢，在训练步数一定的情况下，很难达到预设精度；DHORNN 网络无论采用哪一种算法，都可以达到预设精度，当采用 LM 算法时，不仅收敛速度快，而且建模和预测精度都较高，更能反映出系统输出的动态变化规律，适合用 CSTR 建模。

3. 案例分析

Elman 网络中隐层节点状态反馈起到反映系统内部信息的作用；Jordan 网

络的输出反馈反映了系统输出信息的影响;SIRNN 网络中的时延序列可以记录过去较多的状态信息。本例提出的改进的递归神经网络模型 DHORNN,将三者结合起来,在结构上将隐层的状态反馈、输出反馈以及时间序列延迟等有机地结合起来,提高了拟合复杂非线性动态系统的能力,采用 L-M 算法,明显提高了网络的训练速度。用该网络对一个多输入单输出的连续搅拌釜式化学反应器模型进行建模时,样本数据由解析公式模拟得到,将输入值在一定范围内变化,得到一组时间序列,仿真结果表明,改进的递归网络对化工动态系统具有良好的动态建模能力。

6.3.8　递归神经网络在非线性预测语音编码中的应用

语音处理是多媒体技术中的重要组成部分。在语音处理中最常用的技术之一是线性预测技术(LP),它计算简单且易于实现。但语音信号本质上是非线性和非平稳的,只有在一个短时段中才可以认为是平稳的,因此线性预测技术有一定的局限性。研究指出,语音长时线性相关就是短时非线性相关,因此对语音信号采用非线性预测器,可以获得更好的编码性能。本例将介绍如何利用递归神经网络对语音进行处理。

1. 语音编码问题描述

语音信号一般是时间函数,信号前后存在一定的相关性,表现为语音样本点之间的短时相关性和相邻基音周期之间的长时相关性。对语音实施预测编码的目的是压缩数据,它根据上述相关性,利用前面一个或多个信号预测下一个信号,然后对实际值和预测值的差(预测误差)进行编码。信号预测的通用公式为

$$s(n+m)=f(s(n+m-1),s(n+m-2),\cdots,s(n))$$

式中:m 为嵌入维数(预测阶数),若 f 是线性函数,则为线性预测(LP);否则为非线性预测(NLP)。研究表明语音长时线性相关就是短时非线性相关,因此本例将采用递归网络替代 ITU G.721 语音编码标准中的 LP 预测器,对语音信号进行后向预测,利用其记忆功能,改善对语音长时相关性的预测能力。实质上就是将语音序列作为样本训练神经网络来获得更精确的函数 f。

2. 基于递归网络的非线性预测语音编码

1) NLP 语音编码系统

将递归网络用于 ITU 的语音编码标准 G.721,以 RNN 非线性预测器替代 G.721 的线性预测器,采用如图 6-22 所示的 NLP 语音编码系统。

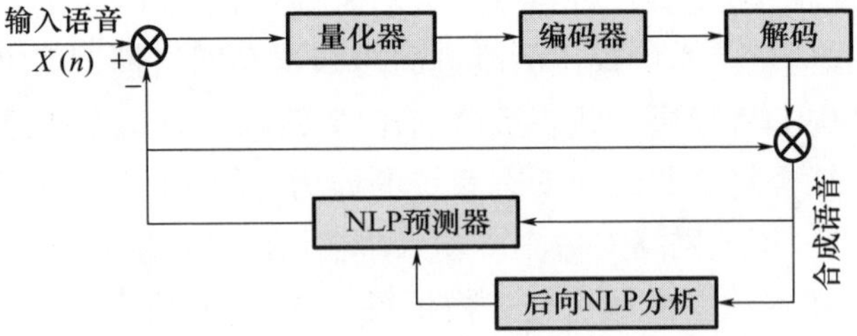

图 6 −22　NLP 语音编码系统示意图

2)样本数据

语音编解码实验所用数据为20句男女混合音(共823帧),以8kHz采样,每帧为30ms,240个样点,后向NLP分析过程每40个样点进行一次,合成语音质量以平均分段信噪比计算。并利用差分法使非线性信号平稳化。

3)网络参数设定

本例中的Elman网络是在基本Elman网络的基础上,在联系单元中加入了自反馈连接,增益因子为$\alpha(0\leqslant\alpha\leqslant1)$,即将标准Elman网络的联系单元的空间表达式改为

$$\boldsymbol{X}^c(k)=\boldsymbol{X}(k-1)+\alpha\boldsymbol{X}^c(k-1)$$

可见,α越接近于1,考虑的时刻越远,$\alpha=0$时,改进的Elman网络就退化为基本的Elman网络。可以通过迭代推导出联系单元的输出实际上各状态过去值的滑动平均和,这对采样输入信号提供了一个无限记忆的机制,这和语音信号的长时相关性接近,适合处理长时预测问题。

网络的输入维数为6,对应语音的历史信号,隐层节点数为6,输出为1,对应预测时刻的信号。

学习算法采用具有自适应步长的动态梯度算法。

4)仿真结果

用编码系统平均分段信噪比衡量性能,其中使用递归网络的编码系统的信噪比为31.0dB,而标准G.721的信噪比仅为27.1dB,可见由于改变了预测器,编码质量提高了3~4dB。本例的结果与采用输入节点为10,隐节点为9的时延BP网络的语音质量相同。

3. 案例分析

该例将递归网络用于语音信号的处理当中,正是针对语音信号为时间序列,信号存在相关性的特点,而递归网络中存在反馈和延迟,其动态特性与语音信号

类似,因此取得了较好的预测效果。由于递归网络的内在“记忆能力”,使得它的节点数相对前向静态网络简单,一方面降低了嵌入维数,另一方面也减少了因嵌入维数过多可能导致的“过拟合”现象。本例中的反馈环节对反馈信号的采样间隔不做要求,联系单元对其输入信号的滑动平均可实现反馈环节对历史信号的记忆,自反馈系数使得过去值对现在值的影响随其距离而递减变化,这更符合时间序列信号的变化特点。仿真结果也表明,其恢复的语音质量优于 ITUG. 721 建议的 ADPCM 算法。

第7章 基于模糊集理论的建模仿真技术

在现代工业控制中,对复杂非线性系统、多因素时变系统的过程模型常无法建立,因而不能实现自动控制。然而有经验的操作工人能通过手动控制达到令人满意的控制效果。基于模糊集理论的控制方法就是模仿人的思维方式和人的控制经验实现的一种控制。传统控制依赖于被控系统的数模,而模糊控制则依赖于被控系统的物理特性。物理特性在人脑中是用自然语言进行总结并抽象成一系列的概念和规则的。自然语言的一个重要特性就是具有模糊性,人可以根据不精确的信息进行推理而得出有意义的结论,将模糊集合理论应用于控制,就可以把人的经验形式化并引入控制过程,实现模糊推理与决策。

7.1 模糊控制器工作原理

7.1.1 模糊控制系统的组成

在工程实践上,用语言变量作为描述操作机构控制策略的基础,这是因为操作人员的控制策略也是用自然语言表达的。例如描述汽车方向控制的基本规则,可以用这样的语言描述:

当汽车偏向右边时,方向盘转向左边;

当汽车偏向左边时,方向盘转向右边;

当汽车正对前方时,方向盘保持不动。

这些经验法则中无具体的数量关系,因而无法用传统的控制理论实现。如用模糊集合作为工具使其量化,进而设计一个控制器去模仿人的控制策略,再驱动中心机构进行控制,就构成了模糊控制器。

设计模糊控制器须解决 3 个问题：

(1)普通数字控制器的输入信号是用数值表示的代表误差测量值的确定量，而模糊控制器处理的信息则是用语言变量值（模糊集合）表示的模糊量。因此，设计模糊控制器要解决的第一个问题是如何把确定量转换为对应的模糊量。

(2)根据操作者的控制经验制定模糊控制规则，并执行模糊逻辑推理，以得到一个输出模糊集合（即一个新的隶属度函数），这一步称为模糊控制规则形成和推理，目的是用模糊输入值适配控制规则，通过加权计算合并那些规则的输出；

(3)根据模糊推理得到的只是输出模糊集合的隶属度函数，因此需要用各种方法找一个具有代表性的确定值作为控制量，这一步称为模糊输出量的解模糊判决，目的是把模糊分布范围概括合并成确定的单点输出值，加到执行器上实现控制。

采用了模糊控制器的系统框图如图 7 - 1 所示。

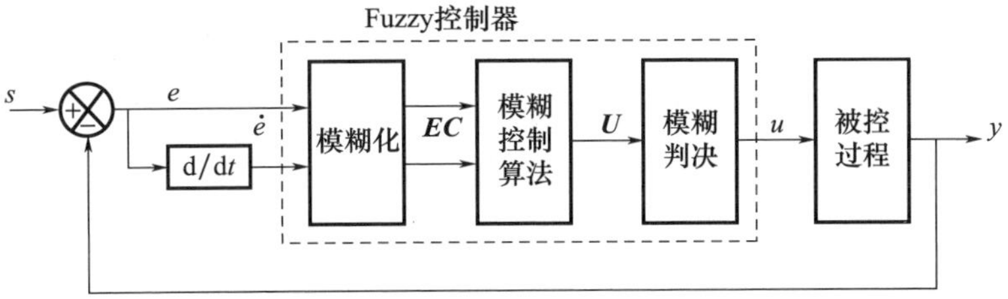

图 7 - 1　模糊控制系统组成

图 7 - 1 中，s 为系统的设定值，e 和 $\dot{e}$ 分别为系统误差和误差变化律，3 个量均为确定量。***E*** 和 ***EC*** 分别为反映系统误差和误差变化的语言变量，其变量值为模糊集合。u 为模糊控制器输出的控制量的变化量，y 为系统输出。

7.1.2　确定量的模糊化

1. 模糊控制器的语言变量

模糊控制器的输入语言变量一般取系统误差 e 及其变化率 $\dot{e}$，用 ***E*** 和 ***EC*** 表示。这种结构反映了模糊控制器具有 PD 控制规律；如取 e 和 $\sum e$ 为输入语言变量，则反映了 PI 控制规律。

2. 量化因子与比例因子

(1)量化因子。误差 e 及其变化率 $\dot{e}$ 的实际变化范围，分别记为[$-e_{max}$，

e_{max}]及[$-\dot{e}_{max},\dot{e}_{max}$]，称为误差及其变化率语言变量的基本论域。若将在 0 ~ e_{max}范围内连续变化的误差分成 n 个区间，使之离散化，则误差所取模糊集合的论域为 $\boldsymbol{X}=\{-n,-n+1,\cdots,0,\cdots,n-1,n\}$。一般取 $n=6$，从而构成含有 13 个整数的集合 $\boldsymbol{X}$。对于非对称型论域也可用 1 ~ 13 取代 -6 ~ +6。从基本论域[$-e,e$]及[$-\dot{e},\dot{e}$]到论域 $\boldsymbol{X}=\{-n,-n+1,\cdots,0,\cdots,n-1,n\}$需要通过量化因子进行变换。误差的量化因子定义为

$$\boldsymbol{k}_e=\frac{n}{e_{max}}$$

例如：误差 e 的基本论域为[−30℃，+30℃]，$n=6$，则 e 的量化因子为

$$\boldsymbol{k}_e=\frac{6}{30}=\frac{1}{5}$$

e 的模糊集合论域为 $\boldsymbol{X}=\{-6,-5,-4,-3,-2,-1,0,1,2,3,4,5,6\}$。当量化因子$\kappa_e$选定后，任何误差$e_i$总可以量化为论域 $\boldsymbol{X}$ 上的某一元素，量化时可按 3 种情况处理：

① $j\leqslant\kappa_e e_i\leqslant j+1$，$j<n$ 时，按四舍五入原则将e_i量化为 j 或 $j+1$；

② $\kappa_e e_i<-n$ 时，将e_i量化为 $-n$；

③ $\kappa_e e_i>n$ 时，将e_i量化为 n。

误差变化率的量化因子$\kappa_{\dot{e}}$与κ_e具有相同的特性。

（2）比例因子。设[$-u_{max}$]为控制量的变化 u 的基本论域，n 为基本论域的量化区间数。对于系统控制量的变化 u，定义

$$\boldsymbol{k}_u=\frac{u_{max}}{n}$$

为其比例因子。其中κ_u与 j（$-n\leqslant j\leqslant n$）之积即为被控对象的控制量的变化 u。

3. 语言变量值的选取

误差、误差变化率和控制量的变化，均为语言变量，一般可分为大、中、小 3 个等级。考虑到变量的正负，常选用正大、正中、正小、零、负小、负中、负大等 7 个语言变量值，用 PB、PM、PS、O、NS、NM、NB 表示，如对零也区分正负，可将 O 分解为 PO 和 NO，从而得到 8 个语言变量值。根据需要也可以细致到 13 个语言变量值。

4. 语言变量论域上的模糊集合

每个语言变量的取值，对应于其论域上的一个模糊集合。该模糊集合由隶属度函数来描述。而隶属度函数 $u(x)$ 可通过总结专家经验或采用模糊统计方

法或正态函数来确定。

设论域 $X=\{-6,-5,-4,-3,-2,-1,-0,+0,+1,+2,+3,+4,+5,+6\}$，在该论域上，误差语言变量 **E** 的 8 个变量值定义了 8 个模糊集合，论域中每个元素属于各模糊集合的程度（隶属度）可用表 7－1 中的语言变量赋值表给出。表中的行列出论域 **X** 中各元素对某个模糊集合的隶属度，表中的列则给出论域 **X** 中某个元素对各模糊集合的隶属度。

在选定模糊控制器的语言变量及各个变量所取的语言值后，可分别为各语言变量建立各自的语言变量赋值表，以供设计模糊控制器时使用。一般常选 **E**、**EC**、**U** 3 个语言变量，因此应建立 3 个与之对应的赋值表。

表 7－1　语言变量 **E** 赋值表

语言值	X													
	－6	－5	－4	－3	－2	－1	－0	+0	+1	+2	+3	+4	+5	+6
PB	0	0	0	0	0	0	0	0	0	0	0.1	0.4	0.8	1
PM	0	0	0	0	0	0	0	0	0	0.2	0.7	1	0.7	0.2
PS	0	0	0	0	0	0	0	0.3	0.8	1	0.5	0.1	0	0
PO	0	0	0	0	0	0	0	1	0.6	0.1	0	0	0	0
NO	0	0	0	0	0.1	0.6	1	0	0	0	0	0	0	0
NS	0	0	0.1	0.5	1	0.8	0.3	0	0	0	0	0	0	0
NM	0.2	0.7	1	0.7	0.2	0	0	0	0	0	0	0	0	0
NB	1	0.8	0.4	0.1	0	0	0	0	0	0	0	0	0	0

5. 一个确定数的模糊化

一个确定数的模糊化分为两步：①根据确定数 e_1 及量化因子 k_e 求 e_1 在基本论域上的量化等级 n_i；②查找语言变量 **E** 的赋值表，找出在 n_i 上与最大隶属度对应的模糊集合，该模糊集合就代表确定数 e_1 的模糊化结果。例如：用 $k_e \cdot e_1$ 算出 $n_I=+3$，查表 7－1，在 +3 级所在列上隶属最大的 0.7 对应于模糊集合 **PM**，则

$$\boldsymbol{PM}=\frac{0.2}{2}+\frac{0.7}{3}+\frac{1}{4}+\frac{0.7}{5}+\frac{0.2}{6}$$

$$=[0\quad 0\quad 0\quad 0\quad 0\quad 0\quad 0\quad 0\quad 0\quad 0.2\quad 0.7\quad 1\quad 0.7\quad 0.2]$$

便是确定数 e_1 的模糊化。

7.1.3　模糊控制算法的设计

模糊控制算法也称为控制规则，控制规则是将专家经验或手动控制策略加

以总结而得到的一组模糊条件语句。

1. 常见的控制规则

(1)单输入-单输出模糊控制器的模糊控制规则基于单输入、单输出模糊控制器的规则反映了P控制规律,两种形式为

$$\text{If}\quad \tilde{\boldsymbol{E}}\quad \text{then}\quad \tilde{\boldsymbol{U}}$$

$$\text{If}\quad \tilde{\boldsymbol{E}}\quad \text{then}\quad \tilde{\boldsymbol{U}}\quad \text{else}\quad \tilde{V}$$

(2)双输入-单输出模糊控制器的控制规则基于双输入-单输出模糊控制器的控制规则反映了PD控制规律,在模糊控制中最常用,形式为

$$\text{if}\quad \tilde{\boldsymbol{E}}\quad \text{and}\quad \Delta\tilde{\boldsymbol{E}}\quad \text{then}\quad \tilde{\boldsymbol{U}}$$

(3)多输入-单输出模糊控制器的控制规则对上面的控制规则进行扩展可得

$$\text{if}\quad \tilde{\boldsymbol{A}}\quad \text{and}\,\tilde{\boldsymbol{B}}\quad \text{and}\quad \cdots\text{and}\quad \tilde{\boldsymbol{N}}\quad \text{then}\quad \tilde{\boldsymbol{U}}$$

对于3输入-单输出控制器,如令3个输入分别对应于误差e、误差的变化$\dot{e}$和误差的累积$\int e\mathrm{d}t$,则上述规则可反映PID控制规律。

(4)双输入-多输出模糊控制器的控制规则若控制系统有多个控制通道,各通道可同时输出多个不同的控制作用。

$$\text{if}\quad \tilde{\boldsymbol{E}}\quad \text{and}\quad \Delta\tilde{\boldsymbol{E}}\quad \text{then}\quad \tilde{\boldsymbol{U}}$$

$$\text{And}\quad \text{if}\quad \tilde{\boldsymbol{E}}\quad \text{and}\quad \Delta\tilde{\boldsymbol{E}}\quad \text{then}\quad \tilde{\boldsymbol{V}}$$

$$\text{And}\quad \cdots$$

$$\vdots$$

$$\text{And}\quad \text{if}\quad \tilde{\boldsymbol{E}}\quad \text{and}\quad \Delta\tilde{\boldsymbol{E}}\quad \text{then}\quad \tilde{\boldsymbol{W}}$$

操作者在控制过程中要碰到各种可能出现的情况,每一种特定情况下的控制对策都可以概括为一条用模糊条件语句表达的控制规则。因此反映手动控制策略的完整控制规则要由若干条结构相同但语言值不同的模糊条件语句构成。设某控制系统的控制规则如下:

if $\tilde{\boldsymbol{E}}$ = PB and $\Delta\tilde{\boldsymbol{E}}$ = PB or PM or PS or Othen $\tilde{\boldsymbol{U}}$ = NB

if $\tilde{\boldsymbol{E}}$ = PB and $\Delta\tilde{\boldsymbol{E}}$ = NS then $\tilde{\boldsymbol{U}}$ = O

if $\tilde{\boldsymbol{E}}$ = PB and $\Delta\tilde{\boldsymbol{E}}$ = NM or NB then $\tilde{\boldsymbol{U}}$ = O

if $\tilde{\boldsymbol{E}}$ = PM and $\Delta\tilde{\boldsymbol{E}}$ = PB or PM then $\tilde{\boldsymbol{U}}$ = NB

if $\tilde{\boldsymbol{E}}$ = PM and $\Delta\tilde{\boldsymbol{E}}$ = PS or O then $\tilde{\boldsymbol{U}}$ = NM

if $\tilde{\boldsymbol{E}}$ = PM and $\Delta\tilde{\boldsymbol{E}}$ = NS then $\boldsymbol{U}$ = NS

if $\tilde{\boldsymbol{E}}$ = PM and $\Delta\tilde{\boldsymbol{E}}$ = NM or NB then $\tilde{\boldsymbol{U}}$ = O if $\widetilde{\boldsymbol{E}}$ = PS and $\Delta\widetilde{\boldsymbol{E}}$ = PB then $\widetilde{\boldsymbol{U}}$ = NB

if $\widetilde{\boldsymbol{E}}$ = PS and $\Delta\widetilde{\boldsymbol{E}}$ = PM then $\widetilde{\boldsymbol{U}}$ = NM

if $\widetilde{\boldsymbol{E}}$ = PS and $\Delta\widetilde{\boldsymbol{E}}$ = PS or O then $\widetilde{\boldsymbol{U}}$ = NS

if $\widetilde{\boldsymbol{E}}$ = PS and $\Delta\widetilde{\boldsymbol{E}}$ = NS or NM or NB then $\widetilde{\boldsymbol{U}}$ = O

if $\widetilde{\boldsymbol{E}}$ = POand $\Delta\widetilde{\boldsymbol{E}}$ = PB then $\widetilde{\boldsymbol{U}}$ = NM

if $\widetilde{\boldsymbol{E}}$ = PO and $\Delta\widetilde{\boldsymbol{E}}$ = PM then $\widetilde{\boldsymbol{U}}$ = NS

if $\widetilde{\boldsymbol{E}}$ = PO and $\Delta\widetilde{\boldsymbol{E}}$ = PS orO or NS or NM or NB then $\widetilde{\boldsymbol{U}}$ = O

…　　　　　　　　　　　　　　　…

if $\widetilde{\boldsymbol{E}}$ = NB and $\Delta\widetilde{\boldsymbol{E}}$ = NB or NM or NS or O then $\widetilde{\boldsymbol{U}}$ = PB

由一组模糊条件语句表达的控制规则，还可用模糊控制规则表表达，两种表达形式是等效的。表 7 - 2 是由上例中的模糊条件语句写出的模糊控制规则表。

表 7 - 2　模糊控制规则表

<table>
<tr><td rowspan="2">$\Delta\widetilde{\boldsymbol{E}}$</td><td colspan="8">$\widetilde{\boldsymbol{E}}$</td></tr>
<tr><td>PB</td><td>PM</td><td>PS</td><td>PO</td><td>NO</td><td>NS</td><td>NM</td><td>NB</td></tr>
<tr><td>PB</td><td rowspan="4">NB</td><td rowspan="2">NB</td><td>NB</td><td>NM</td><td colspan="4" rowspan="2">0</td></tr>
<tr><td>PM</td><td>NM</td><td>NS</td></tr>
<tr><td>PS</td><td rowspan="2">NM</td><td rowspan="2">NS</td><td rowspan="2">0</td><td colspan="2">0</td><td>PS</td><td>0</td></tr>
<tr><td>O</td><td rowspan="2">0</td><td rowspan="2">PS</td><td rowspan="2">PM</td><td rowspan="4">PB</td></tr>
<tr><td>NS</td><td>0</td><td>NS</td><td colspan="2">0</td></tr>
<tr><td>NM</td><td colspan="4" rowspan="2">0</td><td>PS</td><td>PM</td><td rowspan="2">PB</td></tr>
<tr><td>NB</td><td>PM</td><td>PB</td></tr>
</table>

表中第一行为误差语言变量 $\widetilde{\boldsymbol{E}}$ 对应的各语言值，第一列为 $\Delta\widetilde{\boldsymbol{E}}$ 对应的各语言值，行与列交点处列出了对应于输入 $\widetilde{\boldsymbol{E}}$ 和 $\Delta\widetilde{\boldsymbol{E}}$ 的输出语言变量 $\widetilde{\boldsymbol{U}}$ 的语言值。

2. 基于控制规则的模糊关系

由上一节介绍的内容可知，每一条模糊条件语句都可以用论域的积集上的一个模糊关系$\widetilde{\boldsymbol{R}}_i$来表达，由于一组模糊控制规则相当于由一组模糊条件语句进行“或”连接，因此描述整个系统控制规则的模糊关系$\widetilde{\boldsymbol{R}}$可写为

$$\widetilde{\boldsymbol{R}} = \widetilde{\boldsymbol{R}}_1 \cup \widetilde{\boldsymbol{R}}_2 \cup \cdots \cup \widetilde{\boldsymbol{R}}_m = \bigcup_{i=1}^{m} \widetilde{\boldsymbol{R}}_i$$

式中的每个模糊关系$\widetilde{\boldsymbol{R}}_i$对应于一条模糊控制规则，总模糊关系$\widetilde{\boldsymbol{R}}$体现了模糊控制器的全部模糊控制算法，或者说系统的全部模糊控制知识都存储在总模糊关

系$\widetilde{\boldsymbol{R}}$中。

7.1.4 模糊推理

当给定模糊控制器某个或某些输入模糊集合时，模糊控制器应根据模糊控制规则给出适当的输出模糊集合，经过模糊判决得到确定的控制量对执行器控制。这一过程可表达如下：

已知：表达手动控制策略的模糊关系$\widetilde{\boldsymbol{R}}$和输入语言变量对应的模糊集合$\widetilde{\boldsymbol{E}}_1$，或$\widetilde{\boldsymbol{E}}_1and\Delta\widetilde{\boldsymbol{E}}_1$，或$\widetilde{\boldsymbol{A}}_1and\widetilde{\boldsymbol{B}}_1and\widetilde{\boldsymbol{C}}_1$，求：输出语言变量对应的模糊集合$\widetilde{\boldsymbol{U}}_1$。根据推理合成规则，可求出

$$\widetilde{\boldsymbol{U}}_1=\widetilde{\boldsymbol{E}}_1\circ\widetilde{\boldsymbol{R}}$$
$$\widetilde{\boldsymbol{U}}_1=(\widetilde{\boldsymbol{E}}_1\times\Delta\widetilde{\boldsymbol{E}}_1)\circ\widetilde{\boldsymbol{R}}$$
$$\widetilde{\boldsymbol{U}}_1=(\widetilde{\boldsymbol{A}}_1\times\widetilde{\boldsymbol{B}}_1\times\widetilde{\boldsymbol{C}}_1)\circ\widetilde{\boldsymbol{R}}$$

由于$\widetilde{\boldsymbol{R}}=\bigcup\limits_{i=1}^{m}\widetilde{\boldsymbol{R}}_i$，$\widetilde{\boldsymbol{U}}_1$的计算为

$$\widetilde{\boldsymbol{U}}_1=\bigcup_{i=1}^{m}\widetilde{\boldsymbol{E}}_1\circ\widetilde{\boldsymbol{R}}_i$$
$$\widetilde{\boldsymbol{U}}_1=\bigcup_{i=1}^{m}(\widetilde{\boldsymbol{E}}_1\times\Delta\widetilde{\boldsymbol{E}}_1)\circ\widetilde{\boldsymbol{R}}_i$$
$$\widetilde{\boldsymbol{U}}_1=\bigcup_{i=1}^{m}(\widetilde{\boldsymbol{A}}_1\times\widetilde{\boldsymbol{B}}_1\times\widetilde{\boldsymbol{C}}_1)\circ\widetilde{\boldsymbol{R}}_i$$

例 7－1　某电热炉用于对金属零件的热处理，要求炉温给定值$t_。=600℃$，人工控制时，根据对炉温的观测值，调节电热炉供电电压，达到升降炉温的目的。现改为模糊控制系统，试设计模糊控制器。

解：设计工作分为5步进行。

(1)首先确定模糊控制器的输入量和输出量。输入量采用实测炉温t与给定值$t_。$的误差$e=t-t_。$作为模糊控制器的输入量；输出量采用晶闸管整流电源的触发电压的变化作为模糊控制器的输出量。

(2)输入、输出变量的模糊化描述输入变量$\widetilde{\boldsymbol{E}}$及输出变量$\widetilde{\boldsymbol{U}}$的语言值取为：

NB、NS、O、PS、PB

设$n=3$，并对零误差区别正负，则误差被量化为8个等级，误差e的论域为$\boldsymbol{X}=\{-3,-2,-1,-0,+0,+1,+2,+3\}$；类似地，控制量$u$的论域$\widetilde{\boldsymbol{Y}}=\{-3,-2,-1,-0,+0,+1,+2,+3\}$。

论域$\boldsymbol{X}$(或$\boldsymbol{Y}$)中各元素对误差(或控制量)语言变量值所确定的模糊集合的隶属度可用统计法或函数法等方法得出。设语言变量值的隶属度函数曲线如

图 7 – 2所示，则语言变量 $\widetilde{\boldsymbol{E}}$(或 $\widetilde{\boldsymbol{U}}$) 在论域 $\boldsymbol{X}$(或 $\boldsymbol{Y}$) 上的模糊集合可由赋值表 7 – 3给出。

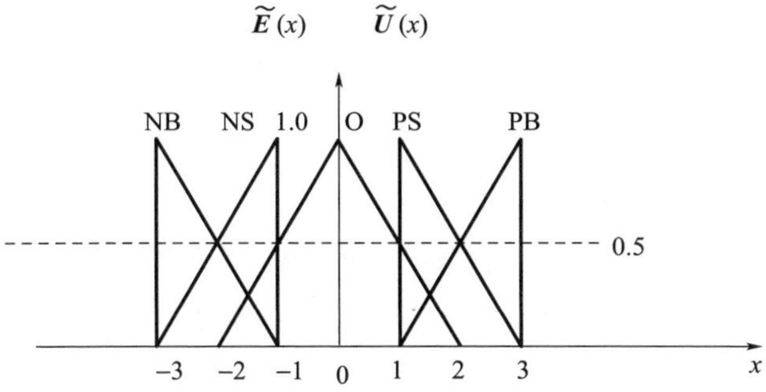

图 7 – 2　语言变量值的隶属度函数

表 7 – 3　例 2 – 12 语言变量赋值表

语言变量值	量化等级						
	– 3	– 2	– 1	0	1	2	3
PB	0	0	0	0	0	0. 5	1
PS	0	0	0	0	1	0. 5	0
O	0	0	0. 5	1	0. 5	0	0
NS	0	0. 5	1	0	0	0	0
NB	1	0. 5	0	0	0	0	0

(3)模糊控制规则的语言描述操作人员经验的语言描述归纳为：

① 若炉温低于 600℃则升压，低得越多升压越高；

若 e 负大，则 u 正大；

若 e 负小，则 u 正小；

② 若炉温等于 600℃则保持电压不变；若 e 为零，则 u 为零；

③ 若炉温高于 600℃则降压，高得越多降压越低；若 e 正小，则 u 负小；

若 e 正大，则 u 负大。

写成模糊条件语句成为：

if $\widetilde{\boldsymbol{E}}$ = NB　then $\widetilde{\boldsymbol{U}}$ = PB

if $\widetilde{\boldsymbol{E}}$ = NS　then $\widetilde{\boldsymbol{U}}$ = PS

if $\widetilde{\boldsymbol{E}}$ = O　then $\widetilde{\boldsymbol{U}}$ = O

if $\widetilde{\boldsymbol{E}}$ = PS　then $\widetilde{\boldsymbol{U}}$ = NS if $\widetilde{\boldsymbol{E}}$ = PB　then $\widetilde{\boldsymbol{U}}$ = NB

写成表 7－4 所示的一维控制规则表。

表 7－4　例 2－12 的控制规则表

$\widetilde{\boldsymbol{E}}$	NB	NS	0	PS	PB
$\widetilde{\boldsymbol{U}}$	PB	PS	0	NS	NB

(4)用误差论域 $\boldsymbol{X}$ 到控制量论域上 $\boldsymbol{Y}$ 的模糊关系$\widetilde{\boldsymbol{R}}$表示模糊控制规则。已知模糊控制规则由一组 5 个模糊条件语句组成，每个模糊条件语句对应一个 $\boldsymbol{X}$ 到 $\boldsymbol{Y}$ 的模糊关系$\widetilde{\boldsymbol{R}}_i$，总的模糊控制规则对应于总模糊关系$\widetilde{\boldsymbol{R}}$，即

$$\widetilde{\boldsymbol{R}}=\widetilde{\boldsymbol{R}}_1\cup\widetilde{\boldsymbol{R}}_2\cup\widetilde{\boldsymbol{R}}_3\cup\widetilde{\boldsymbol{R}}_4\cup\widetilde{\boldsymbol{R}}_5$$

由表 7－3 的各行可得出误差论域和控制论域上各模糊集合的隶属度，从而可计算对应于各模糊条件语句的模糊关系：

$$\widetilde{\boldsymbol{R}}_1=\text{NB}\times\text{PB}=[1\quad 0.5\quad 0\quad 0\quad 0\quad 0\quad 0]^{\text{T}}\times[0\quad 0\quad 0\quad 0\quad 0\quad 0.5\quad 1]$$

$$\widetilde{\boldsymbol{R}}_2=\text{NS}\times\text{PS}=[0\quad 0.5\quad 1\quad 0\quad 0\quad 0\quad 0]^{\text{T}}\times[0\quad 0\quad 0\quad 0\quad 1\quad 0.5\quad 0]$$

$$\widetilde{\boldsymbol{R}}_3=0\times 0=[0\quad 0\quad 0.5\quad 1\quad 0.5\quad 0\quad 0]^{\text{T}}\times[0\quad 0\quad 0.5\quad 1\quad 0.5\quad 0\quad 0]$$

$$\widetilde{\boldsymbol{R}}_4=\text{PS}\times\text{NS}=[0\quad 0\quad 0\quad 0\quad 1\quad 0.5\quad 0]^{\text{T}}\times[0\quad 0.5\quad 1\quad 0\quad 0\quad 0\quad 0]$$

$$\widetilde{\boldsymbol{R}}_5=\text{PB}\times\text{NB}=[0\quad 0\quad 0\quad 0\quad 0\quad 0.5\quad 1]^{\text{T}}\times[1\quad 0.5\quad 0\quad 0\quad 0\quad 0\quad 0]$$

总模糊关系$\widetilde{\boldsymbol{R}}$表示为

$$\widetilde{\boldsymbol{R}}=\bigcup_{i=1}^{5}\widetilde{\boldsymbol{R}}_{\text{I}}=\begin{bmatrix}0&0&0&0&0&0.5&1\\0&0&0&0&0.5&0.5&0.5\\0&0&0.5&0.5&1&0.5&0\\0&0&0.5&1&0.5&0&0\\0&0.5&1&0.5&0.5&0&0\\0.5&0.5&0.5&0&0&0&0\\1&0.5&0&0&0&0&0\end{bmatrix}$$

(5)模糊决策控制量通过模糊合成规则得出

$$\widetilde{\boldsymbol{U}}_1=\widetilde{\boldsymbol{E}}_1\circ\widetilde{\boldsymbol{R}}$$

当取 $\widetilde{\boldsymbol{E}}_1$ = PS 时，有

$$\begin{aligned}\widetilde{\boldsymbol{U}}_1&=\text{PS}\circ\widetilde{\boldsymbol{R}}=[0\quad 0\quad 0\quad 0\quad 1\quad 0.5\quad 0]^{\text{T}}\circ\widetilde{\boldsymbol{R}}\\&=[0.5\quad 0.5\quad 1\quad 0.5\quad 0.5\quad 0\quad 0]\\&=\frac{0.5}{-3}+\frac{0.5}{-2}+\frac{1}{-1}+\frac{0.5}{0}+\frac{0.5}{1}\end{aligned}$$

7.1.5 输出信息的模糊判决

由上例可知,模糊控制器的输出是一个模糊集合,而被控对只能接受一个控制量,需从输出的模糊集合中判决出一个确定的控制量 u,亦称为模糊量的去模糊化。常用方法有以下几种。

1. 最大隶属度法

在模糊集合中选隶属度最大的论域元素作为确定量输出,如同时出现多个隶属度最大的元素,则取其平均值作为判决结果。上例中,论域{-3,-2,-1,0,1,2,3}上的输出模糊集合 $\tilde{\boldsymbol{U}}_1$ 为

$$\tilde{\boldsymbol{U}}_1 = \frac{0.5}{-3} + \frac{0.5}{-2} + \frac{1}{-1} + \frac{0.5}{0} + \frac{0.5}{1}$$

按最大隶度法取得判决结果为 $y_0 = -1$。若 y_0 不为整数,可按四舍五入原则取整。最大隶度法简单易行,实时性好。但对隶属度较小的元素提供的控制作用没有考虑,故利用信息量少。

2. 取中位数法

选取使输出模糊集合 $\tilde{\boldsymbol{U}}_1$ 的隶属度曲线和论域元素横坐标围成区域的面积平分的数,作为模糊判决结果。该方法的优点是充分利用了模糊集合信息,但计算繁锁,且缺乏对隶属度较大元素提供的主导信息的充分重视。

3. 加权平均法(重心法)

$$y_0 = \frac{\sum_{i=1}^{n} y_i \tilde{\boldsymbol{U}}_1(y_i)}{\sum_{i=1}^{n} \tilde{\boldsymbol{U}}_1(y_i)}$$

对于上例应用加权平均法,得模糊判决结果为

$$y_0 = \frac{0.5 \times (-3) + 0.5 \times (-2) + 1 \times (-1) + 0.5 \times 0 + 0.5 \times 1}{0.5 + 0.5 + 1 + 0.5 + 0.5} = \frac{-3}{3} = -1$$

一般来说,上述3中方法各有特点,当输入模糊集合的隶属度曲线不对称时,各判决方法得到的判决结果不一定相同,应根据控制系统的具体情况选用。对判决结果 y_0 取整后,得到的是输出论域 $\boldsymbol{Y}$ 中的一个确定的元素,该元素只是一个量化等级,需要通过事先选定的量化因子 k_u 转变为确定的控制量的变化量 $u = y_0 k_u$。

7.1.6 基本模糊控制器的设计

综合前面对模糊控制器工作原理的分析,可将具有双输入-单输出的基本

模糊控制器的工作原理概括如下。

1. 控制查询表

(1)模糊控制算法:一般双输入-单输出模糊控制器的控制规则可写成条件语句,即

$$\text{if } \widetilde{\boldsymbol{E}}=\widetilde{\boldsymbol{A}}_i \text{ and } \Delta\widetilde{\boldsymbol{E}}=\widetilde{\boldsymbol{B}}_j \text{ then } \widetilde{\boldsymbol{U}}=\widetilde{\boldsymbol{C}}_{ij}, i=1,2,\cdots,n; j=1,2,\cdots,m$$

其中$\widetilde{\boldsymbol{A}}_i$、$\widetilde{\boldsymbol{B}}_j$、$\widetilde{\boldsymbol{C}}_{ij}$是定义在误差、误差变化率和控制量论域 $\boldsymbol{X}$、$\boldsymbol{Y}$、$\boldsymbol{Z}$ 上的模糊集合。上述条件语句可以用一个模糊关系$\widetilde{\boldsymbol{R}}$描述,即

$$\widetilde{\boldsymbol{R}}=\bigcup_{i\neq j}(\widetilde{\boldsymbol{A}}_i\times\widetilde{\boldsymbol{B}}_j)^{T_1}\times\widetilde{\boldsymbol{C}}_{ij}$$

$\widetilde{\boldsymbol{R}}$的隶属度函数为

$$\widetilde{\boldsymbol{R}}(x,y,z)=\bigvee_{i=1,j=1}^{i=n,j=m}\widetilde{\boldsymbol{A}}_i(x)\wedge\widetilde{\boldsymbol{B}}_j(y)\wedge\widetilde{\boldsymbol{C}}_{ij}(z), x\in\boldsymbol{X}, y\in\boldsymbol{Y}, z\in\boldsymbol{Z}$$

当误差及误差变化分别取模糊集$\widetilde{\boldsymbol{A}}$、$\widetilde{\boldsymbol{B}}$时,控制器输出的变化量 $\widetilde{\boldsymbol{U}}$ 根据模糊推理合成规则可得

$$\widetilde{\boldsymbol{U}}=(\widetilde{\boldsymbol{A}}\times\widetilde{\boldsymbol{B}})\circ\widetilde{\boldsymbol{R}}$$

$\widetilde{\boldsymbol{U}}$ 的隶属度函数为

$$\widetilde{\boldsymbol{U}}(z)=\bigvee_{\substack{x\in\boldsymbol{X}\\y\in\boldsymbol{Y}}}\widetilde{\boldsymbol{A}}(x)\wedge\widetilde{\boldsymbol{B}}(y)\wedge\widetilde{\boldsymbol{R}}(x,y,z)$$

(2)建立查询表。设论域 $\boldsymbol{X}=\{x_1,x_2,\cdots,x_n\}$,$\boldsymbol{Y}=\{y_1,y_2,\cdots,y_m\}$,$\boldsymbol{Z}=\{z_1,z_2,\cdots,z_l\}$。则 $\boldsymbol{X}$、$\boldsymbol{Y}$、$\boldsymbol{Z}$ 上的模糊集合分别为 n,m 和 l 元模糊向量,因此描述控制规则的模糊关系 $\boldsymbol{R}^{\sim}$ 为一个 $n\times m$ 行 l 列的矩阵。根据采样得到的误差 x_i、误差变化y_j,可计算出相应的控制量变化u_{ij},如对所有 $\boldsymbol{X}$、$\boldsymbol{Y}$ 中元素的全部组合计算出相应的u_{ij}值,可写成矩阵形式,即

$$(u_{ij})_{n\times m}$$

一般将此矩阵制成查询表(也称控制表)。查询表可由计算机离线计算好,实时控制过程中,根据论域变换后的 e 和 $\dot{e}$ 直接查表以获得控制量的变化值u_{ij},u_{ij}乘以比例因子κ_u,即可作为输出进行控制。

2. 模糊控制算法的流程图

模糊控制算法由计算机程序实现,程序一般包括两个部分:

(1)计算机离线计算查询表的程序,属于模糊矩阵运算;

(2)计算机在模糊控制过程中在线输入误差及误差变化率 e 和 $\dot{e}$,并进行模糊化处理,查找查询表后再做输出处理。图 7-3 给出模糊控制算法的程序流程图。

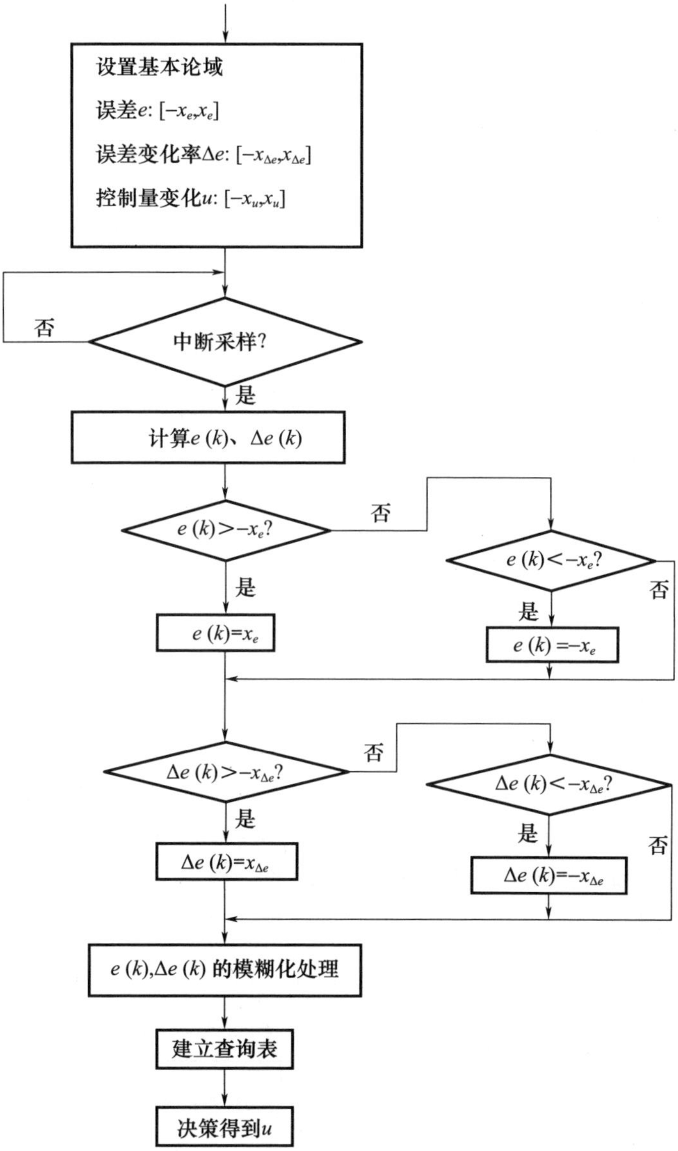

图 7－3　模糊控制算法的程序流程

3. 基本模糊控制器设计实例

控制任务：在冶炼金属钨的九管还原炉的温度控制中需控制 6 个温区的温度，由于各温区可视为结构相同且相互独立的 6 个温控系统，只考虑一套系统的设计。控制任务是将温区的温度控制在给定值附近，误差不允许超过 ±5℃。由于九管还原炉的数学模型较难建立，试采用模糊控温方案。

模糊控制器的设计可归纳为以下 4 项工作：

1）输入输出语言变量的选择

输入语言变量选为实际温度与给定温度之差即误差 e，以及误差变化率 $\dot{e}$；输出语言变量选为加热装量中晶闸管导通角的变化量 u，故模糊控制器为双输入—单输出。

2）建立各语言变量的赋值表

设误差 e 的基本论域为[−30℃，+30℃]，输入语言变量 $\boldsymbol{E}$ 的论域：$\boldsymbol{X}=\{-6, -5, -4, -3, -2, -1, -0, +0, +1, +2, +3, +4, +5, +6\}$；误差 e 的量化因子：$k_e=\dfrac{6}{30}=\dfrac{1}{5}$。语言变量 $\boldsymbol{E}$ 选取 8 个语言值：PB、PM、PS、PO、NO、NS、NM、NB。

总结专家操作的经验，确定各语言变量值在 $\boldsymbol{X}$ 论域上的隶属度函数，建立语言变量 $\boldsymbol{E}$ 的赋值表如表 7 −5 所示。同理，设 $\Delta\boldsymbol{E}$ 的论域 $\boldsymbol{Y}=\boldsymbol{X}$，$\boldsymbol{U}$ 的论域 $\boldsymbol{Z}=\boldsymbol{X}$，建立 $\Delta\boldsymbol{E}$ 和 $\boldsymbol{U}$ 的赋值表（表 7 −6，表 7 −7）。

3）建立模糊控制规则表

总结手动控制策略，得出一组由 52 条模糊条件语句构成的控制规则，据此建立控制规则表（表 7 −8）。表中行与列交叉处的每个元素以及其所在列的第一行元素和所在行的第一列元素，对应于一个形式为“if $\boldsymbol{E}$ and $\Delta\boldsymbol{E}$ then $\boldsymbol{U}$” 的模糊语句，根据该模糊语句可得到相应的模糊关系$\widetilde{\boldsymbol{R}}_i$，则描述九管还原炉温控系统控制规则的总模糊关系为

$$\widetilde{\boldsymbol{R}}=\bigcup_{i=1}^{52}\widetilde{\boldsymbol{R}}_i$$

表 7 −5 语言变量 $\boldsymbol{E}$ 赋值表

语言值	X													
	−6	−5	−4	−3	−2	−1	−0	+0	+1	+2	+3	+4	+5	+6
PB	0	0	0	0	0	0	0	0	0	0	0	0.2	0.7	1
PM	0	0	0	0	0	0	0	0	0	0.2	0.7	1	0.7	0.2
PS	0	0	0	0	0	0	0	0.1	0.7	1	0.7	0.1	0	0
PO	0	0	0	0	0	0	0	1	0.7	0.1	0	0	0	0

续表

语言值	X													
	-6	-5	-4	-3	-2	-1	-0	+0	+1	+2	+3	+4	+5	+6
NO	0	0	0	0	0.1	0.7	1	0	0	0	0	0	0	0
NS	0	0	0.1	0.7	1	0.7	0.1	0	0	0	0	0	0	0
NM	0.2	0.7	1	0.7	0.2	0	0	0	0	0	0	0	0	0
NB	1	0.7	0.2	0	0	0	0	0	0	0	0	0	0	0

表 7-6　语言变量 ΔE 赋值表

语言值	Y												
	-6	-5	-4	-3	-2	-1	0	+1	+2	+3	+4	+5	+6
PB	0	0	0	0	0	0	0	0	0	0	0.2	0.7	1
PM	0	0	0	0	0	0	0	0	0.2	0.8	1	0.8	0.2
PS	0	0	0	0	0	0	0	0.8	1	0.8	0.2	0	0
O	0	0	0	0	0	0.5	1	0.5	0	0	0	0	0
NS	0	0	0.2	0.8	1	0.8	0	0	0	0	0	0	0
NM	0.2	0.8	1	0.8	0.2	0	0	0	0	0	0	0	0
NB	1	0.7	0.2	0	0	0	0	0	0	0	0	0	0

表 7-7　语言变量 U 赋值表

语言值	Z												
	-6	-5	-4	-3	-2	-1	0	+1	+2	+3	+4	+5	+6
PB	0	0	0	0	0	0	0	0	0	0	0.2	0.7	1
PM	0	0	0	0	0	0	0	0	0.2	0.8	1	0.8	0.2
PS	0	0	0	0	0	0	0.1	0.8	1	0.8	0.1	0	0
O	0	0	0	0	0	0.5	1	0.5	0	0	0	0	0
NS	0	0	0.1	0.8	1	0.8	0.1	0	0	0	0	0	0
NM	0.2	0.8	1	0.8	0.2	0	0	0	0	0	0	0	0
NB	1	0.7	0.2	0	0	0	0	0	0	0	0	0	0

表 7-8 模糊控制规则表

$\Delta\widetilde{E}$	$\widetilde{E}$							
	NB	NM	NS	NO	PO	PS	PM	PB
PB	PB	PM	NM	NM	NM	NB	NB	×
PM	PB	PM	NM	NM	NM	NS	NS	×
PS	PB	PM	NS	NS	NS	NS	NM	NB
O	PB	PM	PS	O	O	NS	NM	NB
NS	PB	PM	PS	PS	PS	PS	NM	NB
NM	×	PB	PS	PM	PM	PM	NM	NB
NB	×	PB	PB	PM	PM	PM	NM	NB

4)建立查询表

设输入误差 e 量化后对应于 $\boldsymbol{X}$ 论域的元素 $x_i=2$，输入误差变化率 $\dot{e}$ 量化后对应于 $\boldsymbol{Y}$ 论域的元素 $y_j=-2$，根据 x_i、y_j 可从语言变量 $\boldsymbol{E}$ 和 $\Delta\boldsymbol{E}$ 的赋值表查出，

$$\widetilde{\boldsymbol{E}}=\mathrm{PS}=[0\quad 0\quad 0\quad 0\quad 0\quad 0\quad 0\quad 0.1\quad 0.7\quad 1\quad 0.7\quad 0.1\quad 0\quad 0]$$

$$\Delta\widetilde{\boldsymbol{E}}=\mathrm{NS}=[0\quad 0\quad 0.2\quad 0.8\quad 1\quad 0.8\quad 0\quad 0\quad 0\quad 0\quad 0\quad 0\quad 0\quad 0]$$

根据推理合成规则，输出模糊集合 $\widetilde{\boldsymbol{U}}=(\widetilde{\boldsymbol{E}}\times\Delta\widetilde{\boldsymbol{E}})\circ\widetilde{\boldsymbol{R}}$，对 $\widetilde{\boldsymbol{U}}$ 进行模糊判决后可得出 $\boldsymbol{Z}$ 论域中的对应元素 z_k。如果对输入语言变量的论域 $\boldsymbol{X}$、$\boldsymbol{Y}$ 中全部元素的所有组合 x_i、y_j，$i=1,2,\cdots,n$，$j=1,2,\cdots,m$，按上述方法求取输出语言变量 $\boldsymbol{U}$ 的模糊集合 $\widetilde{\boldsymbol{U}}_{ij}$，对 $\widetilde{\boldsymbol{U}}_{ij}$ 进行模糊判决，利用判决结果可建立查询表如表 7-9 所示。

表 7-9 模糊控制器查询表

y_j	x_i												
	-6	-5	-4	-3	-2	-1	0	+1	+2	+3	+4	+5	+6
-6	6	5	6	5	6	6	6	3	3	1	0	0	0
-5	5	5	5	5	5	5	5	3	3	1	0	0	0
-4	6	5	6	5	6	6	6	3	3	1	0	0	0
-3	5	5	5	5	5	5	5	2	1	0	-1	-1	-1
-2	3	3	3	4	3	3	3	0	0	0	-1	-1	-1
-1	3	3	3	4	3	3	1	0	0	0	-2	-2	-1
-0	3	3	3	4	1	1	0	0	-1	-1	-3	-3	-3
+0	3	3	3	4	1	0	0	-1	-1	-1	-3	-3	-3
1	2	2	2	2	0	0	-1	-3	-3	-2	-3	-3	-3
2	1	1	1	-1	0	-2	-3	-3	-3	-2	-3	-3	-3

续表

y_j	x_i												
	-6	-5	-4	-3	-2	-1	0	+1	+2	+3	+4	+5	+6
3	0	0	0	-1	-2	-2	-5	-5	-5	-5	-5	-5	-5
4	0	0	0	-1	-3	-3	-6	-6	-6	-5	-6	-5	-5
5	0	0	0	-1	-3	-3	-5	-5	-5	-5	-5	-5	-5
6	0	0	0	-1	-3	-3	-6	-6	-6	-5	-6	-5	-6

控制系统在实际运行时,在每一控制周期中,将采样得到的 e 和计算得到的 $\dot{e}$ 分别乘以 k_e 和 $k_{\dot{e}}$,得到 $\boldsymbol{X}$、$\boldsymbol{Y}$ 中的相应元素 x_i 和 y_j,查表后得到 $\boldsymbol{Z}$ 中的相应元素 z_k,乘以比例因子 k_u 后,即得到控制量的变化值 u。

4. 基本模糊控制器的控制特性

模糊控制器同常规数字 PID 控制相比,具有许多优异性能。下面选用 3 类工业过程中的典型被控对象,并改变对象模型的参数及结构,观察比较两种控制方式的阶跃响应。

设有 3 类典型被控对象

$$G_{01}(S) = \frac{K e^{-\tau S}}{T_1 S + 1}$$

$$G_{02}(S) = \frac{K e^{-\tau S}}{(T_1 S + 1)(T_2 S + 1)}$$

$$G_{03}(S) = \frac{K e^{-\tau S}}{(T_1 S + 1)(T_2 S + 1)(T_3 S + 1)}$$

首先按二阶对象 $G_{02}(S)$ 整定两种控制器的参数,使它们均获得满意的控制特性。为了比较两种控制器的适应能力,在保持已整定参数不变的情况下,改变二阶对象参数 T_1、T_2 的大小,看其系统阶跃响应特性的变化,进而改变被控对象的结构,并比较两种控制器的系统阶跃响应特性。

1)PID 控制器的系统阶跃响应特性

(1)二阶对象参数为:滞后时间 $\tau = 0$, $K = 20$, $T_1 = 1.2\text{s}$, $T_2 = 4\text{s}$,采样周期 $T = 0.1\text{s}$。经过参数整定,得到 PID 控制参数为 $K_P = 0.284$, $K_I = 0.03$, $K_D = 0.626$。在这组控制参数控制下,系统的阶跃响应曲线如图 7-4 的曲线②所示,其中超调量 $б = 4\%$,调节时间 $t_s = 8.25\text{s}$。

(2)改变对象参数:保持 PID 整定参数不变,改变二阶对象的时间常数 T_1 和 T_2:$T_1 = 0.4$, $T_2 = 4$ 时对应于图 7-4 中的曲线①;$T_1 = 2$, $T_2 = 4$ 时对应于图 7-4

中的曲线③；$T_1=2$，$T_2=8$ 时对应于图 7－4 中的曲线④。观察 4 条阶跃响应曲线可以看出，系统的响应特性变化为：超调量 δ 最小为 1.3%，最大为 6%，变化为 4.6 倍；调节时间 t_s 由最短的 5s 到最长的 16.75s，变化为 3.35 倍。

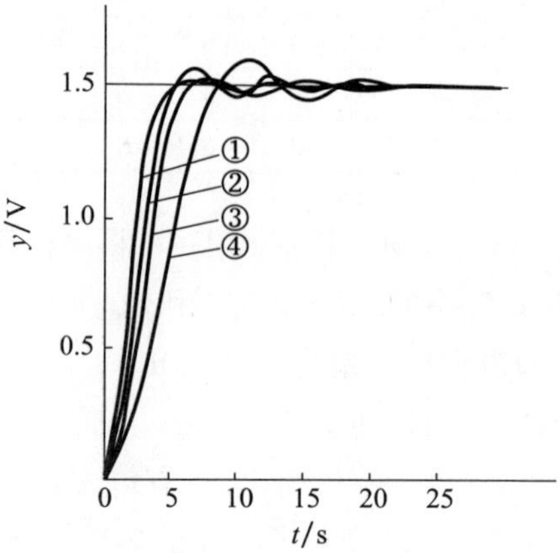

图 7－4　参数变化对 PID 控制特性的影响

（3）改变对象结构：保持 PID 整定参数不变，对象结构由 $G_{02}(S)$ 变为 $G_{01}(S)$ 和 $G_{03}(S)$。系统阶跃响应曲线分别为图 7－4 中的曲线①和曲线③，与二阶对象的曲线②进行比较可以看出，对象结构变为三阶时，系统严重振荡。当对象结构为一阶时，从理论上讲应采用 PI 控制，当由于该控制器的 $K_D \neq 0$，系统在采样周期 $T=0.1$s 时产生严重振荡。图 7－5 中的曲线①是采样周期 $T=0.02$s 时的阶跃响应曲线，可以看出该响应仍存在高频分量。

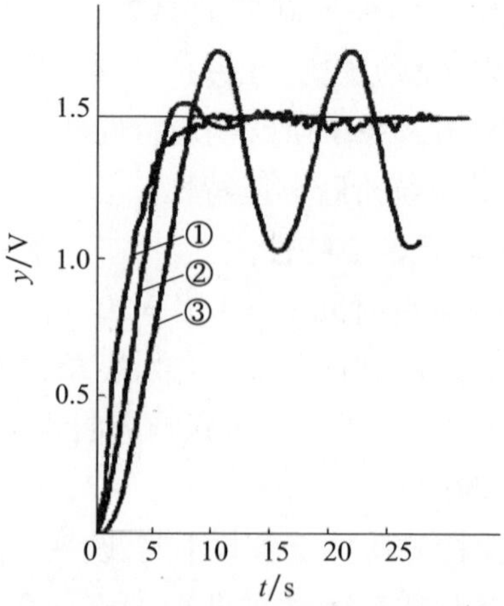

图 7－5　对象结构变化对 PID 控制特性的影响

2)模糊控制特性

(1)二阶对象参数为:$\tau=0.5$,其他不变。$\boldsymbol{E}$ 基本论域:[-0.6, +0.6],$\Delta\boldsymbol{E}$ 基本论域:[-0.03, +0.03]。响应特性:无超调,$t_s=7.0$s;阶跃响应曲线如图7-6或图7-7中的曲线②所示。

(2)改变对象参数,情况同PID,响应曲线如图7-6所示。响应特性变化:3种情况均无超调,t_s由5.75s到7.75s,变化为1.35倍。

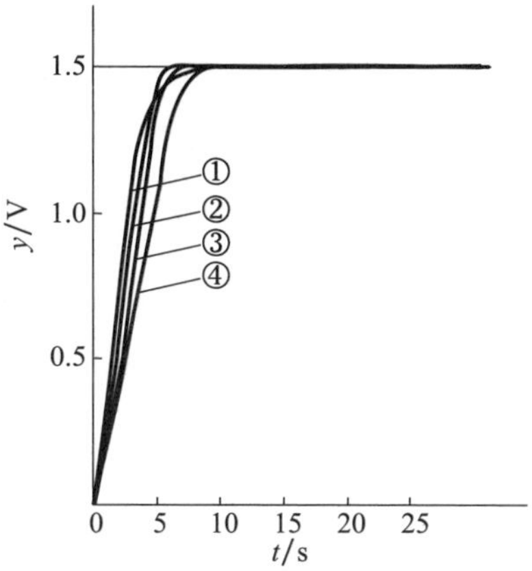

图7-6　参数变化对模糊控制特性的影响

(3)改变对象结构,方法同PID,响应曲线如图7-7所示。响应特性变化:G_{01}时:无超调,$t_s=5$s;G_{03}时:$\sigma=2.7\%$,$t_s=11.5$s。

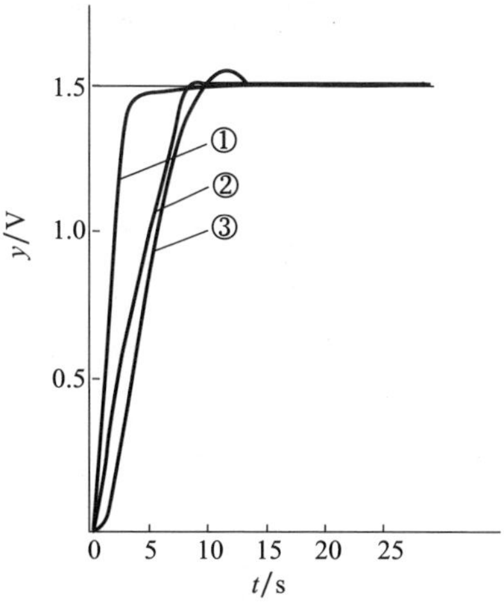

图7-7　对象结构变化对模糊控制特性的影响

通过本例可以看出,模糊控制与 PID 控制相比,对被控对象参数变化的适应能力强,而且在对象模型结构发较大改变的情况下,也能获得较好的控制效果。

7.1.7 模糊模型的建立

设计模糊控制器必须建立通过控制规则描述的模糊模型。建立模糊模型的方法除了总结操作者手动控制策略以形成控制规则外,还有相关法、查表法、模糊推理合成法、修正因子法等。下面介绍应用较广的相关法。

相关法是根据系统输入、输出量的实测值,应用模糊集合理论辨识系统模糊模型的一种方法。采用这种方法建立的模糊模型可以对系统的基本特性作出较严格的定量描述。

1. 模糊模型定义

设有单输入-单输出系统,其输入语言变量误差 $\boldsymbol{E}$ 的论域为:$\boldsymbol{X}=\{x_1,x_2,\cdots,x_n\}$,输出语言变量控制量变 $\boldsymbol{U}$ 的论域为:$Y=\{y_1,y_2,\cdots,y_m\}$。$\boldsymbol{E},\boldsymbol{U}$ 的模糊集合分别为

$$\boldsymbol{E}:B_1,B_2,\cdots,B_n$$
$$\boldsymbol{U}:C_1,C_2,\cdots,C_m$$

模糊模型是指描述系统的一组模糊条件语句,即

$$\text{if } e(t-k)=\tilde{\boldsymbol{B}}_i \text{ or } \tilde{\boldsymbol{B}}_j \text{ and } \quad u(t-l)=\tilde{C}_p \text{ or } \tilde{C}_q \text{ then } \mathrm{u}(\mathrm{t})=\tilde{C}_r \tag{7-1}$$

式中:$i,j=1,2,\cdots,n;p,q,r=1,2,\cdots,m$。每条模糊条件语句表达为一条控制规则,一组规则构成的模糊算法即为系统模糊模型。

相关法根据 $t-k$ 时刻的输入和 $t-l$ 时刻的输出的实测值来预测 t 时刻输出的测量值。如果 e 和 u 均为普通变量,则式(7-1)相当于差分方程

$$u(t)=f[u(t-l),e(t-k)]$$

2. 相关法建立模糊模型的步骤

1)建立语言变量赋值表

根据上一节介绍的方法,建立赋值表的过程。

(1)对系统输入、输出实测值做量化处理,确定各自的基本论域、量化因子和比例因子;建立 $\boldsymbol{E}$、$\boldsymbol{U}$ 的论域:$\boldsymbol{X}=\{x_1,x_2,\cdots,x_n\}$,$\boldsymbol{Y}=\{y_1,y_2,\cdots,y_m\}$,选择 $\boldsymbol{E}$ 和 $\boldsymbol{U}$ 的语言值,从而得到一系列相应的模糊集合 $\tilde{\boldsymbol{B}}_i(i=1,2,\cdots,n)$ 和 $\tilde{\boldsymbol{C}}_j(j=1,2,\cdots,m)$。

(2)根据系统输入、输出量的实际变化,确定各模糊集合的隶属度函数(可用正态函数或统计方法)。

(3) 建立输入、输出语言变量赋值表。

2) 确定模糊模型结构的时滞参数

应用相关分析法确定 k 和 l 的方法是:①利用系统输入、输出语言变量赋值表将输入、输出实测值 e 和 u 模糊化,得到 $\boldsymbol{E}$、$\boldsymbol{U}$ 论域上的模糊集合 $\tilde{\boldsymbol{B}}_i$ 和 $\tilde{\boldsymbol{C}}_j$;②根据这些模糊集合 $\tilde{\boldsymbol{B}}_i$ 和 $\tilde{\boldsymbol{C}}_j$ 进行相关分析,确定模糊模型结构参数 k 和 l。

3) 建立模糊模型

方法是:①将输入、输出实测 $e(t-k)$ 值 $u(t-l)$ 和 $u(t)$ 的全部语言值模糊集合 $\tilde{\boldsymbol{B}}_i$ 和 $\tilde{\boldsymbol{C}}_j$ 一一列出,得到表 7-10,表中每一行相当于一条模糊条件语句,整张表的内容即给出一组用模糊条件语句表达的控制规则;②对控制规则组中的相同语句或矛盾语句做进一步分析处理,最后得出由 J 条模糊条件语句表达的模糊模型。

表 7-10　模糊条件语句表

$e(t-k)$	$u(t-l)$	$u(t)$
$\tilde{\boldsymbol{B}}_{k_1}$	$\tilde{\boldsymbol{C}}_{l_1}$	$\tilde{\boldsymbol{C}}_{j1}$
⋮	⋮	⋮
$\tilde{\boldsymbol{B}}_{k_i}$	$\tilde{\boldsymbol{C}}_{l_i}$	$\tilde{\boldsymbol{C}}_{ji}$
⋮	⋮	⋮

3. 相关法建立模糊模型的实例

在某电热炉温度控制系统中,偏差 e 定义为温度给定值 r 与实际温度输出值 y 之差:$e=r-y$,控制变化量 u 为电热炉输入电流的调节值。其手动控制的输入、输出语言变量 $\boldsymbol{E}$ 和 $\boldsymbol{U}$ 的基本论域见表 7-10,试用相关法建立该模糊控制系统的模糊模型。

第一步,建立输入输出语言变量 $\boldsymbol{E}$ 和 $\boldsymbol{U}$ 的赋值表。首先对输入、输出量实测值进行量化;定义 $\boldsymbol{E}$ 和 $\boldsymbol{U}$ 的语言值模糊集合,其中 $\boldsymbol{E}$ 取 $n=7$ 个模糊集合,$\boldsymbol{U}$ 取 $m=6$ 个模糊集合;填写 $\boldsymbol{E}$ 和 $\boldsymbol{U}$ 的语言变量赋值表(表 7-11 和表 7-12)。

表 7-11　偏差 $\boldsymbol{E}$ 的赋值表

量化等级	e 的基本论域/℃	模糊集合						
		$\tilde{\boldsymbol{B}}_1$	$\tilde{\boldsymbol{B}}_2$	$\tilde{\boldsymbol{B}}_3$	$\tilde{\boldsymbol{B}}_4$	$\tilde{\boldsymbol{B}}_5$	$\tilde{\boldsymbol{B}}_6$	$\tilde{\boldsymbol{B}}_7$
-8	$e\leqslant -30$	0.5						
-7	$-30<e\leqslant -25$	1						
-6	$-25<e\leqslant -20$	0.6	0.6					
-5	$-20<e\leqslant -15$	0.2	0.8	0.3				
-4	$-15<e\leqslant -10$		1	0.8				

续表

量化等级	e的基本论域/℃	模糊集合						
		$\widetilde{\boldsymbol{B}}_1$	$\widetilde{\boldsymbol{B}}_2$	$\widetilde{\boldsymbol{B}}_3$	$\widetilde{\boldsymbol{B}}_4$	$\widetilde{\boldsymbol{B}}_5$	$\widetilde{\boldsymbol{B}}_6$	$\widetilde{\boldsymbol{B}}_7$
-3	$-10<e\leqslant-5$		0.8	1				
-2	$-5<e\leqslant-2$		0.3	0.8	0.2			
-1	$-2<e\leqslant-0.5$			0.3	0.8			
0	$-0.5<e\leqslant0.5$				1			
1	$0.5<e\leqslant2$				0.8	0.3		
2	$2<e\leqslant5$				0.2	0.8	0.3	
3	$5<e\leqslant10$					1	0.8	
4	$10<e\leqslant15$					0.8	1	
5	$15<e\leqslant20$					0.3	0.8	0.2
6	$20<e\leqslant25$						0.5	0.6
7	$25<e\leqslant30$							1
8	$30<e$							0.5

表 7-12　控制量变化 $\boldsymbol{U}$ 的赋值表

量化等级	u的基本论域/A	模糊集合					
		$\widetilde{C}_1$	$\widetilde{C}_1$	$\widetilde{C}_1$	$\widetilde{C}_1$	$\widetilde{C}_1$	$\widetilde{C}_1$
-8	$u\leqslant45$	0.5					
-7	$45<u\leqslant46$	0.9					
-6	$46<u\leqslant47$	1					
-5	$47<u\leqslant48$	0.8					
-4	$48<u\leqslant49$	0.3	0.5				
-3	$49<u\leqslant50$		0.8				
-2	$50<u\leqslant51$		1	0.3			
-1	$51<u\leqslant52$		0.7	0.8			
0	$52<u\leqslant53$		0.3	1	0.5		
1	$53<u\leqslant54$			0.5	1	0.3	
2	$54<u\leqslant55$				0.8	0.7	
3	$55<u\leqslant56$				0.3	1	
4	$56<u\leqslant57$					0.8	
5	$57<u\leqslant58$					0.5	0.3
6	$58<u\leqslant59$						0.8
7	$59<u\leqslant60$						1
8	$60<u$						0.5

第二步，确定相关法建模的时滞参数。首先统计手动控制时系统运行过程中 $u(t)$ 和 $e(t-1)$、$e(t-2)$、…以及 $u(t)$、$u(t-1)$、$e(t-2)$、…相互关联的情况，将统计结果列入表 7-13～表 7-18，表 7-19～表 7-21，表格中的数字表示出现同一规则的次数。对表 7-13～表 7-18 和表 7-14～表 7-21 进行相关分析可以看出：表 7-16 对角线上的小方格内集中了大量相同的规则，而其他表中的数字比较分散，表明 $u(t)$ 与 $e(t-4)$ 的相关程度最高。同样，在表 7-19 对角线的方格内也集中了大量的相同规则，从而表明 $u(t)$ 与 $u(t-1)$ 的相关程度也是最高的。通过相关分析表明，$k=4$，$l=1$，因此最佳模糊模型结构应为 $[e(t-4),u(t-1),u(t)]$，即"if $e(t-4)=\widetilde{\boldsymbol{B}}_{k_i}$ and $u(t-1)=\widetilde{\boldsymbol{C}}_{l_i}$ then $u(t)=\widetilde{\boldsymbol{C}}_{j_i}$"。此模型意味着用 $t-4$ 时刻的编差 $e(t-4)$ 和 $t-1$ 时刻的输出 $u(t-1)$ 预测 t 时刻输出 $u(t)$。

表 7-13　$e(t-k)$ 与 $u(t)$ 的相关分析表($k=1$)

$e(t-1)$	$u(t)$					
	$\widetilde{C}_1$	$\widetilde{C}_2$	$\widetilde{C}_{3_i}$	$\widetilde{C}_{4_i}$	$\widetilde{C}_5$	$\widetilde{C}_{6_i}$
$\widetilde{B}_1$			1	2	4	4
$\widetilde{B}_2$		2	8	10	17	11
$\widetilde{B}_3$	1	5	13	11	26	8
$\widetilde{B}_4$	1	8	5	16	17	4
$\widetilde{B}_5$	2	20	18	24	11	1
$\widetilde{B}_6$	9	15	13	3	0	0
$\widetilde{B}_7$	1	3	1	0	0	0

表 7-14　$e(t-k)$ 与 $u(t)$ 的相关分析表($k=2$)

$e(t-2)$	$u(t)$					
	$\widetilde{C}_1$	$\widetilde{C}_2$	$\widetilde{C}_{3_i}$	$\widetilde{C}_{4_i}$	$\widetilde{C}_5$	$\widetilde{C}_{6_i}$
$\widetilde{B}_1$	0	0	0	1	5	5
$\widetilde{B}_2$	0	0	4	13	19	12
$\widetilde{B}_3$	0	5	11	12	30	6
$\widetilde{B}_4$	0	7	7	17	17	2
$\widetilde{B}_5$	2	20	26	22	4	2
$\widetilde{B}_6$	10	18	11	0	0	1
$\widetilde{B}_7$	2	3	0	0	0	0

表 7-15　$e(t-k)$ 与 $u(t)$ 的相关分析表($k=3$)

$e(t-3)$	$u(t)$					
	$\tilde{C}_1$	$\tilde{C}_2$	$\tilde{C}_3$	$\tilde{C}_4$	$\tilde{C}_5$	$\tilde{C}_6$
$\tilde{B}_1$	0	0	0	0	3	8
$\tilde{B}_2$	0	0	1	9	24	14
$\tilde{B}_3$	0	1	9	18	32	4
$\tilde{B}_4$	0	4	10	21	13	1
$\tilde{B}_5$	0	23	34	15	3	1
$\tilde{B}_6$	10	24	5	1	0	0
$\tilde{B}_7$	4	1	0	0	0	0

表 7-16　$e(t-k)$ 与 $u(t)$ 的相关分析表($k=4$)

$e(t-4)$	$u(t)$					
	$\tilde{C}_1$	$\tilde{C}_2$	$\tilde{C}_3$	$\tilde{C}_4$	$\tilde{C}_5$	$\tilde{C}_6$
$\tilde{B}_1$	0	0	0	0	0	11
$\tilde{B}_2$	0	0	0	2	30	16
$\tilde{B}_3$	0	0	2	24	35	3
$\tilde{B}_4$	0	1	13	27	7	0
$\tilde{B}_5$	0	24	41	10	1	0
$\tilde{B}_6$	9	28	3	0	0	0
$\tilde{B}_7$	5	0	0	0	0	0

表 7-17　$e(t-k)$ 与 $u(t)$ 的相关分析表($k=5$)

$e(t-5)$	$u(t)$					
	$\tilde{C}_1$	$\tilde{C}_2$	$\tilde{C}_3$	$\tilde{C}_4$	$\tilde{C}_5$	$\tilde{C}_6$
$\tilde{B}_1$	0	0	0	0	4	7
$\tilde{B}_2$	0	0	1	12	28	7
$\tilde{B}_3$	0	1	11	18	25	9
$\tilde{B}_4$	0	7	17	12	8	2
$\tilde{B}_5$	5	25	17	15	9	3
$\tilde{B}_6$	7	18	10	4	1	0
$\tilde{B}_7$	2	2	1	0	0	0

表 7－18　$e(t-k)$ 与 $u(t)$ 的相关分析表($k=6$)

$e(t-6)$	$u(t)$					
	$\tilde{C}_1$	$\tilde{C}_2$	$\tilde{C}_3$	$\tilde{C}_4$	$\tilde{C}_5$	$\tilde{C}_6$
$\tilde{B}_1$	0	0	0	0	6	5
$\tilde{B}_2$	0	0	4	15	24	5
$\tilde{B}_3$	0	2	13	16	22	10
$\tilde{B}_4$	1	9	14	9	11	2
$\tilde{B}_5$	6	24	13	14	11	6
$\tilde{B}_6$	5	16	11	7	1	0
$\tilde{B}_7$	2	2	1	0	0	0

表 7－19　$u(t-l)$ 与 $u(t)$ 的相关分析表($l=1$)

$u(t-1)$	$u(t)$					
	$\tilde{C}_1$	$\tilde{C}_2$	$\tilde{C}_3$	$\tilde{C}_4$	$\tilde{C}_5$	$\tilde{C}_6$
$\tilde{C}_1$	12	2	0	0	0	0
$\tilde{C}_2$	2	42	0	0	0	0
$\tilde{C}_3$	0	9	39	11	0	0
$\tilde{C}_4$	0	0	11	46	10	0
$\tilde{C}_5$	0	0	0	9	60	5
$\tilde{C}_6$	0	0	0	0	5	23

表 7－20　$u(t-l)$ 与 $u(t)$ 的相关分析表($l=2$)

$u(t-2)$	$u(t)$					
	$\tilde{C}_1$	$\tilde{C}_2$	$\tilde{C}_3$	$\tilde{C}_4$	$\tilde{C}_5$	$\tilde{C}_6$
$\tilde{C}_1$	6	8	0	0	0	0
$\tilde{C}_2$	8	29	13	3	0	0
$\tilde{C}_3$	0	16	25	15	3	0
$\tilde{C}_4$	0	0	20	31	14	2
$\tilde{C}_5$	0	0	1	16	48	8
$\tilde{C}_6$	0	0	0	0	10	18

表 7-21　$u(t-l)$与$u(t)$的相关分析表($l=3$)

$u(t-3)$	$u(t)$					
	$\tilde{C}_1$	$\tilde{C}_2$	$\tilde{C}_3$	$\tilde{C}_4$	$\tilde{C}_5$	$\tilde{C}_6$
$\tilde{C}_1$	7	7	0	0	0	0
$\tilde{C}_2$	6	25	15	5	2	0
$\tilde{C}_3$	1	19	15	18	5	1
$\tilde{C}_4$	0	2	23	23	15	4
$\tilde{C}_5$	0	0	6	18	38	10
$\tilde{C}_6$	0	0	0	0	15	13

第三步,确定模糊控制规则。由表 7-16 和表 7-19,将语言变量 $e(t-4)$、$u(t-1)$和$u(t)$的全部语言值的模糊集合$\tilde{\boldsymbol{B}}$和$\tilde{\boldsymbol{C}}$列出如下:

	$e(t-4)$	$u(t-1)$	$u(t)$
1	$\tilde{\boldsymbol{B}}_1$	$\tilde{\boldsymbol{C}}_5$	$\tilde{\boldsymbol{C}}_6$
2	$\tilde{\boldsymbol{B}}_1$	$\tilde{\boldsymbol{C}}_6$	$\tilde{\boldsymbol{C}}_6$
3	$\tilde{\boldsymbol{B}}_2$	$\tilde{\boldsymbol{C}}_3$	$\tilde{\boldsymbol{C}}_4$
4	$\tilde{\boldsymbol{B}}_2$	$\tilde{\boldsymbol{C}}_4$	$\tilde{\boldsymbol{C}}_4$
5	$\tilde{\boldsymbol{B}}_2$	$\tilde{\boldsymbol{C}}_5$	$\tilde{\boldsymbol{C}}_4$
6	$\tilde{\boldsymbol{B}}_2$	$\tilde{\boldsymbol{C}}_4$	$\tilde{\boldsymbol{C}}_5$
7	$\tilde{\boldsymbol{B}}_2$	$\tilde{\boldsymbol{C}}_5$	$\tilde{\boldsymbol{C}}_5$
8	$\tilde{\boldsymbol{B}}_2$	$\tilde{\boldsymbol{C}}_6$	$\tilde{\boldsymbol{C}}_5$
9	$\tilde{\boldsymbol{B}}_2$	$\tilde{\boldsymbol{C}}_5$	$\tilde{\boldsymbol{C}}_6$
10	$\tilde{\boldsymbol{B}}_2$	$\tilde{\boldsymbol{C}}_6$	$\tilde{\boldsymbol{C}}_6$
	⋮	⋮	⋮

其中每一行对应一条规则:

$$\text{if } e(t-4)=\tilde{\boldsymbol{B}}_1 \text{ and } u(t-1)=\tilde{\boldsymbol{C}}_5 \text{ then } u(t)=\tilde{\boldsymbol{C}}_6$$
$$\text{if } e(t-4)=\tilde{\boldsymbol{B}}_1 \text{ and } u(t-1)=\tilde{\boldsymbol{C}}_6 \text{ then } u(t)=\tilde{\boldsymbol{C}}_6$$
$$\cdots$$

对以上列出的规则,要经过简化处理,去掉互相重复或矛盾的规则。处理原则是:

① 对于重复规则,只保留一条,除去重复的其他规则。

② 对于互相矛盾的规则,取出现次数多的规则。例如上述规则中第 4 条与

第 6 条矛盾,但第 6 条规则出现的次数比第 4 条多,故应舍去第 4 条。

③ 对于不完全相同且不矛盾的规则,做合并处理。例如第 6 条、第 7 条、第 8 条规则可合并为 1 条:

$$\text{if } e(t-4)=\tilde{\boldsymbol{B}}_2 \text{ and } u(t-1)=\tilde{\boldsymbol{C}}_4 \text{or} \tilde{\boldsymbol{C}}_4 \text{or} \tilde{\boldsymbol{C}}_4 \text{then } u(t)=\tilde{\boldsymbol{C}}_5$$

简化处理后,得到一组控制规则,可写成控制规则表 7 -9 的形式,即完成相关法建模。

模糊集合理论是把语言概念的模糊性、评价和判断的模糊性用模糊集合的方法进行数学处理。通过对模糊集合理论的灵活运用,就能把那些原来只有人根据经验法则才能做好的事,用机器模仿着做,设计出更多人性化的机器来代替人的工作。在日常生活中模糊的语言概念比比皆是,例如"衣服有点脏(比较脏、非常脏)""饭太硬""温度嫌低"等。这些定性的模糊术语或数据无法用准确的数字表示,但是人却可以根据经验对此加以判断并能正确理解,据此适当地去调节所用的家用电器以达到自己所期望的要求。像这类日常生活中人通过直觉就能理解,并立刻就知道如何处理的事,要用机器来替代,模糊控制技术不失为一种目前最佳的选择。

7.2　模糊控制系统仿真实例

7.2.1　模糊控制系统的常用算法

模糊控制系统实现的核心是设计模糊逻辑控制器。模糊逻辑控制器(fuzzy logic controller,FLC)是一种用模糊逻辑来模仿人的逻辑思维,从而对难以建立数学模型的系统实现控制的设备,简称为模糊控制器。控制器的目标是对于给定的输入量,产生所期望的输出控制作用。

模糊逻辑控制器控制规则的设计原则依靠人的直觉和经验,没有成熟而固定的设计过程和方法。常用的设计步骤如下:

1)定义输入和输出变量及其个数

首先确定哪些输入的状态必须被检测,哪些输出的控制作用是必须的。在定义输入和输出变量时,一般用尽量少的输入变量,否则软件的实现比较困难。根据输入和输出变量的个数,可以求出所需要规则的最大数目

$$N=n_{\text{out}}\cdot(n_{\text{level}})\cdot n_{\text{in}}$$

式中:n_{out}为输出变量的个数;n_{in}为输入变量的个数;n_{level}为输入与输出模糊划分的数目。然而事实上可能并不会用到每一种组合的规则,我们需要结合实际情

况，排除一些不必要的规则。

2）定义所有变量的模糊化条件

根据受控系统的实际情况，确定输入变量和输出变量的论域大小，然后安排每个变量的语言变量值及其相对应的隶属度函数。

3）设计控制规则库

控制规则库的设计可以依据专家的知识和经验，也可以通过熟练操作员的实际操作总结得出。

4）设计模糊推理结构

在建立了输入输出语言变量及其隶属度函数，并构造完成模糊规则之后，就可以执行模糊推理计算了。模糊推理的执行结果与模糊蕴含操作的定义有关，因而有不同算法。目前，在人们提出的多种模糊推理算法中，较常用的是 Mamdani 法、Lorsen 法、Takagi - Sugeno 方法。

Mamdani 方法是一种在模糊控制中普遍使用的方法。它本质上仍是一种合成的模糊推理方法，利用“极大 - 极小”合成规则定义模糊蕴含表达的关系。例如：R：if$x$ 为 A，then y 为 B 表达的关系R_C定义为

$$R_C = A \times B = \int_{X\times Y} \frac{\mu_A(x) \wedge \mu_B(y)}{(x,y)}$$

则当 X 为 A'时，按“极大 - 极小”合成规则进行推理的结论为

$$B' = A' \circ R_C = \int_Y \frac{\vee_{x\in X}(\mu_{A'}(x) \wedge (\mu_A(x) \wedge \mu_B(y)))}{y}$$

Lorsen 方法采用乘积运算作为蕴含规则。

$$R_P = A \times B = \int_{X\times Y} \frac{\mu_A(x)\,\mu_B(y)}{(x,y)}$$

则当 X 为 A'时，按规则进行推理的结论为

$$B' = A' \circ R_P = \int_Y \frac{\vee_{x\in X}(\mu_{A'}(x) \wedge (\mu_A(x) \cdot \mu_B(y)))}{y}$$

Takagi - Sugeno 方法与其他模糊推理不同，Takagi - Sugeno 型模糊推理将去模糊化也结合到推理过程中，其输出为精确量。

零阶系统：R：if x 为 A，y 为 B，then $z = k$

一阶系统：R：if x 为 A，y 为 B，then $z = px + qy + r$

5）选择解模糊判决方法

Mamdani 法和 Lorsen 法合成得出的控制输出量需要经过解模糊的操作才能

得到确切的输出量。

7.2.2　模糊控制系统控制器设计的仿真实例

下面介绍在 Matlab 的 simulink 环境下利用模糊逻辑工具箱实现模糊控制的几个实例。

1. 水位控制系统

工业锅炉的汽包水位、给水排水工程以及中水的回收利用、自来水厂的水产品的软化和过滤环节等一些水处理过程中，都会遇到对蓄水池的进出流量和液位进行控制的问题。为了提高生产效率和控制品质，有必要对于水位控制系统进行进一步的研究。

水槽液位系统由一个单独的水槽，一个出水口和一个入水口组成。可以改变阀门开度来控制入水量，出水的流量大小取决于出水管直径和水槽中的水位（水头高度）。系统具有一定的非线性特性。

控制的目的是使得水槽的水位跟随设定值发生变化。水槽的水位控制器需要检测当前水位，并根据当前水位与设定值之间的偏差调节阀门开度，改变水流量，从而达到调整水位的目的。水位控制系统如图 7－8 所示。

首先分析被控对象的模型并在 Matlab 环境中建立模型；其次根据经验设计控制器，包括定义输入和输出变量的模糊实现条件，以及设计控制规则库，并确定模糊推理方法；最后选定解模糊方法，并对该系统进行仿真实现。

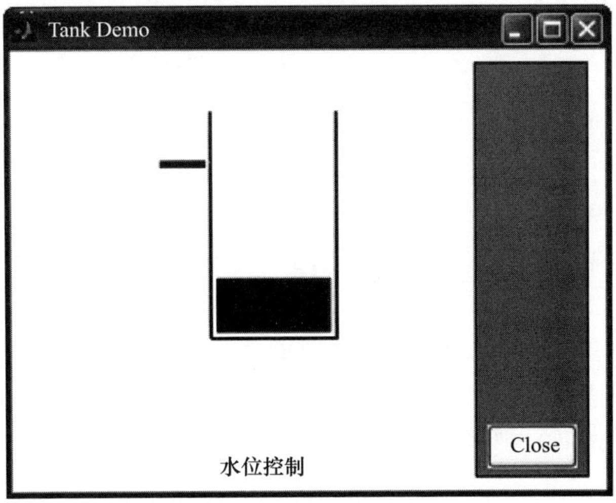

图 7－8　水位控制示意图

1)水位模型的仿真实现

水位控制系统的结构如图 7 -9 所示:设某时刻流入水槽的流量为Q_{in},流出水槽的流量为Q_{out},水槽的横截面积为 A,H 表示液位高度。

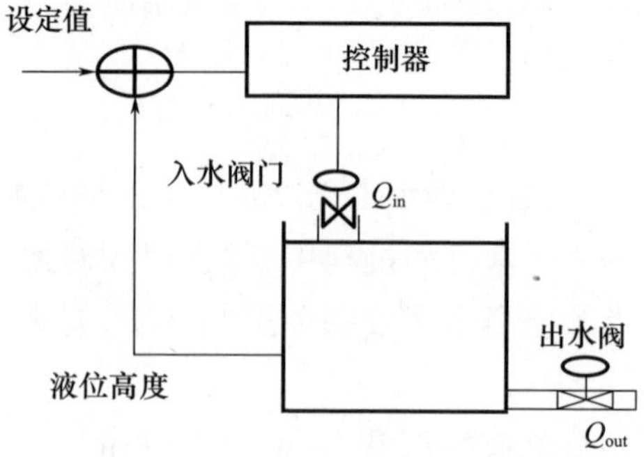

图 7 -9　水箱液位控制系统结构图

根据物料平衡方程,可得

$$Q_{in} - Q_{out} = A\frac{dH}{dt}$$

根据阀门特性

$$Q_{out} = k\sqrt{2gH}$$

由以上两式可以在 Matlab 中建立水槽模型。

2)设计模糊控制器

(1)选定输入变量和输出变量。输入变量选择水位的高度 level 以及水位高度的变化量 rate,其论域分别为[-1,1],[-0.1,0.1],level 的语言值有 3 个:high,okay,low,rate 的语言值有 3 个:negative,positive,none。确定输出变量为 valve,论域为[-1,1],其语言值有:close_fast,close_slow,no_change,open_slow,open_fast。3 个变量的划分和隶属度函数如图 7 -10 所示。

(2)建立模糊推则库水槽液位控制器。根据当前水槽内的水位调整入水阀门的开度。为此,模糊控制器的粗略规则设计如下:

如果(液位合适),那么阀门开度不变;

如果(液位过高),那么阀门关闭;

如果(液位过低),那么阀门打开。

实现的语句如下:

[Rules]

20,2 (1) : 1

30,3 (1) : 1

10,1(1) : 1

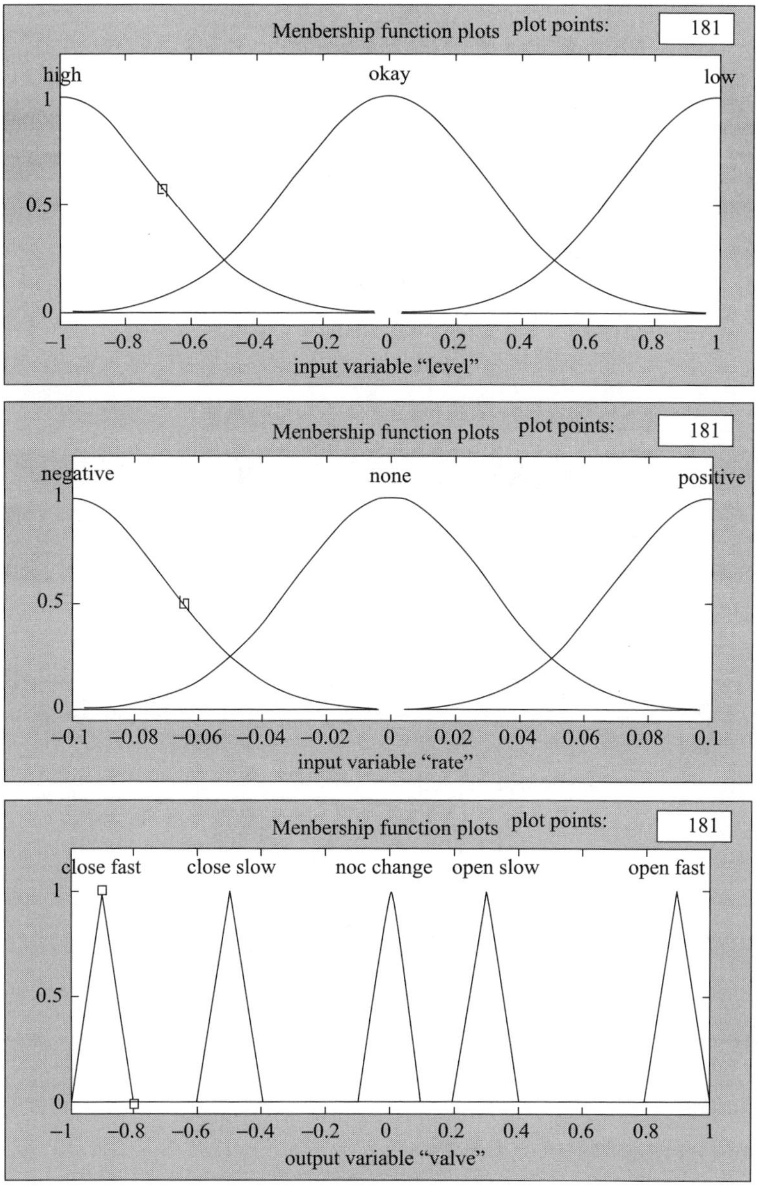

图 7 –10　变量的隶属度函数

为了提高控制水位的效果,也可设置 5 条规则:

如果(液位合适),而且(液位变化率是负),那么阀门打开变慢;

如果(液位合适),而且(液位变化率是正),那么阀门关闭变慢。

实现的语句如下:

[Rules]
20,3 (1) : 1
30,5 (1) : 1
10,1(1) : 1
2 3,2 (1) : 1
2 1,4 (1) : 1

选择 Mamdani 模糊推理方法合成控制量,选择重心法作为解模糊化的方法。由此,此水位控制系统的结构模型已经确立,水位控制系统结如图 7 - 11 所示。

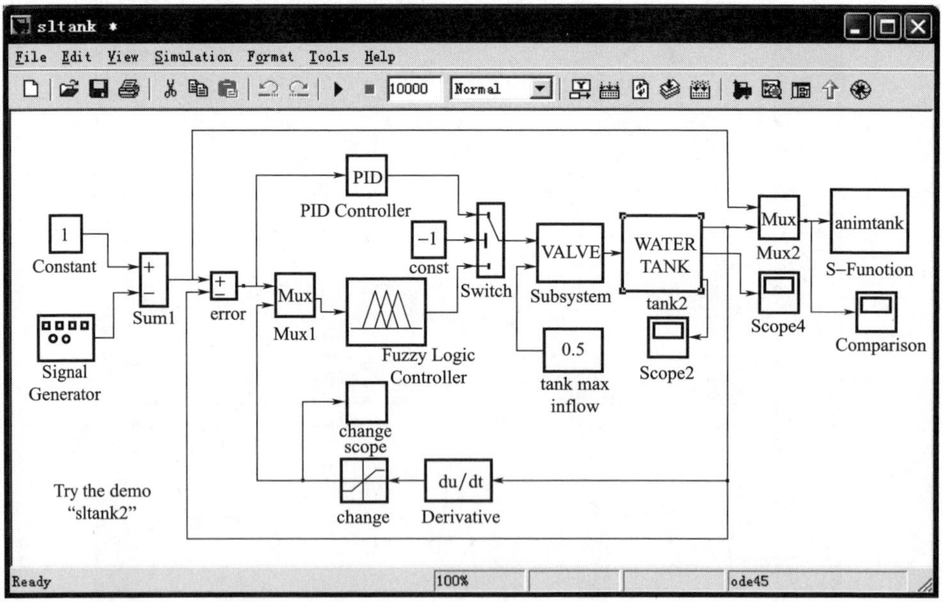

图 7 - 11　simulink 中的水位控制系统结构图

3)仿真

对此系统进行仿真,得到液位跟踪方波输入信号的效果如图 7 - 12 和图 7 - 13所示。

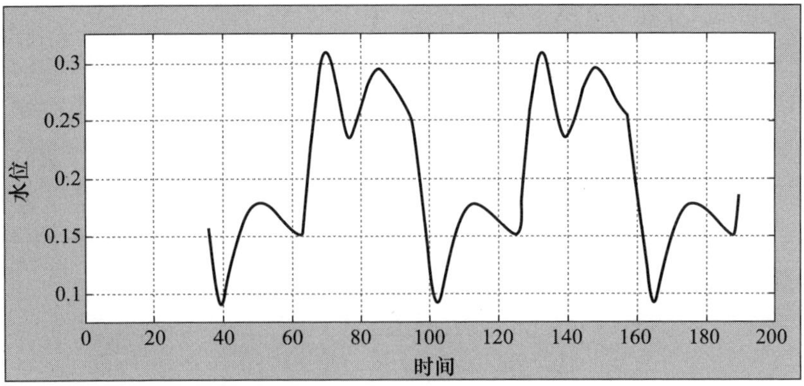

图 7－12　3 条规则下的水位曲线

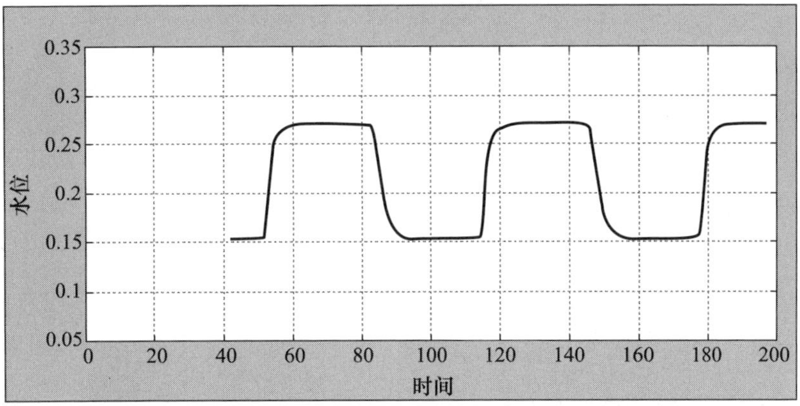

图 7－13　5 条规则下的水位曲线

2. 倒车实验

倒车问题首先由 Nguyen 和 Widrow 提出，作为一种高度非线性的控制问题，它引起了计算智能的研究者的兴趣。起初利用神经网络运算得到其最优路径，但这种方法消耗的计算量是很大的。于是人们尝试利用模糊控制的方法来解决倒车问题。

容易发现，几乎所有人都可以合适地调整方向将车倒入预想的位置，这些知识就构成了模糊控制的规则库。基于此规则库的模糊控制器能实现卡车倒车入位的调控。

1）建立数学模型

倒车系统示意图如图 7－14 所示。倒车问题可以描述如下：卡车的位置是由 3 个状态变量决定的，x 和 y 分别是卡车尾部中点的横坐标与纵坐标，φ 是水平轴与卡车中轴线之间的夹角。$x=[-20\quad 20]$，$y=[0\quad 25]$，$\varphi=[-90^\circ\quad 270^\circ]$，卡车的宽度 2m，长度 4m。

控制目的是使卡车由初始位置(x_0, y_0, φ_0)到达终止位置(0,0,90°)。假设卡车的倒车速度是一定的，唯一的控制量是前轮与卡车中轴线的夹角 θ°。为了使问题简化，先假设有足够的水平距离供卡车行驶，可以不考虑轨道的水平距离，即卡车的 x 坐标，状态变量只剩下 y 和 φ，要求根据这两个状态变量的误差 $\dot{y}$，$\dot{\varphi}$来决定合适的控制量 θ，使卡车尽快准确地进入轨道(利用最小的水平距离)，并要求卡车的运动轨迹尽量短和光滑。

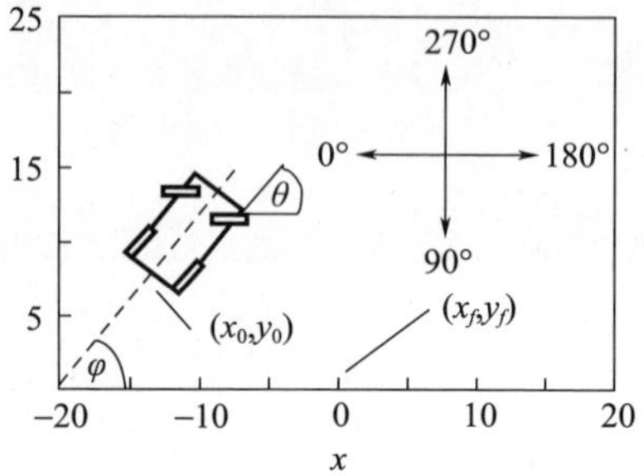

图 7－14　倒车系统结构示意图

卡车的动力学模型可以用微分方程组

$$\dot{x} = v\cos\varphi, \dot{y} = v\sin\varphi, \dot{\varphi} = (v/l)\tan\theta$$

来描述，其中：$l = 4$m，表示卡车长度；$v = -1$m/s，表示倒车的速度。

由于卡车的初始位置是任意的，甚至有可能车头朝着右方，又只允许倒车，倒车进入轨道是个相当困难的控制任务，用传统控制方法很难解决。但是有经验的司机一定能够完成这个任务，因此我们可以利用将司机的经验表示成的模糊控制规则，设计一个模糊控制器来倒车入轨。

2)设计模糊控制器

(1)选定输入变量和输出变量。输入变量选择小车与入位点之间的距离 distance，输出变量选择转向角度 θ。然后确定其论域：distance = [0,25]，$\theta = \left[-\frac{\pi}{4}, \frac{\pi}{4}\right]$，distance 的语言变量：far，near，隶属度函数如图 7－15 所示。

(2)建立模糊推则库。根据司机的操作经验，可以设置模糊规则如下：

当距离比较远时，努力调整小车的方向，使之与中点到小车连线方向一致；

当距离比较近时，努力减小小车与水平位置的偏差，同时减小小车与最终要求的正向夹角。

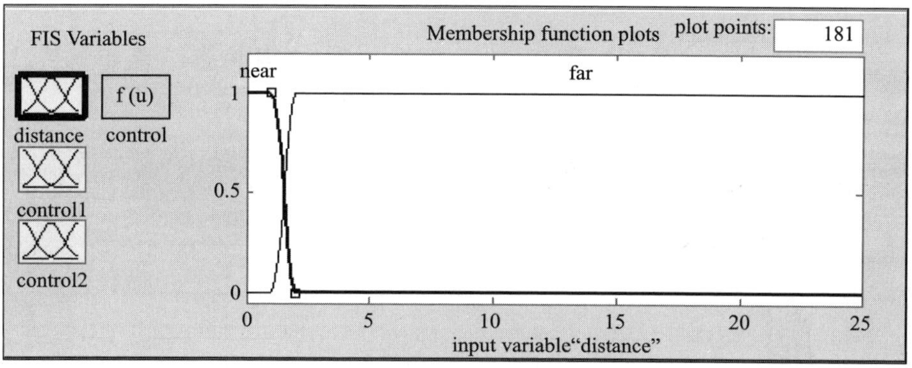

图 7－15 distance 的隶属度函数

可以建立一个 Sugeno 型模糊系统，其输入变量为(distance，φ，x)。

当 distance 是"远"时，$\theta=\varphi$；

当 distance 是"近"时，$\theta=x$。

倒车的模型以及模糊控制器设计完成之后，接下来建立完整的倒车控制系统，如图 7－16 所示。

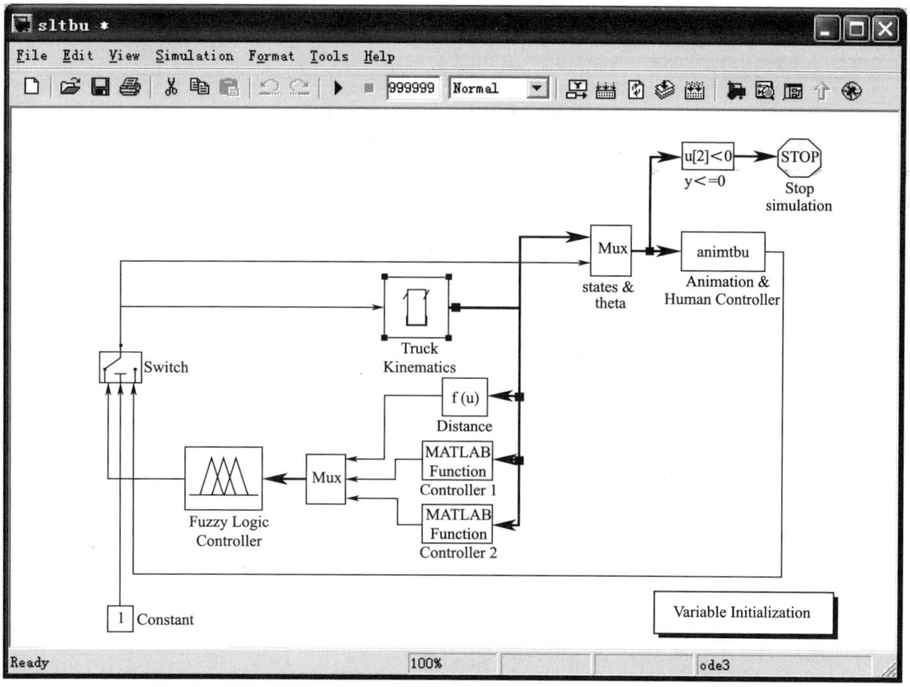

图 7－16 倒车控制系统的 simulink 仿真结构

3)仿真结果

建立了仿真系统的结构图后,进行仿真,可以查看仿真结果如图 7 - 17 所示。

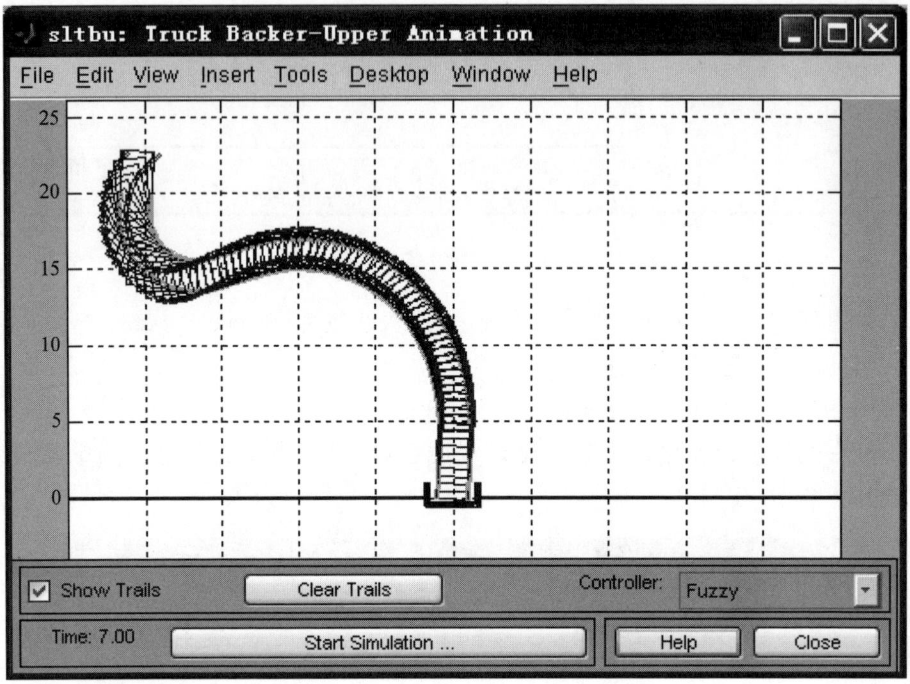

图 7 -17　倒车的仿真试验结果

3. 单级倒立摆

倒立摆控制问题是展示智能控制方法优于传统控制方法的典型范例。一级倒立摆的背景源于火箭发射助推器;二级倒立摆与双足机器人控制有关。这里我们只讨论的一级倒立摆的控制问题。

有一个倒立摆小车系统如图 7 - 18 所示。它由小车和倒立摆构成,小车在控制器的作用下,沿滑轨在水平方向运动,使倒立摆在垂直平面内稳定。

1)建立被控对象的仿真模型

首先假设:

(1)摆杆为刚体;

(2)忽略摆杆与支点之间的摩擦;

(3)忽略小车与导轨之间的摩擦。

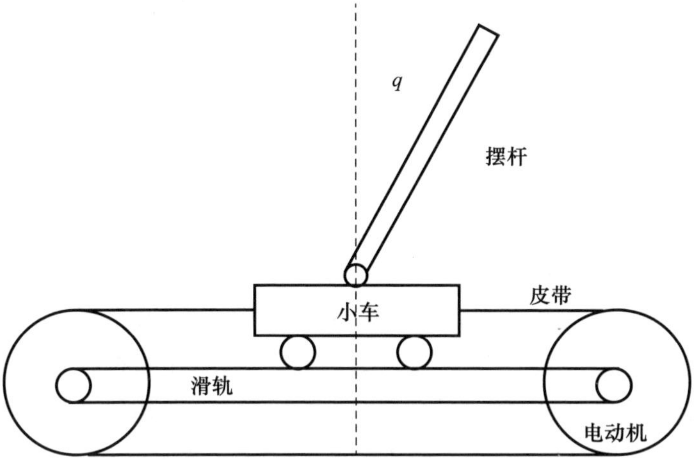

图 7－18　倒立摆控制系统示意图

一阶倒立摆系统可抽象成小车和匀质杆组成的系统，假设：M 为小车质量；m 为摆杆质量；l 为摆杆转动轴心到杆质心的长度；I 为摆杆惯量；U 为加在小车上的力；x 为小车位置；θ 为摆杆与垂直向上方向的夹角。应用牛顿方法可得到系统 x 方向的运动方程为

$$F_x = m(G_x)'' = ma_x$$

$$F = Ma_1 + ma_2 = (M+m)\frac{\mathrm{d}x^2}{\mathrm{d}t^2} + m\frac{\mathrm{d}^2}{\mathrm{d}t^2}(l\sin\theta)$$

$$= (M+m)\frac{\mathrm{d}^2x}{\mathrm{d}t^2} + ml\left[-\sin\theta\left(\frac{\mathrm{d}\theta}{\mathrm{d}t}\right)^2 + \cos\theta\frac{\mathrm{d}^2\theta}{\mathrm{d}t^2}\right] \tag{7-2}$$

规定逆时针的力矩为正，以摆与小车的连接点为原点，列出摆的力矩方程，考虑到摆的惯性力矩，求得系统的运动方程为（未考虑摆旋转的摩擦阻力矩）

$$J\frac{\mathrm{d}^2\theta}{\mathrm{d}t^2} = m\frac{\mathrm{d}^2x}{\mathrm{d}t^2}l\cos\theta - mgl\sin\theta$$

$$J = \sum m\rho^2 = \frac{4}{3}ml^2$$

$$\frac{4}{3}l\frac{\mathrm{d}^2\theta}{\mathrm{d}t^2} = g\sin\theta - \frac{\mathrm{d}^2x}{\mathrm{d}t^2}\cos\theta \tag{7-3}$$

由方程式（7－2）和式（7－3）可得

$$\frac{\mathrm{d}^2\theta}{\mathrm{d}t^2}=\frac{g\sin\theta-\left[\frac{1}{2}ml\sin2\theta\left(\frac{\mathrm{d}\theta}{\mathrm{d}t}\right)^2+F\cos\theta\right]/(M+m)}{\frac{4}{3}l-ml\cos^2\theta/(M+m)}$$

$$\frac{\mathrm{d}^2x}{\mathrm{d}t^2}=\frac{F+ml\sin\theta\left(\frac{\mathrm{d}\theta}{\mathrm{d}t}\right)^2-ml\cos\theta\frac{\mathrm{d}^2\theta}{\mathrm{d}t^2}}{(M+m)}$$

2)设计模糊控制器

(1)确定输入和输出变量。以摆角 θ,摆角角速度 $\dot{\theta}$,小车的位移 x,速度 $\dot{x}$ 为状态变量。将这些状态变量作为控制器输入量,以作用在小车的力 F 作为模糊控制器输出量。确定摆角 θ 的论域[-0.3,0.3],将其划分为两个语言变量"大"和"小",隶属度函数如图 7-19 所示;角速度 $\dot{\theta}$ 的论域[-1,1],划分为两个语言变量"快"和"慢",隶属度函数如图 7-20 所示;小车的位移 x 的论域[-3,3],划分为两个语言变量"远"和"近",隶属度函数如图 7-21 所示;速度 $\dot{x}$ 的论域[-3,3],划分为两个语言变量"快"和"慢";隶属度函数如图 7-22 所示。输出变量的论域为[-10,10]。

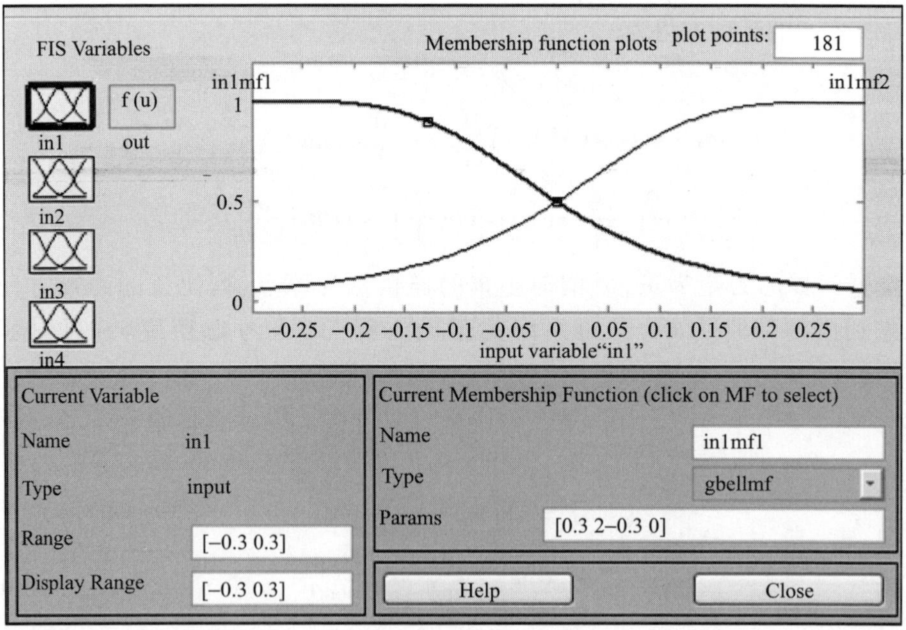

图 7-19　摆角 θ 的隶属度函数

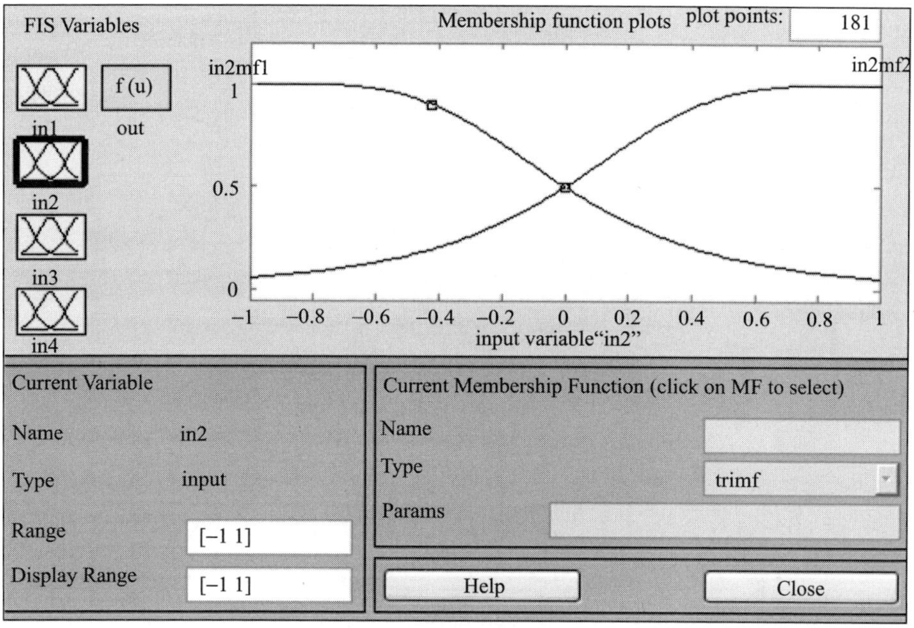

图 7 −20　摆角角速度 $\dot{\theta}$ 的隶属度函数

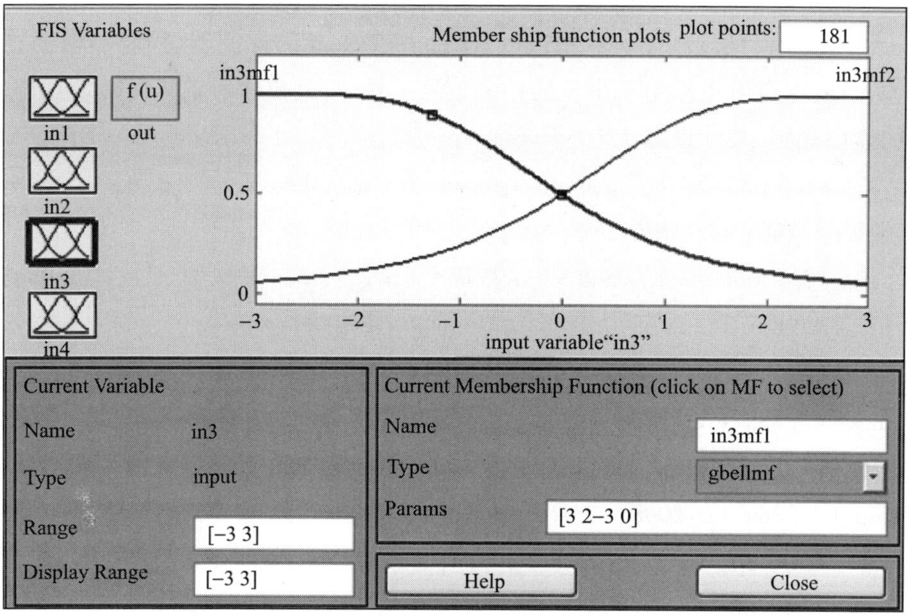

图 7 −21　位移 x 的隶属度函数

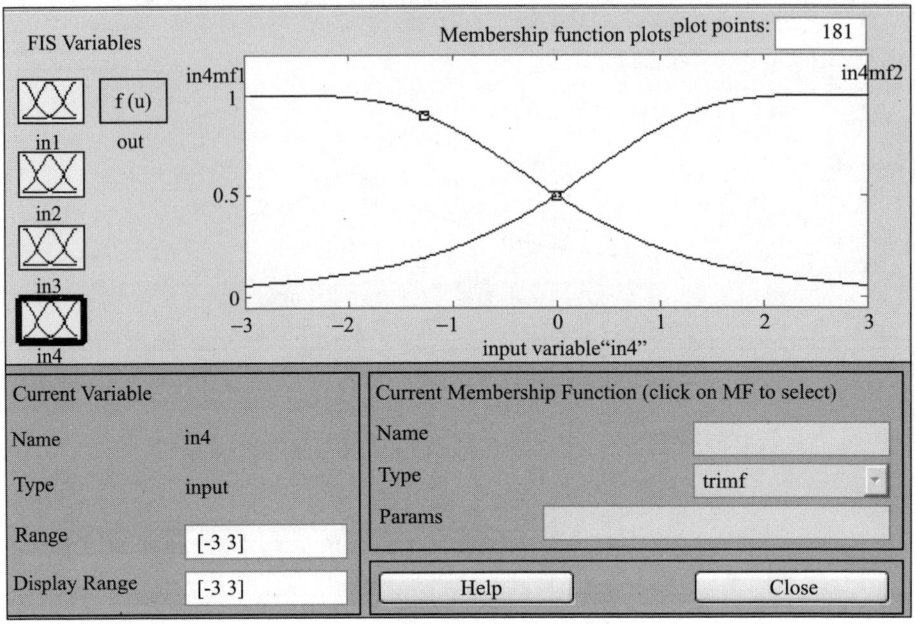

图 7 -22 速度 $\dot{x}$ 的隶属度函数

(2)设计模糊规则库。这里选取 Sugeno - Takagi 的控制器,控制器根据这 4 个输入量,综合得出作用于小车的控制信号。然后,列出每种输入所对应的输出量的模糊规则,共计设置了 16 条规则:

if $\theta = i_1f_1$ and $\dot{\theta} = i_2f_1$ and $x = i_3f_1$ and $\dot{x} = i_4f_1$, then $F = 41.37\theta + 10.03\dot{\theta} + 3.162x + 4.288\dot{x} + 0.3386$

if $\theta = i_1f_1$ and $\dot{\theta} = i_2f_1$ and $x = i_3f_1$ and $\dot{x} = i_4f_2$, then $F = 40.41\theta + 10.05\dot{\theta} + 3.162x + 4.288\dot{x} + 0.2068$

if $\theta = i_1f_1$ and $\dot{\theta} = i_2f_1$ and $x = i_3f_2$ and $\dot{x} = i_4f_1$, then $F = 41.37\theta + 10.03\dot{\theta} + 3.162x + 4.288\dot{x} + 0.3386$

if $\theta = i_1f_1$ and $\dot{\theta} = i_2f_1$ and $x = i_3f_2$ and $\dot{x} = i_4f_2$, then $F = 40.41\theta + 10.05\dot{\theta} + 3.162x + 4.288\dot{x} + 0.2068$

if $\theta = i_1f_1$ and $\dot{\theta} = i_2f_2$ and $x = i_3f_1$ and $\dot{x} = i_4f_1$, then $F = 38.56\theta + 10.18\dot{\theta} + 3.162x + 4.288\dot{x} - 0.04893$

if $\theta = i_1f_1$ and $\dot{\theta} = i_2f_2$ and $x = i_3f_1$ and $\dot{x} = i_4f_2$, then $F = 37.6\theta + 10.15\dot{\theta} +$

$3.162x + 4.288\dot{x} - 0.1807$

if $\theta = i_1f_1$ and $\dot{\theta} = i_2f_2$ and $x = i_3f_2$ and $\dot{x} = i_4f_1$, then $F = 38.56\theta + 10.18\dot{\theta} + 3.162x + 4.288\dot{x} - 0.04893$

if $\theta = i_1f_1$ and $\dot{\theta} = i_2f_2$ and $x = i_3f_2$ and $\dot{x} = i_4f_2$, then $F = 37.6\theta + 10.15\dot{\theta} + 3.162x + 4.288\dot{x} - 0.1807$

if $\theta = i_1f_2$ and $\dot{\theta} = i_2f_1$ and $x = i_3f_1$ and $\dot{x} = i_4f_1$, then $F = 37.6\theta + 10.15\dot{\theta} + 3.162x + 4.288\dot{x} + 0.1807$

if $\theta = i_1f_2$ and $\dot{\theta} = i_2f_1$ and $x = i_3f_1$ and $\dot{x} = i_4f_2$, then $F = 38.56\theta + 10.18\dot{\theta} + 3.162x + 4.288\dot{x} + 0.04891$

if $\theta = i_1f_2$ and $\dot{\theta} = i_2f_1$ and $x = i_3f_2$ and $\dot{x} = i_4f_1$, , then $F = 37.6\theta + 10.15\dot{\theta} + 3.162x + 4.288\dot{x} + 0.1807$

if $\theta = i_1f_2$ and $\dot{\theta} = i_2f_1$ and $x = i_3f_2$ and $\dot{x} = i_4f_2$, then $F = 38.56\theta + 10.18\dot{\theta} + 3.162x + 4.288\dot{x} + 0.04892$

if $\theta = i_1f_2$ and $\dot{\theta} = i_2f_2$ and $x = i_3f_1$ and $\dot{x} = i_4f_1$, then $F = 40.41\theta + 10.05\dot{\theta} + 3.162x + 4.288\dot{x} - 0.2068$

if $\theta = i_1f_2$ and $\dot{\theta} = i_2f_2$ and $x = i_3f_1$ and $\dot{x} = i_4f_2$, then $F = 41.37\theta + 10.03\dot{\theta} + 3.162x + 4.288\dot{x} - 0.3386$

if $\theta = i_1f_2$ and $\dot{\theta} = i_2f_2$ and $x = i_3f_2$ and $\dot{x} = i_4f_1$, then $F = 40.41\theta + 10.05\dot{\theta} + 3.162x + 4.288\dot{x} - 0.2068$

if $\theta = i_1f_2$ and $\dot{\theta} = i_2f_2$ and $x = i_3f_2$ and $\dot{x} = i_4f_2$, then $F = 41.37\theta + 10.03\dot{\theta} + 3.162x + 4.288\dot{x} - 0.3386$

其中 i_1f_1 和 i_1f_2 表示角 θ 是“大”和“小”，i_2f_1 和 i_2f_2 表示角速度 $\dot{\theta}$ 是“快”和“慢”，i_3f_1 和 i_3f_2 表示位移 x 是“远”和“近”，i_4f_1 和 i_4f_2 表示速度 $\dot{x}$ 是“快”和“慢”。

根据控制器和倒立摆模型的分析，可以得到单级倒立摆控制系统的结构图如图 7 – 23 所示。

3）仿真结果

在 Matlab 中进行仿真，设定方波为跟踪的期望信号，得到结果如图 7 – 24 所示。图 7 – 25 所示为仿真运行时的图形用户界面。

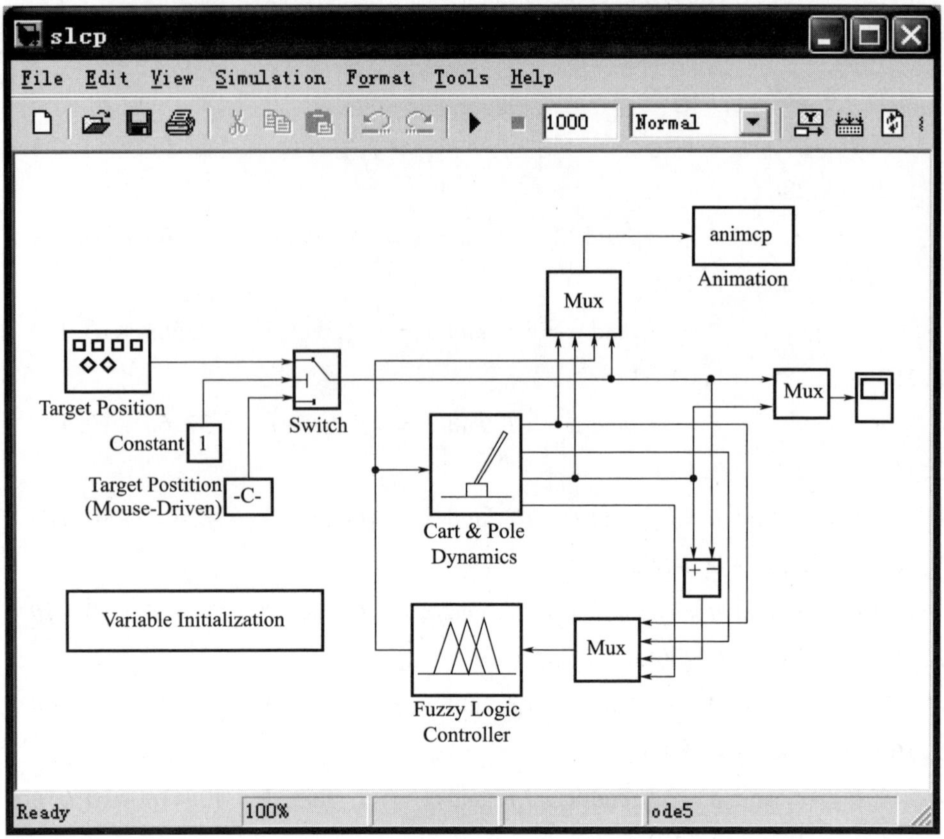

图 7 –23　倒立摆控制系统结构图

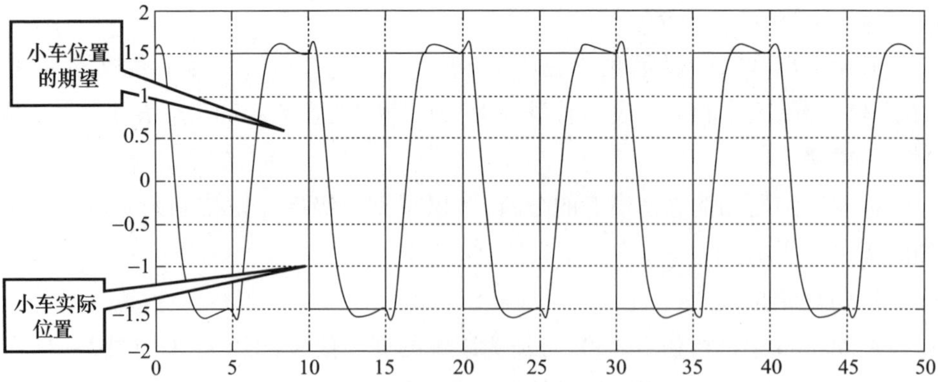

图 7 –24　小车对方波期望值的跟随情况

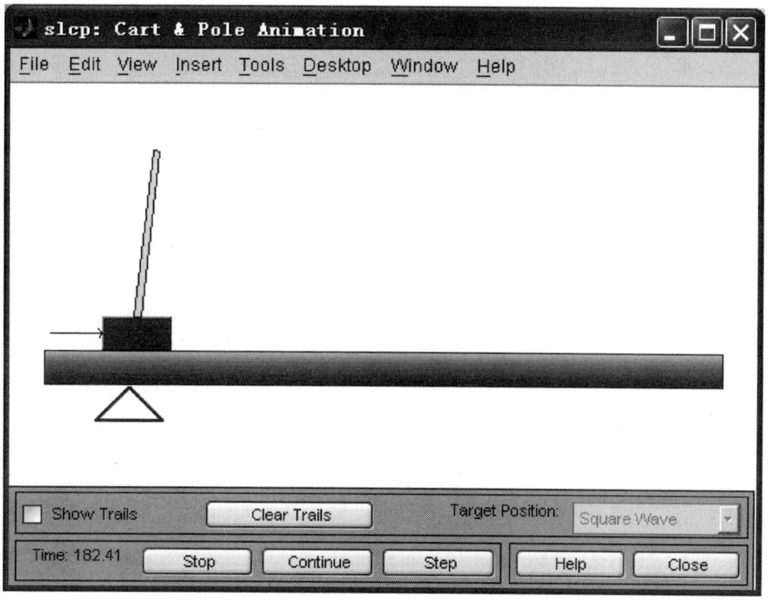

图 7－25　仿真时的图形用户界面

7.3　模糊控制系统设计实例

7.3.1　模糊控制在全自动洗衣机中的应用

传统全自动洗衣机实际上是一台按事先设定好的参数进行顺序控制的机器，它不能根据情况和条件的变化来改变参数。从人工智能的角度看，其“全自动”并不具有任何智能。真正的智能化全自动洗衣机的目标应该是，根据所洗衣服的数量、种类和脏的程度来决定水的多少、水流的强度和洗衣的时间，并可以动态地改变参数，以达到在洗干净衣服的情况下尽量不伤衣服、省电、省水、省时的目的。目前已经用模糊控制技术开发出满足这些基本条件的全自动洗衣机，并还在不断提高其性能和智能水平。在其他条件相同的条件下，某些模糊全自动洗衣机已可比普通洗衣机提高洗净度 20%。下面以一种模糊控制洗衣机为例来分析其实现的原理和方法。

1. 洗衣的影响因素

要把衣服洗干净，去除污垢，与以下一些因素有关：衣服的质料、水的硬度、水的多少和温度、洗涤剂的性能和多少、机械力的大小和作用时间等。一般衣服质料纤维可分两大类:自然纤维的棉织品和人造化学纤维织品。棉制品的污垢不仅在表面,而且还渗透纤维内,所以棉织品要比化学纤维织品难洗。水可带走一般的灰尘和水溶性污垢,所以不用洗涤剂也能洗去部分污垢。但是由于表面张力的缘故,水不能溶去和分解油脂类污垢。水的硬度在用肥皂时也会影响洗涤效果,但影响最大的还是水的温度,在一定范围内温度越高洗涤效果越好。然而温度也不能太高,否则高温会把附着在衣服上的蛋白质凝固,反而影响洗涤效果。洗涤剂的成分主要以烷基苯活性剂为主,不同的洗涤剂还会添加各种不同的辅助剂、酵素、荧光增白剂、香料等。

2. 模糊控制洗衣机检测与控制原理

图7-26所示是这种模糊控制洗衣机的结构剖面图。它由缸体、电动机、搅拌轮、进水阀、排水阀和各种传感器构成。要对洗衣机进行控制,首先要用各种传感器不断地检测相关的状态,以作为控制的依据。

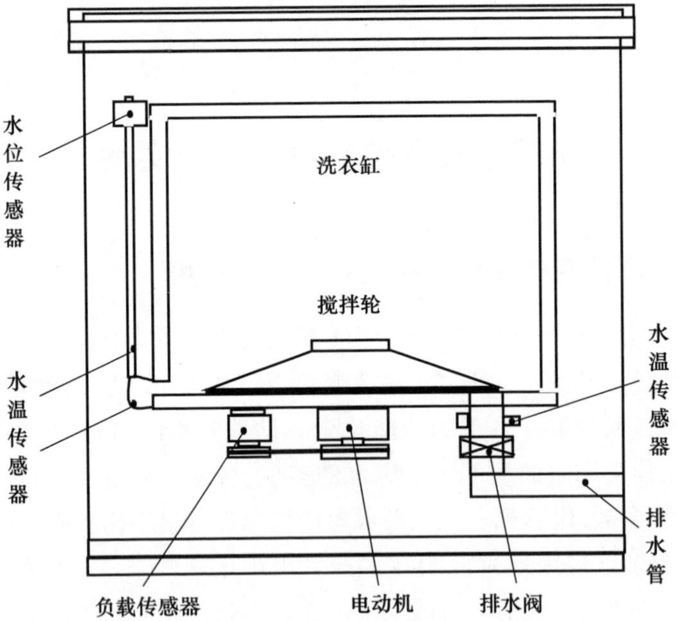

图7-26 模糊控制洗衣机的结构剖面

1)负载检测

主要用来检测所洗衣物的重量以决定水位,目前有多种实现方法。一般用动态的间接测量方法，通过检测电动机的负载来实现。电动机负载既可用正常运转时的驱动电流来计量，也可用电动机断电后的反电动势的大小以及波形来计量。以计量断电后反电动势为例，当衣服投入缸中后，加入适量的水，启动电动机旋转若干圈后断电，测量电动机线圈两端的反电动势，经 A/D 转换器变换成数字量后送微处理机或者单片机处理判断，以决定衣物的重量。一般而言，衣物重，负载大，其反电动势也大，但是跌落也快，即惯性转动的时间也短；反之亦然。

2）质料检测

质料检测包括柔软布料与粗厚布料的区分。①区分棉制品与化纤制品的方法是，放入待洗衣物后，放水并启动电动机，同时用开 0.3s、关 0.7s 的脉冲电压驱动电动机 32s。在此过程中用光电耦合器发送和接收的脉冲来计量在关断期间轮盘的惯性转动的圈数。由于衣物越多惯性转动时间越短，计量的脉冲数 M 也越少，这种方法也可用于洗衣机的负载检测。在负载检测的基础上，把水放掉一点，同样用开 0.3s、关 0.7s 的脉冲电压驱动电动机 32s，记下脉冲数为 N；根据 $N-M$ 值就可判断质料分布比例的大体情况。棉制品越多，$N-M$ 的值越大，反之则小。②区分柔软布料与牛仔布类的硬厚布料可用水位传感器来配合测量。方法是：在注水进行脉冲驱动 32s 后，比较启动前后水的变化量。若变化量较小，说明布料容易吸水，倾向于是毛巾类布料，反之可能是牛仔布类厚布料。因为厚布料吸水慢，往往要搅动一段时间后才能充分吸水，这就会使水位变化量大。

3）水位检测

水位检测是用一种专用水位传感器实现的。这种水位传感器是一根与缸体等高的空管，它与缸体构成一个连通器。空管的上端有一个用压力膜隔开的差动电感器，当缸中有水注入时，管内的空气被压缩使压力膜上压力增大，继而推动与它联动的铁芯移动，引起线圈的电感量变化。用此电感器构成的 LC 振荡器的频率就能反映水位的高低。用这个传感器既可用于配合以上布料软硬度的检测，同时也作为水位控制依据的检测装置。

4）水温检测

水温检测是通过热电偶测量的。它把洗衣机启动时的温度作为当时的室温，然后再检测供水的温度，以作为洗衣条件之一，根据需要可以对水加热控温。

5）衣物污垢的检测

将光电传感器安排在排水管出口，发光二极管和光敏管分别相对着安装在管子的两边。发光二极管发出的光经聚焦后，透过水被光敏管接收，接收的强度反映了水的透明度（或水的污浊程度）。这是一种间接测量衣物污垢的方法，因为衣物脏的程度与洗涤水的污浊度有着正相关的关系。开始注入清水，水的透明度很高，随着污垢析出，水逐渐变浊，透明度下降，最后达到一个饱和稳定值。根据透光率的变化形态和过程，可以知道污垢的性质和程度。对于泥污类的污垢，一般分离得快，较早进入水中，故其透光率进入饱和状态的时间较短；而油污类污垢相对分离得较慢，因此透光率的变化速率小，达到饱和值的时间也较长。饱和值的高低反映了衣物脏的程度；透光率下降到饱和值的时间长短反映了污垢的性质。

6）控制电路组成

图 7－27 所示是这种洗衣机的电路框图。它以单片机为核心，由负载检测电路、水位检测电路、温度检测电路、光电检测电路以及键盘、显示电路组成。

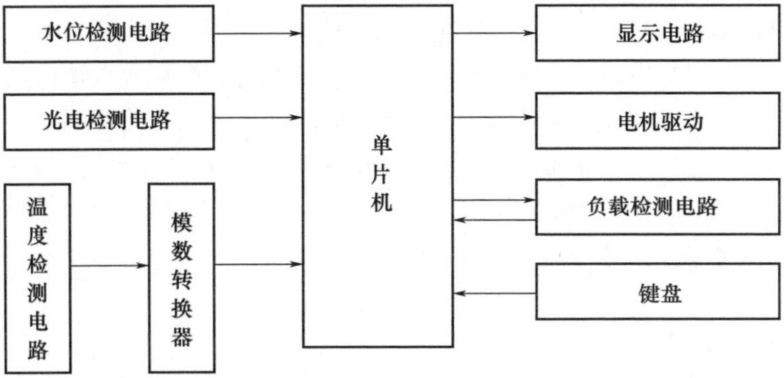

图 7－27　模糊控制洗衣机电路框图

3. 模糊控制实现方法

模糊控制洗衣机是多输入－多输出系统，其模糊控制器以负载、质料、水位、水温、污垢程度与类型等多种检测信息为输入量，进行模糊化处理后，根据模糊规则进行推理，对推理结果进行解模糊判决，以输出最适当的水流、水位、洗涤时间、漂洗方法和脱水时间。模糊控制洗衣机的控制结构如图 7－28 所示。

1）输入、输出语言变量的隶属度函数

各输入语言变量均采用大、中、小（或高、中、低）三级语言值，并采用最简单的三角形隶属度函数，如图 7－29 所示。输出语言变量采用四级或五级语言值，由此可建立各语言变量的赋值表。

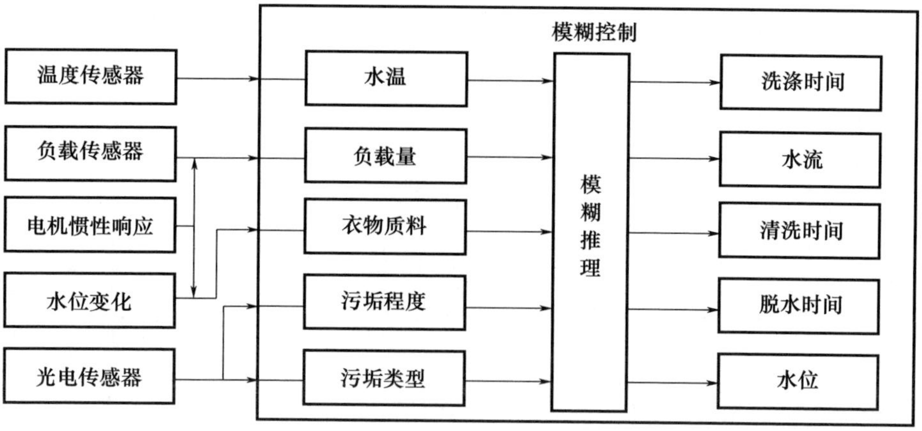

图 7－28　模糊控制洗衣机的控制结构

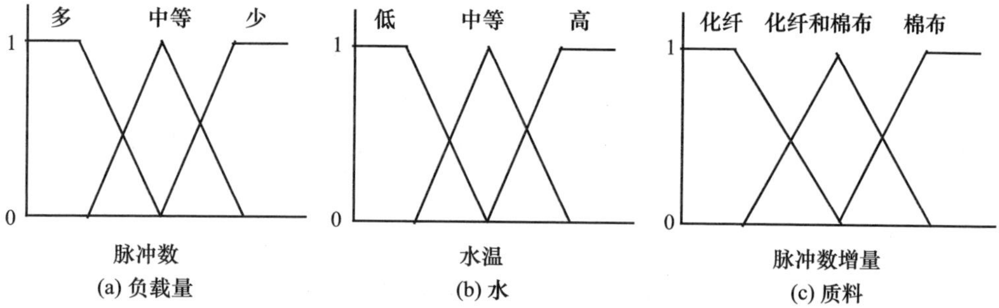

图 7－29　输入变量的隶属度函数

2) 模糊控制规则

根据输入语言变量的所有语言值进行组合，写出相应的洗涤控制规则，形式如下：

规则 1：如果负载小，质料化纤品偏多且水温偏高，那么就将水流调弱，洗涤时间调短。

规则 2：如果负载大，质料棉织品偏多且水温偏低，那么就将水流调强，洗涤时间调长。

…

将上述规则用模糊条件语句写出，即可建立表 7－22 所示的模糊控制规则表。

表 7-22　模糊控制规则表

		棉织品偏多			棉织和化纤各半			化纤品偏多		
		偏低	中等	偏高	偏低	中等	偏高	偏低	中等	偏高
偏大	水流	特强	强	强	强	强	中	中	中	中
	时间	特长	长	长	长	长	长	长	中	中
中等	水流	中	中	中	中	中	中	中	弱	弱
	时间	长	中	短	长	中	中	中	中	短
偏小	水流	中	中	弱	弱	弱	弱	弱	弱	特弱
	时间	中	中	短	中	短	短	中	短	特短

经过反复试验,对洗涤时间和水流确定了 264 种洗涤控制方法,其中水流 9 种,洗涤时间 16 种,清洗时间 6 种,脱水时间 6 种。经试验对比,该模糊控制洗衣机在 5℃时比普通洗衣机洗净度提高 20%,且节约了时间和能源。

7.3.2　地铁机车模糊控制

日本日立公司研制的模糊控制地铁电力机车自动运输系统,是迄今在世界上最先进的地铁系统,这也是模糊逻辑应用于控制领域的一座里程碑。经过系统运行一万次以上的行驶、进站停车试验统计,停车误差在 30cm 以上的还不到 1%,标准差是 10.6cm;另外还能比传统 PID 控制系统节省 10% 的燃料。

1. 地铁自动运输系统的多目的控制评价指标

机车司机在驾驶中通常要考虑以下一些评价控制性能的项目:安全性、行驶时间、平稳性(即乘客的舒适性)、停站准确度、行驶速度和电力消耗等。对其控制技术的考核评价指标也是根据这几项进行的。地铁机车模糊控制系统就是模仿熟练司机的经验控制,故该系统具有以下开发目标:①具有最大的安全性;②准点的行驶时间;③旅客感到乘坐舒适;④停站位置准确;⑤行驶速度不超过规定的速度;⑥节约消耗的电力。

2. 传统控制方法与模糊控制方法的比较

传统的自动驾驶机车控制系统是利用 PID 控制算法跟踪事先制定好的距离-速度曲线驱使机车运行。事实上实际机车速度与期望速度总存在误差,为了减少误差的平均值,往往要使加速或减速的次数增多,而使乘客感到不舒服;另外这种控制器也无法考虑节省电力能源的问题,如要兼顾安全性和准确停靠站台就更难。为了能逼近预定目标,常常要靠有经验的司机不断干预调整。

要做到满足以上多目标控制的评价标准,实际上需要熟练的司机不断根据要求和机车运动的特性,利用积累的经验做出某种预测,能随时预测目前情况下应该如何改变控制,使机车继续运行一段路程后便能达到预期目标。例如,要根据预知的停车位置估算出可能的机车位置、速度和减速度等。在停靠站台前的一段时间,可能会用以下一些经验规则:

如果保持目前的刹车状态可以顺利停靠,那么就保持目前的刹车状态;

如果再增加一点刹车力矩可以更平稳地顺利停靠,那么就再稍微增加一点刹车力矩。

开发地铁电力机车自动运输系统模糊控制器的目的是把这些熟练司机的经验总结成控制规则,再用计算机进行模拟。用计算机对传统 PID 控制与模糊控制进行模拟实验比较的结果表明,关于停靠站的准确度,模糊控制的停车误差是 PID 控制的 1/3;关于与乘客舒适度感觉直接有关的控制值变化次数,模糊控制也只有 P1D 控制的 1/3。

3. 预测型地铁机车模糊控制系统设计

用预测型模糊控制方式实现模糊控制系统,其设计过程有以下几个步骤。

1) 司机控制经验规则的获取

要获得司机控制经验规则并非易事,因为司机常根据直观感觉和经验来控制机车,而这种直观感觉可能难以用语言准确表达。例如,在进站定位停车时,司机既要考虑机车在停车过程中平稳以使乘客对机车减速没有明显感觉,又要停站位置准确。这种情况下,司机在要停车前 30m 左右就要进行控制,这时他可能并未发出能够明确表述的控制指令,而只是带着这样一些念头(如“安全停车”“平稳停车”“准确停车”“为了不影响乘客安全和舒适,刹车不能过猛” 等)下意识地进行控制。机车驾驶主要有两个关键:一是从车站出发启动并慢慢加速到事先规定的限速以下,进入恒速行驶;另一个就是机车进站时的平稳减速并准确地停到规定的位置。在这两个过程中,熟练司机积累了许多行之有效的经验,这些经验规则的获取是模糊控制成功的关键。

2) 对评价指标的定义

首先定义 6 个有关语言变量:

“停车准确度”是停车目标 X 相对于预测停车位置 X_P 的距离(N_P),用 A 表示;

“乘坐舒适性”是用行驶中速度控制阀阀值变化的段数 N_c 的函数 $C(N_c)$ 和

该控制阀在切换后所维持的时间进行描述的,用 C 表示;

“节约能源”用 E 表示,其定义方法是,在车站之间设定某个特定的地点 X_k,如果从目前所在地点到 X_k 利用惯性来行驶,计算出可能要增加的时间,用这个可能要增加的时间与还剩余的时间作比较,来决定是否允许利用惯性行驶一段时间;

“行驶时间”定义为出发时间至到达进站标志点的时间,用 R 表示;

“安全性”定义为当目前机车速度超过限定速度时,从该速度回到限定速度以下所需要的时间,用 S 表示。

“速度跟踪性”被定义为预测速度 V_s 与目标速度 V_t 的一致性,用 T 表示。

另外定义 5 个模糊概念等级:VG 为非常好,G 为好,M 为中等,B 为差,VB 为非常差。如果要表示停车准确度非常好,在规则中可用 A = VG 表示;表示安全性差可用 S = B 等。用这些符号可对评价指标进行定义。

3)模糊控制规则的制定

根据熟练司机经验规则和模糊表达方法,可制定出 24 条预见型模糊控制规则,分为两类:

一类是站间定速行驶控制规则,用司机的自然语言表述的操作规律如下:

规律 1:为了确保安全性和乘坐的舒适,当速度高于所限速度时,把控制值调到当前控制值与紧急刹车值之间的中间值,如需紧急刹车,冲击会减小。

规律 2:为了节约能源,当可以确保行驶时间时,利用惯性运行,既不加速也不减速。

规律 3:为了缩短行驶时间,当速度小于所限速度时,可用最大速度加速。

规律 4:为了乘坐舒适,如果用当前控制值就可保持车速跟踪目标速度,那么可保持当前控制值。

规律 5:为了跟踪行驶速度,如果在当前控制下,不能达到目标值,就应该在 $\pm n$ 个控制值范围内选择适当的控制值来调节车速,以达到目标值。同时还要考虑到乘坐舒适,避免加速过大。

根据这些控制规律,可制定出满足模糊控制要求的控制规则如下:

规则 1:如果 $N=0$ 时 S = G 且 C = G 且 E = G 那么 $N=0$;

规则 2:如果 $N=P_7$ 时 S = G 且 C = G 且 T = B 那么 $N=P_7$;

规则 3:如果 $N=B_7$ 时 S = B 那么 $N=(N(t)+B_{\max})/2$;

规则 4：如果 $N_C=4$ 时 $S=G$ 且 $C=G$ 且 $T=VG$ 那么 $N_C=4$；

规则 5，如果 $N_C=3$ 时 $S=G$ 且 $C=G$ 且 $T=VG$ 那么 $N_C=3$，

规则 6：如果 $N_C=2$ 时 $S=G$ 且 $C=G$ 且 $T=VG$ 那么 $N_C=2$；

规则 7：如果 $N_C=1$ 时 $S=G$ 且 $C=G$ 且 $T=VG$ 那么 $N_C=1$：

规则 8：如果 $N_C=0$ 时 $S=G$ 且 $T=G$ 那么 $N_C=0$；

规则 9：如果 $N_C=-1$ 时 $S=G$ 且 $C=G$ 且 $T=VG$ 那么 $N_C=-1$；

规则 10：如果 $N_C=-2$ 时 $S=G$ 且 $C=G$ 且 $T=VG$ 那么 $N_C=-2$；

规则 11：如果 $N_C=-3$ 时 $S=G$ 且 $C=G$ 且 $T=VG$ 那么 $N_C=-3$；

规则 12：如果 $N_C=-4$ 时 $S=G$ 且 $C=G$ 且 $T=VG$ 那么 $N_C=-4$。

在上述规则中，各符号意义如下：

N：控制阀值；

N_C：相对于当前的控制阀值的变化量；

P_n：行驶控制刻度盘上的刻度，P_7 表示最大控制值；

B_n：刹车刻度盘上的刻度；

B_{max}：紧急刹车；

$N(t)$：当前控制值。

另一类是车站停车控制规则，用司机的自然语言表述的操作规律如下：

操作经验的语言描述为：当列车通过车站前放置的停车标志后，指示可以开始控制停车定位，但同时要考虑乘坐舒适性，具体根据以下规律来选择控制值。

规律 1：为了乘坐舒适性，在通过标志时，应该保持当前的控制值，以避免惯性冲击；

规律 2：为了缩短行驶时间，同时考虑乘坐舒适性，在标志前不要刹车，过了标志开始缓慢刹车；

规律 3：为了精确定位，在过了标志后，就应该在 $\pm n$ 个控制值范围内选择适当的控制值来调节车速，以便正确停车，同时要避免发生惯性冲击。根据这些控制规律，可制定出满足模糊控制要求的控制规则如下：

规则 1：如果 $N_C=+3$ 时 $R=VG$ 且 $C=G$ 且 $A=VG$ 那么 $N_C=3$；

规则 2：如果 $N_C=+2$ 时 $R=VG$ 且 $C=G$ 且 $A=VG$ 那么 $N_C=2$；

规则 3：如果 $N_C=+1$ 时 $R=VG$ 且 $C=G$ 且 $A=VG$ 那么 $N_C=1$；

规则 4：如果 $N_C=0$ 时 $R=VG$ 且 $A=G$ 那么 $N_C=0$；

规则 5:如果 $N_C = -1$ 时 $R = VG$ 且 $C = G$ 且 $A = VG$ 那么 $N_C = -1$;

规则 6:如果 $N_C = -2$ 时 $R = VG$ 且 $C = G$ 且 $A = VG$ 那么 $N_C = -2$;

规则 7:如果 $N_C = -3$ 时 $R = VG$ 且 $C = G$ 且 $A = VG$ 那么 $N_C = -3$;

规则 8:如果 $N = P_7$ 时 $R = VB$ 且 $C = G$ 且 $S = G$ 那么 $N = P_7$;

规则 9:如果 $N = P_4$ 时 $R = B$ 且 $A = B$ 且 $S = G$ 那么 $N = P_4$;

规则 10:如果 $N = 0$ 时 $R = M$ 且 $C = G$ 且 $S = G$ 那么 $N = 0$;

规则 11:如果 $N = B_1$ 时 $R = G$ 且 $C = G$ 且 $S = G$ 那么 $N = B_1$;

规则 12:如果 $N = B_7$ 时且 $S = VB$ 那么 $N = 0$。

4)性能评价

用计算机进行模糊控制的实验结果见图 7-30 和图 7-31,关于进站停车的准确度,模糊控制方式比 PID 控制方式明显提高,其停车误差只有 PID 控制的 1/3;关于与乘客舒适度感觉直接有关的控制阀值切换次数,模糊控制也只有 P1D 控制的 1/3。经过一万多次的行驶试验,发现模糊控制的停车误差超过 30cm 的不到 1%,标准误差为 10.6cm。此外,电力消耗降低了 10%,行驶时间缩短了 10%。

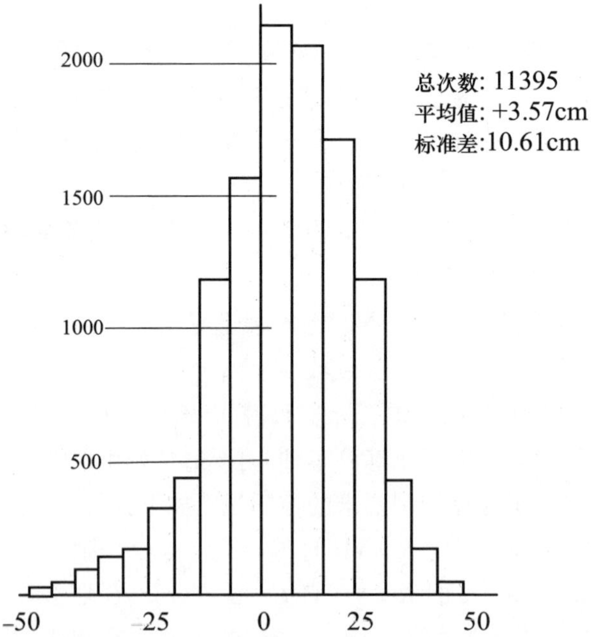

图 7-30　停车精确度统计曲线

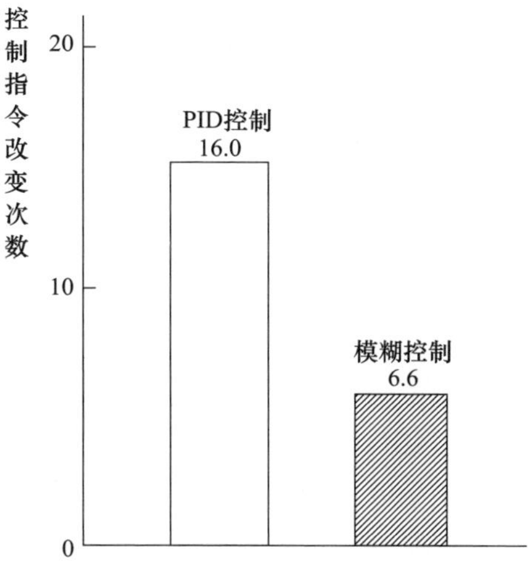

图 7 -31　控制阀值切换次数比较

7.3.3　模糊控制在交流伺服系统中的应用

交流伺服系统在机器人与操作机械手的关节驱动，以及数控机床等方面的应用十分广泛。与直流电动机相比，交流伺服电动机具有体积小、过载能力强、输出转矩大、不存在电刷摩擦等优点。但由于交流伺服系统存在参数时变、负载扰动以及交流电动机自身和被控对象的严重非线性特性、强耦合性等不确定因素，因而对控制策略方面的要求甚高，不仅要求能满足动态、静态性能，而且还应该具有抑制各种非线性因素对系统的影响，具有解耦能力和强鲁棒性，并且无须依赖精确的数学模型等。显然，这些要求不是传统 PID 控制器所能满足的。

1. 交流伺服系统工作原理

1) 基本工作原理与系统组成

图 7 -32 给出一个简单的伺服系统的组成框图。该伺服系统的基本工作原理是：首先输入与所需要到达的目标位置相对应的给定信号 θ_d，由此信号与位置检测装置测量到的实际位置信号 θ 相比较，其偏差为 $\theta_e = \theta_d - \theta$，通过控制器的算法求出为消除该偏差所需施加于功率变换器输入端的控制量 u，经过信号转换与功率放大，驱动伺服机构，使误差 θ_c 逐渐减少，直至消除。

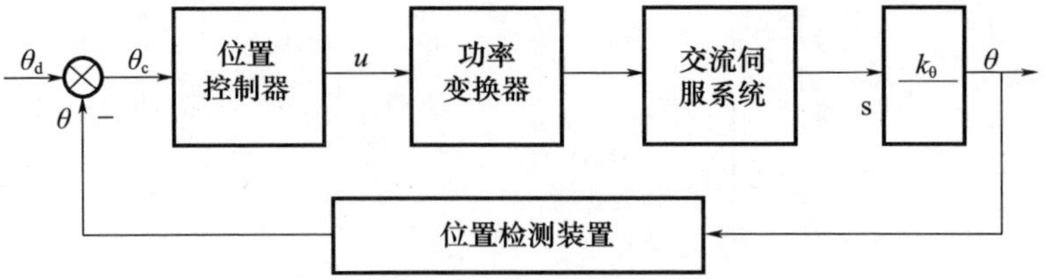

图 7-32　伺服系统的组成

2）高性能交流伺服系统

高性能交流伺服系统通常具有位置反馈、速度反馈和电流反馈的三闭环结构形式，如图 7-33 所示。其中，电流环和速度环均为内环。电流环的作用是：①改造内环控制对象的传递函数，提高系统快速性；②及时抑制电流环内部的干扰；③限制最大电流，使系统有足够大的加速转矩，并且保障系统安全运行。速度环的作用则是增强系统抗负载扰动的能力，抑制速度波动。位置环的作用主要是保证系统静态精度和动态跟踪的性能，直接关系到交流伺服系统的稳定与高性能运行，而且它是反馈主通道。从三相交流伺服电动机的磁链方程和转矩方程的分析式中可以看出，它具有强耦合性和严重非线性。

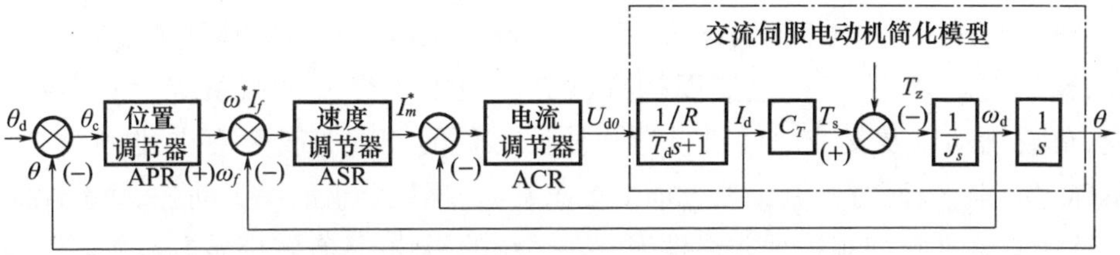

图 7-33　三闭环伺服系统

2. 系统内环控制器设计

1）电流调节器的设计

电流调节器的作用对象可以看成是一个二阶惯性环节，其传递函数为

$$G(s)=\frac{K_u}{(T_u s+1)(T_d s+1)}$$

式中：K_u，T_u 分别为电动机定子电压到转子电流环节的增益常数与惯性时间常数；T_d 为电动机简化模型的电磁时间常数。电流环的主要作用是保持电枢电流在动态中不超过最大值，因而在突加负载时不希望有超调，或者超调越小越好。为此可以将电流环校正为典型 Ⅰ 型系统。

$$G(s)=\frac{K}{s(Ts+1)}$$

然而,电流环还有对电网电压波动进行及时调节的作用,为提高抗扰动性能,又希望将其校正成 Ⅱ 型系统。

$$G(s)=\frac{K}{s^2(Ts+1)}$$

综合以上各因素,在 $T_d \leqslant 10T_u$ 时,Ⅰ型系统的抗扰恢复时间还是可以允许的。因此,这里把电流环校正成典型Ⅰ型系统,按 PI 型调节器来设计。这时电流环的结构可以如图 7 – 34 所示。

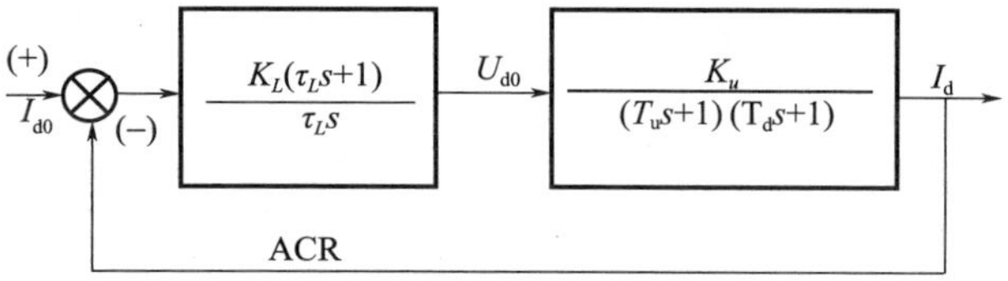

图 7 –34　电流环结构

2) 速度调节器的设计

在上述电流调节器设计的基础上,速度环的结构可以如图 7 – 35 所示,图中 K_w C_T/J。从稳态无静差要求和动态抗扰动性能来看,有必要将速度环设计成典型的Ⅱ型系统。为此,速度环也按Ⅱ型系统设计,并选用 PI 型调节器。

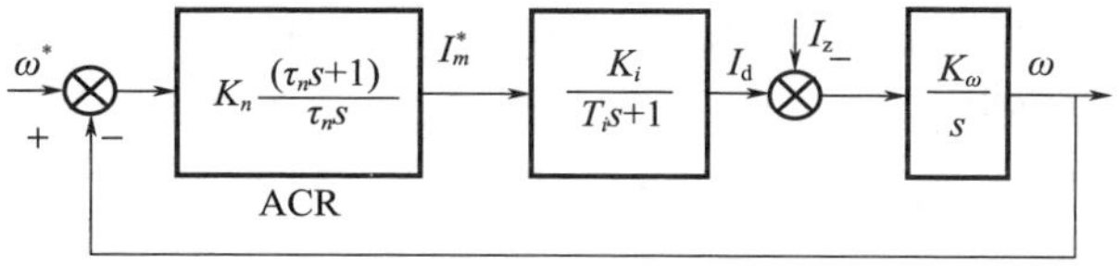

图 7 –35　速度环结构

3. 模糊控制交流伺服系统的设计

交流伺服系统中,如果对电流环、速度环调节器采用 PI 型调节器,按典型Ⅰ型和Ⅱ型系统设计能满足要求,则剩下的工作就是位置调节器的设计。伺服系统的位置调节器通常要求具有快速、无超调的响应特性,用常规的 PID 调节器很难满足该要求。特别是位置环内存在如模型参数的时变和对象特性的非线性等不确定性,以及众多的扰动因素,因此还要求位置调节器具有强鲁棒性。基于上述的高性能要求,将它设计成模糊控制器。

1)位置模糊控制器设计

模糊控制器结构选择:针对不同时域的要求,按不同的规则生成模糊控制查询表,以满足偏差大时的快速性和偏差小时的准确性要求。把与之相应的模糊控制查询表分别称为粗调表和细调表,并把这种模糊位置控制器结构称为“双模(或者多模)”模糊控制器。由双模位置模糊控制器构成的模糊控制交流伺服系统如图7-36所示。选用以位置误差及误差变化率为输入的二维模糊控制器。

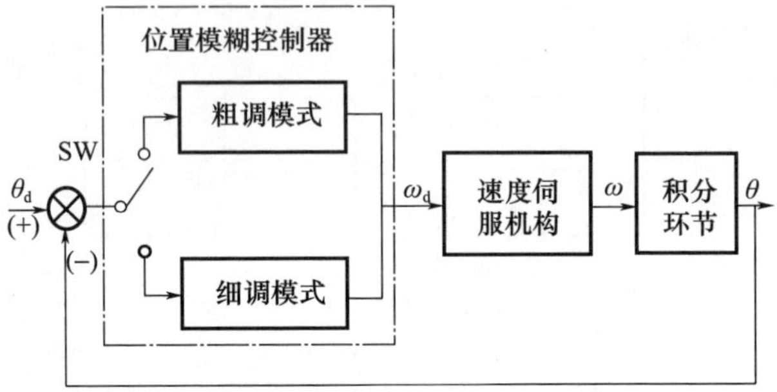

图7-36 双模模糊控制交流伺服系统框图

2)具有调整因子的规则自生成

如果交流伺服系统采用增量式光电码盘作为位置控制装置,则同时也可以获得速度信息。若该码盘分辨力为每转2048个脉冲;并利用码盘输出的两路相位差为90°的脉冲信号构成四倍频和鉴相信号,则交流伺服电动机每一转实际可测脉冲数为2048×4=9192个。把误差量为8000个脉冲时作为双模切换的分界点,则可以按如下步骤分别生成模糊控制的粗调控制表和细调控制表。

粗调控制表生成:当位置误差大于8000脉冲时,把误差E、误差变化率EC和速度给定v量化,总等级为$d=(2n+1)\mid_{n=5}=11$。

细调控制表生成:当位置误差小于8000脉冲时(已经不到一转的脉冲差值)、考虑到控制精度,把量化级分得细一点。为此将误差置E、误差变化率EC和速度给定v分成总等级数$d=(2n+1)\mid_{n=6}=13$。细调阶段是控制稳定性和定位精度的主要时段,对控制品质起决定性影响的是细调控制表生成质量。

4. 模糊控制仿真结果

图7-37(a)所示的是位置给定值为104脉冲数,模糊控制时的位置响应曲

线;图 7 -37(b)所示是电流给定由 -30A 突变到 10A,模糊控制时的电流响应曲线;图 7 -37(c)所示是速度给定值由零突变至 1000r/min 再突变回零时的速度给定曲线;图 7 -37(d)所示是模糊控制时的速度响应曲线。

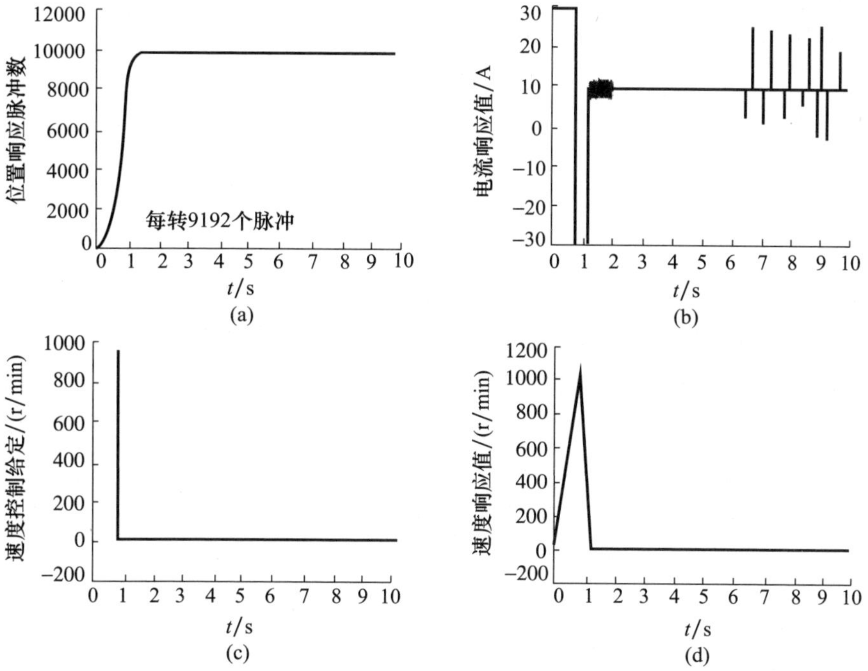

图 7 -37　模糊控制时的响应特性仿真结果

第8章 基于机器学习的建模仿真技术

海量数据中蕴含着大量有意义的模式或知识,尽管这些有意义的模式或知识事先未知且难以用显式数学模型表达,但它们的确是客观存在的。机器学习主要是如何利用数据或经验进行学习,改善具体算法的性能。而“经验”在计算机系统中主要是以数据的形式存在的,因此需要运用机器学习技术对大数据进行分析和挖掘,实现从大量的、不完全的、有噪声的、模糊的、随机的数据中提取隐含在其中的未知但潜在有用的信息和知识,从而大大拓宽建模仿真的技术手段和应用范围。

8.1 机器学习概述

8.1.1 机器学习的基本概念

人类的学习表现为接受前人积累的科学文化知识和技能,丰富自己的知识和经验,认知相关规律,并利用这些知识、经验和规律来举一反三、融会贯通地认知新知识和解决(类似的)新问题。而机器学习模拟了人类学习的行为与特点,基本概念与人类学习既有类似又有区别。

美国工程院院士 Michell 教授认为,机器学习即“利用经验改善计算机系统自身的性能”。

著名人工智能学者西蒙对学习给出的定义是:“如果一个系统能够通过执行某种过程而改变它自身的性能,这就是学习”。西蒙认为,学习“能够让系统在执行同一任务或同类的另外一个任务时比前一次执行更好的任何改变”。

西蒙在对学习的定义中提出了 3 个要素,即过程、系统、性能改进。第一,学习是一个过程；第二，学习过程是由一个学习系统来执行的，显然，如果这个系统是人，即为人类学习，如果这个系统是计算机，即为机器学习；第三，学习的结果将带来系统性能的改进，即熟能生巧，越做越好！

西蒙的定义虽然比较宽泛，但这一阐述统一了人类学习与机器学习的概念。从人工智能的角度看，机器学习是对人类学习的计算机模拟与实现，两者是模型与原型的关系，概念定义的一致性强化了机器学习拟人或类人的意义。正如工程师兼心理学家 Peter Rudin 所说的，人类和机器学习都能产生知识，但一个产生于人类大脑，而另一个则产生于机器。

图 8 - 1 将机器学习过程与人类学习过程进行了类比，机器学习中将前人积累的科学文化知识和技能称为历史数据，对这些历史数据进行归纳总结的过程称为训练，训练得到的知识、经验和规律统称为“模型”，模型对新数据的输出称为预测。机器学习首先需经过训练过程建立模型，再利用模型完成预测过程。

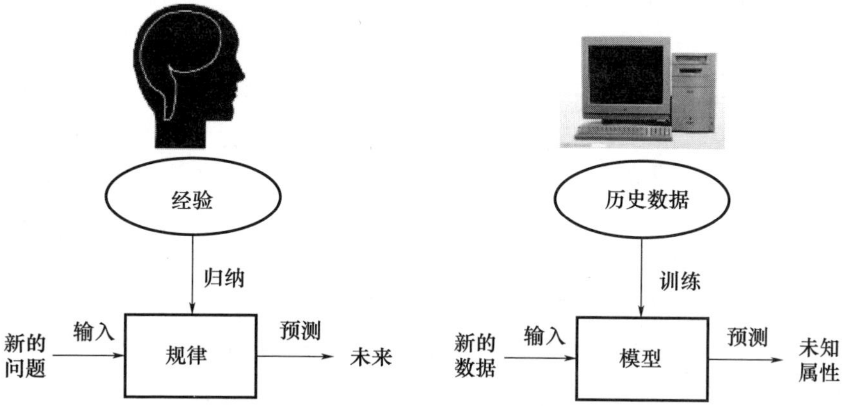

图 8 - 1　机器学习过程与人类学习过程的类比

8.1.2　机器学习的研究内容

机器学习是研究如何使机器具有学习能力的交叉学科领域，与神经科学、认知心理学、逻辑学、概率统计学、教育学等学科都有着密切联系。其目标是使机器系统能像人一样进行学习，并能通过学习获取知识、积累经验、发现规律、不断改善系统性能，从而实现自我完善。

早期的机器学习主要基于统计学模型。美国加州大学伯克利分校的迈克尔·欧文·乔丹（Michael L. Jordan）教授本身既是计算机学家又是统计学家，他对具体问题、模型、方法和算法进行了系统深入的研究,推动了统计机器学习理论框架的建立和完善。自多伦多大学的杰弗里·希尔顿(Geoffrey Hinton)教授提出深度学习方法以来,机器学习迎来了新的转折,基于深度学习框架的机器学习技术在机器视觉、语音识别、自然语言处理等领域取得令人瞩目的应用成果,成为当前最热门的机器学习发展方向。

机器学习的巨大应用潜力在棋类游戏中得到充分的展示。最早的著名案例是1959年美国的IBM公司的塞缪尔(Samuel)设计的一款下跳棋程序,这个具有自学能力的程序能够在不断的对弈中改进自身的棋艺,4年后它战胜了设计者本人,又过了3年,美国一位保持了8年不败纪录的冠军也输给了这个会学习的下棋程序。1997年5月,运行于IBM深蓝超级计算机的国际象棋程序击败了国际象棋大师卡斯巴罗夫。2016年3月,具有超强学习能力的谷歌人工智能系统"阿尔法围棋"(AlphaGo)与人类围棋高手李世石举行了一场举世瞩目的人机大战,结果AlphaGo以4∶1完胜。

机器学习主要研究以下3方面问题:

(1)学习机理。这是对人类学习机制的研究,即人类获取知识、技能和抽象概念的天赋能力。通过这一研究,将从根本上解决机器学习中存在的种种问题。

(2)学习方法,研究人类的学习过程,探索各种可能的学习方法,建立起独立于具体应用领域的学习算法。机器学习方法的构造是对生物学习机理进行简化的基础上,用计算的方法进行再现。

(3)学习系统。根据特定任务的要求,建立相应的学习系统。

机器学习特别擅长解决分类、回归、聚类、降维等基本问题,由于很多实际问题都可以归结为其中的一种,机器学习的成果已经在数据分析、机器视听觉、自然语言处理、自动推理、智能决策等诸多领域得到应用并取得巨大成功。

8.1.3 机器学习系统的基本构成

1997年,米歇尔曾对机器学习做过这样的阐述:"如果一个程序在使用既有的经验(E)执行某类任务(T)的过程中被认为是'具备学习能力的',那么它一定需要展现出:利用现有的经验(E),不断改善其完成既定任务(T)的性能(P)的特性。"

这段描述抽象出一个机器学习问题的3个基本特征,即任务T、经验E的来源和度量任务完成情况的性能指标P。

根据米歇尔对机器学习的阐述和对上述实例分析,可以得出一个学习系统须满足的 4 个基本要求。

(1)学习系统进行学习时要有良好的信息来源,称为学习环境。学习环境对学习的重要性如同学校、教师、书本、实验室对学生的重要性一样。

(2)学习系统自身要具有一定的学习能力和有效的学习方法。学习环境为学习系统提供了必要的信息和条件,但处于同一学习环境的同班学生,由于具有不同的学习能力以及采用了不同的学习方法,其学习效果也会大不相同。

(3)学习系统必须做到学以致用,将学习获得的信息、知识等用于系统所要解决的实际问题,例如估计、预测、分析、分类、决策、控制等。

(4)学习系统应能够通过学习提高自身性能。学习的目的正是通过增长知识、提高技能从而改进系统的性能,使其在解决问题时做得越来越好。

为了实现以上基本要求,一个学习系统的基本构成至少应包括 4 个重要环节:环境、学习环节、知识库和执行环节,图 8 -2 给出机器学习系统的基本构成。

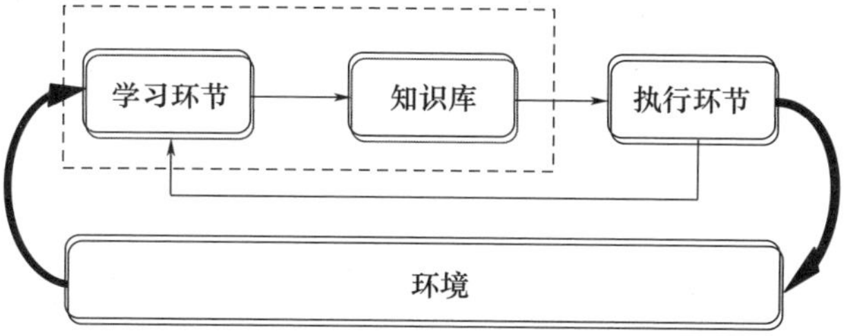

图 8 -2 机器学习系统的基本构成

其中,环境向系统的学习环节提供获取知识所需的工作对象的信息,学习环节利用这些信息修改知识库,以增进系统执行环节完成任务的效能,执行环节根据知识库完成任务,同时把获得的信息反馈给学习环节。在具体的应用中,环境、知识库和执行部分决定了具体的工作内容,学习环节所需要解决的问题完全由上述 3 部分确定。每个环节的具体功能如下。

1. 环境

环境为学习系统提供了用某种形式表达的外界信息。如何构造高水平和高质量的信息对学习系统获取知识的能力至关重要。

信息的水平是指信息的抽象化程度。高水平信息比较抽象,能适应于更广泛的问题;低水平信息比较具体,只使用于个别问题。环节提供的信息水平往往与执行环节所需的信息水平有差距,这时就需要学习环节来缩小这个差距。如果环境提供的是较抽象的高水平信息,则针对比较具体的对象,学习环节就需要补充一些与其相关的细节，以便执行环节能将其用于该对象。如果环境提供的是较具体的低水平信息，学习环境就要在获得足够的数据后，删去不必要的细节，然后再进行总结推广，归纳出适用于一般情况的规则，以便执行环节能用这些规则完成更广的任务。可见如果环境提供的信息水平很低，会大大增加学习环节的负担和设计难度。

信息的质量是指对事物表述的正确性、选择的适当性和组织的合理性。信息质量的好坏会严重影响机器学习的难度。向学习系统提供的示例既能准确表述对象，示例的提供次序又利于学习，系统归纳起来就比较容易。如果这些示例中不仅有严重的噪声干扰，而且次序也很不合理，学习环节就很难对其进行归纳。

2. 学习环节

学习环节负责提供各种学习算法，用于处理环境提供的外部信息，并将这些信息与执行环节反馈回来的信息进行比较。一般情况下，环节提供的信息水平与执行环节所需要的信息水平存在差距，学习环节需要经过一番分析、综合、归纳、类比等思维过程，从这些差距中获取相关对象的知识，并将这些知识存入知识库。

3. 知识库

知识库用于存放学习环节学到的知识，其形式与知识表示直接相关。如第2章所述，常用的知识表示方法有一阶谓词逻辑、产生式规则、语义网络、框架、过程、特征向量、黑板模型结构、Petri 网络、神经网络等。机器学习系统的设计师们总是选择那些表达能力强且易于推理知识表示方法，这样才易于修改和扩展相应的知识库。

一个学习系统不可能在完全没有知识的情况下凭空学习，因此知识库中会有一定的初始知识作为基础，然后在此基础上通过学习过程对已有知识进行扩充和完善。

4. 执行环节

执行环节与学习环节相互联系并相互影响。学习环境的目的就是改善执行环节的行为，而执行环节的复杂度、反馈信息和执行过程的透明度都会对学习环节产生一定的影响。

复杂度是指完成一个任务所需要的知识量，例如，一个玩扑克牌的任务大约需要 20 条规则，而一个医学诊断专家系统可能需要几百条规则。

由学习系统或人根据执行环节的执行情况，对学习环节所获取的知识进行评价，这种评价就称为反馈信息。学习环节主要根据反馈信息来决定是否需要从环境中进一步获取信息，以修改和完善知识库中的知识。

透明度高的执行环节更容易根据执行效果对知识库的规则进行评价，所以执行环节的透明度越高越好。

8.1.4　机器学习的基本方法

人类在实践中总结了各种行之有效的学习方法和学习策略，好的学习方法会使学习事半功倍。

机器学习同样要讲究学习方法和学习策略，并以学习算法的形式予以实现。经过几十年的发展，机器学习领域积累的学习算法日益丰富，按照学习方式可以将机器学习算法分为监督学习、无监督学习、半监督学习和强化学习(图 8－3)。目前应用最广的机器学习方式是监督学习和非监督学习。这两类学习方式在长期的发展中积累了很多著名的算法，这些算法在解决分类、回归、聚类和降维等问题时表现出强大的优势。

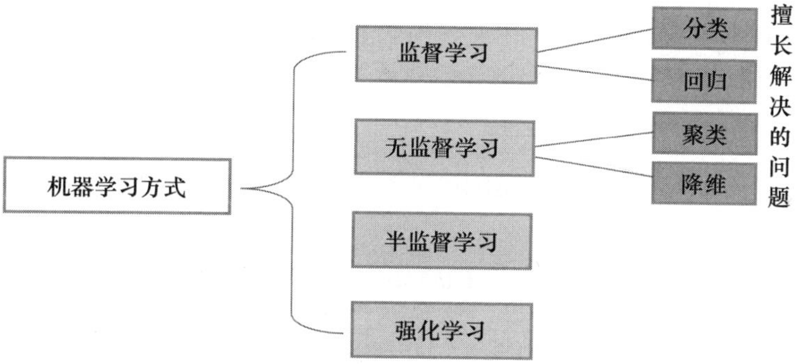

图 8－3　机器学习的四类学习方式

强化学习已在前面章节中涉及，下面分别介绍前 3 类机器学习方法的基本特点。

1. 监督学习

监督学习(supervised learning)中，机器学习系统的输入数据称为“训练样本”，每个训练样本对应一个明确的标注。

显然，在监督学习方式中起监督作用的是每个训练样本对应的标注信息，有了标注信息就能计算出系统对每个输入样本的实际输出与标注信息之间的误差，并在误差的引导下改进系统性能，从而通过减小乃至消除误差改善系统性能。

监督学习常用来解决分类问题和回归问题。分类就是先将样本的特征与各个类别的标准特征进行匹配,然后将输入数据标识为特定类的成员。但类别的标准特征往往是未知的,需要采用合适的机器学习算法从大量类别已知的样本数据(称为标注数据)中自动学习类别标准,这个过程就是监督学习。回归问题要求算法基于连续数据建立输入-输出之间的函数模型,输入可以是一个或多个自变量,输出是函数值。回归算法有线性和非线性之分。

2. 无监督学习

与监督学习相比,无监督学习(unsupervised learning)的训练样本没有人为的标注信息。学习系统需根据样本间的相似性自行推断出数据的内在结构,这样的任务称为聚类(clustering)。聚类任务的特点是,所有训练样本都没有标注类别信息,对这类样本进行分类实际上是根据样本之间的相似性进行聚类。从学习方式来看,聚类就是一种典型的无监督学习。

3. 半监督学习

监督学习的所有训练样本都有标注,模型从数据和标注中学习二者的内在关系;无监督学习的所有训练样本都没有标注,模型从数据中学习其自身的结构。然而,客观世界中遇到的大量情况是:只有少量有类别标签的样本和大量的无类别标签的样本。这就意味着训练集里一部分样本标注了类别,另一部分没有标注类别。如果将大量未知类别的样本弃之不用,就会造成数据和资源的浪费。

半监督学习(semi-supervised learning)又称弱监督学习,将无监督学习与监督学习相结合,将大量没有类别标签的样本加入到有限的有类别标签的样本中一起进行训练。半监督学习的理论前提是模型假设,实验研究表明:当模型假设正确时,无类别标签的样本能对学习性能起到改进作用,其效果往往明显优于单纯的监督学习或无监督学习;当模型假设不正确时,反而会恶化学习性能,导致半监督学习的性能下降。因此,半监督学习的效果取决于假设是否与实际情况相符。

最常见的模型假设为聚类假设(cluster assumption),即假设样本数据中存在簇结构,同一个簇的样本应属于同一个类别,所以当两个样本位于同一聚类簇时,它们大概率具有相同的类别标签。

4. 强化学习

强化学习(reinforcement learning,RL)是近年来机器学习和智能控制领域的主要方法之一。强化学习,即让智能主体(简称主体)和所处的环境进行交互,通过互动进行学习。智能主体通过识别自身感知到的环境状态选择相应的动作对环境做出响应。智能主体与环境的交互通常是在离散的"时间步长"中进行的,$t=0,1,2,\cdots$。在时刻 t,智能主体针对当前环境状态 s_t,选择一个动作 a_t,在下一时刻 $t+1$,环境在动作 a_t 的作用下产生新的状态 s_t+1,同时智能主体将收到一个奖励 r_t+1。在持续交互的过程中,智能主体与环境会产生大量数据,RL算法将利用产生的数据调整智能主体的动作策略,调整的方向是有利于获得最大的奖赏值,然后再继续与环境交互产生新的数据,并利用新的数据进一步优化自身策略。经过循环往复的强化学习,智能主体将最终学习到使任务整体收益最大化所对应的最优动作策略。

因此,强化学习解决的是在交互过程中以目标为导向的最优动作策略学习问题,目标就是长期收益最大化。

8.2 经典机器学习算法及应用

8.2.1 经典回归算法

用于预测的回归分析技术是最常见的一类监督学习算法。回归分析是对具有因果关系的变量所进行的分析处理,是一种"由果索因"的归纳过程,其中因变量通常是人们在实际问题中所关心的一类指标,用 Y 表示;影响因变量 Y 取值的影响因素为自变量,用 X 表示。当我们观测到大量事实所呈现的样态信息时,要推断出这些客观事实之间蕴含着什么样的关系,并设计出一种函数来描述出它们之间蕴含的关系,这就是回归分析的任务,即用一个合适的函数 $Y=f(X)$ 来描述大量事实所呈现的样态信息关系,这样的函数常称为回归方程或经验公式。

根据这个函数 $Y=f(X)$ 的性质,可分为线性回归和非线性回归两类。"线性"与"非线性",常用于区别函数 $Y=f(X)$ 与自变量 X 之间的依赖关系。线性函数的 Y 和 X 之间为比例关系,其图像为直线(或平面);非线性函数的 Y 和 X 之间不存在比例关系,其图像是曲线(或曲面)。

1. 线性回归分析

线性回归的优点是不需要很复杂的计算,而且可以根据系数给出对每个变量的理解或解释;缺点是拟合非线性数据时可能误差较大,所以需要先判断变量之间是否接近线性关系。在误差允许的情况下,线性回归通常是学习预测模型时的首选技术。

1)最小二乘法

在研究两个变量(X,Y)之间的相互关系时,通常可以得到一系列成对的数据$(x_1,y_1),(x_2,y_2),\cdots,(x_m,y_m)$;将这些数据描绘在$X-Y$笛卡儿坐标系中,若发现这些点在一条直线附近,则这条直线方程为

$$Y=a+bX \tag{8-1}$$

最小二乘法又称为最小平方法,是一种数学优化技术。最小二乘法的原理是,设计一条直线$Y=f(X)$,使得每个数据点上的误差φ_i的平方之和Φ为最小。Φ是回归直线与各数据点的总误差,其数学表达式为

$$\Phi = \sum_{i=1}^{m} (Y_i - Y_{计算})^2 \tag{8-2}$$

最小二乘法给出了能确保Φ最小化的a和b计算公式,即

$$a=\overline{Y}-b\overline{X} \tag{8-3}$$

$$b = \frac{m\sum_{i=1}^{m} X_i Y_i - \sum_{i=1}^{m} X_i \sum_{i=1}^{m} Y_i}{m\sum_{i=1}^{m} X_i^2 - \left(\sum_{i=1}^{m} X_i\right)^2} \tag{8-4}$$

2)回归分析的步骤

回归分析的主要步骤是:

(1)从一组数据出发,确定Y与X间的定量关系表达式,即建立回归方程并根据实测数据来求解模型的各个未知参数。求解参数的常用方法是最小二乘法。

(2)评价回归模型是否能够很好地拟合实测数据,即对求得的回归方程的可信程度进行检验。

(3)在许多自变量X共同影响着一个因变量Y的关系中,判断哪个(或哪些)自变量的影响是显著的,哪些自变量的影响是不显著的,将影响显著的自变量加入模型中,而剔除影响不显著的变量。

(4)利用所求的回归方程对实际问题的指标Y进行预测或控制。

2. 非线性回归分析

处理非线性回归的方法有3种基本途径:

1)非线性回归转化为线性回归

一大类非线性回归方程可通过数学方法转化为线性回归方程,然后用线性

回归方法处理。常用的线性化回归模型为

$$Y = a_0 + a_1x_1 + a_2x_2 + \cdots + a_ix_i + \cdots + a_mx_m + u$$

2) 常见的非线性回归模型

根据理论或经验可确定输出变量与输入变量之间的非线性回归模型,但模型中的系数一般是未知的,可根据输入输出的多次观察结果按最小二乘法原理求出各系数值,所得到的模型即为非线性回归模型。常见的非线性回归模型有双曲线模型、幂函数模型、指数函数模型、对数函数模型、多项式模型等。

3) 非线性回归模型的神经网络模型

以输入－输出历史数据为样本集,采用监督学习算法训练神经网络可实现输出变量到输出变量之间的非线性映射。与传统非线性回归模型不同的是,该映射不能用数学表达式进行显式描述。

8.2.2　经典分类算法:决策树

决策树(decision tree)算法是机器学习中的经典算法,是应用最广的归类推理算法之一,属于监督学习。在许多机器学习算法中,训练过程得到的模型往往是一个函数,而决策树算法训练后得到的是一个决策树。

1. 决策树的构造过程

顾名思义,决策树应该是能做决策的"树"。下面先通过解决一个分类决策问题,"种出"一颗决策树。

问题描述:有位网球爱好者通常是周六出去打网球。请根据过去他周六是否去打网球的历史记录,预测他下周六去不去打网球。

根据过去"周六是否打网球"的实例构成表 8－1 中的训练样本集。

表 8－1　"周六是否打网球"的历史记录

实例序号	天气	温度	湿度	风力	打网球吗? Yes:是,No:否
1	晴天	很热	很高	弱	No
2	晴天	很热	很高	强	No
3	阴天	很热	很高	弱	Yes
4	雨天	适宜	很高	弱	Yes
5	雨天	很凉	正常	弱	Yes
6	雨天	很凉	正常	强	No

续表

实例序号	天气	温度	湿度	风力	打网球吗? Yes:是,No:否
7	阴天	很凉	正常	强	Yes
8	晴天	适宜	很高	弱	No
9	晴天	很凉	正常	弱	Yes
10	雨天	适宜	正常	弱	Yes
11	晴天	适宜	正常	强	Yes
12	阴天	适宜	很高	强	Yes
13	阴天	很热	正常	弱	Yes
14	雨天	适宜	很高	强	No

可以看出,“周六是否打网球”取决于当天的气象条件,气象条件可以用“天气、温度、湿度和风力”4 个属性(或称特征)描述,分别用 $X_{天气}$、$X_{温度}$、$X_{湿度}$、$X_{风力}$表示。每一个属性都有若干可能的取值,称为属性值。例如天气这个属性有 3 个值:晴、阴、雨;温度这个属性有 3 个值:很热、适宜、很凉;湿度这个属性有很高和正常两个值;风力这个属性有强和弱两个值。每一个实例都是用若干个属性和它们的值来描述的。

将“周六是否打网球”看作一个输出为“Yes”或“No”的目标函数,用 Y 表示,这个函数的自变量就是 4 个属性,即

$$Y=f\ (X_{天气},X_{温度},X_{湿度},X_{风力})$$

构造决策树可以从任一个属性开始。下面从天气属性开始,构造一个“李强周六上午是否打网球”的决策树。天气属性有 3 个值,图 8－4 中用 3 个分支来表示。基于天气属性可将整个样本集划分为 3 个子集。接下来分析这 3 个子集的情况。

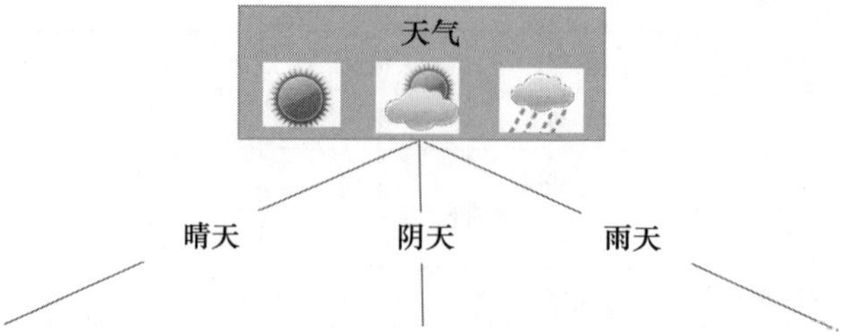

图 8－4　天气属性的 3 个分支

1) 晴天子集

晴天的情况在样本集中共出现过 5 次,故这个子集中包含 5 个实例,其中 3 个对应 $Y = \mathrm{No}$,2 次对应 $Y = \mathrm{Yes}$,所以还要进一步将其分类(图 8 -5(a))。从样本集可以看出,晴天时 $Y = \mathrm{No}$ 的 3 个实例都对应着 $X_{湿度}$ = 很高的情况,$Y = \mathrm{Yes}$ 的 2 个实例都对应着 $X_{湿度}$ = 正常的情况,而 $X_{温度}$ 和 $X_{风力}$ 的值并不影响分类结果,所以需要将晴天子集中的样本再按照湿度这个属性的取值情况分为两类:一类是"晴天且湿度很高",其中的 3 个实例全部对应 $Y = \mathrm{No}$;另一类是"晴天且湿度正常",其中的 2 个实例均对应 $Y = \mathrm{Yes}$。

2) 阴天子集

阴天的情况在样本集中出现过 4 次,这个子集有 4 个实例。可以看出 4 次阴天的周六,李强都去打网球,4 个实例无一例外对应着 $Y = \mathrm{Yes}$(图 8 -5(b))。因此可以归纳出这样一条规律:只要是阴天,李强都去打网球。

3) 雨天子集

雨天的情况在样本集中出现过 5 次,故这个子集中包含 5 个实例,其中 2 次对应着目标函数为 No,3 次对应着目标函数为 Yes,所以需要进一步将 5 个实例分为两类(图 8 -5(c))。从样本集可以看出,雨天时 $Y = \mathrm{No}$ 的 2 个实例都对应着 $\boldsymbol{X}_{风力}$ = 强的情况,雨天时 $Y = \mathrm{Yes}$ 的 3 个实例都对应着 $X_{风力}$ = 弱的情况,而 $X_{温度}$ 和 $X_{湿度}$ 的值并不影响该子集的分类结果。

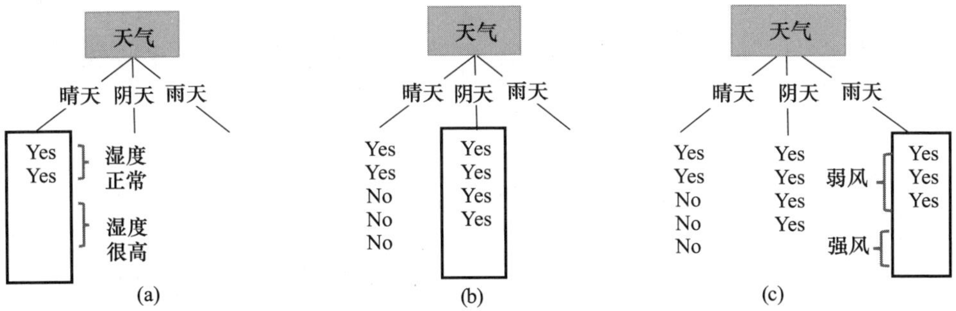

图 8 -5　天气属性分支对应的子集

伴随着这个分析过程可构造出图 8 -6 所示的分类决策树。决策树中的矩形框对应着实例的属性,称为决策节点;分类结果称为叶节点。最上面的属性"天气"是根节点,其他属性都是中间节点。每个属性节点引出的分支代表该属性的值,一般有几个值就产生几个分支。从根节点开始用属性值扩展分支,对于每个分支,选一个未使用过的属性作为新的决策节点,如图 8 -6 中的“湿度”和“风力”。新选的节点就如同于一个根节点,需用其属性值继续进行扩展,直到每个节点对应的实例都属于同一类为止,这样就递归地形成了决策树。

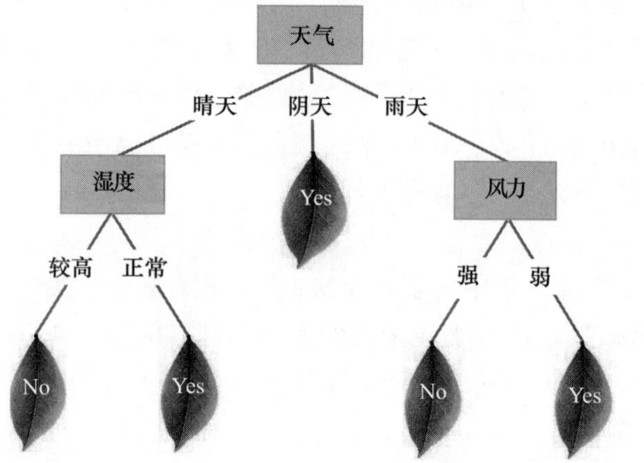

图 8 -6 关于“周六上午去打网球吗”的决策树

选用不同的属性做根节点(图 8 -7),得到的决策树也不同。决策树算法给出了如何选择根节点以及各中间节点的策略。最著名的经典决策树学习算法是 ID3,它描述了应该以什么样的顺序来选取样本集中实例的属性进行扩展。

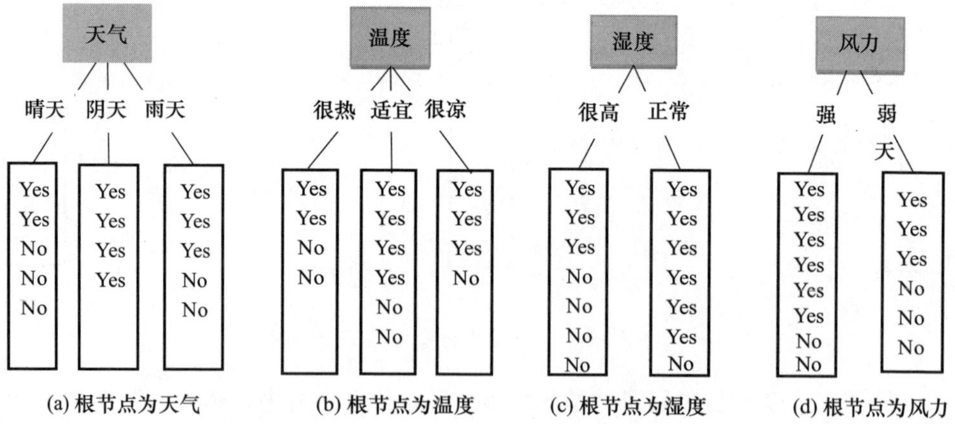

图 8 -7 决策树根节点选择的 4 种情况

2. 决策树的构造原则

构造一个略复杂的决策树首先要解决的问题是如何选择根节点,以及如何逐层选择余下的节点。构造决策树的基本原则是:随着树的深度增加,分到各个子集的实例“纯度”迅速提高。纯度低意味着样本集中的实例类别很杂;纯度高则意味着样本集中的实例非常一致,几乎属于一个类别。例如,以天气这个属性做根节点时,将所有实例成了 3 个子集,可以看出阴天这个子集中的实例纯度最高,因为所有 4 个实例完全一致。

为了度量样本集的纯度,机器学习领域提出一些与纯度相关的指标,这些指标与样本集纯度之间的关系应满足:纯度越高,指标的值越低。符合这种关系的度量指标有信息熵和基尼(Gini)系数。有了这样的指标,构造决策树的基本原则就可以更严谨地表述为:随着树的深度增加,节点的信息熵(或基尼系数)迅速降低。

1)基于信息增益选择决策树节点

(1)信息熵的概念与计算

熵(entropy)是随机变量不确定性的度量标准,刻画了任意样本集的纯度。香农借鉴了热力学的概念,将信息中排除了冗余后平均信息量称为信息熵。

设信源符号有 n 种取值:$x_1,\cdots,x_i,\cdots,x_n$,对应的取值概率为 $p_1,\cdots,p_i,\cdots,p_n$,且各种符号的出现彼此独立,则信息熵为单个符号不确定性 $-\log_2 p_i$ 的期望值,即

$$\boldsymbol{H}(\boldsymbol{X}) = -\sum_{i=1}^{n} p_i \log_2 p_i \tag{8-5}$$

当信源只有两个符号 x_1,x_2 时,熵随着 $p_i(0\sim1)$ 变换的曲线如图 8-8 所示,当 $p_i=0$ 和 $p_i=1$ 时,$\boldsymbol{H}(\boldsymbol{X})=0$,表明随机变量不具有不确定性;当 $p_i=0.5$ 时,$H(X)=1$,表明随机变量的不确定性最大。

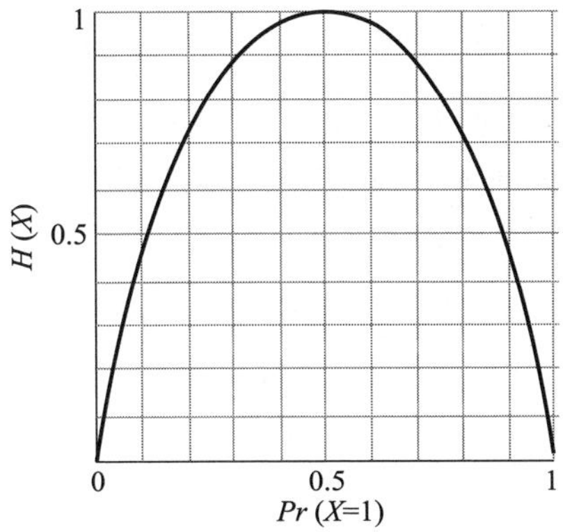

图 8-8　二元信源的熵函数

(2)信息增益的概念与定义

为了说明信息增益(information gain)首先引入条件熵的概念,用 $H(\boldsymbol{Y}|\boldsymbol{X}=x)$ 表示在已知第二个随机变量 $\boldsymbol{X}$ 取某个特点值 x 的前提下,随机变量 $\boldsymbol{Y}$ 的信息熵;用 $H(\boldsymbol{Y}|\boldsymbol{X})$ 表示基于 $\boldsymbol{X}$ 条件的 $\boldsymbol{Y}$ 的信息熵,该信息熵是 $H(\boldsymbol{Y}|\boldsymbol{X}=x)$ 的数学期望。

在给定 $\boldsymbol{X}$ 条件下 $\boldsymbol{Y}$ 的条件熵定义为

$$H(\boldsymbol{Y}|\boldsymbol{X}) = \sum_{x \in \boldsymbol{X}} p(x) H(\boldsymbol{Y}|\boldsymbol{X} = x) \tag{8-6}$$

即条件熵 $H(\boldsymbol{Y}|\boldsymbol{X})$ 就是 $H(\boldsymbol{Y}|\boldsymbol{X}=x)$ 在 $\boldsymbol{X}$ 取遍所有可能的 x 后取平均的结果。

信息增益定义为:待分类集合的信息熵与选定某个特征的条件熵之差,计算公式为

$$IG(\boldsymbol{Y},\boldsymbol{X}) = \boldsymbol{H}(\boldsymbol{Y}) - H(\boldsymbol{Y}|\boldsymbol{X}) \tag{8-7}$$

可以看出,式(8-7)表示已知属性信息 $\boldsymbol{X}=x$ 时,随机变量 $\boldsymbol{Y}$ 的信息不确定性减少的程度。信息增益越大,表示该属性越重要。

(3)选择决策树节点

以表 8-1 中的样本集为例,在过去的 14 个周六中,有 9 个周六打球,5 个周六不打球,$\boldsymbol{Y}$ 的熵值应为

$$-\frac{9}{14}\log_2\frac{9}{14} - \frac{5}{14}\log_2\frac{5}{14} = 0.940$$

下面计算 4 个属性的信息增益。

根据图 8-5 给出的信息可知,若基于天气进行划分,可得

$$H(\boldsymbol{Y}|\boldsymbol{X}_{\text{天气}} = \text{晴天}) = 0.971$$

$$H(\boldsymbol{Y}|\boldsymbol{X}_{\text{天气}} = \text{阴天}) = 0$$

$$H(\boldsymbol{Y}|\boldsymbol{X}_{\text{天气}} = \text{雨天}) = 0.971$$

根据表 8-1 提供的数据,$\boldsymbol{X}_{\text{天气}}$ 为晴天、阴天、雨天的概率分别为 5/14,4/14,5/14,代入式(8-6)可得,在给定 $\boldsymbol{X}_{\text{天气}}$ 下的条件熵为

$$5/14 \times 0.971 + 4/14 \times 0 + 5/14 \times 0.971 = 0.693$$

当选择 $\boldsymbol{X}_{\text{天气}}$ 作为根节点时,对应的信息增益为 $\text{IG}(Y, \boldsymbol{X}_{\text{天气}}) = 0.940 - 0.693 = 0.247$。

根据图 8-7 的数据,可用同样的方法计算出其他属性的信息增益:$\text{IG}(Y, X_{\text{温度}}) = 0.029$,$\text{IG}(Y, X_{\text{湿度}}) = 0.152$,$\text{IG}(Y, X_{\text{风力}}) = 0.048$。显然,应该选择信息增益最大的属性“天气”为根节点。从根节点向下拓展出 3 个节点,其中每个

节点应选哪个属性向下继续拓展，仍然用计算信息增益的方法来决定，方法同上。

2）基于基尼系数选择决策树节点

用 K 表示样本集中实例的种类，表 8－1 中的实例共有两类，使目标函数 $Y=$ Yes 的为一类，使 $Y=$ No 的为另一类，故 $K=2$。

用 p_k 表示某个实例属于第 k 类的概率，用 $(1-p_k)$ 表示某个实例不属于第 k 类的概率，则基尼系数计算式为

$$\mathrm{Gini}(p)=\sum_{k=1}^{K}p_k(1-p_k)=1-\sum_{k=1}^{K}p_k^2 \tag{8-8}$$

在没有构造决策树之前，先用式（8－8）计算出原始样本集的基尼系数，用以了解样本集的纯度。在 14 个实例中，5 种情况下不打球，9 种情况下打球，因此某个实例属于不打球类的概率为 5/14，属于不打网球类的概率为 9/14。代入式（8－8）可得基尼系数为

$$1-\left(\frac{5}{14}\right)^2-\left(\frac{9}{14}\right)^2=0.46$$

决策树的根节点共有 4 个属性可选，需要具体计算哪个属性做根节点最符合“随着树的深度增加，节点的信息熵（或基尼系数）迅速降低”这一构造决策树的原则。

根节点为天气属性时，各子类的基尼系数为

$$\mathrm{Gini}(p_{\text{晴天}})=1-\left(\frac{2}{5}\right)^2-\left(\frac{3}{5}\right)^2=1-0.16-0.36=0.48$$

$$\mathrm{Gini}(p_{\text{阴天}})=1-\left(\frac{4}{4}\right)^2-\left(\frac{0}{4}\right)^2=0$$

$$\mathrm{Gini}(p_{\text{雨天}})=1-\left(\frac{3}{5}\right)^2-\left(\frac{2}{5}\right)^2=1-0.36-0.16=0.48$$

一个实例被划分到 3 个子类的概率分别为 5/14、4/14、5/14，以此为各子类的权重值，对 3 个子类的基尼系数进行加权求和，即可计算出根节点为天气属性时的基尼系数：

$$\begin{aligned}\mathrm{Gini}(\text{天气})&=\left(\frac{5}{14}\right)\times0.48+\left(\frac{4}{14}\right)\times0+\left(\frac{5}{14}\right)\times0.48\\&=0.171+0+0.171=0.342\end{aligned}$$

用同样的方法可算出 Gini（温度）＝0.439，Gini（湿度）＝0.367，Gini（风力）＝0.428。

比较4个基尼系数可知，选天气属性做根节点时基尼系数下降最快，可从0.46降至0.342。从根节点向下拓展出3个节点，其中每个节点应选哪个属性向下继续拓展，仍然用计算基尼系数的方法来决定，方法同上。

8.2.3 经典聚类算法：K－均值

K－均值算法（K－Means）是一种聚类算法，其中K表示类别数，Means为均值。K－均值算法通过预先设定的类别数K以及每个类别的初始质心，对相似的数据点进行划分，再利用划分后各类的均值迭代优化新的质心，以获得最优的聚类结果。

1. 最简单的K－均值算法

表8－2是2020年2月1日北京新增确诊新型冠状病毒肺炎病例的情况。要求用K－均值算法将这组年龄数据分为3类，即K＝3。

表8－2　2020年2月1日北京新增确诊新型冠状病毒肺炎病例

序号	年龄	性别	发病时间	初次就诊时间
1	58	女	1月28日	1月29日
2	40	男	1月29日	1月30日
3	35	男	1月25日	1月26日
4	60	女	1月29日	1月29日
5	67	女	1月22日	1月28日
6	63	女	1月27日	1月27日
7	82	男	1月29日	1月30日
8	50	男	1月23日	1月29日
9	19	男	1月23日	1月29日
10	47	男	1月22日	1月23日
11	67	女	1月29日	1月30日
12	38	男	1月29日	1月29日
13	65	男	1月29日	1月29日
14	6	女	1月24日	1月29日
15	32	女	1月24日	1月31日
16	37	男	1月25日	1月30日
17	53	女	1月22日	1月29日

下面通过这个实例说明 K – 均值算法的工作过程。

第一步：随机选取 3 个类别的初始质心（表 8 – 3），对 17 个年龄数据排序（表8 – 4）。

表 8 – 3　初始质心

质心 1	质心 2	质心 3
40	50	60

表 8 – 4　年龄数据排序

新增确诊新冠肺炎患者年龄排序																
	9	2	5	7	8	0	7	0	3	8	0	3	5	7	7	2

观察表 8 – 5 中初始质心在数据集中的分布，可以看出随机选取的 3 个初始质心比较集中，分布并不合理。但接下来会看到，随着 K – 均值算法的迭代，各类别的质心将不断向合理的位置移动。

表 8 – 5　初始质心在数据集中的分布

							★		★			★					
6	19		32	35	37	38	**40**	47	**50**	53	58	**60**	63	65	67	67	82

第二步：计算年龄数据与各质心的距离并划分数据。

数据与质心之间的距离用欧式距离公式计算。由于本例的数据均为一维，欧式距离计算式就退化为数据与质心之差的绝对值，即

$$距离 = |年龄数据 - 质心|$$

通过计算获得每个年龄数据与 3 个初始质心的距离，如表 8 – 6 所列。表中以圆标记最小的距离值，年龄值数据离哪个质心距离近，就将该数据划归哪个质心所代表的类别，从而完成对患者的第一次分类。如果年龄数据到两个初始质心的距离相等，则可划分到两类中的任意一个。

表 8 – 6　年龄数据与各初始质心的距离

年龄数据点与 3 个初始质心的距离																	
年龄	6	19	32	35	37	38	40	47	50	53	58	60	63	65	67	67	82
距离 1（40）	㉞	㉑	⑧	⑤	③	②	⓪	7	10	13	18	20	23	25	27	27	42

续表

年龄	6	19	32	35	37	38	40	47	50	53	58	60	63	65	67	67	82
距离 2（50）	44	31	18	15	13	12	10	③	⓪	3	8	10	13	15	17	17	32
距离 3（60）	54	41	28	25	23	22	20	13	10	7	②	⓪	③	⑤	⑦	⑦	㉒
类别 1	6	19	32	35	37	38	40										
类别 2								47	50	53							
类别 3											58	60	63	65	67	67	82

第三步：计算各类数据的均值，作为该类的新质心。

均值 $1 = (6+19+32+35+37+38+40) \div 7 = 29.57 \approx 30$

均值 $2 = (47+50+53) \div 3 = 50$

均值 $3 = (58+60+63+65+67+67+82) \div 7 = 66$

第四步：以新的质心替代初始质心，返回第二步迭代计算每个数据到新质心的距离。从表 8－7 中可以看到，有灰色底纹的数字为初始质心，斜体加粗数字为新质心，其中有两个新质心（30 和 66）与初始质心（40 和 60）并不是同一个数据，且其位置分布比原来合理。

表 8－7　新质心的分布

		★							★						★			
6	19	**30**	32	35	37	38	40	47	**50**	53	58	60	63	65	**66**	67	67	82

通过计算，获得每个年龄数据与 3 个新质心的距离，如表 8－8 所列。可以看出，数据“40”到质心 1 和质心 2 的距离相等，数据“58”到质心 2 和质心 3 的距离也相等，考虑到类别 2 的数据较少，将“40”和“58”都划到类别 2，完成对患者的第二次分类。

表 8－8　各年龄数据与 3 个新质心的距离

年龄	6	19	32	35	37	38	40	47	50	53	58	60	63	65	67	67	82
距离 1（30）	㉔	⑪	②	⑤	⑦	⑧	⑩	17	20	23	28	30	33	35	37	37	52

续表

年龄	6	19	32	35	37	38	40	47	50	53	58	60	63	65	67	67	82
距离 2 (50)	44	31	18	15	13	12	⑩	③	⓪	③	⑧	10	13	15	17	17	32
距离 3 (66)	60	47	34	31	29	28	26	19	16	13	⑧	⑥	③	①	①	①	⑯
类别 1	6	19	32	35	37	38											
类别 2							40	47	50	53	58						
类别 3												60	63	65	67	67	82

再次计算各类数据的均值，得到各类的新质心为 27.83、49.60、67.33，取整后得 28、50、67。

算法停止条件：以上过程不断迭代进行，直到新的质心和前一轮质心相等，算法结束。

2. 二维数据的 K – 均值算法

K – 均值算法对二维数据的聚类过程可用图 8 – 9 中的一组图来描述。图 8 – 9(a) 给出数据集的分布情况，设 $k = 2$。随机选择两个类别的初始质心 (x_1, y_1)、(x_2, y_2)，分别用▽和○标记在图 8 – 9(b) 中。

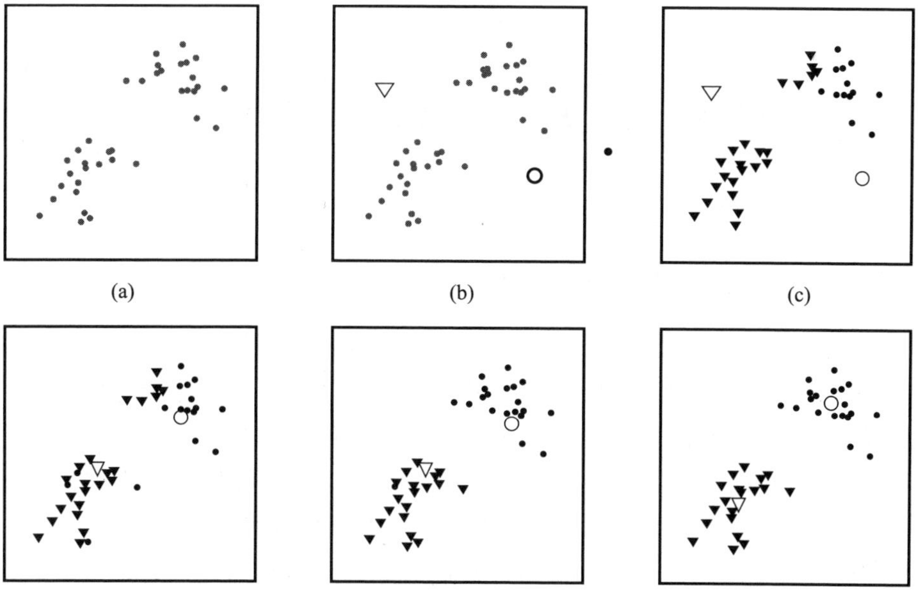

(a)　(b)　(c)　(d)　(e)　(f)

图 8 – 9　K – 均值算法对二维数据的聚类过程

按照前述步骤，分别计算数据集所有点到这两个质心的距离 D，距离计算采用欧式距离公式

$$D=\sqrt{(x_1-y_1)^2+(x_2-y_2)^2}$$

图 8-9(c)中用▼和●标记了每个样本的类别。可以看出，所有标记为▼的样本与质心▽的距离均小于与质心○的距离；同样，所有标记为●的样本与质心○的距离均小于与质心▽的距离。经过计算样本与两个质心的距离，得到所有样本点经第一轮迭代后的类别归属。

对图 8-9(c)中标记为▼和●的点分别计算新的质心，如图 8-9(d)所示，新质心的位置发生了变换。图 8-9(e)和图 8-9(f)重复了图 8-9(c)和图 8-9(d)的过程，即将所有点的类别标记为距离最近的质心所代表的类别，然后继续计算新的质心直至质心的位置不再变化。最终得到的两个类别质心如图 8-9(f)所示。

将以上方法推广到三维及三维以上的高维数据，K-均值聚类算法的一般步骤如下：

(1)随机选取 K 个样本作为初始质心。

(2)计算每个样本与各质心之间的欧式距离，把每个样本分配给距离它最近的质心，每个质心及分配给它的样本代表一个聚类。

(3)全部样本被分配到各质心代表的类别之后，各类别根据现有的样本重新计算质心。

(4)若不满足终止条件则转到(2)重复以上过程，若满足终止条件则结束。

K-均值聚类算法的终止条件可以是以下任何一个：

(1)没有(或很少)样本被重新分配给不同的类别。

(2)没有(或很少)质心再发生变化。

8.2.4 经典降维算法：主分量分析

在许多数据处理的应用中，要求保存尽可能多的信息并得到较好的数据压缩。降低输入变量的维数对数据压缩十分必要，但降维不能简单地对 $\boldsymbol{X}$ 进行截断，因为截断所带来的均方误差等于截掉的各分量方差之和。因此需要一种可逆的线性变换 $\boldsymbol{T}$，使得通过该变换将原高维空间的数据 $\boldsymbol{X}$ 投影为低维空间的数据 $\boldsymbol{T}(\boldsymbol{X})$ 后，对 $\boldsymbol{T}(\boldsymbol{X})$ 的截断在均方差意义下为最优，从而仍能保留原数据的主要信息。主分量分析(principle components analysis，PCA)方法能很好地满足这一要求。

1. 主分量分析方法概述

主分量分析是 Karhunen 于 1947 年提出的，Loeve 于 1963 年对其进行了归纳总结，因此又称为 K－L 变换。主分量分析是分析一个随机向量过程相关结构的十分有用的统计技术，并已经广泛地应用于现代信号处理的许多领域，如高分辨谱估计、系统辨识、数据压缩、特征提取、模式识别、数字通信、计算机视觉等。

主分量分析包括特征选择和特征提取过程。特征选择过程通过一种可逆变换 $\boldsymbol{T}$ 将从数据空间映射到同维特征空间，从而获得输入的特征，即输入的主分量；而特征提取过程的目的是降维，即对变换后的特征空间向量进行截断，选取主要特征分量而舍去其他特征分量。主分量分析提供的可逆变换 $\boldsymbol{T}$ 能够保证对 $\boldsymbol{T}(\boldsymbol{X})$ 的截断在均方差意义下为最优。

1）特征向量的选择

特征选择过程的关键是选取特征向量并获得输入向量在特征向量上的投影。令 $\boldsymbol{X}$ 表示 n 维随机向量，不失一般性，假设其均值

$$\boldsymbol{E}[\boldsymbol{X}]=0$$

若 $\boldsymbol{X}$ 均值不为零，可令 $\boldsymbol{X}'=\boldsymbol{X}-\boldsymbol{E}[\boldsymbol{X}]$，从而得到 $\boldsymbol{E}[\boldsymbol{X}']=0$

令 $\boldsymbol{U}_j$ 表示一个 n 维单位向量，$\boldsymbol{X}$ 在 $\boldsymbol{U}_j$ 上的投影为

$$\boldsymbol{y}_j=\boldsymbol{U}_j^{\mathrm{T}}\boldsymbol{X}$$

因此 y_j 也是均值为零的随机变量，其方差为

$$\boldsymbol{E}[y_j^2]=\boldsymbol{E}[(\boldsymbol{U}_j^{\mathrm{T}}\boldsymbol{X})(\boldsymbol{U}_j^{\mathrm{T}}\boldsymbol{X})]=\boldsymbol{U}_j^{\mathrm{T}}\boldsymbol{E}[(\boldsymbol{X}\boldsymbol{X}^{\mathrm{T}})]\boldsymbol{U}_j=\boldsymbol{U}_j^{\mathrm{T}}\boldsymbol{R}_{XX}\boldsymbol{U}_j \quad (8-9)$$

式中：$\boldsymbol{R}_{XX}$ 为 $\boldsymbol{X}$ 的自相关阵，由于 $\boldsymbol{E}[\boldsymbol{X}]=0$，$\boldsymbol{R}_{XX}$ 也为协方差阵。

可以看出，投影 y_j 的方差是单位向量 $\boldsymbol{U}_j$ 的函数，当 $\boldsymbol{U}_j$ 改变方向时，投影 y_j 的方差也随之改变。若希望找到一个方向，使得投影 y_j 的方差达到最大，理论证明 $\boldsymbol{U}_j$ 应满足

$$\boldsymbol{R}_{XX}\boldsymbol{U}_j=\lambda\,\boldsymbol{U}_j$$

以上是矩阵 $\boldsymbol{R}_{XX}$ 的特征值方程，因此 $\boldsymbol{U}_j$ 是 $\boldsymbol{R}_{XX}$ 的特征向量。$\boldsymbol{R}_{XX}$ 是一个 $n\times n$ 实对称阵，具有 n 个非负实数特征值，对应的 n 个单位特征向量计算式为

$$\boldsymbol{R}_{XX}\boldsymbol{U}_i=\lambda_i\boldsymbol{U}_i \quad (i=1,2,\cdots,n) \quad (8-10)$$

对应于不同特征值的特征向量是两两正交的，从而构成一个 n 维特征空间。$\boldsymbol{X}$ 在 n 个正交特征向量 $\boldsymbol{U}_i$，$i=1,2,\cdots,n$ 上的投影构成特征空间中的向量 $\boldsymbol{Y}$，表示为

$$\boldsymbol{Y}=\boldsymbol{U}^{\mathrm{T}}\boldsymbol{X} \tag{8-11}$$

其中特征向量矩阵 $\boldsymbol{U}=[\boldsymbol{U}_1,\boldsymbol{U}_2,\cdots,\boldsymbol{U}_n]$，$\boldsymbol{Y}=[y_1,y_2,\cdots,y_n]^{\mathrm{T}}$，$\boldsymbol{Y}$ 的第 i 个分量 y_i 为输入 $\boldsymbol{X}$ 的第 i 个主分量。

式(8-11)表明，将输入空间向量 $\boldsymbol{X}$ 映射为特征空间向量 $\boldsymbol{Y}$ 的线性变换正是特征向量矩阵 $\boldsymbol{U}$，由于 $\boldsymbol{U}\boldsymbol{U}^{\mathrm{T}}=\boldsymbol{E}$，故通过下面的逆变换可以重构 $\boldsymbol{X}$。

$$\boldsymbol{X}=\boldsymbol{U}\boldsymbol{Y}=\sum_{i=1}^{n}\boldsymbol{U}_i y_i \tag{8-12}$$

输入向量 $\boldsymbol{X}$ 可表示为特征向量的线性组合，组合系数是 $\boldsymbol{X}$ 在各特征向量上进行投影而获得的各主分量。

2)降维处理

在上述特征选择过程中已获得输入 $\boldsymbol{X}$ 的全部主分量，特征提取过程中需要提取主要特征而截断次要特征，以达到降维的目的。

将式(8-9)写为 $\boldsymbol{Y}$ 的自相关阵

$$\boldsymbol{R}_{YY}=\boldsymbol{E}[\boldsymbol{Y}\boldsymbol{Y}^{\mathrm{T}}]=\boldsymbol{E}[(\boldsymbol{U}^{\mathrm{T}}\boldsymbol{X})(\boldsymbol{U}^{\mathrm{T}}\boldsymbol{X})]=\boldsymbol{U}^{\mathrm{T}}\boldsymbol{E}[(\boldsymbol{X}\boldsymbol{X}^{\mathrm{T}})]\boldsymbol{U}=\boldsymbol{U}^{\mathrm{T}}\boldsymbol{R}_{XX}\boldsymbol{U} \tag{8-13}$$

由于 $\boldsymbol{E}[\boldsymbol{Y}]=\boldsymbol{E}[\boldsymbol{U}^{\mathrm{T}}\boldsymbol{X}]=\boldsymbol{U}^{\mathrm{T}}\boldsymbol{E}[\boldsymbol{X}]=0$，$\boldsymbol{Y}$ 的自相关阵也是协方差阵，且有

$$\boldsymbol{R}_{YY}=\begin{bmatrix}\lambda_1 & 0 & \cdots & 0\\ 0 & \lambda_2 & \cdots & 0\\ \vdots & \vdots & \ddots & \vdots\\ 0 & 0 & \cdots & \lambda_n\end{bmatrix} \tag{8-14}$$

因此 $\boldsymbol{R}_{YY}$ 取决于 $\boldsymbol{R}_{XX}$。

为保证对 $\boldsymbol{Y}$ 的截断是在均方误差意义下最优，将特征向量对应的特征值从大到小排序，即 $\lambda_1\geqslant\lambda_2\geqslant\cdots\geqslant\lambda_n$。从式(8-14)可以看出，在重构输入向量 $\boldsymbol{X}$ 时，特征值越大，所对应的特征向量的贡献也越大。因此当考虑将 n 维数据降为 m 维($1\leqslant m<n$)时，只需保留前 m 个大特征值而舍掉后面的 $n-m$ 个小特征值。此时重构 $\boldsymbol{X}$ 的估计值为

$$\hat{\boldsymbol{X}}=\sum_{i=m+1}^{n}\boldsymbol{U}_i y_i \tag{8-15}$$

由式(8-9)，原始输入向量的 n 个分量的总方差为

$$\sum_{i=1}^{n}\boldsymbol{E}[y_i^{\,2}]=\sum_{i=1}^{n}\boldsymbol{U}_i^{\mathrm{T}}\boldsymbol{R}_{XX}\boldsymbol{U}_i=\sum_{i=1}^{n}\lambda_i \tag{8-16}$$

而变换后的向量 $\hat{\boldsymbol{X}}$ 的前 m 个分量的方差为

$$\sum_{i=1}^{m}\boldsymbol{E}[y_i^{\,2}] = \sum_{i=1}^{m}\boldsymbol{U}_i^{\mathrm{T}}\boldsymbol{R}_{XX}\boldsymbol{U}_i = \sum_{i=1}^{m}\boldsymbol{\lambda}_i \tag{8-17}$$

因此截断 $n-m$ 个小特征值带来的均方误差为

$$\boldsymbol{E}[(\boldsymbol{X}-\hat{\boldsymbol{X}})^2] = \sum_{i=m+1}^{n}\boldsymbol{\lambda}_i \tag{8-18}$$

前 m 个分量的方差贡献率定义为

$$\varphi(m) = \frac{\sum_{i=1}^{m}\boldsymbol{\lambda}_i}{\sum_{i=1}^{n}\boldsymbol{\lambda}_i}\times 100\% \tag{8-19}$$

满足给定方差贡献率时,即可将前 m 个特征向量构成的空间作为降维后的低维投影空间。

从上述结果可以得出主分量分析方法的步骤如下:

(1)计算输入向量的自相关矩阵 $\boldsymbol{R}_{XX}$的特征值和特征向量。

(2)将特征向量归一化,将特征值从大到小重新排序。

(3)将原始输入向量投影到前 m 个特征值对应的特征向量构成的子空间,得到$\hat{\boldsymbol{X}}=[\hat{x}_1,\hat{x}_2,\cdots,\hat{x}_m]$,其中第一个分量具有的方差最大,其余依次减小。

为了说明主分量分析的几何意义,考虑图 8－10 所示二维数据集的例子。图中 x_1轴和 x_2轴构成原始数据空间,标号为 1 和 2 的旋转坐标轴构成该数据集主分量分析产生的特征空间。数据集投影到 1 号轴的方差比投影到其他任何方向时都大,因此 1 号轴代表的是主分量方向。可以看出,数据集在 1 号轴方向的投影具有双峰的特点,抓住了数据集有两个聚类的主要特征,而在 2 号轴方向的投影隐藏了数据集内在的双峰特征。对于更一般的高维数据集来说,其固有的聚类结构一般无法看出,因此需要进行类似于主分量分析的统计分析。

上述主分量分析的实质是随机向量的正交归一变换:将 n 维向量 $\boldsymbol{X}$ 映射为 n 维向量 $\boldsymbol{Y}$,虽然维数未变,但是其协方差阵 $\boldsymbol{R}_{YY}$变成了对角阵,表示其各维独立。按照 $\boldsymbol{X}$ 协方差阵的特征值从大到小排序,特征值越小,特征空间中对应方向上分布的信息就越少,可作为次要分量抛弃,剩下的 m 维即用于重构$\hat{\boldsymbol{X}}$。

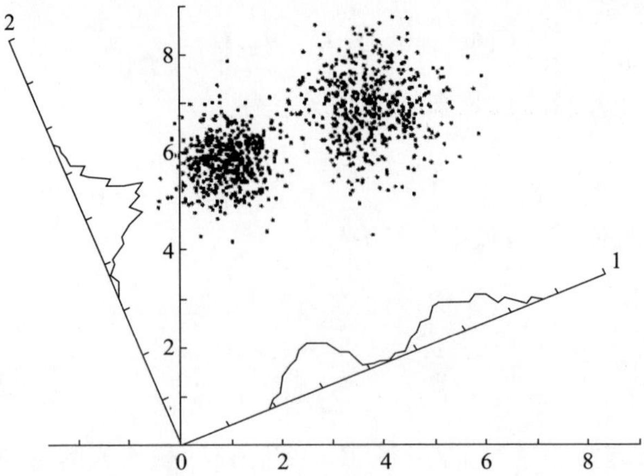

图 8 -10　主分量的几何意义

2. 前向 PCA 网络及学习算法

可以看出,当原始维数 n 较大时,直接计算 $\boldsymbol{R}_{XX}$ 的特征值很困难。如果利用神经网络的学习能力,可通过训练逐步进行主分量分析。训练后的网络权值作为 $\boldsymbol{R}_{XX}$ 的特征向量,网络输出作为输入 $\boldsymbol{X}$ 在低维空间各方向上的投影。下面介绍两种前向 PCA 网络模型及其算法。

1)单节点 PCA 模型及 Oja 算法

单节点 PCA 模型如图 8 -11 所示,具有 n 输入 - 单输出结构。其输出为

$$y = \boldsymbol{W}^{\mathrm{T}}\boldsymbol{X} = \sum_{i=1}^{n} w_i x_i \tag{8-20}$$

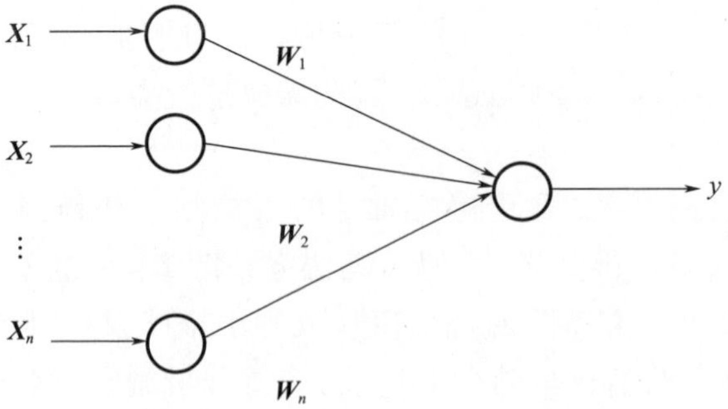

图 8 -11　单节点 PCA 模型

理论上已证明,如果采用 Hebb 学习规则,将得到方差最大的输出,对应于第一个主分量,因此权向量 $\boldsymbol{W}$ 正是与 $\boldsymbol{R}_{XX}$ 的最大特征值对应的特征向量 $\boldsymbol{U}_1$。

简单的 Hebb 规则会导致学习过程发散。E. Oja 于 1982 年提出了基于 Hebb 规则的 Oja 规则,即

$$\boldsymbol{W}(t+1)=\boldsymbol{W}(t)+\eta[y(t)\boldsymbol{X}(t)-y^2(t)\boldsymbol{W}(t)]=\boldsymbol{W}(t)+\eta y(t)[\boldsymbol{X}(t)-y(t)\boldsymbol{W}(t)] \tag{8-21}$$

式中:学习率 $\eta\in(0,1)$。

基于 Oja 学习算法的线性神经元 PCA 模型相当于一个最大特征滤波器,它将以概率 1 收敛于一个固定点,其特征是:当 $t\to\infty$ 时,模型输出的方差趋向于 $\boldsymbol{R}_{XX}$ 的最大特征值 λ_1;模型的权向量趋向相应的特征向量 $\boldsymbol{U}_1$,且有 $\lim\limits_{t\to\infty}\|\boldsymbol{W}(t)\|=1$。

采用 Oja 学习算法的训练步骤如下:

(1)初始化网络权值为小随机数,设置网络收敛的阈值 $\varepsilon>0$,学习率 $\eta\in(0,1)$。

(2)输入一个训练样本 $\boldsymbol{X}(t)$,计算网络输出 $y(t)=\boldsymbol{W}^{\mathrm{T}}\boldsymbol{X}$。

(3)计算权值修正量 $\Delta\boldsymbol{W}=\boldsymbol{W}(t+1)-\boldsymbol{W}(t)=\eta y(t)[\boldsymbol{X}(t)-y(t)\boldsymbol{W}(t)]$。

(4)若 $\|\Delta\boldsymbol{W}\|<\varepsilon$,训练结束,否则转到(2)继续训练。

2)单层 PCA 模型及 Sanger 算法

T. D. Sanger 于 1989 年提出一种可以任选 m 个主分量($m\leqslant n$)的 PCA 模型,该网络模型将单神经元的学习扩展到图 8-12 所示的单层网络,输出层各节点均采用线性转移函数

$$y_j(t)=\boldsymbol{W}_j^{\mathrm{T}}(t)\boldsymbol{X}(t)=\sum_{i=1}^{n}w_{ij}(t)\,x_i(t)\quad(j=1,2,\cdots,m) \tag{8-22}$$

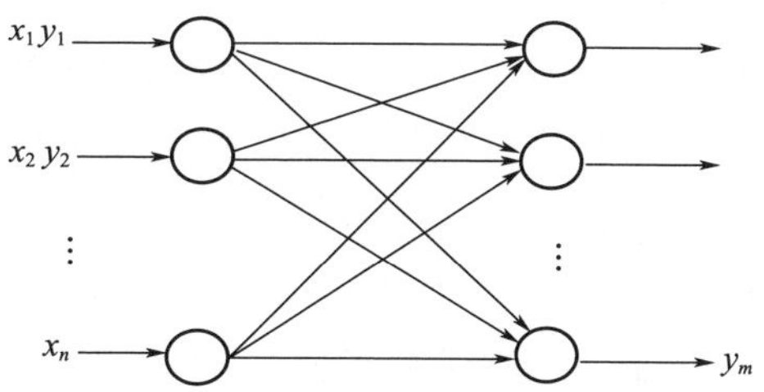

图 8-12　单层 PCA 网络模型

Sanger 提出的权值调整规则为

$$\begin{aligned}\boldsymbol{W}_j(t+1) &= \boldsymbol{W}_j(t) + \boldsymbol{\eta}(y_j(t)\hat{\boldsymbol{X}}(t) - y_j^2(t)\boldsymbol{W}_j(t)) \\ &= \boldsymbol{W}_j(t) + \eta y_j(t)(\hat{\boldsymbol{X}}(t) - y_j(t)\boldsymbol{W}_j(t)) \quad (j=1,2,\cdots,m)\end{aligned} \tag{8-23}$$

可以看出,Sanger 算法与 Oja 算法的权值调整公式形式上完全一致,不同之处是用 $\hat{\boldsymbol{X}}(t)$代替了 $\boldsymbol{X}(t)$,其中

$$\hat{\boldsymbol{X}}(t) = \boldsymbol{X}(t) - \sum_{i=1}^{j-1} y_i(t)\ \boldsymbol{W}_i(t) \tag{8-24}$$

式中的求和项是为了使各权向量正交化,以满足特征向量正交的要求。下面对通过各输出神经元逐个展示求和项的作用进行分析:

(1)对输出层第一个神经元来说,$j=1$,$\hat{\boldsymbol{X}}(t)=\boldsymbol{X}(t)$,式(8-23)与式(8-21)相同,相当于单神经元的情况,因此第一个神经元的输出 y_1就是最大主分量。

(2)对第二个神经元,$j=2$,$\hat{\boldsymbol{X}}(t)=\boldsymbol{X}(t)-y_1(t)\boldsymbol{W}_1(t)$,如果第一个神经元已收敛于第一个主分量,则第二个神经元得到的输入向量 $\hat{\boldsymbol{X}}$ 是已经除去第一个主分量之后的结果,抽取 $\hat{\boldsymbol{X}}$ 的最大主分量等效于原始输入 $\boldsymbol{X}$ 的第二大主分量。

(3)对第三个神经元,$j=3$,$\hat{\boldsymbol{X}}(t)=\boldsymbol{X}(t)-y_1(t)\boldsymbol{W}_1(t)-y_2(t)\boldsymbol{W}_2(t)$,因此第三个神经元得到的输入向量$\hat{\boldsymbol{X}}(t)$是已经除去第一个和第二个主分量之后的结果,抽取$\hat{\boldsymbol{X}}(t)$的最大主分量等效于原始输入 $\boldsymbol{X}(t)$的第三大主分量。

依此类推,第 j 个神经元的输出 y_j就是输入 $\boldsymbol{X}(t)$的第 j 大主分量。事实上,网络的各神经元是并行工作的,上述分析只是为了便于理解。

采用 Sanger 学习算法的训练步骤如下:

(1)初始化网络权值为小随机数,设置网络收敛的阈值 $\varepsilon>0$,学习率 $\eta\in(0,1)$。

(2)输入一个训练样本 $\boldsymbol{X}(t)$,按式(8-22)计算网络各节点输出 $y_j(t)$。

(3)根据式(8-23)和式(8-24)计算权值修正量 $\Delta\boldsymbol{W}=\boldsymbol{W}(t+1)-\boldsymbol{W}(t)$。

(4)若$\|\Delta\boldsymbol{W}\|<\varepsilon$,训练结束,否则转到(2)继续训练。

通过上述训练,网络收敛后其权值矩阵的各列对应于 $\boldsymbol{R}_{XX}$的前 m 个特征值对应的特征向量,网络的输出对应于输入向量 $\boldsymbol{X}$ 在这些特征向量方向上的投影,即 $\boldsymbol{X}$ 的前 m 个主分量,从而实现了对输入数据的主分量提取。

3. 侧向连接自适应 PCA 神经网络及 APEX 算法

S. Y. Kung 于 1990 年提出一种具有侧向连接的自适应 PCA 网络模型及算

法，称为 APEX(adaptive principle components extraction)算法。APEX 网络的特点是，若给出前j个主分量，可用递推方式计算出第$j+1$个主分量，它与前面j个主分量均正交。

APEX 网络的结构如图 8-13 所示，同前面相同的是输出层每个神经元都是线性单元，不同的是网络中有两种连接：一种是由输出层到输出层的前向连接；另一种是在输出层从神经元$1,2,\cdots,j-1$到第j个神经元间的侧向连接。

APEX 网络的学习是依次进行的，图中的粗线表示神经元j的两种连接权：前向连接权向量表示为

$$\boldsymbol{W}_j(t)=[w_{1j}(t),w_{2j}(t),\cdots,w_{nj}(t)]^{\mathrm{T}}$$

按照 Hebb 学习规则进行训练，侧向连接的权向量表示为

$$\boldsymbol{A}_j(t)=[a_{1j}(t),a_{2j}(t),\cdots,a_{j-1,j}(t)]^{\mathrm{T}}$$

按照反 Hebb 学习规则进行训练，神经元j的输出为

$$y_j(t)=\boldsymbol{W}_j^{\mathrm{T}}(t)\boldsymbol{X}(t)+\boldsymbol{A}_j^{\mathrm{T}}(t)\boldsymbol{Y}_{j-1}(t) \tag{8-25}$$

输出表达式的第一项由前向连接确定，第二项由侧向连接确定。其中，反馈信号向量$\boldsymbol{Y}_{j-1}(t)$由前$j-1$个神经元的输出定义

$$\boldsymbol{Y}_{j-1}(t)=[y_1(t),y_2(t),\cdots,y_{j-1}(t)]^{\mathrm{T}} \tag{8-26}$$

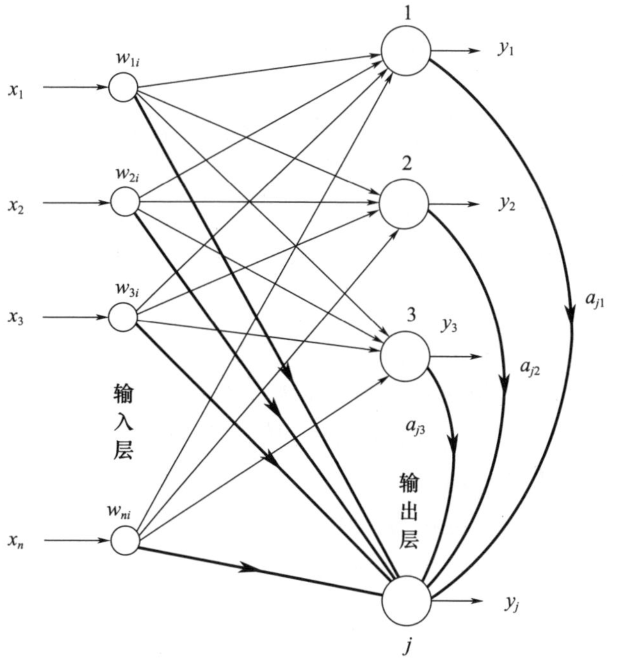

图 8-13　APEX 网络的结构

假设图 8－13 中网络的前 $j-1$ 个神经元权向量已经收敛到以下稳定条件

$$\boldsymbol{W}_k=\boldsymbol{U}_k \quad (k=1,2,\cdots,j-1) \tag{8-27}$$

$$\boldsymbol{A}_k=\boldsymbol{0} \quad (k=1,2,\cdots,j-1) \tag{8-28}$$

式中：$\boldsymbol{U}_k$为与 $\boldsymbol{R}_{XX}$的第 k 个特征值对应的特征向量。利用式(8－25)～式(8－28)，前 $j-1$ 个神经元的输出可以写成

$$\boldsymbol{Y}_{j-1}(t)=[\boldsymbol{U}_1^{\mathrm{T}}\boldsymbol{X}(t),\boldsymbol{U}_2^{\mathrm{T}}\boldsymbol{X}(\mathrm{t}),\cdots,\boldsymbol{U}_{j-1}^{\mathrm{T}}\boldsymbol{X}(t)]^{\mathrm{T}}=\boldsymbol{U}\boldsymbol{X}(t) \tag{8-29}$$

其中

$$\boldsymbol{U}=[\boldsymbol{U}_1,\boldsymbol{U}_2,\cdots,\boldsymbol{U}_{j-1}]^{\mathrm{T}}$$

下面针对第 j 个神经元，给出其权值修正公式为

$$\boldsymbol{W}_j(t+1)=\boldsymbol{W}_j(t)+\eta[y_j(t)\boldsymbol{X}(t)-y_j^2(t)\boldsymbol{W}_j(t)] \tag{8-30}$$

$$\boldsymbol{A}_j(t+1)=\boldsymbol{A}_j(t)-\beta[y_j\,\boldsymbol{Y}_{j-1}+y_j^2\,\boldsymbol{A}_j(t)] \tag{8-31}$$

可以看出，式(8－30)为 Oja 学习算法，方括号中的第一项代表 Hebb 学习，第二项保证算法的稳定性；式(8－31)方括号中的第一项代表反 Hebb 学习，第二项保证算法的稳定性。该算法的特点是前向连接权是激励性的，按照 Hebb 规则学习，从而起到自增强作用；侧向连接按照反 Hebb 规则学习，从而起到抑制性作用。

理论上已经证明，在上述权值修正规则的作用下，将收敛于 $\boldsymbol{X}$ 的自相关矩阵 $\boldsymbol{R}_{XX}$的第 j 个特征值对应的特征向量 $\boldsymbol{U}_j$。

8.3 强化学习的建模技术及应用

强化学习又称为增强学习，是一种机器学习的范式和方法论，用于描述和解决智能主体在与环境的交互过程中通过学习策略以达成回报最大化或实现特定目标的问题。

强化学习主要由智能主体（agent）、环境（environment）、状态（state）、动作（action）、奖励（reward）组成。智能主体执行了某个动作后，环境将会转换到一个新状态，对于该新状态，环境会给出奖励信号（正奖励或者负奖励）。随后，智能主体根据新的状态和环境反馈的奖励，按照一定的策略执行新的动作。上述过程为智能主体和环境通过状态、动作、奖励进行交互的方式。智能主体通过强化学习，可以知道自己在什么状态下，应该采取什么样的动作使得自身获得最大奖励。

强化学习涉及的主要概念有：

1）状态（state）

状态是对智能主体所处外界环境信息的描述。环境信息的形式表示可以是多维数组、图像和视频等，状态应能够准确地描述环境，并充分表达环境的有效特征。用 $\boldsymbol{s}$ 表示状态，用 $V(\boldsymbol{s})$ 表示状态值，用 $\boldsymbol{S}=\{\boldsymbol{s}_1,\boldsymbol{s}_2,\cdots,\boldsymbol{s}_t,\boldsymbol{s}_{t+1},\cdots\}$ 表示一组状态的集合，$\boldsymbol{s}_t$表示时刻 t 的状态，$\boldsymbol{s}_{t+1}$表示时刻 $t+1$ 的状态。

2）动作（action）

智能主体感知到环境状态后发出的行为动作，如避障、转向、直行等。动作是智能主体对环境的响应，并会造成某种结果。通常一个智能主体只能采取有限的或者固定范围内的动作。用 $\boldsymbol{a}$ 表示动作，用 $\boldsymbol{A}=\{\boldsymbol{a}_1,\boldsymbol{a}_2,\cdots,\boldsymbol{a}_i,\cdots,\boldsymbol{a}_k,\}$ 表示一组动作的集合，$\boldsymbol{a}_i$表示第 i 步的动作。

3）奖励（reward）

奖励又称为回报或报酬，是智能主体发出一个动作后获得的奖励值，该奖励值由某种来自外界的根据实际场景定义的奖励机制给出。奖励值有大小和正负，当智能主体采取的动作对其所执行的任务有利时，将获得正向奖励；当智能主体采取的动作不利于任务时，将获得负向奖励（即惩罚）。奖励值的大小与智能主体的动作产生的效果好坏相关。用 r 表示奖励，用 $\boldsymbol{R}=\{r_1,r_2,\cdots,r_i,\cdots,r_k,\}$ 表示一组奖励的集合，r_i表示对第 i 步动作的奖励。

4）策略（policy）

智能主体在完成任务过程中会遵循一定的行为模式，完成从状态到动作的映射，该映射过程称为智能主体的策略，用 π 表示。通常用 $\pi(\boldsymbol{a}|\boldsymbol{s})$ 表示状态为 $\boldsymbol{s}$ 时选择动作 $\boldsymbol{a}$ 的概率，智能主体的目标是学习一种能获得收益最大化的动作策略。

以上概念就组成了增强学习的完整描述：找到一种策略 π，使得在状态 $\boldsymbol{S}$ 下按照该策略采取的动作 $\boldsymbol{A}$ 能使 $\boldsymbol{R}$ 的期望值最大化。

为了与深度强化学习区分开来，我们将深度学习出现之前的强化学习称为经典强化学习。本章重点介绍经典强化学习的方法与技术。

强化学习的主要适用场景是智能主体的序贯决策问题。序贯决策过程是指从初始状态开始，每个时刻做出最优决策后，接着观察下一步出现的实际状态（即收集新的信息），然后再做出新的最优决策，反复进行直至最后。

图 8－14 给出经典强化学习的主要算法及分类。

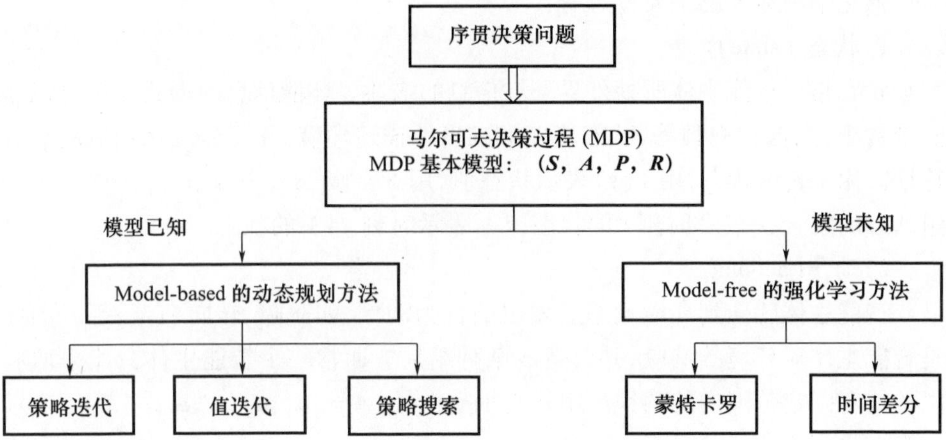

图 8－14　经典强化学习的主要算法及分类

8.3.1　马尔可夫决策过程

在强化学习问题中，智能主体对环境特性的了解常常是不完整的，这种环境知识的缺失造成不确定性。马尔可夫决策过程适于处理这类问题。

1. 基本概念

1）马尔可夫属性

在一系列状态信号中，若某给定状态在 $t+1$ 时刻发生的概率只取决于 t 时刻的状态和动作，而不会因更久前发生的状态和动作而改变，则称这样的状态信号具有马尔可夫属性。例如，棋盘上的棋子布局在 $t+1$ 时刻将发生某种变化的概率，只取决于棋盘在 t 时刻的布局和走棋动作，因此称博弈过程中的棋盘状态信息具有马尔可夫属性。

2）马尔可夫过程

马尔可夫过程用一个二元组 $(\boldsymbol{S},\boldsymbol{P})$ 表示，且满足：$\boldsymbol{S}$ 是有限状态集合，$\boldsymbol{P}$ 是状态转移概率集合。对应的状态转移概率矩阵为

$$\boldsymbol{P}=\begin{bmatrix} P_{11} & \cdots & P_{1n} \\ \vdots & \ddots & \vdots \\ P_{n1} & \cdots & P_{nn} \end{bmatrix}$$

以上状态序列称为马尔可夫链。当给定状态转移概率时，从某个状态出发存在多条马尔可夫链。

3)马尔可夫决策过程

智能主体是通过动作与环境进行交互并从环境中获得奖励的。由于马尔可夫过程不存在动作和奖励,显然不足以描述智能主体的特点。因此需要在马尔可夫过程中将动作和奖励考虑在内,这样的马尔可夫过程称为马尔可夫决策过程(Markov decision process,MDP)。MDP 适用的系统具备3个特点:一是状态转移的无后效性;二是状态转移可以有不确定性;三是系统所处的每步状态完全可以观察。

2. 基本模型

MDP 的基本模型是由状态 $\boldsymbol{S}$、动作 $\boldsymbol{A}$、状态转移概率 $\boldsymbol{P}$ 和奖励函数 $\boldsymbol{R}$ 组成的四元组。强化学习的目标是给定一个 MDP,寻找最优策略。如果四元组均为已知的,称这样的模型为"模型已知",将已知所有环境因素的学习称为"有模型学习"(model - based learning)。实际情况常常是智能主体无法得知环境中的状态转移概率 $\boldsymbol{P}$,与之对应的就是"无模型学习"(model - free learning)。

1)状态转移概率

设某个智能主体的初始状态为 s_0,MDP 状态转移的动态过程如下:

$$\boldsymbol{s}_0 \xrightarrow{\boldsymbol{a}_0} \boldsymbol{s}_1 \xrightarrow{\boldsymbol{a}_1} \boldsymbol{s}_2 \xrightarrow{\boldsymbol{a}_2} \boldsymbol{s}_3 \xrightarrow{\boldsymbol{a}_3} \cdots$$

给定当前状态 $\boldsymbol{s}$,经动作 $\boldsymbol{a}$ 作用后,状态转移概率为

$$p(\boldsymbol{s}'|\boldsymbol{s},\boldsymbol{a}) = P\{\boldsymbol{s}_{t+1} = s'|\boldsymbol{s}_t = \boldsymbol{s},\boldsymbol{a}_t = \boldsymbol{a}\} \tag{8-32}$$

式(8-32)是对状态转移概率分布的描述,其含义可用矩阵或表格描述。

2)奖励函数(reward function)

对于一个状态-动作对,对应的预期奖励为

$$r(\boldsymbol{s},\boldsymbol{a}) = \boldsymbol{E}[r_{t+1}|\boldsymbol{s}_t = \boldsymbol{s},\boldsymbol{a}_t = \boldsymbol{a}]) \tag{8-33}$$

式(8-32)和式(8-33)共同构成了智能主体所处环境的模型,给出了有限 MDP 的动态描述:即给定状态 $\boldsymbol{s}$ 和动作 $\boldsymbol{a}$,下一时刻的状态 $\boldsymbol{s}'$ 和奖励 r 的概率为

$$p(\boldsymbol{s}',r|\boldsymbol{s},\boldsymbol{a}) = P_r\{\boldsymbol{s}_{t+1} = \boldsymbol{s}',r_{t+1} = r|\boldsymbol{s}_t = \boldsymbol{s},\boldsymbol{a}_t = \boldsymbol{a}\} \tag{8-34}$$

由此可得

$$p(\boldsymbol{s}' \mid \boldsymbol{s},\boldsymbol{a}) = P\{\boldsymbol{s}_{t+1} = s' \mid \boldsymbol{s}_t = \boldsymbol{s},\boldsymbol{a}_t = \boldsymbol{a}\} = \sum_{r\in \boldsymbol{R}} p(\boldsymbol{s}',r \mid \boldsymbol{s},\boldsymbol{a}) \tag{8-35}$$

$$r(\boldsymbol{s},\boldsymbol{a}) = \boldsymbol{E}[r_{t+1} \mid \boldsymbol{s}_t = \boldsymbol{s},\boldsymbol{a}_t = \boldsymbol{a}] = \sum_{r\in \boldsymbol{R}} r \sum_{s'\in \boldsymbol{S}} p(\boldsymbol{s}',r \mid \boldsymbol{s},\boldsymbol{a}) \tag{8-36}$$

当一组$(\boldsymbol{s},\boldsymbol{a})$转移到下个状态 $\boldsymbol{s}'$时,预期奖励为

$$r(\boldsymbol{s},\boldsymbol{a},\boldsymbol{s}') = \boldsymbol{E}[r_{t+1} \mid \boldsymbol{s}_t = \boldsymbol{s},\boldsymbol{a}_t = \boldsymbol{a},\boldsymbol{s}_{t+1} = \boldsymbol{s}'] = \frac{\sum_{r \in \boldsymbol{R}} rp(\boldsymbol{s}',\boldsymbol{r} \mid \boldsymbol{s},\boldsymbol{a})}{p(\boldsymbol{s}' \mid \boldsymbol{s},\boldsymbol{a})} \tag{8-37}$$

将智能主体在时间 t 时刻之后接受到的奖励序列表示为 $r_{t+1},r_{t+2},\cdots,r_T$，用 R_t表示累积奖励（长期回报）。考虑到实际场景，在计算累积奖励时会引入一个用 γ 表示的折合因子，

$$\boldsymbol{R}_t = r_{t+1} + \gamma r_{t+2} + \gamma^2 r_{t+3} + \cdots + \gamma^{T-t} r_{t+k+1} = \sum_{k=0}^{T-t-1} \gamma^k r_{t+k+1} \tag{8-38}$$

折合因子 $\gamma \in [0,1]$代表未来的回报相对于当前奖励的重要程度。当 $\gamma = 0$ 时，相当于只考虑即时奖励而不考虑累积奖励；$\gamma = 1$ 时，将累积奖励和即时奖励看得同等重要。

3. 值函数

几乎所有的强化学习算法都涉及对值函数（value function）的评估。值函数包括状态－值函数和状态－动作－值函数（简称动作－值函数）两种形式。状态－值函数用来评估智能主体在给定策略下 $\boldsymbol{\pi}$ 某状态 $\boldsymbol{s}$ 的价值，一个很自然的想法是利用累积奖励的数学期望来衡量 $\boldsymbol{s}$ 的价值，即状态－值函数＝累积回报的数学期望。因此，在策略 $\boldsymbol{\pi}$ 下，状态－值函数 $V_\pi(\boldsymbol{s})$定义为

$$V_\pi(s) = \boldsymbol{E}_\pi[R_t \mid \boldsymbol{s}_t = \boldsymbol{s}] = \boldsymbol{E}_\pi\left[\sum_{k=0}^{\infty} \gamma^k r_{t+k+1} \mid \boldsymbol{s}_t = \boldsymbol{s}\right] \tag{8-39}$$

式(8－39)是值函数最常见的形式，其中$E_\pi[\cdot]$表示随机变量的期望值。

类似地，在策略 $\boldsymbol{\pi}$ 下针对状态 $\boldsymbol{s}$ 采取动作 $\boldsymbol{a}$，则状态－动作－值函数用 $Q_\pi(\boldsymbol{a})$定义为

$$Q_\pi(\boldsymbol{s},\boldsymbol{a}) = E_\pi[R_t \mid \boldsymbol{s}_t = \boldsymbol{s},\boldsymbol{a}_t = \boldsymbol{a}] = E_\pi\left[\sum_{k=0}^{\infty} \gamma^k r_{t+k+1} \mid \boldsymbol{s}_t = \boldsymbol{s},\boldsymbol{a}_t = \boldsymbol{a}\right] \tag{8-40}$$

除了提供初始动作 $\boldsymbol{a}$ 以外，$Q_\pi(\boldsymbol{a})$与 $V_\pi(\boldsymbol{s})$类似。

4. 贝尔曼方程

贝尔曼方程能建立当前值函数与下一时刻值函数之间的递归关系，从而使值函数能够被迭代求解。下面推导状态－值函数的贝尔曼方程：

$$\begin{aligned} V_\pi(\boldsymbol{s}) &= E_\pi[R_t \mid \boldsymbol{s}_t = \boldsymbol{s}] \\ &= E_\pi[r_{t+1} + \gamma r_{t+2} + \gamma^2 r_{t+3} + \cdots \mid \boldsymbol{s}_t = \boldsymbol{s}] \\ &= E_\pi[r_{t+1} + \gamma R_{t+1} \mid \boldsymbol{s}_t = \boldsymbol{s}] \end{aligned}$$

$$=E_{\pi}[r_{t+1}+\gamma V_{\pi}(\boldsymbol{s}')\mid \boldsymbol{s}_t=\boldsymbol{s}] \tag{8-41}$$

可以看出,状态 - 值函数的贝尔曼方程由两部分构成:即时奖励r_{t+1}和下一状态的值函数$V_{\pi}(\boldsymbol{s}')$乘以折合因子。V_{π}的含义是:如果持续根据策略 π 来选择动作,那么策略 π 的期望奖励就是当前的即时奖励加上未来的期望奖励。

同样,动作 - 值函数的贝尔曼方程为

$$\begin{aligned} Q_{\pi}(\boldsymbol{s},\boldsymbol{a}) &= E_{\pi}[R_t \mid \boldsymbol{s}_t=\boldsymbol{s},\boldsymbol{a}_t=\boldsymbol{a}] \\ &= E_{\pi}[r_{t+1}+\gamma Q_{\pi}(\boldsymbol{s}',\boldsymbol{a}')\mid s_t=\boldsymbol{s},\boldsymbol{a}_t=\boldsymbol{a}] \end{aligned} \tag{8-42}$$

状态 - 值函数与动作 - 值函数之间关系为

$$V_{\pi}(\boldsymbol{s}) = \sum_{\boldsymbol{a}\in \boldsymbol{A}} \pi(\boldsymbol{a}\mid \boldsymbol{s})\, Q_{\pi}(\boldsymbol{s},\boldsymbol{a}) \tag{8-43}$$

$$Q_{\pi}(\boldsymbol{s},\boldsymbol{a}) = r(\boldsymbol{s},\boldsymbol{a}) + \gamma \sum_{\boldsymbol{s}'\in \boldsymbol{S}} p(\boldsymbol{s}'\mid \boldsymbol{s},\boldsymbol{a})\, V_{\pi}(\boldsymbol{s}') \tag{8-44}$$

可见,$V_{\pi}(\boldsymbol{s})$可以用$Q_{\pi}(\boldsymbol{s},\boldsymbol{a})$表示,$Q_{\pi}(\boldsymbol{s},\boldsymbol{a})$也可以用$V_{\pi}(\boldsymbol{s})$表示,将$Q_{\pi}(\boldsymbol{s},\boldsymbol{a})$和$V_{\pi}(\boldsymbol{s})$互相代入可得

$$V_{\pi}(\boldsymbol{s}) = \sum_{\boldsymbol{a}\in \boldsymbol{A}} \pi(\boldsymbol{a}\mid \boldsymbol{s})\left(r(\boldsymbol{s},\boldsymbol{a}) + \gamma \sum_{\boldsymbol{s}'\in \boldsymbol{S}} p(\boldsymbol{s}'\mid \boldsymbol{s},\boldsymbol{a})\, V_{\pi}(\boldsymbol{s}')\right) \tag{8-45}$$

$$Q_{\pi}(\boldsymbol{s},\boldsymbol{a}) = r(\boldsymbol{s},\boldsymbol{a}) + \gamma \sum_{\boldsymbol{s}'\in \boldsymbol{S}} p(\boldsymbol{s}'\mid \boldsymbol{s},\boldsymbol{a}) \sum_{\boldsymbol{a}\in \boldsymbol{A}} \pi(\boldsymbol{a}'\mid \boldsymbol{s}')\, Q_{\pi}(\boldsymbol{s}',\boldsymbol{a}') \tag{8-46}$$

通过解贝尔曼方程可求得最佳策略。求解方法可分为有模型与无模型两大类,前者主要有策略迭代法和值迭代法,后者主要有 Q - learning 法、时间差分法。

8.3.2 动态规划

动态规划(dynamic programming,DP)关注的是如何用数学方法求解一个决策过程最优化的问题,其建模与解题思路是,将复杂的原始问题分解为多个可解的且结果可保存的子问题。

动态规划求解的大体思想可分为两种:一种是在已知模型的基础上判断策略的价值函数,并通过价值函数寻找最优的策略和最优的价值函数,这种方法称为值迭代。在值迭代过程中策略没有显示表示,整个过程按动态规划的贝尔曼公式不断进行迭代更新来改进值函数。另一种是直接寻找最优策略和最优价值函数,这种方法称为策略迭代。在策略迭代过程中策略显式表示,可以得到相应的值函数,使用贝尔曼公式改进策略。

1. 最优价值函数

MDP 的目标是寻找一个最优策略 $\boldsymbol{\pi}*$,该策略可在任意初始条件 $\boldsymbol{s}$ 下,使状

态-值函数最大化，即

$$\pi^* = \arg\max_{\pi} V_{\pi}(\boldsymbol{s}) \tag{8-47}$$

策略与状态-值函数一一对应，最优策略对应最优状态-值函数，故所有策略中对应的最大状态-值函数称为最优状态值函数，定义为

$$V^*(\boldsymbol{s}) = \max_{\pi} V_{\pi}(\boldsymbol{s}) = \max_{a}\left(r(\boldsymbol{s},\boldsymbol{a}) + \gamma \sum_{s' \in S} p(\boldsymbol{s}' \mid \boldsymbol{s},\boldsymbol{a}) V^*(\boldsymbol{s}')\right) \tag{8-48}$$

最优状态-动作-值函数定义为

$$Q^*(\boldsymbol{s},\boldsymbol{a}) = r(\boldsymbol{s},\boldsymbol{a}) + \gamma \sum_{s' \in S} p(\boldsymbol{s}' \mid \boldsymbol{s},\boldsymbol{a}) \max_{a} Q^*(\boldsymbol{s}',\boldsymbol{a}') \tag{8-49}$$

以上两式称为最优贝尔曼方程。最优贝尔曼方程给出了V^*和Q^*的递归定义形式和求解方法，这种递归形式有利于在具体实现时的求解。

2. 动态规划的优化步骤

动态规划的优化步骤如下：

(1)以某个策略 π 开始在环境中采取动作 $\boldsymbol{a}$，得到相应的$V_{\pi}(\boldsymbol{s}')$和 $Q_{\pi}(\boldsymbol{s}',\boldsymbol{a}')$；

(2)用式(8-48)和(8-49)递归估算$V_{新\pi}(s)$和$Q_{新\pi}(\boldsymbol{s},\boldsymbol{a})$；

(3)持续更新直至值函数不再变化，此时的策略π^*就是能够使状态 $\boldsymbol{s}$ 迁移到最有价值状态$V^*(s)$的动作 $\boldsymbol{a}$。即

$$\pi^* = \mathrm{argmax}_{\pi} V_{\pi}(\boldsymbol{s}) = \mathrm{argmax}_{a}\left(r(\boldsymbol{s},\boldsymbol{a}) + \gamma \sum_{s' \in S} p(\boldsymbol{s}' \mid \boldsymbol{s},\boldsymbol{a}) V^*(\boldsymbol{s}')\right) \tag{8-50}$$

从Q^*同样可得到最优策略π^*的计算公式

$$\pi^* = \mathrm{argmax}_{a \in A} Q^*(\boldsymbol{s},\boldsymbol{a}) \tag{8-51}$$

可以看出，从V^*得到最优策略必须知道状态转移概率$p(\boldsymbol{s}',r|\boldsymbol{s},\boldsymbol{a})$，而通过$Q^*$可以更加方便地计算出最优策略$\pi^*$。

8.3.3 蒙特卡罗法

蒙特卡罗法(Monte Carlo method, MC)是一种解决估值问题的统计模拟方法，因此适合解决强化学习中的无模型问题。

预测问题定义：给定强化学习的 5 个要素：状态集 S、动作集 A、即时奖励 R、衰减因子 γ 和给定策略 π，求解该策略的状态-值函数$V_{\pi}(\boldsymbol{s})$。

蒙特卡罗法不需要依赖于状态转移概率矩阵 $\boldsymbol{P}$，而是通过采样若干经历完

整的状态序列(episode)来估计状态的真实价值,完整的经历越多,学习效果越好。

设给定策略 π 的经历完整的状态序列有 T 个状态:$s_1, a_{1,}, r_2, s_2, a_2, r_3, \cdots, s_t, a_{t,}, r_{t+1}, \cdots, r_T, s_T$,从式(8-45)可以看出,每个状态的价值函数 $V_\pi(\boldsymbol{s})$ 等于该状态所获得的所有奖励 R_t 的数学期望值,而这个奖励来自对后续奖励的加权(即折扣因子)求和。

对于 MC 法来说,要估计某状态的价值,只需求出所有完整序列中该状态出现时的奖励平均值即可得到其近似值。为保证估值计算的有效性,MC 法采用了两种估值方法:

(1)首次访问(first visit)。当同一状态在一个完整的状态序列中重复出现时,仅把状态序列中第一次出现该状态时的 R_t 纳入到平均值的计算中。

(2)每次访问(every visit)。当同一状态在一个完整的状态序列中重复出现时,针对每次出现的该状态都计算对应的 R_t 并纳入到平均值的计算中。这种方法比较适用于完整的样本序列较少的情况。

为了方便计算,通常采用

$$V(S_t) = V(S_t) + \alpha(R_t - V(S_t)) \tag{8-52}$$

的增量平均(incremental mean)形式的状态价值公式进行更新计算。

在 MC 法的估值程序中会为状态序列设置一个计数器 $N(s)$,式(8-52)中的系数 α 是该计数器的倒数。有时候可能无法准确计算当前的次数,这时可以用系数 α 来代替。

类似地,对于状态-动作-值函数 $Q(S_t, A_t)$,其增量平均形式的更新计算公式为

$$Q(S_t, A_t) = Q(S_t, A_t) + \alpha(R_t - Q(S_t, A_t)) \tag{8-53}$$

8.3.4 时间差分

时间差分(time difference,TD)算法是 MC 思想与 DP 思想的结合。TD 法可以像 MC 法那样,不依赖环境模型而直接从原始经验中学习;又可以像 DP 法那样,部分地基于其他学习的估值对其估值进行更新,而不必等待最终结果进行引导。在强化学习理论中,TD、DP 和 MC 法互相融合的情况普遍存在。

1. SARSA 算法

SARSA 算法属于 On-Policy TD 算法,即在训练中用于计算估值的策略与其采用的所有转移策略是同一套策略。

SARSA 算法的计算逻辑是:计算状态 - 动作 - 值函数的估值需研究 $S \to A \to R \to S' \to A'$序列,并对该序列中的估值进行调整,以使贝尔曼方程收敛。可以看出 SARSA 算法的名称正是该系统的缩写。

SARSA 算法的状态 - 动作 - 值函数的更新计算公式为

$$Q(S,A) \leftarrow Q(S,A) + \alpha(R + \gamma Q(S',A') - Q(S,A)) \tag{8-54}$$

式(8 - 54)中的 α 与式(8 - 52)相同,其值越小意味着估值平均的周期越长;γ 的值越大,意味着算法越重视远期回报。

2. Q - Learning 算法

Q - Learning 属于 Off - Policy TD 算法,即在训练中用来计算估值并训练的策略与其采用的所有转移策略均不相同。

Q - Learning 算法的状态 - 动作 - 值函数的更新计算公式为

$$Q(S,A) \leftarrow Q(S,A) + \alpha(R + \gamma \max_{a'} Q(S',A') - Q(S,A)) \tag{8-55}$$

从式(8 - 55)可以看出,Q - Learning 通过在每个状态下选择具有最大 Q 值的动作给出相应的策略。

8.3.5 深度强化学习

顾名思义,深度强化学习(DRL)是将深度学习与强化学习相结合的产物,这种结合使得智能体能够从高维空间感知信息,并根据得到的信息训练模型、做出决策。DRL 的学习过程可描述为:

(1)在每个时刻,agent 与环境交互得到一个高维度的观察,并利用 DL 方法来感知观察,从而得到抽象、具体的状态特征表示。

(2)基于预期回报来评价各动作的价值函数,并通过某种策略将当前状态映射为相应的动作。

(3)环境对此动作做出反应,并得到下一个观察. 通过不断循环以上过程,最终可以得到实现目标的最优策略。

DRL 原理框架如图 8 - 15 所示。

常用 DRL 算法包括基于值的 DRL 算法、基于策略梯度的 DRL 算法、基于模型的 DRL 算法以及基于分层的 DRL 算法等。下面对前两种算法做简要介绍。

1. 深度 Q 网络模型

深度 Q 网络(deep q network,DQN)算法是将深度神经网络与 Q - learning 相结合的算法。

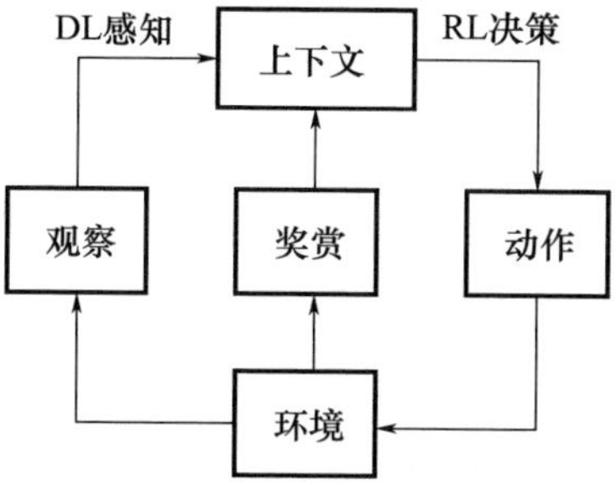

图 8 – 15　DRL 原理框架

1) DQN 的模型结构

DQN 模型的输入是离当前时刻最近的 4 幅预处理后的图像。输入图像经过 3 个卷积层和 2 个全连接层的非线性变换后,在输出层产生每个动作的 Q 值。图 8 – 16 描述了 DQN 的模型架构。

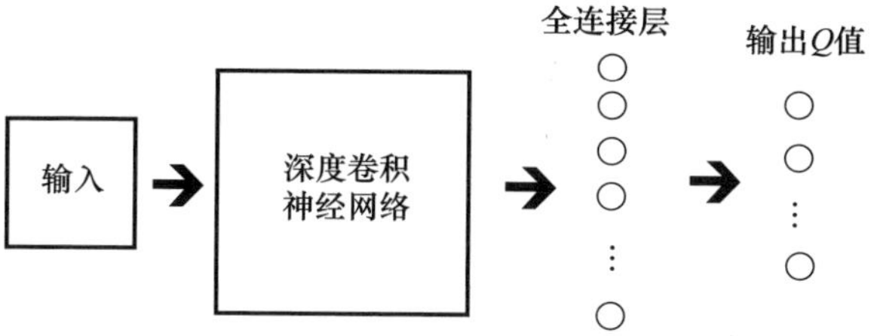

图 8 – 16　DQN 的模型架构

2) DQN 的训练算法

图 8 – 17 给出 DQN 的训练算法流程。为缓解非线性网络表示值函数时出现的不稳定等问题,DQN 主要对传统的 Q 学习算法做了 3 处改进。

(1) DQN 在训练过程中使用经验回放机制(experience replay),在线处理得到的转移样本$e_t = (\boldsymbol{s}_t, \boldsymbol{a}_t, r_t, \boldsymbol{s}_{t+1})$。在每个时间步 t,将智能主体与环境交互得到的转移样本存储到回放记忆单元 $\boldsymbol{D} = \{e_1, e_2, \cdots, e_t\}$ 中。训练时,每次从 $\boldsymbol{D}$ 中随机抽取小批量转移样本,并使用随机梯度下降算法更新网络参数 θ。随机采样方式能够显著降低样本间的关联性,从而提升了算法的稳定性。

(2) DQN 除了使用深度卷积网络近似表示当前的值函数之外,还单独使用了另一个网络来产生目标 Q 值。用 $\boldsymbol{Q}(\boldsymbol{s}, \boldsymbol{a} | \boldsymbol{\theta}_i)$ 表示当前值网络的输入,用于评估当前的状态 – 动作 – 值函数;用 $\boldsymbol{Q}(\boldsymbol{s}, \boldsymbol{a} | \theta_i^-)$ 表示目标值网络的输出。一般采用$\boldsymbol{Y}_i = \boldsymbol{r} + \boldsymbol{\gamma} \max_{a'} \boldsymbol{Q}(\boldsymbol{s}', \boldsymbol{a}' | \boldsymbol{\theta}_i^-)$ 近似表示值函数的优化目标,即目标 Q 值。当前

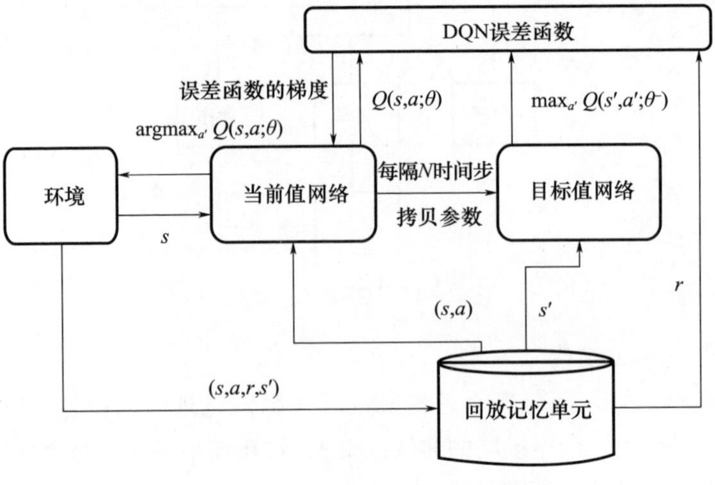

图8-17　DQN 的训练算法流程

值网络的参数 $\boldsymbol{\theta}$ 是实时更新的,每经过 N 轮迭代,将当前值网络的参数复制给目标值网络。通过最小化当前 $\boldsymbol{Q}$ 值和目标 $\boldsymbol{Q}$ 值之间的均方误差来更新网络参数。

误差函数为

$$L(\boldsymbol{\theta}_i)=E_{s,a,r,s'}[(\boldsymbol{Y}_i-\boldsymbol{Q}(\boldsymbol{s},\boldsymbol{a}\mid\boldsymbol{\theta}_i))^2] \tag{8-56}$$

对参数 $\boldsymbol{\theta}$ 求偏导,得梯度

$$\nabla_{\boldsymbol{\theta}_i}L(\boldsymbol{\theta}_i)=E_{s,a,r,s'}[(\boldsymbol{Y}_i-\boldsymbol{Q}(\boldsymbol{s},\boldsymbol{a}\mid\boldsymbol{\theta}_i))\nabla_{\boldsymbol{\theta}_i}\boldsymbol{Q}(\boldsymbol{s},\boldsymbol{a}\mid\boldsymbol{\theta}_i)] \tag{8-57}$$

(3)DQN 将奖励值和误差项缩小到有限的区间内,保证了 $\boldsymbol{Q}$ 值和梯度值都处于合理的范围内,提高了算法的稳定性。在解决各类基于视觉感知的 DRL 任务时,DQN 使用了同一套网络模型、参数设置和训练算法,这说明 DQN 方法具有很强的适应性和通用性。

2. 基于策略梯度的深度强化学习

策略梯度的重点就是如果计算策略梯度(policy gradient)。

策略梯度(policy gradient,PG)方法直接通过参数对策略建模,且通过奖励直接对策略进行更新,以最大化累积奖励。由于基于策略梯度的算法能够直接优化策略的期望总奖励,并以端对端的方式直接在策略空间中搜索最优策略,与 DQN 等间接求解策略的算法相比,基于策略梯度的 DRL 方法适用范围更广,策略优化的效果也更好。

1）策略的参数化表示

设在策略 π 引导下，智能主体经历的状态、动作和奖励序列为

$$\tau=(s_0,a_0,r_0,s_1,a_1,r_1,\cdots,s_{T-1},a_{T-1},r_{T-1},s_T)$$

最优策略对应于最优策略获得的期望总奖励，为此可设一个表达策略优劣的评价函数

$$J(\theta)=E[r_0+r_1+r_2+\cdots+r_T|\pi_\theta] \tag{8-58}$$

我们从第 3 章了解到，神经网络的误差是网络参数（权值和阈值）的函数，令网络参数的修正量与误差函数的负梯度成正比，可以使误差函数最小化。显然，如果能将式（8－58）表示为某种策略参数的函数，并令策略参数的调整量与该函数的正梯度成正比，即可使策略的奖励最大化。下面将式（8－58）改写为参数 θ 的函数

$$J(\theta)=E_{\tau\sim\pi_\theta}\left[\sum_t\tau\right]=\frac{1}{N}\sum_i\sum_t r(s_{i,t},a_{i,t})=\frac{1}{N}\sum_i\sum_t r(s_{i,t},\pi(s_{i,t}|\theta)) \tag{8-59}$$

直观地看，通过对式（8－58）求偏导 $\partial J(\theta)/\partial\theta$，即可得到策略梯度 $\nabla J(\theta)$。深度策略梯度方法的基本思想是通过各种计算策略梯度的方法直接优化用深度神经网络参数化表示的策略。

2）Actor－critic 框架

Actor－critic（AC）框架是一种 TD 方法，具有独立的内容结构，以明确表示独立于值函数的策略。AC 框架的基本思想是将模型的优化过程分为两个独立的优化角色：用于选择动作的策略结构 actor，以及用于评价动作的估计值函数 critic。

将 AC 框架拓展到深度 PG 方法中，可得到图 8－18 所示的学习结构。

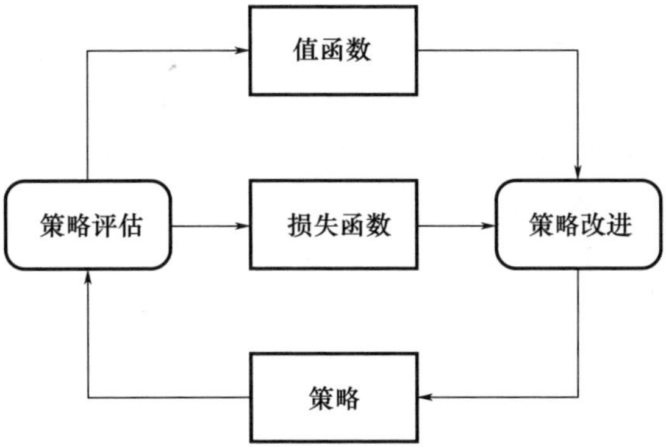

图 8－18　基于 AC 框架的学习结构

3）DPG 与 DDPG 算法

David Silver 于 2014 年在一篇论文中证明了确定性策略梯度（deterministic policy gradient，DPG）的存在并给出其计算方法，即

$$\nabla_{\theta}J(\mu_{\theta}) = \boldsymbol{E}_{s\sim\rho^{\mu}}[\nabla_{\theta}\mu_{\theta}(\boldsymbol{s})\nabla_{\theta}Q^{\mu}(\boldsymbol{s},\boldsymbol{a})|_{a=\mu_{\theta}(s)}] \tag{8-60}$$

Lillicrap 等利用 DQN 扩展 q 学习算法的思路对确定性策略梯度 DPG 方法进行改造，提出了一种基于 AC 框架的深度确定性策略梯度（deep deterministic policy gradient，DDPG）算法，该算法可用于解决连续动作空间上的 DRL 问题。参数为θ^{Q}和θ^{μ}的深度神经网络分别用来表示值函数 $Q=(\boldsymbol{s},\boldsymbol{a}|\theta^{\mu Q})$ 和确定性策略 $\mu(s|\theta^{\mu})$。其中，值网络 Q 的输入是状态 $\boldsymbol{s}$ 和动作 $\boldsymbol{a}$，输出是估值，用来逼近状态－动作对的值函数并提供梯度信息，对应 AC 框架中的 critic，又称为 critic 网络；策略网络 μ 的输入是状态，输出是动作，用来更新策略，对应 AC 框架中的 actor，又称为 actor 网络。

DDPG 将目标函数定义为带折扣的期望奖励，即

$$J(\theta^{\mu}) = \boldsymbol{E}_{\theta^{\mu}}[r_1+\gamma r_2+\gamma^2 r_3+\cdots] \tag{8-61}$$

然后，采用随机梯度下降方法来对目标函数进行端对端的优化。Silver 等证明了目标函数关于θ^{μ}的梯度等价于 Q 值函数关于θ^{μ}的期望梯度：

$$\frac{\partial J(\theta^{\mu})}{\partial\theta^{\mu}} = \boldsymbol{E}_{s}\left[\frac{\partial Q(s,a\mid\theta^{Q})}{\partial\theta^{\mu}}\right] \tag{8-62}$$

根据确定性策略 $a=\pi(s|\theta^{\mu})$ 可得

$$\frac{\partial J(\theta^{\mu})}{\partial\theta^{\mu}} = \boldsymbol{E}_{s}\left[\frac{\partial Q(s,a\mid\theta^{Q})}{\partial a}\frac{\partial\pi(s\mid\theta^{\mu})}{\partial\theta^{\mu}}\right] \tag{8-63}$$

通过 DQN 中更新值网络的方法来更新评论家网络，此时梯度信息为

$$\frac{\partial L(\theta^{Q})}{\partial\theta^{Q}} = \boldsymbol{E}_{s,a,r,s'\sim D}\left[(y-Q(s,a\mid\theta^{Q}))\frac{\partial Q(s,a\mid\theta^{Q})}{\partial\theta^{Q}}\right] \tag{8-64}$$

式（8－64）中，分 $y=r+\gamma Q(s',\pi(s'|\hat{\theta}^{\mu})|\hat{\theta}^{Q})$，$\hat{\theta}^{\mu}$和$\hat{\theta}^{Q}$为目标策略网络和目标值网络的参数。DDPG 使用经验回放机制从 D 中获得训练样本，并将由 Q 值函数关于动作的梯度信息从 critic 网络传递给 actor 网络。并依据式（8－63）沿着提升 Q 值的方向更新策略网络的参数。

第9章 基于大数据云计算的建模仿真技术

9.1 大数据概述

大数据(big data)是指无法在一定时间范围内用常规软件工具进行捕捉、管理和处理的数据集合。大数据没有统计学的抽样方法,只是观察和追踪发生的事情,其用法倾向于预测分析、用户行为分析或某些其他高级数据分析方法的使用。

9.1.1 大数据的概念与特点

1. 大数据的概念

著名研究机构 Gartner 对于大数据给出了这样的定义。"大数据"是需要新处理模式才能具有更强的决策力、洞察发现力和流程优化能力来适应海量、高增长率和多样化的信息资产。

麦肯锡全球研究所给出的大数据定义是:一种规模大到在获取、存储、管理、分析方面大大超出了传统数据库软件工具能力范围的数据集合,具有海量的数据规模、快速的数据流转、多样的数据类型和价值密度低四大特征。

大数据技术的战略意义不在于掌握庞大的数据信息,而在于对这些含有意义的数据进行专业化处理。换而言之,如果把大数据比作一种产业,那么这种产业实现盈利的关键,在于提高对数据的"加工能力",通过"加工"实现数据的"增值"。

大数据与云计算关系密切。大数据的特色在于对海量数据进行分布式数据挖掘,必然须依托云计算的分布式架构。因此,大数据涉及的技术包括大规模并行处理(MPP)数据库、数据挖掘、分布式文件系统、分布式数据库、云计算平台、互联网和可扩展的存储系统,等等。

2. 大数据的5V特征

(1)容量(volume):容量的大小决定了数据的价值和潜在的信息。一般来说,大数据的数据体量巨大,传统的数据处理工具难以胜任,需要采用分布式和并行平台进行处理。

(2)种类(variety):大数据类型繁多,结构化数据和非结构化数据并存,相对于以文本为主的结构化数据,非结构化数据越来越多,例如来自社交网络和移动通信的网络日志、音频、视频、图片、地理位置信息等,多类型的数据对数据的处理能力提出了更高要求。

(3)速度(velocity):大数据增长速度极快,因而对处理数据的响应速度有更严格的要求,即产生数据、采集数据和传输数据的速度高,数据处理和分析的速度快,以保证数据的时效性。实时分析而非批量分析,数据输入、处理与丢弃立刻见效,几乎无延迟。

(4)价值(value):大数据的价值密度低而商业价值高。必须结合业务逻辑并通过强大的数据挖掘技术来挖掘潜在的价值。

(5)真实性(veracity):数据的准确性和可信度决定了数据的质量。数据中的偏差、噪声和异常可能会导致数据分析不准确,最终导致错误的决策。

3. 大数据的结构

大数据包括结构化、半结构化和非结构化数据。结构化数据是指那些预先定义了数据类型、格式和结构的数据,例如关系型数据库中的数据。半结构化数据则指那些具有可识别的模式且可以解析的文本数据文件,例如XML数据文件。非结构化数据是指那些没有固定结构的数据,例如文本文档、图片、视频等,通常保存为不同类型的文件。

据国际数据公司IDC的调查报告显示:企业中80%的数据都是非结构化数据,这些数据每年都按指数增长60%。非结构化数据越来越成为大数据的主要部分。

9.1.2 大数据的关键技术

1. 大数据采集

大数据的来源极其广泛,总体上可分为3大类:物理空间、信息空间和人类社会。物理空间的数据采集主要依靠专门的采集设备和采集程序;信息空间的数据采集数据常利用各类网络爬虫工具；而人类社会的数据则主要存储与各行各业构建的数据库中。

2. 大数据预处理

数据的质量对数据的价值有直接影响，低质量数据将导致低质量的剖析和挖掘成果。由于大数据来源具有多源、异构、广泛等特点，数据质量普遍较低，需要进行数据预处理。预处理技术包括数据清洗、数据集成、数据归约和数据转换等阶段。数据清洗的目的是填充缺失值，平滑噪声，纠正数据中的不一致问题；数据集成的目的是识别不同数据源中表述的同一实体的数据，并解决单位、模式、精度不一致等数据冲突问题；数据规约的目的是通过减少维度或数据量以压缩数据规模；数据转换的目的是通过各种转换方法使数据变得一致，从而更易于用模型去处理。

3. 大数据存储与管理

大数据存储与管理技术重点解决复杂结构化、半结构化和非结构化大数据的管理与处理技术。

1）分布式存储与访问

分布式存储与访问是大数据存储的关键技术。分布式系统包含多个自主的处理单元，通过计算机网络互连来协作完成分配的任务，其分而治之的策略能够更好地处理大规模数据分析问题。分布式系统主要包括分布式文件系统和分布式键值系统。其中，分布式文件系统（hadoop distributed file system，HDFS）是基于流数据模式访问和处理超大文件的需求而开发的一种具有高容错性、高可靠性、高可扩展性、高可用性和高吞吐率的系统。分布式键值系统用于存储关系简单的半结构化数据。

2）NoSQL 数据库

NoSQL 数据库可以支持超大规模数据存储，灵活的数据模型可以很好地支持 Web 2.0 应用，具有强大的横向扩展能力等，典型的 NoSQL 数据库包括键值数据库、列族数据库、文档数据库和图形数据库。

3）云数据库

云数据库是基于云计算技术发展的一种共享基础架构的方法，是部署和虚拟化在云计算环境中的数据库。云数据库所采用的数据模型可以是关系数据库所使用的关系模型，同一个公司也可能提供采用不同数据模型的多种云数据库服务。

4. 大数据分析

1)大数据分析工具

在大数据分析以及非结构化数据蔓延的背景下,Hadoop 作为一种可扩展的海量数据分布式处理开源软件平台,受到了前所未有的关注。Hadoop 能够存储大量半结构化数据集,而且能够快速地跨多台机器处理大型数据集合。

Hadoop 的核心技术包括分布式存储系统 HDFS 和分布式处理框架 MapReduce。Hadoop 能提供高吞吐量的数据访问,非常适合大规模数据集上的应用,而且 HDFS 具有高容错性,适合部署在低廉的硬件上。MapReduce 是处理大量半结构化数据集合的编程模型,用于大规模数据集(大于 1TB)的并行运算。Map(映射)和 Reduce(化简)是其核心思想,即当前的软件实现是指定一个 Map(映射)函数,用来把一组键值对映射成一组新的键值对,指定并发的 Reduce(归约)函数,用来保证所有映射的键值对中的每一个共享相同的键组。

2)大数据挖掘技术

数据挖掘(data mining)是从大量的、不完全的、有噪声的、模糊的、随机的数据中提取潜在有用的信息和知识的过程。常用的数据挖掘方法有机器学习方法、统计方法、神经网络方法和数据库方法等,既涉及神经网络、遗传算法、决策树、模糊集合、统计分析等多项传统技术,还涉及网络数据挖掘、特异群组挖掘、图挖掘等新型数据挖掘技术。常见的数据挖掘任务有分类、聚类、预测模型发现、数据总结、关联规则发现、序列模式发现、依赖关系发现、异常和趋势发现等。

9.1.3 大数据建模的特点

基于大数据的建模是数据驱动的建模,其与传统建模方法的根本区别在于以下 3 个特点。

1. 相关而非因果

传统的建模方法要求基于研究人员的专业知识和研究经验对研究对象进行因果分析,并用数理方法对因果关系进行显式描述,目的是解释事物的发展机理或预测事件未来可能发生的概率。大数据时代的建模则是从大规模的数据中深入挖掘潜在的规律和相关性。数据相关分析因其具有可以快捷、高效地发现事物间内在关联的优势而受到广泛关注,并有效地应用于推荐系统、商业分析、公共管理、医疗诊断等领域。

2. 全样而非抽样

长期以来,抽样调查是很多领域的基本研究方法,其主要原因是在“前信息”时代,数据采集能力、技术以及成本的限制,很难获取全样本的数据;此外,即使能获取全样本的数据,由于计算和存储能力的限制,也无法高效地进行全样本的数据分析。在大数据时代,可通过实时监测、跟踪研究对象在互联网上产生海量行为数据,从而使获得全样本的能力大大增强而成本急剧下降;同时,近年来计算机算力在不断提高而存储成本不断降低,为全样本的数据分析提供了必要条件。

3. 效率而非精准

大数据的来源质量不可控,导致数据的质量不高,可用性差。同时,大数据具有高增长性、多样性和碎片化等特点。以上原因导致很难在短时间内分析得到一个有用的、精准的结果,但是可以高效地得到某种趋势变化的可能性。目前企业间的竞争非常激烈,企业的产品和服务迭代的速度在加快,这就要求利用大数据技术快速建立预测模型,实时预测未来的市场需求及变化趋势,进而赢得市场先机。

9.2　基于大数据的建模技术

大数据是无法在一定时间范围内用常规软件工具进行捕捉、管理和处理的数据集合。大数据没有统计学的抽样方法,只是观察和追踪发生的事情,其用法倾向于预测分析、用户行为分析或某些其他高级数据分析方法的使用。

9.2.1　大数据分析工具

1. 大数据分析平台 Hadoop

1) Hadoop 的特点

Hadoop 是一个能够对海量数据进行分布式处理的开源软件平台,能够以一种高可靠性、高效率、高容错性、可扩展的方式进行数据处理。高可靠性是指 Hadoop 具有按位存储和处理数据能力;高效率是指 Hadoop 以并行方式工作,能够在节点之间动态地移动数据,并保证各个节点的动态平衡,通过并行处理加快处理速度;高容错性是指 Hadoop 能够自动保存多个工作数据副本,假设计算和存储会失败,能够自动将失败的任务重新分配处理;可扩展是指 Hadoop 通过计算机集群分配数据,完成存储和计算任务,这些集群可以方便地扩展到数以千计的节点中。此外,与一体机、商用数据仓库以及 QlikView、Yonghong Z – Suite 等数据集市相比,Hadoop 是开源的,项目的软件成本因此会大大降低。

2) Hadoop 的体系架构

Hadoop 的体系架构如图 9-1 所示,其中分布式文件系统(HDFS)

实现分布式存储的底层支持,分布式编程框架 MapReduce 实现对分布式并行任务处理的程序支持。各核心组件的作用如下。

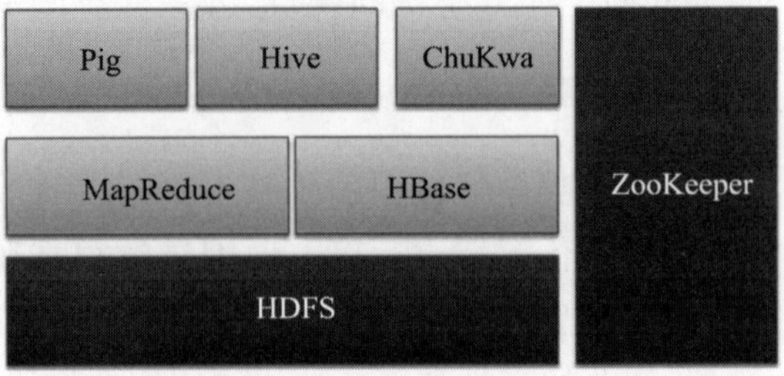

图 9-1 Hadoop 的体系架构

(1) HDFS 用于构建基于廉价计算机集群的分布式文件系统,具有成本低、可靠性高、吞吐量大的特点。

(2) MapReduce 是一个编程模型和软件框架,用于在大规模计算机集群上编写对大数据信息快速处理的并行化程序。

(3) Hbase 是一个面向列的分布式开源数据库,适合于非结构化大数据的存储。

(4) Pig 是一个用于大数据分析的工具,包括一个数据分析语言和运行环节,其结构设计支持并行化出路,适合应用于大数据处理环境。

(5) Hive 是一个基于 Hadoop 的数据仓库工具,可以将结构化的书文件映射为一张数据库表,并提供强大的类 SQL 查询功能,能将 SQL 语句转换为 MapReduce 任务。

(6) ChuKwa 是一个开源的、用于监控大型分布式系统的数据收集系统,包含一个强大和灵活的工具集,可用于展示、监控和分析已收集的数据。

(7) ZooKeeper 是一个分布式应用程序协调服务器,用于维护 Hadoop 集群的配置信息、命令信息等,并提供分布式锁功能和群组管理功能。

2. 分布式文件系统(HDFS)

HDFS 是 Hadoop 的分布式文件系统,用于管理跨多台计算机或服务器的文件或文件夹,为 HDFS 存储分布式环境中的数据提供了底层存储系统。HDFS 能够提供高吞吐量的应用程序数据访问,对外部客户机而言,HDFS 如同一个传统的分级文件系统,可以创建、删除、移动或重命名文件。下面介绍 HDFS 的 3 个重要概念。

1)数据块

存储在 HDFS 中的文件被分成大小为 64M 的数据块(Block),这些数据块被复制到多个计算机中,称为数据节点(DataNode)。不同于普通文件系统的是,HDFS 中,如果一个文件小于一个数据块的大小,其他文件可以使用该数据块的剩余存储空间。

2)文件系统的命名空间

HDFS 的文件系统命名空间由目录和文件组成,支持创建、删除、移动、重命名文件和目录等操作。HDFS 支持用户配额和权限控制。用户配额包括 Users Quotas 和 Space Quotas 两个维度:Users Quotas 限制用户根目录所能包含的文件和目录总数,Space Quotas 限制用户根目录的最大字节数。

3)元数据节点和数据节点

元数据节点(namenode)主要用来管理文件系统的命名空间,保存 HDFS 中所有文件和目录的元数据信息,这些信息以命名空间镜像(namespace image)和修改日志(Edit log)的文件形式存储在元数据节点所在的硬盘上。元数据节点还保存了一个文件包括哪些 Block,分布在哪些数据节点上,以及这些数据节点的位置等信息,这些信息在系统启动的时候从数据节点收集而成并保存在内存中。

数据节点(datanode)保存内容是真正存储数据的节点。客户端或者元数据节点可以向数据节点请求写入或者读出数据块。数据节点其周期性地向元数据节点发送其存储的数据块信息。

为了防止因从元数据节点 NameNode 发生故障而丢失所有元数据,Hadoop 采用了两种措施:一是备份所有元数据信息,二是运行一个 Secondary NameNode,其作用是周期性地将元数据节点的 Namespace image 和 Edit log 合并,产生新的 image 文件,以 Edit log 过大。合并过后的命名空间镜像文件也在元数据节点保存了一份,以便在元数据节点失败时,用该 image 文件进行恢复。

3. MapReduce 计算框架

计算框架是指实现某项任务或某项工作从开始到结束的计算过程或流的结构。MapReduce 计算框架是 Hadoop 技术的核心,用于离线处理海量数据,将海量数据的计算任务分发到集群的多台机器上,通过并行计算之后再进行结果合并。MapReduce 计算框架为大数据处理提供了一种可以利用底层分布式计算环境进行处理的计算模式,并为开发者提供了一整套编程接口和执行环境。

1)MapReduce 原理

MapReduce 的思想核心是“分而治之,先分后合”。即将一个复杂的大型工作或任务拆分成多个小任务,进行并行处理,然后再进行合并。适用于大规模离线数据处理场景。MapReduce 由 Map 和 Reduce 两部分组成。Map 负责“分”,即把复杂的任务分解为若干个“简单的任务”来并行处理。可以进行拆分的前提是这些小任务可以并行计算,彼此间几乎没有依赖关系。Reduce 负责“合”,即对 Map 阶段的结果进行全局汇总。

2)MapReduce 工作流程

MapReduce 处理数据过程包括 Map 和 Reduce 两个阶段,Map 和 Reduce 的处理逻辑由用户自定义实现,但要符合 MapReduce 框架的约定。为适应多样化的数据环境,Map 阶段和 Reduce 阶段都将关键字 - 值数据对(key - value)作为基础数据单元。值可以是简单的基本数据类型,如整数、浮点数、字符串等,也可以是复杂的数据结构,如列表数组、自定义结构等。

一个完整的 Map Reduce 程序在分布式运行时有 3 类实例进程:

(1)MapReduceApplicationMaster:负责整个程序的过程调度及状态协调。

(2)MapTask:负责 Map 阶段的整个数据处理流程。

(3)ReduceTask:负责 Reduce 阶段的整个数据处理流程。

MapReduce 工作流程可分为以下步骤。

(1)输入(Input):从本地文件系统、HDFS 等文件系统上读取数据;

(2)分片(Split):MapReduce 根据要运行的大文件进行 Split,每个输入分片(InputSplit)针对一个 Map 任务,InputSplit 存储的并非数据本身,而是一个分片长度和一个记录数据位置的数组。InputSplit 和 HDFS 的 Block 关系密切,若设定 Block 的大小为 MB,运行的大文件是 1280MB,则将文件分为 10 个 MapTask,每个 MapTask 都尽可能运行在 Block 所在的 DataNode 上,体现了移动计算不移动数据的思想。

(3)映射(Map):MapTask 接受输入分片 InputSplit(一个 key - value 对),执行用户自己编写的 Mapper 类中的 map 函数,通过不断调用 map()方法对数据进行处理,转换为新的 key - value 对输出。

(4)混洗(Shuf):将 MapTask 输出的处理结果数据,按照 Partitioner 组件制定的规则分发给 ReduceTask,并在分发的过程中对数据按 key 进行分区和排序,将 Map 端生成的数据传递给 Reduce 端。

(5)化简(Reduce):对多个 Map 任务的输出,根据分区号通过网络传输的不同的Reduce节点，对多个Map任务的输出进行合并、排序，调用用户自定义的reduce()函数处理每一对key-value数据，转换成新的key-value对并输出。

9.2.2　大数据分析技术

1. 大数据挖掘

大数据挖掘技术是大数据分析技术的核心内容，其目的是利用各种分析工具从大量数据中挖掘出隐含的、未知的、对决策有潜在价值的关系、模式和趋势，并用这些知识和规则建立用于决策支持的模型。人工智能领域的各类机器学习算法是数据挖掘的基石，而建模则是数据挖掘过程中最关键的环节。

大数据挖掘的数据资源包括关系数据库、面向对象数据库、数据仓库、文本数据源、多媒体数据库、空间数据库、时态数据库、异质数据库以及Internet等。

1）主要任务

关联分析：关联反映了某个事物与其他事物之间的相互依存关系。而关联分析是指在数据中找出存在于事物之间的关联模式，若两个或多个事物之间存在一定的关联性，则其中一个事物就能通过其他事物进行预测。关联分为简单关联、时序关联和因果关联。一般采用支持度（support）和置信度（confidence）来度量关联规则的相关性。

聚类分析：聚类是将数据按照相似性归纳为不同的类别，同一类中的数据彼此相似，不同类中的数据彼此相异。聚类分析可以发现数据的分布模式，以及可能的数据属性之间的相互关系。

分类：分类是将数据按照类别特征和分类规则进行匹配和归类。类别特征和分类规则是该类的内涵描述，即可以根据先验知识给出，也可以通过各种训练算法和训练数据集自动获得。

预测：预测是根据历史数据找出隐含的变化规律，建立预测模型，并利用该模型对未知数据的种类或特征进行预测。

时序模式：时序模式是指通过时间序列搜索出的重复发生概率较高的模式。通过这个已被观测的时间序列，就可以预测该序列的未来值。

2）常用算法与模型

大数据挖掘常用的算法与模型多来自机器学习领域，例如：逻辑回归、决策树、随机森林、朴素贝叶斯、支持向量机、K-均值、DBSCAN、高斯混合模型，等等。

3）工作流程

明确目的：明晰地定义业务问题，确定数据挖掘的目的以及数据来源和范围；

数据采集：选择数据包括从大型数据库和数据仓库中提取目标数据集，利用网络爬虫采集网络数据，采用专业数据采集程序采集物联网数据，等等。

数据预处理：包括检查数据的完整性、一致性，进行数据清洗、转换、标注，填补丢失的域，删除无效数据，等等。

数据挖掘：根据数据的功能类型和和特点选择相应的算法，在数据集中挖掘隐含的规则、未知的模式与规律。

结果分析：对数据挖掘的结果进行解释和评价，转换成为能够被用户理解的知识。

2. 可视化分析

数据可视化将数据分析技术与图形技术结合，清晰有效地将分析结果进行解读和传达，利用数据可视化可以更高效地提取有价值的信息。

利用数据可视化可以对各类数据建立联系，从中发现规律、洞察知识，从而获取有价值的商业见解。常用数据可视化技术有 Excel 数据可视化与 ECharts 数据可视化，支持各种各样的图形，如柱图、饼图、线图、雷达图、瀑布图、关系图、油量图、热力图、树图等几十种动态交互的图形；支持 3D 动态图形效果，如 3D 航线图、3D 散点图、3D 柱图等数据可视化展示；支持轮播控件、跑马灯、TAB 页控件、URL 控件等丰富的图形控件。

3. 预测性分析

预测性分析是大数据分析最重要的应用领域之一，主要技术包括回归分析预测和时间序列预测两大类。预测性分析利用机器学习、数据挖掘等技术分析历史数据，建立预测模型，从而对未来事件进行预测，并以概率的形式为用户提供决策支持。例如，在商业领域利用预测模型从历史和交易数据中探索规律，以帮助用户识别可能的风险和商机。

9.2.3 大数据建模仿真应用研究

由于大数据抛弃了对因果关系的追求，放弃了基于还原论的分解建模研究，代之以对“整体数据”的分析，因而给建模仿真带来新的机遇。大数据技术的应用不仅为解决大规模的仿真数据处理提供了新的思路，而且为在各领域的复杂系统建模仿真开辟了新的途径。

1. 基于大数据的城市仿真研究

近年来,大数据技术在智慧城市建设中的应用研究不断深入。例如,复旦大学王桂新教授以上海为例,应用大数据建模仿真技术对城市未来人口变动趋势进行了预测,并模拟了上海未来人口规模控制目标下年龄结构及抚养比的变化。清华大学吴建平教授基于交通大数据的交通建模理论,举例说明了各种应用,强调了交通的仿真在仿真中的重要地位。华东师范大学张雷教授通过基于城市场景的仿真与大数据应用技术研究,指出数据必须包含人文、科技、生态、基础设施等维度,提出了构建城市大数据平台设计的具体设计思路,以及基于城市大数据进行智慧城市全生命周期建设与运维的理念以及现代化管理和预防灾害的措施。深圳大学建设工程生态技术研究所所长刘建教授从水文学的角度对海绵城市及其仿真技术应用进行了说明。

2. 基于社交大数据的用户模型研究

越来越多的社交网站以及具有社交网络功能的电子商务平台正在源源不断地产生海量的社交大数据,从而推动用户画像技术得到长足发展。

用户画像作为实际用户的虚拟代表,将真实用户的属性、行为与期待联系起来,抽象出一个用户的特征全貌。图 9－2 给出一个典型的用户画像。

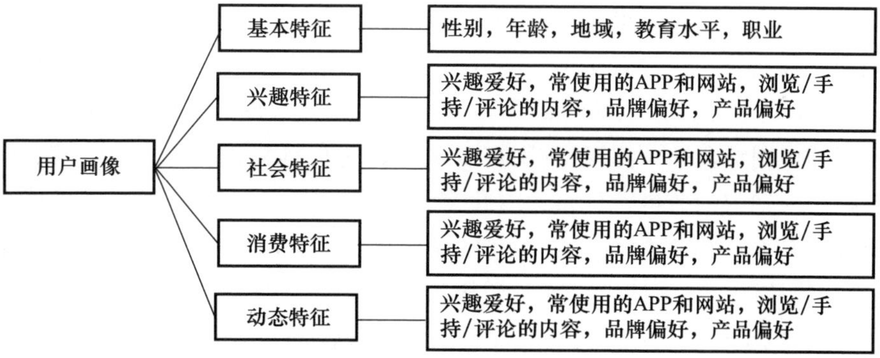

图 9－2　用户画像的特征

3. 基于气象大数据的极端天气预报

随着观测卫星、雷达和传感器网络持续不断地产生大量数据,如何处理海量而多种多样的气象资料成为天气预报的一个挑战。利用各种智能算法分析大量历史数据间隐藏的非线性关系,从而更准确地厘清地球系统现象间复杂的因果关系,可解决现有资料时空数据密度不够的难题,还能总结专家的知识经验,进而可以利用统计与数值模式中无法利用的抽象预报知识以及提高平均预测水平。目前,物联网、云计算、人工智能等技术的综合应用有望充分利用气象大数据中的潜在价值,更准确地预知未来潜在的风险,在极端天气预报、灾害预警及救援方面将会发挥越来越大的作用。

4. 基于农业大数据的精准农业

长期以来,我国农业生产精细化、集约化程度较低,农民生产综合成本始终较高。目前农业大数据包括生产过程管理数据、农业资源管理数据、农业生态环境管理数据、农产品与食品安全管理大数据、农业装备与设施监控大数据,以大数据作为决策支撑,各级政府可充分依托当地农业资源禀赋,利用大数据优化农业要素布局,为农户引入先进的科学技术,提升农产品的竞争力与价值品质,更好服务当地经济发展;农民可以有效掌握市场供需预期,提高产品的供给与市场的匹配度,降低生产风险,提升议价能力;农业种植者可根据市场供需情况合理安排农产品种植;经销商可以期货套保的方式提前锁定农产品价格。

5. 基于医学大数据的精准医疗

随着大数据技术的发展,医学研究由抽样的小样本研究进入到超大样本、甚至全样本研究时代,从严格筛选患者入组进行研究到全面观察各种影响因素的真实世界研究时代。基于大数据的观察性研究得出的结论更具现实指导意义,甚至会推翻之前一些建立在小样本数据基础上的“科学”结论。例如,斯坦伯格(Steinberg)等从3万余人两年的保险记录、化验记录、用药记录、就医记录中挖掘出新的代谢综合征预测模型,用80%的人作为训练集,20%的人作为测试集,对数据中未知的参数进行分布边缘化来计算模型的结构概率,综合考虑模型的复杂性和与数据的匹配性建立起新的预测模型,从4000余个参数中筛选出腰围、用药依从性等与代谢综合征密切相关的因素。

由个体差异性带来的不确定性是医学复杂性的重要体现。随着医学的进步,源于个体的数据越来越丰富,大数据、人工智能与医学结合能够挖掘出新的知识,开创新的诊疗模式。例如,心理问题一般是通过临床观察或自我就医的方式被发现并诊断的,现实中缺乏客观有效的诊断方法,而基于说话模式的数据挖掘,能够发现患者条理表达能力的下降,进而成功预警心理问题,在小样本人群实验中达到了100%的准确度。通过机器学习对一些复杂信息进行处理,也能对心脏病、哮喘、癌症等疾病做诊断和预测,能够达到或超越专家的诊断水平。

9.3　云计算概述

2006 年,谷歌的 CEO 埃里克·施密特(Eric Schmidt)提出云计算(cloud computing)概念,其后该概念迅速风靡 IT 业界,成为信息技术产业发展的战略重点,全球的信息技术企业都纷纷向云计算转型,信息领域几乎所有知名跨国公司都竞相推出了自己的云计算产品和服务。

云计算概念从提出至今,相关技术已经取得飞速发展和翻天覆地的变化,社会的工作方式和商业模式也发生了巨大的改变。由单个公司生产和运营的私人计算机系统,被中央数据处理工厂通过互联网提供的云计算服务所代替,计算机应用正在变成一项公共事业。

在众多推动云计算发展的相关技术中,虚拟化技术能力的增强对公用运算的发展提供了不可或缺的助力。虚拟化是指用软件来模拟硬件,而虚拟化能力的提高,离不开计算机芯片效能爆炸性增长。由于计算机系统的所有部件都是以数字方式运行的,所以它们既可以被软件代替,也可以实现虚拟化。过去装在计算机机箱里的各个单独部件(存储信息的硬盘、处理信息的微型芯片、操控信息的软件),如今已经可以分散在世界各地通过互联网集成,并供每一个人分享。随着云计算服务趋向成熟,每个人都能便捷地使用网上丰富的软件服务,利用无限制的在线存储,通过手机、电视等多种不同装置上网和分享数据。

9.3.1　云计算的概念与特点

云计算是一种与信息技术、软件、互联网相关的服务,是分布式计算(distributed computing)、并行计算(parallel computing)、效用计算(utility computing)、网络存储(network storage technologies)、虚拟化(virtualization)、负载均衡(load balance)、热备份冗余(high available)等传统计算机和网络技术发展融合的产物。

1. 云计算的概念

目前有关云计算的概念有很多描述,但其核心含义基本一致。比较有代表性的是美国国家标准与技术研究院(NIST)对云计算给出的描述性定义:云计算是一种按使用量付费的模式,这种模式提供可用的、便捷的、按需的网络访问,进入可配置的计算资源共享池(资源包括网络、服务器、存储、应用软件、服务),这些资源能够被快速提供,只需投入很少的管理工作,或与服务供应商进行很少的交互。

云计算虽是一种全新的网络应用概念,却不算一种全新的网络技术。其核心概念就是以互联网为中心,在网站上提供快速且安全的云计算服务与数据存储,让每一个使用互联网的人都可以使用网络上的庞大计算资源与数据中心。

从分布式计算的角度看,云计算通过网络将巨大的数据计算处理程序分解成无数个小程序,通过多部服务器组成的系统处理和分析这些小程序,再将得到的结果返回给用户,换句话说,把以前需要本地处理器计算的任务交到了远程服务器上去做。

从信息处理技术的角度看,云计算是一种以数据和处理能力为中心的密集型计算模式,它融合了多项 ICT 技术,其中以虚拟化技术、分布式数据存储技术、编程模型、大规模数据管理技术、分布式资源管理、信息安全、云计算平台管理技术、绿色节能技术等最为关键。

从资源与服务的角度看,能按需提供弹性的信息化资源与服务,是一种按需取用、按需付费的模式。云计算的内核是通过互联网把网络上的所有资源集成为一个可配置的计算资源共享池,如网络、服务器、存储、应用软件、服务等,然后对该资源池进行统一管理和调度,向用户提供虚拟的、动态的、按需的、弹性的服务,并逐渐发展成基于计算机技术、通信技术、存储技术、数据库技术的综合性技术服务。

2. 云计算的特点

与传统的网络应用模式相比,云计算具有高灵活性、可扩展性和高性比等明显优势与特出特点。

1)虚拟化

虚拟化突破了时间、空间的界限,是云计算最为显著的特点。用户只需选择云服务提供商,购买和配置所需要的服务,就可以随时随地通过自己的终端设备来控制资源,如同云服务商为每个用户都提供了一个 IDC(internet data center)一样。云计算支持用户在任意位置、使用各种终端获取应用服务。应用在“云”中的某处运行,但用户无须了解应用运行的具体位置,也不必关注具体的硬件实体。

目前市场上大多数 IT 资源以及软硬件都支持虚拟化,例如,存储网络、操作系统和开发软、硬件等。虚拟化要素统一放在云系统资源虚拟池中进行管理,因此云计算的兼容性需非常强,可以兼容低配置机器、不同厂商的硬件产品。

2)可扩展

云计算的规模可以动态伸缩,用户可以根据自身需求利用云计算具有的动态扩展功能来对其他服务器开展有效扩展,从而快速配备所需的计算能力及资源。云计算服务的弹性扩展能力意味着能够在需要的时候从适当的地理位置提供适量的 IT 资源,如更多或更少的计算能力、存储空间、带宽。

3)按需服务

大多数云计算服务作为按需自助服务提供,从而赋予企业极大的灵活性,节省了 IT 成本,而资源的整体利用率也得到明显的改善。

4)通用性

在云计算的支撑下可以构造出千变万化的应用,同一个“云”可以同时支撑不同的应用运行。

5)高性价比

云计算的自动化集中式管理使大量企业无须负担日益高昂的数据中心管理成本;云计算的通用性使资源的利用率较之传统系统大幅提升;将资源放在虚拟资源池中统一管理优化了物理资源。用户不再需要购买包括服务器机架、用于供电和冷却的不间断电力、管理基础结构的 IT 专家、昂贵的软硬件、存储空间大的主机等昂贵的设备,可以选择相对廉价的 PC 组成云,在减少费用的同时,计算性能不逊于大型主机。

6)高可靠性

云计算采用了数据多副本容错、计算节点同构可互换等措施,能够以较低费用简化数据备份、灾难恢复和实现业务连续性以保障服务的高可靠性。若单点服务器出现故障,可以通过虚拟化技术将分布在不同物理服务器上面的应用进行恢复,或利用动态扩展功能部署新的服务器进行计算。

7)高安全性

安全是所有企业必须面对的问题,使用云服务则可以借助更专业的安全团队来有效降低安全风险。许多云提供商都提供了用于提高整体安全的多种策略、技术和控件,这些有助于保护数据、应用和基础结构免受潜在威胁。

9.3.2　云计算的服务与应用

1. 云计算的基础架构

1)基础结构即服务(infrastructure as a service,IaaS)

IaaS 是云计算服务的基本类别。用户使用 IaaS 时,以即用即付的方式从服务提供商处租用 IT 基础结构,如服务器和虚拟机(VM)、存储空间、网络和操作系统。用户不再需要自己建机房、购买服务器、网络以及配套设施,就能够在

API 的基础上不断改进、开发出新的应用产品，大大提高单机程序中的操作性能。

2）平台即服务（platform as a service，PaaS）

PaaS 将开发和部署的基础设施平台作为一种服务提供给用户，包括各种底层的计算和存储等资源。用户通过 Internet 可以从服务提供商那里得到计算资源、处理能力及基础网络等服务。这些“像用水用电一样的 IT 服务”可以按需提供开发、测试、交付和管理软件应用程序所需的环境，做到让开发人员更轻松地快速创建 Web 或移动应用，而无须考虑对开发所必需的服务器、存储空间、网络和数据库基础结构进行设置或管理。这种“按需使用、即付即得”的云计算服务体现了云计算的核心理念和优势。

3）软件即服务（software as a service，SaaS）

SaaS 是通过 Internet 交付软件应用程序的服务模式，通常以订阅为基础按需提供。云提供商托管并管理软件应用程序和基础结构，并负责软件升级和安全修补等维护工作；用户通过 Internet 连接访问应用程序。使用 SaaS 时，通常用户发出服务需求，云系统通过浏览器向用户提供资源和程序等。利用浏览器应用传递服务信息不花费任何费用，只要做好应用程序的维护工作即可。

2. 云计算的部署模式

云计算按部署类型可以分为私有云、公有云、混合云、社区云、专用云等，不同的云对应不同的用户群体。

1）私有云

私有云是专为特定企业用户或机构建立的云计算资源，在企业的防火墙内工作，企业 IT 人员可以有效控制云计算系统。企业的关键数据和应用都存储在内部的数据中心处，与互联网隔离，因此数据安全性更高。私有云支持动态灵活的基础设施，从而降低 IT 架构的复杂度，使各种 IT 资源得以整合和标准化。私有云可以位于公司的现场数据中心，也可以由第三方服务提供商托管。由于大型企业更关注解决方案的针对性和信息的安全性，对成本相对不敏感，使得私有云模式更多地得到国内大型企业的采纳。此外，对数据安全性较敏感的政府部门也以私有云为主要部署模式。

2）公有云

公有云是是一种对公众开放的云服务，由于规模巨大，能够支持数目庞大的请求，且成本较低，是最受欢迎的主流云计算模式。在公有云中，所有硬件、软件和其他支持性基础结构均为云提供商所拥有和管理，他们负责通过 Internet 提供应用程序、软件运行环境、物理基础设施，以及 IT 资源的运行、管理、安全、部署、维护；所有入驻用户都称租户，他们使用 IT 资源和接受服务时，只需“按量付费”，其余全部由云完成。公有云模式因灵活配置、成本低廉的特点而深受中小企业的欢迎。

3）混合云

混合云组合了公有云和私有云，是一种更具优势的部署模式。混合云允许数据和应用程序在私有云和公共云之间移动，将系统的内部能力与外部服务资源灵活地结合在一起，使用户能够更灵活地处理业务并提供更多部署选项，并保证了低成本。

4）社区云

社区云是介于公有、私有之间的一个形式，由具有相近需求并愿意共享基础设施的社区内用户联合创立。社区云通常具有区域性和行业性特点，即通过对区域内各种计算能力进行统一服务形式的整合，基于社区内用户的共性需求提供云计算服务。

5）专有云

专有云相当于是将企业的私有云建立在云服务企业的数据中心，以类似于云托管的方式，在公有云架构上开辟出符合自身业务架构与安全性要求的云平台系统。

3. 云计算的典型应用

云计算为我国工业与信息业带来了新一轮创新和前所未有的发展机遇，目前，在许多领域的实践都取得了成效。

1）制造业

通过云计算平台，可以随时了解零件供应商的库存和市场行情，调整组装和备料方案。现代先进制造业的标志是以计算机为基础的“虚拟设计、制造和维护”。机械、电子、汽车以及飞机等工业，都是由多家厂商合作的现代产业链，因此，离不开网上信息共享与协作。“制造云”能够缩短生产周期，提高产品性能，降低各种成本。通过云平台上的信息共享，可以更好地掌握市场动向和客户需求，提高企业的运营效率。我国的新一代信息技术、节能环保、生物、高端装备制造、新能源、新材料和新能源汽车等七大战略新兴产业，要想实现跨越式发展，都需要以云计算为核心的信息技术作支撑，以实现设计研发、智能化制造、销售、服务整个流程产业链的高效运行。

2)电信业

对电信运营商而言,云计算在业务支撑系统、企业内部 IT 管理系统、增值业务系统、测试和离线运行环境以及互联网数据中心(IDT)都有创造利润和节约成本的机会。云计算还能促成新的业务模式,如移动支付等。

3)物流业

云计算的特性在于通过共享的 IT 资源和网络,用最少的管理成本实现最快的资源配置和最大的效能。物流云的公有平台,让物流公司省去了自建集散公司的高额费用,节约大量的配送与库存成本;对中小型物流企业来说,无须投资自建 IT 系统,只需通过网络进入全国性物流公司的公有云平台处理和拓展业务。通过物流云可以提高运输效率,解决仓储和运输的衔接问题,整合孤立系统,提高多元化服务。物流系统与银行现金流对接,可以根据物流云上的库存和运输情况,评估提供给厂商周转的贷款利率。与天气预报和交通信息网络对接可以有效规划路径等。

4)银行业

银行业的核心业务是存款和贷款,核心利润来源是赚取利率差和中间业务(手续费、佣金等非息差业务),云计算可以帮助银行进行业务创新。当新兴的云计算与传统的资本管理技术结合到一起时,创新空间非常大。在云计算的支持下,银行业可以创造新的利润,控制风险,节约成本。

5)商业

基于互联网的在线商业和服务业所占比重将会迅速超过实体销售服务业。目前,中国已是世界上最大的手机市场,并将很快超过美国成为世界最大的互联网市场,因此,相关的在线服务业将快速增长。云计算将成为在线服务的信息系统基础设施。加之网络游戏、网络搜索和社交网络等将成为新的经济增长点。金融服务业发展迅速,日益丰富的金融服务内容多以在线的形式实现,对计算应用能力的要求越来越高,同时,国际竞争和金融市场的风险管理对计算的需求加速上升。“商业云”“金融云”和“服务云”将迅速推开。

6)金融服务业

金融云将信息、金融和服务等功能分散到庞大分支机构构成的互联网“云”中,旨在为银行、保险和基金等金融机构提供互联网处理和运行服务,同时共享互联网资源,从而解决现有问题并且达到高效、低成本的目标。在 2013 年 11 月 27 日,阿里云整合阿里巴巴旗下资源并推出阿里金融云服务。其实,这就是现在基本普及了的快捷支付,因为金融与云计算的结合,现在只需要在手机上简单操作，就可以完成银行存款、购买保险和基金买卖。现在，不仅仅阿里巴巴推出了金融云服务，像苏宁金融、腾讯等企业均推出了自己的金融云服务。

7）医疗行业

目前，医疗系统中的服务器、网络和存储等 IT 基础设施大多是分散且隔离的，由不同的医疗机构或不同的部门单独维护和使用，而云计算平台可以将这些分散的系统整合在一起，形成统一的医疗信息基础设施，提供类型多样的健康管理应用，包括专家、设备、验方等，为每个患者制定个性化医疗保健方案。在生物医学和药物研究中会涉及大量的数据处理和计算，节约资源、便捷管理的特点将会提高这些领域的研究效率。

医疗云将医疗技术与云计算、移动技术、多媒体、5G 通信、大数据、以及物联网等新技术相融合，创建医疗健康服务云平台，实现了医疗资源的共享和医疗范围的扩大。因为云计算技术的运用与结合，医疗云提高医疗机构的效率，方便居民就医。像现在医院的预约挂号、电子病历、医保等都是云计算与医疗领域结合的产物，医疗云还具有数据安全、信息共享、动态扩展、布局全国的优势。

8）教育科研

“教育云”将各地、各时期、各种教学内容整合、选优、传播、普及，以提供高效、普遍的信息化基础设施，提高教育投入效率，促进资源合理分布，提高边远落后地区教育水平。基于云还可以实现“每个师生都拥有一个虚拟实验室”的设想。教育云还能提高学校的行政管理能力，整合学校的各种信息化系统，如办公自动化、学生信息系统、教学管理和教师评估系统等。科研是个性化活动，又需要广泛的合作，云计算平台可以实现广泛的资源和能力共享，成为科研合作不可替代的平台。

教育云可以将所需要的任何教育硬件资源虚拟化，然后将其传入互联网中，以向教育机构和学生老师提供一个方便快捷的平台。现在流行的慕课就是教育云的一种应用。慕课 MOOC，指的是大规模开放的在线课程。现阶段慕课的三大优秀平台为 Coursera、edX 以及 Udacity，在国内，中国大学 MOOC 也是非常好的平台。在 2013 年 10 月 10 日，清华大学推出来 MOOC 平台——学堂在线，许多大学现已使用学堂在线开设了一些课程的 MOOC。

9）国防工业

未来战争将是信息战。将信息转化成智能和决策需要大量的实时计算。卫星、雷达、武器及人员等各类信息都需要实时集成和处理。强大的“国防云”“安保云”可以满足上述需求，有助于实现预防或减弱战争，进而保卫和平。

4. 云服务实现的任务

使用云提供商提供的云服务能实现的任务与操作类型非常丰富,例如:

(1)创建云原生应用程序。云服务能快速构建、部署和缩放应用程序(Web、移动和 API)。

(2)构建并测试应用程序。云服务可轻松纵向扩展或缩减云基础结构,降低应用程序开发的成本并节省时间。

(3)存储、备份和恢复数据。云服务可通过 Internet 将数据传输到可从任何位置和任何设备访问的离线云存储系统,降低保护数据的成本(大规模缩放时)。

(4)分析数据。云服务能在跨团队、跨部门、跨位置统一数据,使用人工智能人工智能等技术处理数据,提炼规则、发现规律,做出智能化决策。

(5)对音频和视频进行流传输。云服务可利用分布于全球的高清视频和音频资源,随时随地通过任何设备与受众建立联系。

(6)嵌入智能。使用智能算法有助于吸引用户,并能从捕获到的数据中发现有价值的知识。

(7)按需交付软件。按需软件,也称为软件即服务,可随时随地为客户提供最新的软件版本和更新。

9.3.3 云计算的关键技术

实现云计算所涉及的关键技术包括虚拟化技术、分布式数据存储技术、分布式并行编程模式、大规模数据管理技术、分布式资源管理技术、信息安全技术、云计算平台管理技术、绿色节能技术。

1. 虚拟化技术

虚拟化是云计算最重要的核心技术之一,它为云计算服务提供基础架构层面的支撑,是 ICT 服务快速走向云计算的最主要驱动力。

从技术层面看,虚拟化是一种在软件中仿真计算机硬件,以虚拟资源为用户提供服务的计算形式,旨在合理调配计算机资源,使其更高效地提供服务。虚拟化技术打破了应用系统各硬件间的物理划分,从而实现架构的动态化以及物理资源的集中管理和使用。虚拟化的最大好处是增强系统的弹性和灵活性,降低成本、改进服务、提高资源利用效率。

从表现形式看,虚拟化有两种应用模式:一是将一台性能强大的服务器虚拟成多个独立的小服务器,服务不同的用户;二是将多个服务器虚拟成一个强大的服务器,完成特定的功能。两种模式的核心都是统一管理,动态分配资源,提高资源利用率。

2. 分布式数据存储技术

云计算通常采用分布式存储技术和可扩展的系统结构,利用多台存储服务器分担存储负荷,利用位置服务器定位存储信息。这种将数据存储在不同物理设备中的模式摆脱了硬件设备的限制,不但提高了系统的可靠性、可用性和存取效率,同时扩展性更好,能够快速响应用户需求的变化。

3. 分布式并行编程模式

云计算是一个多用户、多任务、支持并发处理的系统,旨在通过网络把强大的服务器计算资源方便地分发到终端用户手中,同时保证低成本和良好的用户体验。为此,云计算项目中广泛采用了分布式并行编程模式。

分布式并行编程模式创立的初衷是更高效地利用软、硬件资源,让用户更快速、更简单地使用应用或服务。在分布式并行编程模式中,后台复杂的任务处理和资源调度对于用户来说是透明的,这样用户体验能够大大提升。MapReduce 是当前云计算主流并行编程模式之一,该模式将任务自动分成多个子任务,通过 Map(映射)和 Reduce(化简)两步实现任务在大规模计算节点中的高度与分配。

4. 大规模数据管理技术

云计算既要保证数据的存储和访问,还要能够对海量数据进行特定的检索和分析。因此,数据管理技术必需能够高效地管理大量的数据。目前比较典型的大规模数据管理技术有 Google 的 BT(BigTable)数据管理技术和 Hadoop 团队开发的开源数据管理模块 HBase 是业界比较典型的大规模数据管理技术。

BigTable 是非关系数据库,与传统的关系数据库不同,它把所有数据都作为对象来处理,形成一个巨大的表格,用来分布存储大规模结构化数据。BigTable 的设计目的是可靠地处理 PB 级别的数据,并且能够部署到上千台机器上。

HBase 定位于分布式、面向列的开源数据库。HBase 不同于一般的关系数据库之处在于:首先,它是一个适合于非结构化数据存储的数据库;其次,它采用了基于列的而不是基于行的模式。作为高可靠性分布式存储系统,HBase 在性能和可伸缩方面都有比较好的表现,可在廉价 PC Server 上搭建起大规模结构化存储集群。

5. 分布式资源管理技术

云计算系统所处理的资源非常庞大且跨跃多个地域,因此分布式资源管理及数据是保证系统正常工作状态的关键:在多节点的并发执行环境中,各个节点的状态需要同步;在单个节点出现故障时,系统需要有效的机制保证其他节点不受影响。

全球各大云计算方案/服务提供商们都在积极开展相关技术的研发工作,各云计算巨头都提出了相应的解决方案。

6. 信息安全技术

在云计算体系中,安全涉及很多层面,包括网络安全、服务器安全、软件安全、系统安全等。目前,软件安全厂商、硬件安全厂商、传统杀毒软件厂商、软硬防火墙厂商、IDS/IPS 厂商等都已加入到云安全领域,积极研发云计算安全产品和方案。

7. 云计算平台管理技术

云计算系统的平台管理技术必须提供高效调配大量服务器资源、使其更好协同工作的能力。其中,方便地部署和开通新业务、快速发现并且恢复系统故障、通过自动化、智能化手段实现大规模系统可靠的运营是云计算平台管理技术的关键。

不同的云计算部署模式对平台管理的要求大不相同。对于用户而言,由于企业对于 ICT 资源共享的控制、对系统效率的要求以及 ICT 成本投入预算不尽相同,企业所需要的云计算系统规模及可管理性能也大不相同。因此,云计算平台管理方案要更多地考虑到定制化需求,能够满足不同场景的应用需求。

目前已有许多厂商推出各种云计算平台管理方案。这些方案能够帮助企业实现基础架构整合、实现企业硬件资源和软件资源的统一管理、统一分配、统一部署、统一监控和统一备份,打破应用对资源的独占,让企业云计算平台价值得以充分发挥。

8. 绿色节能技术

云计算背后的基础仍然是对能源的持续不断的需求,绿色节能技术已经成为云计算必不可少的技术,未来将会有越来越多的节能技术被引入到云计算中来。

9.4 云仿真平台案例

云仿真平台是利用一系列强大的高级云计算技术、大数据算法和人工智能工具,以深厚的专业知识为支撑,将仿真软件统一部署在云(公有云、私有云)服务器上,面向各个地区的政府机构、企业、学校和个人用户,提供云计算仿真软件、大数据仿真软件、人工智能仿真软件等技术产品与服务，打造丰富的行业解决方案，构建开放共赢的云端仿真生态，助力用户实现数字化升级(图9-3)。

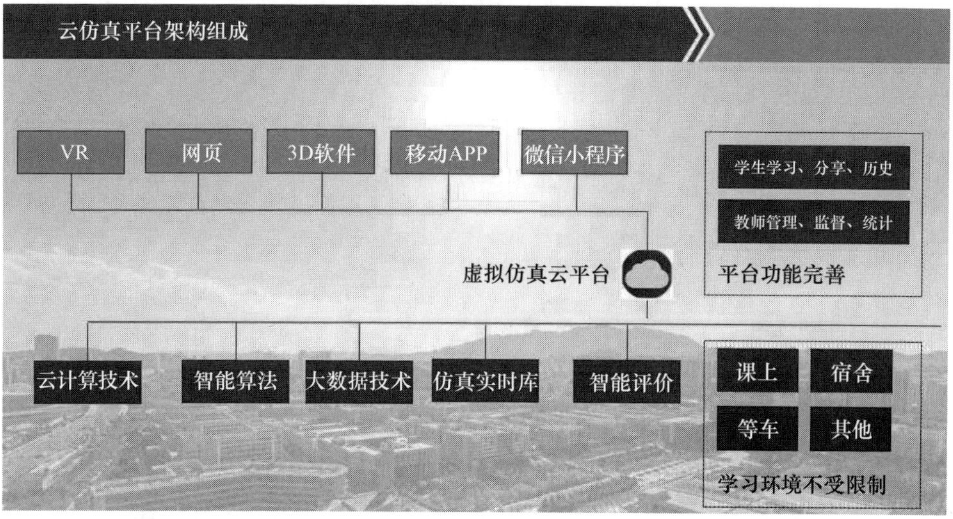

图9-3 一种云仿真平台架构组成

下面介绍几个云仿真平台的实例。

9.4.1 云上虚拟仿真平台

云技术正在给仿真应用带来巨大的改变。通过仿真云平台的计算仿真和模拟技术，能够对操作工技能培训系统进行设计、改进、创新，进行模型的快速认证和培训方案的快速对比，不但解决了大量零散复杂的仿真数据的可控性差的问题，还在安全性、耐久性、一致性方面得到保障。高性能云仿真培训平台提供开放的部署策略，无须安装软件，注册后就可以进行仿真模拟培训，方便、简单。企业可以根据自己的需求决定何种模式，构建安全、灵活和敏捷的云仿真应用。

云上虚拟仿真平台(cloud simulation as a service，CSaaS)是一款利用云计算、大数据和人工智能技术实现的操作工技能培训系统，CSaaS为用户提供了灵活、高速、稳定、安全的过程控制仿真、工业仿真等数字化工具平台及行业专家技术支持服务，用户可以在云仿真平台操作化工、环境、食品等专业的虚拟仿真软件，大幅降低使用门槛。传统的仿真软件使用客户机电脑安装的方式来进行仿真工艺的运行，而云计算使得工艺仿真可以使用云端的资源来进行模拟计算，用户可以在任何时间、任何设备、任何地点访问自己的仿真工艺，执行仿真操作。

CSaaS 的典型应用场景如下。

1. 生产工艺仿真操作

CsaaS 提供了食品、化工、制药、环境等领域的常见生产工艺的仿真操作。以啤酒发酵生产工艺仿真操作为例，啤酒被认为是世界上最复杂的发酵饮料。它的味道、颜色、口感和强度比其他任何发酵饮料具有更多的变化。啤酒发酵生产工艺涉及的精度水平非常严格。啤酒既是艺术性的一种表达，又是一种科学能力的体现。啤酒生产的基本原理如图 9－4 所示。

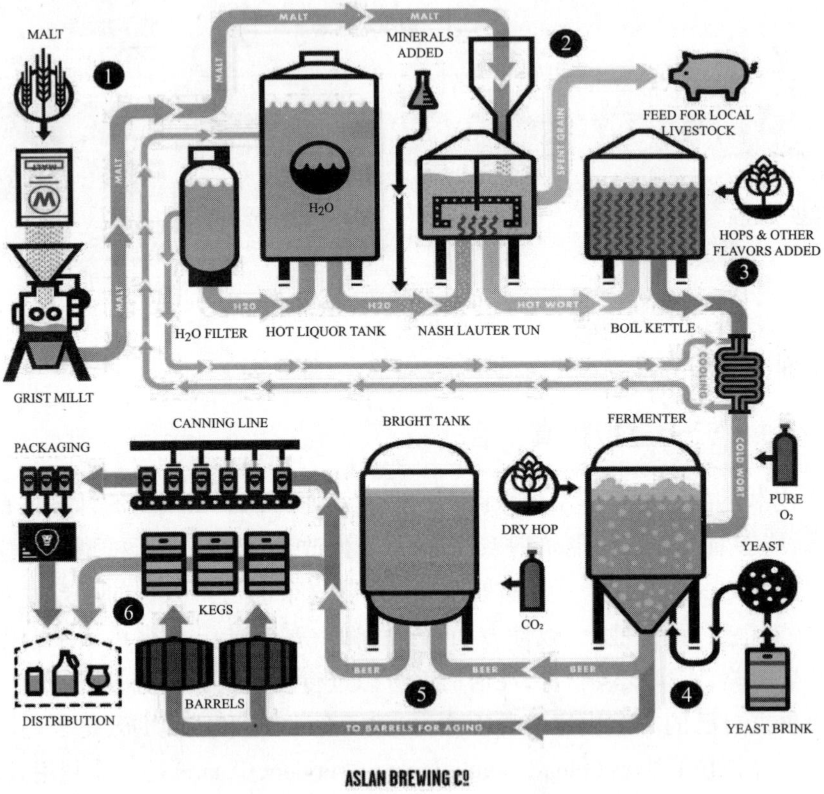

图 9－4　啤酒生产的基本原理

啤酒发酵生产工艺仿真软件是利用云计算技术就融合大数据算法，基于动态过程仿真模型开发的云仿真软件，运用虚拟现实技术模拟啤酒生产的工厂环境和操作过程，构建了“虚拟现场站＋DCS 中控室”相结合的云仿真软件。

啤酒发酵生产工艺仿真软件的系统功能包括：①啤酒发酵生产工艺仿真操

作;②操作步骤提示;③智能评分系统;④智能操作指导、诊断评分软件,每一个评分指标都可以设置严格起评、终止评定条件;⑤工艺质量参数评定曲线;⑥基于云技术运行在云端,随时随地进行模拟操作训练。

啤酒发酵生产工艺仿真软件中的现场站与真实工厂布置一致,培训的同时能进一步提高学生对食品工厂的工艺流程、设备布置、食品生产技术的理解能力,巩固所学的理论知识,加强了学员工程设计能力。

2. 操作技能培训

在工业生产中,由于对工控设备,仪器等的操作和维护培训不当,导致发生工业事故。因此,必须对操作工进行培训,以便他们能够掌握熟练操作设备、提高快速解决生产过程中发生故障的能力。操作工技能培训系统是提供此类培训的最佳方法。操作工技能培训系统动速度更快,操作轻松,避免了真实故障,安全稳定地运行,减少环境影响,避免意损失。

1)操作工技能培训系统的特点

操作工技能培训系统应具有以下特点:①符合工厂真实设备,具备分布式控制系统配置,系统上的标签和运行逻辑与实际工厂相同;②培训环境几乎与控制室相同;③采用合理准确的动态过程模型,具有较高的真实性;④基于实际情况的,具备紧迫感的,过程模型,以方便学员对训练活动做出反应;⑤方便教授学员识别并响应模拟工厂发生特殊事件和场景并给出解决方案;⑥不需要教师,学员可自行学习;⑦模拟现象与真实工厂过程控制保持一致。

2)操作工技能培训系统的功能

操作工技能培训系统的主要作用是模拟工厂生产的动态过程行为,包括开停车、紧急情况处理等,因此应具有以下功能:①系统能够创建各种工艺事故;②模拟监视工厂生产的每个变量和其变化趋势;③培训员工的技能水平,基于成绩对其评估能力;④具备开停车、进度存盘、进度恢复、保存等功能;⑤系统具备完善的数据存储,用于生成详细的培训报告。

3)操作工技能培训系统的基本要求

操作工技能培训系统在流程工业中应用的基本要求:能够模拟冷态开停车,稳态运行;模拟工艺生产中各种事故;能够模拟动态生产过程;模拟正常运行;模拟工艺生产中各种组分变化过程;模拟外部干扰;描述稳态;模拟器使用 2D 界面;与实时相比,可以自由选择仿真速度;模拟真实的工厂生产质量;模拟能耗;模拟数据的趋势。

为提升培训质量,操作工技能培训系统还应具备 3D 可视化界面以及 3D 沉浸式感受。

3. 虚拟设备教学

以3D液相色谱仪网页版仿真软件为例,该软件采用H5技术研发和大数据算法,通过对某型号液相色谱仪进行模拟,使学生可以在任何地点进行液相色谱的学习。通过液相色谱仪的拆分软件,学生可以更好地了解高效液相色谱的构造、原理及操作技术,了解液相色谱的维护及故障处理方法,学习并掌握仪器开、关机、工作站参数设定、样品检测及测试数据处理。

9.4.2 腾讯云的云仿真平台

云仿真平台(cloud simulation platform,CloudSim)是腾讯云上的仿真高性能计算服务。为客户提供按需使用,按量计费的仿真计算服务,满足客户多快好省的高性能计算服务需求。用户可以在云端创建和启动仿真计算集群来满足仿真业务需求。

1. 云仿真平台(CloudSim)的优势

1)按需使用,按量计费

CloudSim提供适配业务需求的仿真高性能计算服务,按需使用,按量付费,确保您的仿真高性能计算服务物超所值。

2)弹性伸缩,多样化配置

CloudSim支持对计算集群进行扩缩容,以应对快速变化的仿真计算资源需求。通过定义相关策略,可以确保用户所使用的计算集群实例数量在需求高峰期无缝扩展,保证仿真计算业务的可用性;在需求平淡期自动回落,以节省成本。针对用户的不同仿真需求,仿真云提供多种类型的实例、操作系统和软件包。各实例中的CPU、GPU、内存、硬盘和带宽可以灵活调整,以满足您应用程序的资源需要。

3)完全托管,服务集成

用户可将仿真中的资源调度和流程调度托管给仿真云。只需关注在业务本身定义、计算提交和相关计算的作业状态。用于仿真高性能计算的资源创建和销毁、计算环境的部署和执行、原始材料和结果的存储管理,完全由腾讯仿真云调度平台来处理。仿真云集成仿真高性能计算需要的各类基础资源,例如文件存储CFS、对象存储COS、云数据库TencentDB、私有网络VPC等,通过仿真计算调度平台整体输出仿真计算服务给到用户。

4)仿真应用集成

CloudSim集成各类开源和商业仿真应用,例如Openfoam,StarCCM+,AmeSim,

Simcenter 等,支持用户在线购买 License 满足相应计算需求。

2. 云仿真平台 Cloudsim 的计算服务

大量制造业企业需要利用仿真计算驱动设计,公司自建高性能计算环境投资大,周期长,需求难以得到持续满足。仿真云利用云计算的即时部署,弹性伸缩的特性,可广泛应用于机械工程、电子电气、生物信息、天体/地球物理、金融、科研等多行业和领域,快速应对企业实时变化的仿真需求,及时推动产品研发,特别是在制造型企业中的结构、流体、电磁分析、数值模拟和蒙特卡罗分析等应用领域大展身手。

仿真云提供以下 3 种形式的计算服务。

1)计算任务

仿真云计算任务可根据用户需要计算的案例以 SaaS 服务形式整体输出计算资源、计算调度和仿真工具软件能力,一站式满足客户单次计算的场景需求。支持用户直接选择仿真工具软件,按计算任务的模式完成单次仿真计算。

2)计算集群

计算集群适用于有一定时间持续性、高计算资源、大规模跨机并行运算的仿真业务场景。仿真云的计算集群提供多种计算节点与调度服务供用户选择,支持用户根据具体业务需要,在腾讯云上配置管理计算集群。利用云的即取即用能力快速部署集群,并根据业务需求弹性伸缩。

3)云工作站

云工作站适用于仿真任务需要 GPU 资源或者高性能主机即可满足需求的业务场景,提供多种高性能单节点主机给用户选择。支持用户选择相应的工具软件,配置高性能云工作站完成仿真计算任务。

3. 云仿真平台 CloudSim 的应用场景

1)工程仿真

大量制造业企业需要利用仿真计算驱动设计,公司自建高性能计算环境投资大,周期长,需求难以得到持续满足。利用云计算的即时部署、弹性伸缩的特性,可快速应对企业实时变化的仿真需求,及时推动产品研发。仿真云可在制造型企业中的结构、流体、电磁分析、数值模拟和蒙特卡洛分析等应用领域大展身手。

2)能源勘探

能源行业的企业需要利用仿真计算进行地质勘探,岩土分析,管网设计优化,风机设计等,上述场景均是高算力需求的。利用云计算的即时部署、弹性伸缩的特性，可快速响应上述场景，及时推动项目进展。仿真云可在能源行业中的流体、力学领域大显身手。

3）气象预报

仿真云支持 WRF、MPAS，结合数值模型计算分析气象数据与环境数据，可以预测天气、环境等气象信息。

4）生命科学

生物信息学：仿真云可完成大量生物基因组进行测序，取基因组信息和数据分析结果，解决生物和医学领域的难题。

动力学模拟：仿真云进行大规模的分子动力模拟，预测分析生物蛋白质分子、脂质分子间的相互作用和变化。

新药研发：仿真云帮助研发人员实现大量小分子库的快速并发处理。

5）科研教育

仿真云也可给政府、高校等教育科研机构提供超算平台，用于研究过程中的数值模拟、数值计算、仿真验证等场景。

9.4.3 自动驾驶仿真平台

自动驾驶汽车需要经历大量的道路测试才能达到商用要求。采用路测来优化自动驾驶算法耗费的时间和成本太高，且开放道路测试仍受到法规限制，极端交通条件和场景复现困难，测试安全存在隐患。目前，自动驾驶仿真测试已经被行业广泛接受，自动驾驶算法测试大约 90% 通过仿真平台完成，9% 在测试场完成，1% 通过实际路测完成。

自动驾驶的仿真平台必须具备几种核心能力：真实还原测试场景、高效利用路采数据生成仿真场景、云端大规模并行加速等，使得仿真测试满足自动驾驶感知、决策规划和控制全栈算法的闭环。目前包括科技公司、车企、自动驾驶方案解决商、仿真软件企业、高校及科研机构等主体都在积极投身虚拟仿真平台的建设，这些仿真平台将会对自动驾驶的商业化落地产生重要的推进作用。下面介绍国内外较著名的 7 个自动驾驶仿真软件平台。

1. PreScan

PreScan 是西门子公司旗下汽车驾驶仿真软件产品，PreScan 是以物理模型为基础，开发 ADAS 和智能汽车系统的仿真平台。支持摄像头、雷达、激光雷达、GPS，以及 V2V/V2I 车车通信等多种应用功能的开发应用。PreScan 基于 MATLAB 仿真平台，主要用于汽车高级驾驶辅助系统（ADAS）和无人自动驾驶系统的仿真模拟软件，其包括多种基于雷达，摄像头，激光雷达，GPS，V2V 和 V2I 车辆/车路通信技术的智能驾驶应用。支持模型在环(MIL)，实时软件在环(SiL)，硬件在环(HiL)等多种使用模式。

PreScan 由多个模块组成，使用主要分为4个步骤：

(1)场景搭建：PreScan 提供一个强大的图形编辑器，用户可以使用道路分段，包括交通标牌，树木和建筑物的基础组件库，包括机动车，自行车和行人的交通参与者库，修改天气条件(如雨，雪和雾)以及光源(如太阳光，大灯和路灯)来构建丰富的仿真场景。新版的 PreScan 也支持导入 OpenDrive 格式的高精地图，用来建立更加真实的场景。

(2)添加传感器：PreScan 支持种类丰富的传感器，包括理想传感器，V2X 传感器，激光雷达，毫米波雷达，超声波雷达，单目和双目相机，鱼眼相机等。用户可以根据自己的需要进行添加。

(3)添加控制系统：可以通过 Matlab/Simulink 建立控制模型，也可以和第三方动力学仿真模型(如 CarSim，VI – Grade，dSpace ASM 的车辆动力学模型)进行闭环控制。

(4)运行实验：3D 可视化查看器允许用户分析实验的结果，同时可以提供图片和动画生成功能。此外，使用 ControlDesk 和 LabView 的界面可以用来自动运行实验批次的场景以及运行硬件在环模拟。

2. CarMaker

CarMaker 及 TruckMaker 和 MotorcycleMaker 是德国 IPG 公司推出的动力学、ADAS 和自动驾驶仿真软件。CarMaker 提供了精准的车辆本体模型(发动机、底盘、悬架、传动、转向等)，打造了包括车辆、驾驶员、道路、交通环境的闭环仿真系统。

IPG Traffic 是交通环境模拟工具，提供丰富的交通对象(车辆、行人、路标、交通灯、道路施工建筑等)模型。可实现对真实交通环境的仿真。测试车辆可识别交通对象并由此进行动作触发(如限速标志可触发车辆进行相应的减速动作)。

IPG Driver 是先进的、可自学习的驾驶员模型。可控制在各种行驶工况下的车辆，实现诸如上坡起步、入库泊车以及甩尾反打方向盘等操作。并能适应车辆的动力特性(驱动形式、变速箱类型等)、道路摩擦系数、风速、交通环境状况，调整驾驶策略。

CarMaker 作为平台软件，可以与很多第三方软件进行集成，如 ADAMS、AV-

LCruise、rFpro 等,可利用各软件的优势进行联合仿真。同时 CarMaker 配套的硬件,提供了大量的板卡接口,可以方便地与 ECU 或者传感器进行 HIL 测试。

3. CarSim

CarSim 及相关的 TruckSim 和 BikeSim 是 Mechanical Simulation 公司开发的强大的动力学仿真软件,被世界各国的主机厂和供应商所广泛使用。CarSim 针对四轮汽车、轻型卡车,TruckSim 针对多轴和双轮胎的卡车,BikeSim 针对两轮摩托车。CarSim 是一款整车动力学仿真软件,主要从整车角度进行仿真,它内建了相当数量的车辆数学模型,并且这些模型都有丰富的经验参数,用户可以快速使用,免去了繁杂的建模和调参的过程。

CarSim 模型在计算机上运行的速度可以比实时快 10 倍,可以仿真车辆对驾驶员控制,3D 路面及空气动力学输入的响应,模拟结果高度逼近真实车辆,主要用来预测和仿真汽车整车的操纵稳定性、制动性、平顺性、动力性和经济性。CarSim 自带标准的 Matlab/Simulink 接口,可以方便的与 Matlab/Simulink 进行联合仿真,用于控制算法的开发,同时在仿真时可以产生大量数据结果用于后续使用 Matlab 或者 Excel 进行分析或可视化。CarSim 同时提供了 RT 版本,可以支持主流的 HIL 测试系统,如 dSpace 和 NI 的系统,方便地联合进行 HIL 仿真。

4. VIRES VTD

VTD(VirtualTest Drive)是德国 VIRES 公司开发的一套用于 ADAS,主动安全和自动驾驶的完整模块化仿真工具链。VIRES 已经于 2017 年被 MSC 软件集团收购。VTD 目前运行于 Linux 平台,它的功能覆盖了道路环境建模、交通场景建模、天气和环境模拟、简单和物理真实的传感器仿真、场景仿真管理以及高精度的实时画面渲染等。可以支持从 SIL 到 HIL 和 VIL 的全周期开发流程,开放式的模块式框架可以方便地与第三方的工具和插件联合仿真。VIRES 也是广泛应用的自动驾驶仿真开放格式 OpenDrive,OpenCRG 和 OpenScenario 的主要贡献者,VTD 的功能和存储也依托于这些开放格式。VTD 的仿真流程主要由路网搭建,动态场景配置,仿真运行由 3 个步骤组成。

VTD 提供了图形化的交互式路网编辑器(road network editor,RND),在使用各种交通元素构建包含多类型车道复杂道路仿真环境的同时,可以同步生成 OpenDrive 高精地图。在动态场景的建立上,VTD 提供了图形化的交互式场景编辑 ScenarioEditor,提供了在 OpenDrive 基础上添加用户自定义行为控制的交通体,或者是某区域连续运行的交通流。

无论是 SIL,还是 HIL,无论是实时还是非实时的仿真,无论是单机还是高性能计算的环境,VTD 都提供了相应的解决方案。VTD 运行时可模拟实时高质量的光影效果及路面反光、车身渲染、雨雪雾天气渲染、传感器成像渲染、大灯光视觉效果等。

5. PTV Vissim

Vissim 是德国 PTV 公司提供的一款世界领先的微观交通流仿真软件。Vissim 可以方便地构建各种复杂的交通环境,包括高速公路、大型环岛、停车场等,也可以在一个仿真场景中模拟包括机动车、卡车、有轨交通和行人的交互行为。它是专业的规划和评价城市和郊区交通设施的有效工具,也可以用来仿真局部紧急情况交通的影响、大量行人的疏散等。

Vissim 的仿真可以达到很高的精度,包括微观的个体跟驰行为和变道行为,以及群体的合作和冲突。Vissim 内置了多种分析手段,既能获得不同情况下的多种具体数据结果,也可以从高质量的三维可视化引擎获得直观的理解。无人驾驶算法也可以通过接入 Vissim 的方式使用模拟的高动态交通环境进行仿真测试。

6. TESS NG

TESS 仿真系统是同济大学孙剑教授于 2006 年主持开发的第一代道路交通仿真系统。自此之后,历经 10 年,孙剑教授课题组针对中国混合交通流运行特征开展了 100 多项模型创新和仿真系统应用实践。TESS NG 微观交通仿真系统所具有的主要功能有:全交通场景仿真,多模式交通仿真,智能交通系统仿真,可视化评估,二次开发接口,支持 3D 场景展示等。同时,TESS NG 可以与城市交通大脑、交通控制系统、可计算路网(如 OpenDrive,OpenStreetMap 等)一体化整合,同时可与驾驶模拟器、BIM/CIM 系统、智能汽车虚拟测试工具等整合实现跨行业应用。用户还可以通过定制化服务实现更多跨行业的应用。

7. CARLA

CARLA 是由西班牙巴塞罗那自治大学计算机视觉中心指导开发的开源模拟器,用于自动驾驶系统的开发、训练和验证。同 AirSim 一样,CARLA 也依托虚幻引擎进行开发,使用服务器和多客户端的架构。在场景方面,CARLA 提供了为自动驾驶创建场景的开源数字资源(包括城市布局、建筑以及车辆)以及几个由这些资源搭建的供自动驾驶测试训练的场景。同时,CARLA 也可以使用 VectorZero 的道路搭建软件 RoadRunner 制作场景和配套的高精地图,也提供了简单的地图编辑器。

CARLA 也可以支持传感器和环境的灵活配置,它支持多摄像头、激光雷达、

GPS 等传感器，也可以调节环境的光照和天气。CARLA 提供了简单的车辆和行人的自动行为模拟，也同时提供了一整套的 Python 接口，可以对场景中的车辆，信号灯等进行控制，用来方便地和自动驾驶系统进行联合仿真，完成决策系统和端到端的强化学习训练。

8. NVIDIA DRIVE

NVIDIA DRIVE 是英伟达旗下的自主驾驶汽车开发平台，包括车载计算机（DRIVE AGX）和完整的汽车参考架构（DRIVE Hyperion），以及数据中心托管的模拟平台（DRIVE Constellation）和深度神经网络（DNN）训练平台（DGX）。NVIDIA DRIVE 平台还包含丰富的软件开发者套件（SDK），专用于加速自主驾驶汽车（AV）开发。

1）车载计算机（DRIVE AGX）

使用 DRIVE AGX 平台的开发者套件和软件可以加速 AV 应用开发；硬件加速器可以加速感知、定位、规划和地图算法的性能，集成全新的车辆传感器。

2）汽车参考架构（DRIVE Hyperion）

使用 DRIVE Hyperion 模块可以体验并评估所含的自主驾驶、驾驶员监控和可视化应用（DRIVE AV 和 DRIVE IX），使用已发布的 API 开发新应用。

3）模拟平台（DRIVE Constellation）

使用 DRIVE Constellation 可以在虚拟世界中模拟真实环境，包括传感器、交通、车辆动态和场景，以验证和确认 AV 算法。使用硬件在环技术（硬件在闭环环境中）测试和验证 AV 算法。

4）深度神经网络训练平台（DGX）

DGX 系统的设计目的在于更快进行实验及训练规模更大的神经网络模型。使用 DGX 可以训练神经网络进行 AV 感知。

9.4.4 国内著名云仿真软件包：电力系统分析综合程序

电力系统分析综合程序（power system analysis software package，PSASP）是一套历史长久、功能强大、使用方便的电力系统分析软件，是高度集成和开放具有我国自主知识产权的大型软件包。PSASP 是电力系统规划设计人员确定经济合理、技术可行的规划设计方案的重要工具；是运行调度人员确定系统运行方式、分析系统事故、寻求反事故措施的有效手段；是科研人员研究新设备、新元件投入系统等新问题的得力助手；是高等院校用于教学和研究的软件设施。

1. PSASP 功能概述

基于电网基础数据库、固定模型库以及用户自定义模型库的支持,PSASP 可进行电力系统(输电、供电和配电系统)的各种计算分析,包括稳态分析的潮流计算、网损分析、最优潮流和无功优化、静态安全分析、谐波分析、静态等值等;故障分析的短路计算、复杂故障计算以及继电保护整定计算等;机电暂态分析的暂态稳定计算、直接法暂态稳定计算、电压稳定计算、小干扰稳定计算、动态等值、马达起动、控制系统参数优化与协调以及电磁 - 机电暂态分析的次同步谐振计算等。PSASP 的计算功能还在不断发展、完善和扩充。

PSASP 有着友好、方便的人机界面,如基于图形的数据输入和图上操作,自定义模型图以及图形、曲线、报表等各种形式输出。PSASP 与 Excel、AutoCAD、Matlab 等通用的软件分析工具有着方便的接口,可充分利用这些软件的资源。

2. PSASP 的三层体系结构

PSASP 是一个资源共享,高度集成和开放的大型软件包,其结构分为三层,如图 9 - 5 所示。

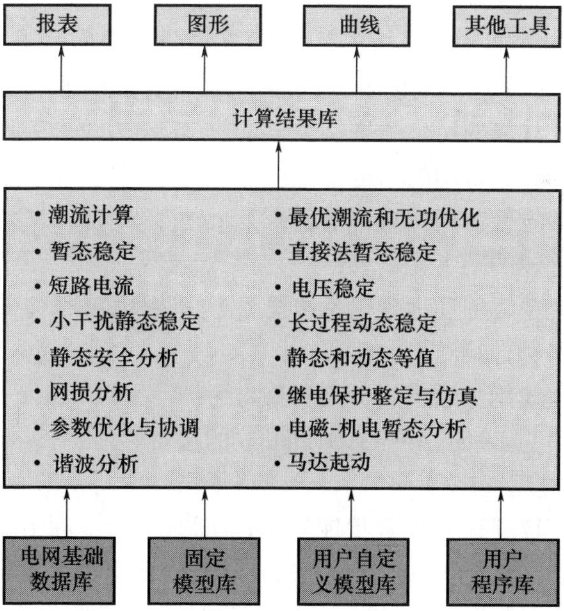

图 9 -5　PSASP 的三层体系结构图

第一层是公用数据和模型的资源库,包括:

电网基础数据库:包含发电机、负荷、变压器、交直流线等电网基本元件,提供了各种分析计算的基本数据支持。

固定模型库：包含发电机、负荷、调压器、调速器、PSS、直流输电、静止无功补偿器等模型，提供了电力系统常用的模型支持。

用户自定义模型库：由用户自定义（UD）方式建立的各种元件模型（电源、负荷、各种控制装置、FACTS 元件等）构成，用以扩充 PSASP 的模型功能支持。

用户程序库：由用户程序接口（UPI）方式实现的一些模型和功能程序构成，用以支持 PSASP 运行。

第二层是基于资源库的应用程序包，在电网基础数据库、固定模型库以及用户自定义模型库的支持下，可进行各种计算分析。其中包括：

（1）稳态分析：潮流计算、网损分析、最优潮流和无功优化、静态安全分析、谐波分析、静态等值等；

（2）故障分析：短路计算、复杂故障计算、继电保护整定计算等；

（3）机电暂态分析：暂态稳定计算、直接法暂态稳定计算、小干扰稳定计算、电压稳定计算、动态等值、马达起动、控制系统参数优化与协调、电磁－机电暂态分析的次同步谐振计算等。

第三层是计算结果库和分析工具，执行各种分析计算后，即生成相应的结果数据库，以便进一步采用不同的手段进行分析。它们的共同点是：

（1）保存各种计算的历史结果；

（2）提供各种计算常用的固定报表；

（3）具有灵活方便的用户自制报表；

（4）能自动生成的图示化结果；

（5）可在系统单线图和地理位置接线图上标注计算结果；

（6）能生成各种计算结果的曲线；

（7）具有方便实用的结果编辑报表和曲线；

（8）提供转换为 Excel，AutoCAD，Matlab 的接口。

3. PSASP 的应用程序包

在公用的数据资源（基础数据库）和模型资源（固定和 UD 模型库）的支持下，PSASP 提供了一整套电力系统分析程序。按照问题的性质可分为稳态分析、故障分析、机电暂态分析 3 类，其中又涉及了线性、非线性、优化等分析手段。

PSASP 的应用程序有：

（1）具有灵活控制能力的潮流计算程序；

（2）可进行动态监视的暂态稳定仿真程序；

(3)能模拟任意复杂故障的短路计算程序;

(4)可进行各种统计的网损分析程序;

(5)有 $N-1$ 和任意切除方案的静态安全分析程序;

(6)包含无功优化的多目标最优潮流程序;

(7)能处理任何模型的小干扰稳定分析程序;

(8)与时域仿真配合的直接法暂态稳定程序;

(9)可考虑动态元件特性的电压稳定分析程序;

(10)界定区域方便的静态和动态等值程序;

(11)可对任意模型参数进行优化协调的参数优化程序;

(12)允许自行定义整定规则的继电保护整定与仿真程序;

(13)与机电暂态分析相结合的电磁暂态分析程序;

(14)可进行频率扫描和谐波潮流计算的谐波分析程序。

此外还有长过程动态稳定、马达起动以及电力市场条件下的分析计算等程序正在开发之中。

9.4.5　国外著名云仿真软件:CloudSim

CloudSim 是澳大利亚墨尔本大学的网格实验室 Gridbus 项目 2009 年 4 月 8 日推出的云计算仿真软件。作为国际著名的模拟云计算复杂环境的研究工具,CloudSim 是一个通用和可扩展的仿真框架,用于新的云计算基础设施和应用服务的无缝建模、仿真和试验。借助于 CloudSim,研究人员和开发可以专注于特定系统的设计问题,而不必调查和关心云基础设施和服务为基础的与底层相关的细节。

1. CloudSim 的功能

CloudSim 的独特功能有:一是提供虚拟化引擎,旨在数据中心节点上帮助建立和管理多重的、独立的、协同的虚拟化服务;二是在对虚拟化服务分配处理核心时能够在时间共享和空间共享之间灵活切换。CloudSim 平台有助于加快云计算的算法、方法和规范的发展。CloudSim 的组件工具均为开源的。

云计算与网格计算的一个显著区别是云计算采用了成熟的虚拟化技术,将数据中心的资源虚拟化为资源池,打包对外向用户提供服务,CloudSim 体现了此特点,扩展部分实现了一系列接口,提供基于数据中心的虚拟化技术、虚拟化云的建模和仿真功能。通常,数据中心的一台主机的资源可以根据用户的需求映射到多台虚拟机上,因此,虚拟机之间存在对主机资源的竞争关系。CloudSim 提供了资源的监测、主机到虚拟机的映射功能。

在云计算中,量化云端基础设施的负荷、能源性能、系统规模、调度性能和分配策略是一个非常具有挑战性的问题,对研究人员和企业增加了难度和门槛,一个实际的云平台规模限制了试验的规模,而且重复试验成本颇高。需要一个云计算环境的分布式系统模拟器来实现云计算试验的模拟,降低研究测试门槛和成本。

2. CloudSim 体系结构

CloudSim 的组件工具均为开源的。CloudSim 的体系结构包括 SimJava、GridSim、CloudSim、UserCode 四个层次。如图 9-6 所示。

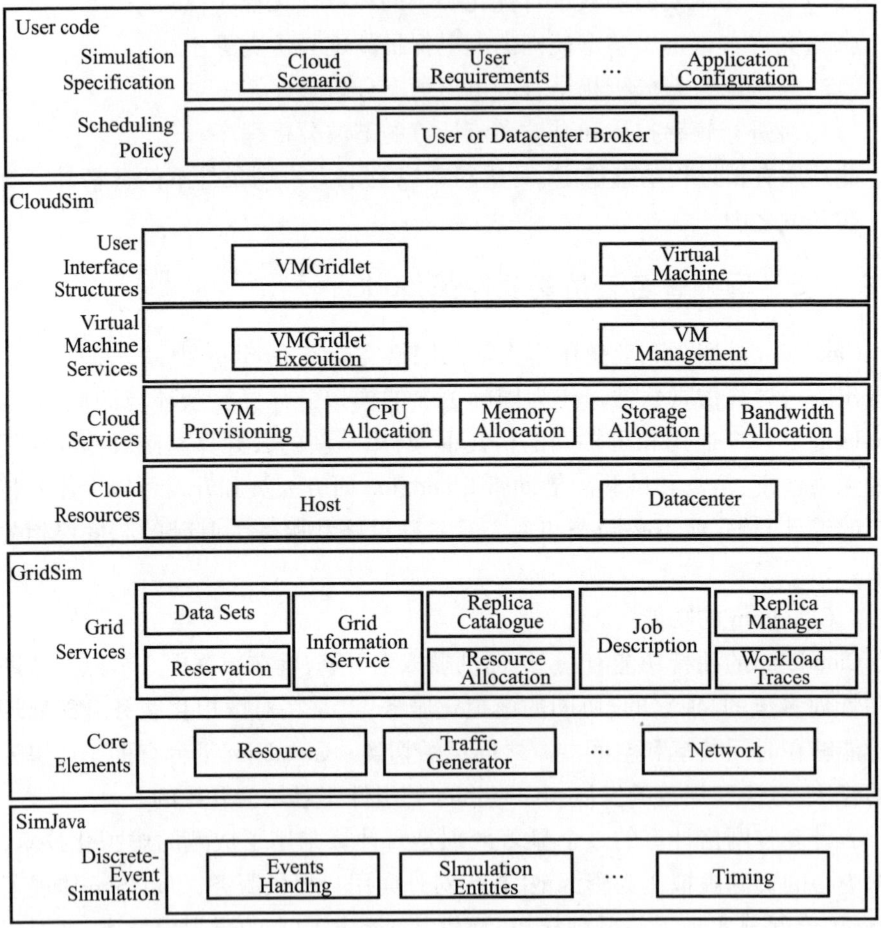

图 9-6 CloudSim 体系结构

最底层是 SimJava 离散事件仿引擎，实现核心功能需要更高级仿真的框架，如排队和事件处理、建立服务，主机，虚拟机等系统组件、组件间的通信等。

GridSim 层支持高层次软件组件用于多重网格基础设施。

在 CloudSim 层，通过编程扩展 GridSim 层暴露的核心功能，并提供新的支持以虚拟云为基础的数据中心环境。用户层中，开发人员可以开发各种需求、应用的配置和云可用性场景，并执行以定义云配置的 Robust 测试。

CloudSim 源代码中有几个核心类：Cloudlet、DataCenter、DataCenterBroker、Host、VirtualMachine、VMScheduler、VMCharacteristics、VMMAllocationPolicy、VM-Provisioner。

3. 使用 CloudSim 仿真的一般步骤

(1)初始化 CloudSim 包；

(2)创建数据中心 Datacenter；

(3)创建代理 Broker；

(4)创建虚拟机 Virtual Machine；

(5)创建云任务 Cloudlet；

(6)开始仿真；

(7)打印仿真结果。

第10章 数字孪生与元宇宙

近年来,“数字孪生”(digital twin)和“元宇宙”(metaverse)正在成为炙手可热的高科技领域新赛道。数字孪生技术旨在实现真实世界的物理实体与虚拟空间的镜像之间的“虚实映射、实时连接、动态交互”,元宇宙则以去中心化和开放的方式实现虚实空间的互融与协同进化,而建模与仿真技术为二者奠定了技术基石。

10.1 数字孪生

传统的非实物仿真将包含了确定性规律和完整机理的对象转化为数学模型,并确保模型的正确性,在完整的输入信息和环境数据的条件下,就能够基本正确地反映物理世界的特性和参数。从仿真的角度看,数字孪生是利用物理模型、传感器信息、历史运行数据,集成多学科、多物理量、多尺度、多概率的仿真过程。相比传统的仿真概念,数字孪生强调的是构建一个或多个相关装备系统在虚拟空间中的数字映射,并通过实测、仿真和数据分析来实时感知、诊断、预测物理实体对象的状态,通过优化和指令来调控物理实体对象的行为。数字孪生具有动态性和双向性,反映了相对应的实体装备的全生命周期过程。

数字孪生的理论技术体系具有普适性,可以应用于诸多领域,特别是在产品设计、智能制造、医学分析、工程建设等领域备受关注。

10.1.1 数字孪生概述

数字孪生思想最早由密歇根大学的迈克尔·格里夫(Michael Grieves)教授提出,称为“信息镜像模型”(information mirroring model),而后演变为“数字孪生”的术语。2002 年 12 月 3 日他在该校“PLM 开发联盟”成立时的讲稿中首次图示了数字孪生的概念内涵,2003 年他在讲授 PLM 课程时使用了“Digital Twin(数字孪生)”,2014 年他撰写的《数字孪生:通过虚拟工厂复制实现卓越制造》(*Digital Twin:Manufacturing Excellence through Virtual Factory Replication*)文章中进行了较为详细的阐述,奠定了数字孪生的基本内涵。

2009 年美国空军实验室提出了“机身数字孪生(airframe digital twin)”的概念。2010 年 NASA 也开始在技术路线图中使用“数字孪生(digital twin)”术语。大约从 2014 年开始,西门子、达索、PTC、ESI、ANSYS 等知名工业软件公司,都在市场宣传中使用了“数字孪生”术语,并陆续在技术构建、概念内涵上做了很多深入研究和拓展。2017 年,美国知名咨询与分析机构 Gartmer 将数字孪生技术列入当年十大战略技术趋势,认为其具有巨大的颠覆性潜力,并预言未来 3 ~ 5 年内将会有数以亿计的物理实体以数字孪生状态呈现。

在互联网 + 和智能制造 2025 的大背景下,数字孪生的价值和应用潜力也得到了我国学者和产业界的广泛关注。近年来,聚焦于数字孪生技术的研究与研讨方兴未艾,围绕数字孪生的概念内涵、体系结构、技术路径、应用实践和发展趋势,展开了广泛的理论研究和实践探索,并取得初步成果。

1. 数字孪生的概念

目前,数字孪生尚无业界公认的标准定义,其概念仍在发展与演变中。下面列举几个国内外组织或企业给出的数字孪生定义。

NASA 对数字孪生的概念描述:数字孪生是指充分利用物理模型、传感器、运行历史等数据,集成多学科、多尺度的仿真过程,它作为虚拟空间中对实体产品的镜像,反映了相对应物理实体产品的全生命周期过程。

“工业 4.0”术语编写组对数字孪生的定义:利用先进建模和仿真工具构建的、覆盖产品全生命周期与价值链,从基础材料、设计、工艺、制造及使用维护全部环节,集成并驱动以统一的模型为核心的产品设计、制造和保障的数字化数据流。

美国国防采办大学认为:数字孪生是充分利用物理模型、传感器更新、运行历史等数据,集成多学科、多物理量、多尺度的仿真过程,在虚拟空间中完成对物理实体的映射,从而反映物理实体的全生命周期过程。

ANSYS 公司认为:数字孪生是在数字世界建立一个与真实世界系统的运行性能完全一致,且可实现实时仿真的仿真模型。利用安装在真实系统上的传感器数据作为该仿真模型的边界条件,实现真实世界的系统与数字世界的系统同步运行。

中国航空工业发展研究中心刘亚威认为:从本质上来看,数字孪生是一个对物理实体或流程的数字化镜像。创建数字孪生的过程,集成了人工智能、机器学习和传感器数据,以建立一个可以实时更新的、现场感极强的“真实”模型,用来支撑物理产品生命周期各项活动的决策。

北京航空航天大学张霖认为:数字孪生是物理对象的数字模型,该模型可以通过接收来自物理对象的数据而实时演化,从而与物理对象在全生命周期保持一致。

北京理工大学庄存波等认为:数字孪生是采用信息技术对物理实体的组成、特征、功能和性能进行数字化定义和建模的过程。数字孪生体是指在计算机虚拟空间存在的与物理实体完全等价的信息模型,可以基于数字孪生体对物理实体进行仿真分析和优化。数字孪生是技术、过程、方法,数字孪体是对象、模型和数据。

进入 21 世纪,美国和德国均提出了“信息 - 物理系统”(cyber - physical system,CPS),作为先进制造业的核心支撑技术。CPS 的目标就是实现物理世界和信息世界的交互融合。通过大数据分析、人工智能等新一代信息技术在虚拟世界的仿真分析和预测,以最优的结果驱动物理世界的运行。数字孪生的本质就是在信息世界对物理世界的等价映射,因此数字孪生更好地诠释了 CPS,成为实现 CPS 的最佳技术。

2. 数字孪生的价值

充分利用数字孪生潜在的应用价值可在诸多领域孕育出大量新技术和新模式。

1)产品创新设计

利用数字孪生可以将物理设备的各种属性映射到虚拟空间中,在数据驱动的虚拟环境中通过设计工具、仿真工具、物联网、虚拟现实等数字化的手段,加速产品创新设计与开发速度;通过在产品问世之前对其进行虚拟测试和验证,让产品的性能达到最佳。

2)改进产品性能

数字化产品全生命周期档案为全过程追溯和持续改进研发奠定了数据基础。数字孪生通过虚实融合、虚实映射,持续改进产品的性能,提高产品运行的安全性、可靠性、稳定性,提升产品运行的“健康度”,从而提升产品在市场上的竞争力。

3）设备健康预测

通过对运行数据进行连续采集和智能分析，主动监控设备和系统，以便在它们发生故障之前进行预测性维护，从而提高生产效率。例如，美国通用公司在其工业互联网平台 Predix 上利用数字孪生技术，对飞机发动机进行实时监控、故障检测和预测性维护；在产品报废回收再利用的生命周期中，可以根据产品的使用履历、维修物料清单和更换备品备件的记录，结合数字孪生模型的仿真结果，判断零件的健康状态。

4）实时分析评估

数字孪生通过建立企业实体业务的多维模型，实现对业务数据、设备状态与性能的实时分析与评估，提前预判业务结果，预警风险并及时调整，实现数据采集、建模仿真、分析预警、决策支持的实时一体化。

5）优化

企业通过数字孪生技术可以对产品设计、设备性能、资源能耗、生产流程、系统结构等诸多要素进行优化，从而实现节能降耗、提质增效。

3. 数字孪生与建模仿真

建模与仿真技术是以建模与仿真理论为基础，以计算机系统、物理效应设备及仿真器为工具，根据研究目标建立并运行模型，对研究对象进行认识与改造的一门综合性、交叉性学科，经过半个多世纪的发展已形成较完整独立的专业技术体系。在信息化社会向智能化社会发展需求的牵引下，在物联网、大数据、云计算等相关技术领域快速发展的推动下，建模与仿真技术正向以数字化、虚拟化、网络化、智能化、服务化、普适化为特征的现代化方向发展，而数字孪生就是物联网、大数据与云计算、人工智能等技术共同催生出来的建模与仿真新形态。建模和仿真技术体系中的理论、方法、技术、标准、工具和平台为数字孪生的研究和应用提供了坚实的技术基础，而数字孪生作为仿真技术的新形态，必将进一步拓宽建模和仿真技术的内涵，推动其向纵深发展。

10.1.2 数字孪生技术

1. 数字孪生体系架构

图 10 - 1 给出数字孪生技术体系的基本构成，包括数据采集、模型与计算和应用服务 3 个层次。

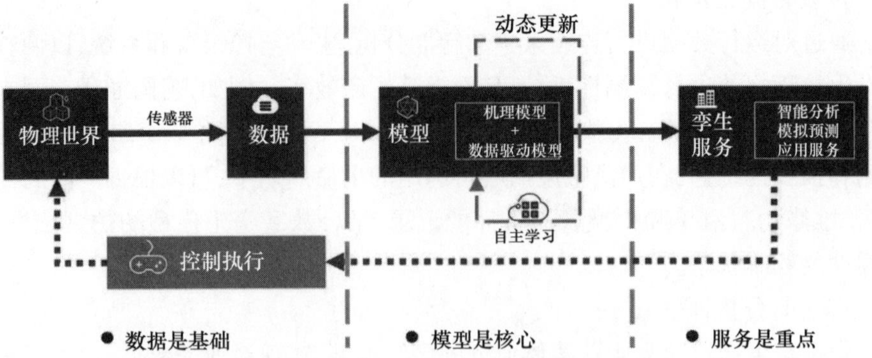

图10－1　一种数字孪生体系架构

(1)数据采集层:数据采集层是整个数字孪生技术体系的基础,支撑着整个体系的运作,主要包括高精度传感器数据采集、高速率数据传输、全生命周期数据管理3个部分。先进传感器及分布式传感技术使数字孪生系统能够获得更加精准的数据源支撑;高带宽光纤技术的采用,使海量传感器数据的传输不再受带宽的限制;分布式云服务器存储技术的发展,为全生命周期数据的存储和管理提供了平台保障,高效率的存储结构和数据检索结构为海量历史运行数据存储和快速提取提供了重要保障。

(2)模型计算层:模型计算层主要由模型构建和一体化计算平台两部分构成。模型构建部分利用各种人工智能算法和大数据分析方法,对多物理、多尺度传感数据进行深层次解析,挖掘其中隐蕴含的相关关系、逻辑关系和主要特征,实现对复杂系统的建模。计算平台基于所构建的模型,执行数字孪生系统功能所需的各种分析计算任务,例如,依据其当前健康状态预测系统未来寿命,评估系统状态和执行任务成功的可能性,等等。模型与计算层是数字孪生体的核心,该层充分借助各类先进关键技术实现对基础层数据的利用,以及对应用服务层功能的支撑。

(3)应用服务层:应用服务层是数字孪生体面向各类场景的最终价值体现,具体表现为向实际的系统设计、生产、使用和维护需求提供各种的功能,如实现系统认知、系统诊断、状态预测、辅助决策等功能。系统认知是指数字孪生吸引能够真实描述及呈现物理实体的状态,同时还具备自主分析决策能力;系统诊断是指数字孪生系统实时监测系统,能够判断即将发生的不稳定状态;状态预测是指数字孪生系统能够根据系统运行数据对物理实体未来的状态进行预测;辅助决策是指能够根据数字孪生系统所呈现、诊断及预测的结果对系统运行过程中各项决策提供参考。

2. 数字孪生核心技术

1）多领域多尺度融合建模

建模是创建数字孪生体的核心技术，也是数字孪生体进行上层操作的基础。建模不仅包括对物理实体的几何结构和外形进行三维建模，还包括对物理实体本身的运行机理、内外部接口、软件与控制算法等信息进行全数字化建模。数字孪生建模具有较强的专用特性，即不同物理实体的数字孪生模型千差万别。当前大部分建模方法是在特定领域进行模型开发和熟化，然后在后期利用集成和数据融合方法，将来自不同领域的独立的模型融合为一个综合的系统模型。多领域建模的难点在于多种特性的融合会导致系统方程具有很大的自由度。同时，为确保基于高精度传感测量的模型动态更新，采集的数据要与实际的系统数据保持高度一致。

2）数据驱动与物理模型融合的状态评估

对于结构复杂的数字孪生目标系统，往往难以建立精确可靠的系统及物理模型，因而单独采用目标系统的解析物理模型对其进行评估，无法获得最佳的评估效果。采用数据驱动的方法则能利用系统的历史和实时运行数据，对物理模型进行更新修正，获得动态实时跟随目标系统状态的评估系统。

目前将数据驱动与物理模型融合的方法主要有两种：一是根据实体的物理机理建立机理模型，然后利用数据驱动的方法对模型的参数进行修正；二是并行使用机理模型和数据驱动模型，依据两者输出的可靠度进行加权处理，得到最后的评估结果。数据驱动模型与机理模型的融合可以在系统原理层面互补，从而获得更好的状态评估与监测效果。

3）数据采集和传输

高精度传感数据的采集和快速传输是整个数字孪生系统的基础。各类型的传感器性能都要达到最优状态，以复现实体目标系统的运行状态。物联网是承载数字孪生系统数据流的重要工具，通过物联网中部署在物理实体关键点的传感器感知必要信息，并通过各类短距无线通信技术或远程通信技术传输到数字孪生系统，实现物与物、物与人的泛在连接，完成对监控对象的智能化识别、感知与管控，为数字孪生体和物理实体之间的数据交互提供链接。

4）全生命周期数据管理

复杂系统的全生命周期数据存储和管理是数字孪生系统的重要支撑。海量的历史运行数据为数据挖掘提供了丰富的样本信息。通过提取数据中的有效特征,分析数据间的关联关系,可以获得很多具有潜在利用价值的信息。随着研究的不断推进,全生命周期数据将持续提供可靠的数据来源和支撑。

5)大数据与人工智能

大数据与人工智能是数字孪生体实现认知、诊断、预测、决策各项功能的主要技术支撑。人工智能需要大量的数据作为预测与决策的基础,大数据需要人工智能技术实现数据的价值化操作。在数字孪生系统中,数字孪生体会感知大量来自物理实体的实时数据,借助各类人工智能算法,数字孪生体可以训练出面向不同需求场景的模型,完成后续的诊断、预测及决策任务,甚至在物理机理不明确、输入数据不完善的情况下也能够实现对未来状态的预测,使得数字孪生体具备“先知先觉”的能力。

6)虚拟现实呈现

虚拟现实(virtual reality,VR)、增强现实(augmented reality,AR)、混合现实(mixed reality,MR)等虚拟技术是使数字孪生系统的更贴近物理实体,从视觉、听觉、触觉等各个方面提供沉浸式体验的实现途径。虚拟技术可以将系统的制造、运行、维修状态呈现出超现实的形式,对复杂系统的各个子系统进行多领域,多尺度的状态监测和评估,对于监控和指导复杂装备生产制造、安全运行及事情维修具有十分重要的意义。VR 将构建的三维模型与各种输出设备结合,模拟出能够使用户体验脱离现实世界并可以交互的虚拟空间;AR 将虚拟世界内容与现实世界叠加在一起,使用户实现超越现实的感官体验;MR 在 AR 的基础上搭建了用户与虚拟世界及现实世界的交互渠道,进一步增强了用户的沉浸感。在 VR、AR、MR 技术的支撑下,用户与数字孪生体的交互类似与物理实体的交互,使得数字化的世界在感官和操作体验上更接近现实世界。

7)高性能计算

数字孪生系统复杂功能的实现在很大程度上依赖其计算平台的算力支撑。实时性是衡量数字孪生系统性能的重要指标,云计算和边缘计算通过云边端协同的形式为数字孪生提供分布式计算基础,因此,云计算与边缘计算是系统性能的重要保障。对高层次的数字孪生系统,云边端协同的形式更能够满足系统的时效、容量和算力的需求:云计算为数字孪生提供重要计算基础设施,显著提升了用户开展各类业务的效率;边缘计算将云计算的各类计算资源配置到更贴近用户侧的边缘,从而减少与云端之间的传输,降低服务时延,节省网络带宽,减少安全和隐私问题。

10.1.3　数字孪生应用案例

目前数字孪生已经应用到了智慧城市、智慧工业、智慧医疗、车联网等多种领域,数字孪生技术正变得越来越普遍。研究机构 MarketsandMarkets 公司在 2020 年 9 月发布的一份研究报告中指出,2020 年全球数字孪生市场规模为 31 亿美元,预计到 2026 年将达到 482 亿美元,在此期间的复合年增长率为 58%。

下面是国际上一些知名公司应用数字孪生技术的典型案例。

1. 西门子公司将数字孪生融入数字化战略

西门子公司 2017 年底正式发布了完整的数字孪生应用模型,其中,"数字孪生产品"模型可以使用数字孪生技术进行有效的新产品设计;"数字孪生生产"模型在制造和生产规划中使用数字孪生技术;"数字孪生体绩效"模型使用数字孪生技术捕获、分析和践行操作数据,从而形成一个完整的解决方案体系。

在车辆领域,西门子通过数字孪生将现实世界和虚拟世界无缝融合,通过产品的数字孪生模型,制造商可以对产品进行数字化设计、仿真和验证,规划和验证生产过程、规划工厂布局、选择生产设备、仿真与预测,并优化人员和制造过程的工作条件。

2. 罗尔斯・罗伊斯公司采用数字孪生提高喷气发动机效率

英国航空航天和国防厂商罗尔斯・罗伊斯公司(Rolls - Royce)部署了数字孪生技术来监控其生产的喷气发动机使用情况。该公司可以监控每台发动机的飞行方式、飞行条件以及飞行员如何使用它,其数字孪生功能能够为特定的发动机提供量身定制的服务,从而将某些发动机的维护间隔时间延长了 50%,使用户能够大幅减少零件和备件的库存。该技术还帮助罗尔斯・罗伊斯公司提高了发动机的效率,迄今为止已减少了 2.2 万吨碳排放量。

3. 拜耳作物科学公司通过虚拟工厂重塑战略

拜耳作物科学公司利用数字孪生技术为其在北美地区的 9 个玉米种子生产基地创建了"虚拟工厂",为其 9 个生产基地创建了设备、流程和产品流特性、物料清单和操作规则的动态数字演示,使该公司能够对每个生产基地进行"假设"分析。当商业团队推出新的种子或新的定价策略时,可以使用虚拟工厂来评估这些生产基地是否准备好调整其运营以实现这些新策略。虚拟工厂还可用于做出投资决策、制定长期业务计划、识别新发明和改进流程。拜耳作物科学公司现在可以将其 9 个生产基地 10 个月的运营过程展示时间压缩到 2min,使其能够回答有关 SKU 组合、设备能力、流程订单设计以及网络优化等复杂问题。

4. 空中客车公司利用数字孪生提高企业自动化程度

空中客车公司(简称空客)在飞机组装过程中使用数字孪生技术以提高自动化程度并缩短交货时间。在碳纤维增强基复合材料机身结构的组装过程中,空客开发了应用数字孪生技术的大型配件装配系统,该系统包括以下3个关键部分:

(1)数字孪生体的行为模型。该模型不仅是实际零部件的三维CAD模型,同时基于装备的传感器对各组件的行为模型进行建模,包括组件的力学行为模型及形变行为模型。

(2)不同层级的数字孪生体。该装配系统对各组件及系统本身都建立了相应的数字孪生体模型。系统本身的数字孪生体用于系统设计,为每个装配过程提供预测性仿真。

(3)虚实交互与孪生体的协调工作。在装配过程中,多个定位单元均配备传感器、驱动器与控制器,各个定位单元在收集传感器数据的同时,还需与相邻的定位单元相配合。传感器将获得的待装配体的形变数据与位置数据传输到定位单元的数字孪生体,孪生体通过对数据的处理以计算相应的校正位置,在有关剩余应力值的限制范围内引导组件的装配过程。

5. 通用电气公司的通用数字孪生体模型

通用电气公司(GE)收集了大量资产设备(如航空发动机)的数据,通过数据挖掘分析,能够预测可能发生的故障和时间,但无法确定故障发生的具体原因。为解决这一问题,GE将已有的大量资产设备数据和模型叠加,通过Predix平台,提供了一个通用的数字孪生体模型目录,包括多个工业数据分析模型以及超过300个资产和流程模型。以风力涡轮机为例,Predix提供的通用数字孪生体必须针对特定电厂的具体风力涡轮机进行定制。Predix中的风力涡轮机通用模型包含:具有材料和组件细节的PLM系统信息、三维几何模型、可根据物理算法预测行为的仿真模型等。此外,该模型还包含维护服务日志、缺陷和解决方案详情。每台风力涡轮机大体相似,但其所处位置和条件都不相同。根据不断变化的风力条件来优化风力涡轮机,并在现场协调不同数字孪生体之间的相互作用,在无须对硬件设备进行较大改变的情况下,将风电厂的发电量提高了5%。

6. 达索系统公司的数字孪生心脏

达索系统公司的"生命心脏项目"(LHP)项目利用生物技术传感器和扫描技术为人类心脏建立数字孪生体。这些数字孪生体是具有电和肌肉特性的心脏个性化全尺寸模型,可以模拟真实心脏的行为。它可以支持诸如贴紧心脏起搏器、反转腔室、切割任何横截面以及运行假设等操作，还可以对心脏进行虚拟分析，以便在疾病开始之前为心脏病患者提供护理。

7. 微软公司的 Azure Digital Twins

Azure Digital Twins 作为一个 IoT 平台，其目标对象包括建筑物、工厂、能源网络，甚至是整个城市。通过构建数字孪生模型，以达到驱动更好的产品生产、优化操作流程、减少成本费用与提高客户体验等目的。Azure Digital Twins 可实现从数据获取、数字孪生体建模、数字孪生体的实时表示，到孪生数据存储与分析的全流程业务。其功能特点包括：

（1）使用开放式语言构建数字孪生模型。可以从状态属性、遥测事件、组件及关系等各方面进模型进行描述，可以使用模型继承的方法来构建新的模型，从而提高构建模型的效率与通用性。

（2）保障数字孪生体对其实体的实时表示。可以通过数据处理与业务逻辑以实现数字孪生体对其相应实时的实时表示，可通过连接外部计算资料以保障数据处理的能力，同时可利用查询 API 实现对数字孪生体中各组分的属性值、关系、模型信息等条件。

（3）丰富的数据来源。可以接收来自 IoT 及业务系统的输入作为驱动数字孪生体的数据，可通过相应的 API 接口或其他服务的连接器，实现从其他数据源中获取数据以驱动数字孪生体的运行。

10.2　元宇宙

自从 1992 年元宇宙作为科幻概念首次提出以来，经过数十年的实践探索和多项新技术的推动，终于在 2021 年迎来了一个全新的发展阶段。2021 年 3 月，被称为“元宇宙第一股”的 Roblox 正式在纽交所上市，上市首日市值便突破 400 亿美元；2021 年 10 月，社交媒体巨头 Facebook 宣布将公司改名为 Meta，计划在 5 ~ 10 年内转型成为元宇宙公司；2021 年 11 月，微软在 Ignite 大会上也明确宣布了发展元宇宙的具体举措。同时，很多国内知名企业，如腾讯、字节跳动、万兴科技、中青宝、网易等，也加快了布局元宇宙的商业步伐，大批互联网企业巨头和其关联企业争相申请注册元宇宙相关商标，标志着元宇宙赛道的布局已经开启。

10.2.1　元宇宙概述

Metaverse 是超越现实的虚拟世界，关于它的描述众说纷纭。其中，引用较多的是维基百科对 Metaverse 的描述：Metaverse 是一个描述互联网未来迭代概念的术语，它由连接到感知虚拟世界的持久、共享的 3D 虚拟空间组成。它不仅指虚拟世界，还包括增强现实，以及整个互联网生态系统。

1. 从科幻到现实

在网络刚刚兴起的年代，人们对虚拟世界产生了一系列描述，幻想以虚拟人物在平行世界里自由驰骋。1992 年，美国科幻作家尼尔·斯蒂芬森在其著作《雪崩》中首次将 Metaverse 作为科幻概念提出。《雪崩》中描述了对虚实平行世界的认知：现实世界的所有事物都可以通过数字化映射到一个三维虚拟空间，人类可以通过数字替身（avatar），在这一空间中彼此交互，作者将这个虚拟空间称为 Metaverse。

1994 年，Web World 多人社交游戏诞生，开启了虚拟世界的“用户创建内容”（user gnerated content，UGC）模型；1995 年 Worlds Inc 开启了第一个全新的 3D 虚拟世界；同年，基于科幻小说《雪崩》创作的 ActiveWorlds 诞生，该游戏以创造一个元宇宙为目标，提供了基本的内容创作工具，玩家不仅可以创建自己的游戏环境，还可以与其他玩家合作搭建各种建筑。这些以科幻和电子游戏形态为载体的虚拟世界开始具备了沉浸感增强（从 2D 到 3D）、社交增强、UGC 工具、社区自治等特点，形成了虚拟现实世界的基本框架。

2003 年，美国互联网公司 Linden Lab 推出基于 Open3D 的游戏“第二人生”，其最大的特点是提出一种称为“林登币”（Lenden Dollar）的虚拟货币。林登币不仅可以在虚拟世界进行交易，而且可以兑换成美元，即玩家在虚拟世界的活动可以转换为在现实世界的收益。“第二人生”虚拟世界中出现的虚拟经济系统使虚拟世界开始突破单纯的游戏娱乐，朝着商业化方向迈出一步，预示着虚拟世界与现实世界的边界开始消融。

2006 年，Roblox 公司推出了著名的 3D 游戏平台 Roblox；2009 年瑞典的 MojangStudios 开发了面向低龄儿童的游戏“我的世界”（Minecraft）；2018 年，一部科幻冒险电影《头号玩家》上映；2013 年，程序员 Vitalik Buterin 提出一个开源的有智能合约功能的公共区块链平台“以太坊”（Ethereum）；2020 年，Facebook 借助以太坊平台构建了支持用户拥有和运营虚拟资产的虚拟平台 Decentraland。这些游戏平台中的虚拟世界呈现了一个对元宇宙来说极为重要的思想：去中心化。

2020 年新冠肺炎疫情爆发后，很多现实场景在虚拟世界中得到了很好的展现。例如，云逛博物馆、跨国网课、毕业典礼、演唱会、新闻发布会，等等。人们正在加速通向“虚拟人生”，实现元宇宙的雏形。

2. 8 个关键要素

Roblox 的 CEODavidBaszucki 提出了“元宇宙”的 8 个关键要素(图 10 –2)，即身份(identity)、朋友(friends)、沉浸感(immersive)、低延迟(low friction)、多样性（variety)、随地登录(anywhere)、经济系统(economy)、文明(civility)。

图 10 –2　元宇宙的关键特征

1)身份

现实世界中的每个人都有一个身份，在元宇宙的虚拟世界也需要一个虚拟身份，这个虚拟身份与现实世界中的人是一一对应的，是现实世界中的人在虚拟世界的数字化身。在科幻小说《雪崩》中，这个化身被称为“阿凡达”(Avatar)，因此，目前常用“阿凡达”指称每个人的虚拟身份。

2)朋友

互联网时代的社交如 QQ、微信已经成为生活常态，但这只能称为“虚拟社交”。元宇宙社交与虚拟社交的区别在于社交形式的改变。元宇宙社交可以借用全息虚拟影像技术模拟现实情景，社交性和真实感更突出。

3)沉浸感

真实的元宇宙世界强调沉浸式体验，力图打破虚拟与现实的屏障，其沉浸感应用具有某种对现实世界的替代性。提高用户的沉浸式体验，需要从视觉、听觉和触觉方面着手，例如，VR、耳机、触觉手套等。

4)低延迟

为使用户获得实时、流畅的完美体验，元宇宙必须做到高同步低延迟。目前，4GLTE 的端到端延迟可达 98ms，能满足视频会议、线上课堂等场景的互动需求，但还远不能满足元宇宙对于低延迟的严苛要求。5G 技术近两年开始进入发展期，而这项技术正好对应了低延迟，有望在不久的将来用户就能感受到元宇宙低延迟带来的真实感。

5）多样性

虚拟世界有超越现实的自由和多样性。元宇宙的重要概念 UGC 使玩家可在游戏平台中进行在线创作，通过玩家的自主创作，游戏平台系统内部可衍生无数个游戏世界。元宇宙的形成亦是如此，用户的创造力是元宇宙多样化发展的不竭动力。

6）随地登录

这一要素使得用户未来能实现摆脱时空限制，利用终端随时随地出入元宇宙。然而目前 VR、AR、触觉手套等让用户获得沉浸体验感的设备还不具备随身携带的形式，元宇宙普及到日常生活还有很长的路要走。

7）经济系统

元宇宙作为独立于现实世界的虚拟数字世界，要具备与现实世界相同作用的独立经济系统，每个人都将拥有属于自己的虚拟数字资产。元宇宙作为数字经济的特殊形式，需有自己的经济系统和类似现实世界的货币交易系统。元宇宙的经济系统包括数字创造、数字资产、数字市场、数字货币、数字消费等多个要素。其特征明显区别于传统经济，表现为计划和市场的统一、生产和消费的统一、监管和自由的统一、行为和信用的统一。

目前，炒得火热的 NFT 被看作是元宇宙的虚拟数字资产之一。NFT 技术已经涉及艺术藏品、品牌 IP、人物版权、歌曲和影视，等等。NFT 的多元化发展离不开关键技术——区块链。区块链使得每一个 NFT 都具有唯一性、不可篡改性，重塑了用户的所有权。

8）文明

在《元宇宙：开启未来世界的六大趋势》一书中有这样的观点："每一次人类文明的演进，往往会经历新技术、新金融、新商业、新组织、新规则、新经济、新文明 7 个阶段。从新技术的创新和应用开始，构建相匹配的新金融体系，并孕育新的商业模式，从而跨越鸿沟、实现普及，进一步催生新的组织形态，推动制定新的规则，进而重塑形成新的经济体系，最终引领社会走向新的文明形态。"人们在元宇宙中生活、社交、创造，组成社区，发展城市，制定规则，这些活动终将在元宇宙的虚拟世界中演化出一个数字文明社会。

3. 元宇宙与建模仿真

建模仿真是元宇宙的核心之一。现实世界的人与物在虚拟世界的分身本质上是各种数字模型。所需的建模技术既涉及对物体形态的逼真再现以及对物体机理的数学描述,更涉及对各种“阿凡达”们在虚拟空间的行为习惯、认知能力、思维模式等智能进行建模仿真,这无疑对建模仿真技术的智能化水平提出了极高的要求。

10.2.2　元宇宙的技术基础

1. 元宇宙的体系架构

Beamable 公司创始人 Jon Radoff 提出了图 10－3 所示的元宇宙的 7 层架构:基础设施、人机交互、去中心化、空间计算、创作者经济、发现和体验。

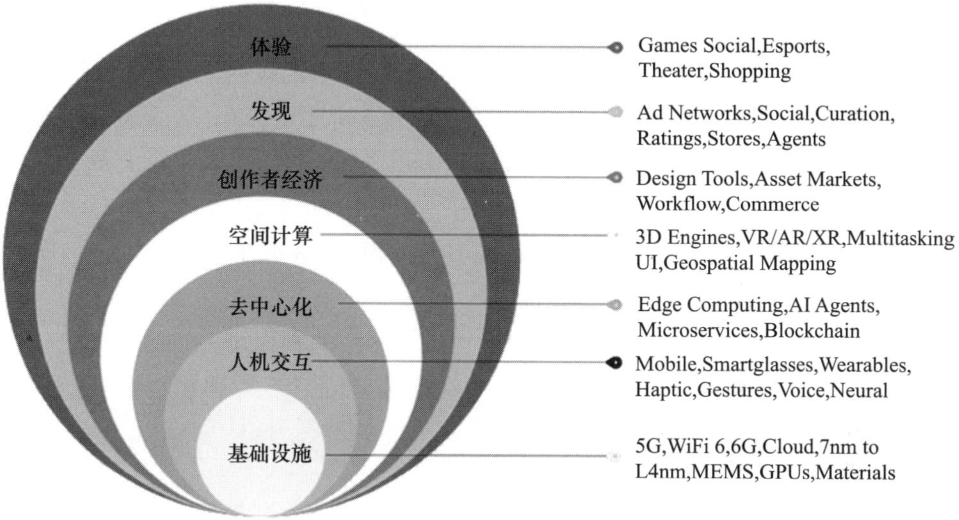

图 10－3　元宇宙的七层架构(来源:Jon Radoff)

元宇宙的最底层是基础设施层。这一层包括各种支持设备、将设备连接到网络并提供内容的技术,如 5G/6G、芯片、电池、图像传感器等。

第二层是人机交互层。这一层主要是智能可穿戴设备。目前索尼、微软、Oculus、三星等公司生产 VR/AR 用头盔好比移动互联网早期的大哥大。很快我们将拥有:可以执行智能手机所有功能以及 AR 和 VR 应用程序的智能眼镜;集成 3D 打印的可穿戴设备的服装;印在皮肤上的微型生物传感器;甚至脑机接口。计算机设备越来越接近我们的身体,将我们变成半机械人——赛博格(cyborg)。

第三层是去中心化层。这一层是构建元宇宙人与人关系的重要转折,通过这一层,可以把元宇宙的所有资源更公平的分配。分布式计算和微服务为开发人员提供了一个可扩展的生态系统,让他们可以利用在线功能而无须专注于构建或集成后端功能。围绕微交易进行优化的 NFT 和区块链技术将金融资产从集中控制和托管中解放出来。远边缘计算将使云以低延迟启用强大的应用程序,而不会给我们的设备带来所有工作的负担。

第四层是计算层。这一层将真实计算和虚拟计算进行混合,以消除物理世界和虚拟世界之间的障碍,提供了 3D 引擎、手势识别、人工智能等,都是一些提供算法的企业。

第五层是创作者经济层。这一层包含创作者每天用来制作人们喜欢的体验的所有技术,以去中心化和开放的方式为独立创作者提供一整套集成的工具、发现、社交网络和货币化功能,使前所未有的人数能够为他人创造经验。

第六层是发现层。类似于互联网的门户网站和搜索引擎,这一层提供将人们引入新体验的推和拉。这是一个庞大的生态系统,也是许多大企业最赚钱的生态系统之一。

第七层是体验层。这里是用户直接面对的游戏、社交平台等。许多人把元宇宙想象成是围绕我们的三维空间;但元宇宙不必是 3D 或 2D 的,甚至不一定是图形的;它是关于空间、距离和物体等物理空间的非物质化。

另一种关于元宇宙 7 层体系架构的描述是:自然层、物理层、交互层、数据层、协议层、合约层和应用层。

2. 元宇宙的核心技术

有人将元宇宙的技术基础用 6 项核心技术的英文首字母 BIGANT(大蚂蚁)来概括:B 指区块链技术(blockchain),I 指交互技术(interactivity),G 指电子游戏技术(game),A 指人工智能技术(AI),N 指网络及运算技术 (network),T 指物联网技术(internet of things)。

1)区块链

区块链是支撑元宇宙底层架构、实现去中心化经济系统的重要基础。区块链技术通过 NFT(非同质化通证)、DAO、DeFi 和智能合约等技术可实现元宇宙内的价值流转,保障系统规则的透明高效执行。基于区块链发行的 NFT 权属清晰、转让留痕,保证了数字所有权和可验证性。从应用场景上看,NFT 有望成为元宇宙中数字资产的价值载体,从而用户可真正拥有虚拟物品所有权,同时 NFT 可实现用户的虚拟资产能跨越各子宇宙进行流转和交易,资产的流转互通为多平台互通打下基础。

2)交互技术

人机交互技术从早期的鼠标、键盘到现在的 VR/AR 设备,沉浸感不断提升。通过体感衣,玩家可以感受到身体所受攻击的痛感;通过全自动触觉椅,玩家可以体验到游戏中的坠落飞行等体感,通过多款设备采集玩家信息并向玩家实时输出反馈信息,玩家在虚拟空间中的映射感更真实,从而获得身临其境式体验。通过脑机接口技术,可实现嗅觉、味觉等感知体验,同时与虚拟世界自由交互,显著提升拟真体验与沉浸感。

3)电子游戏

游戏是元宇宙的最初入口,玩家可依托虚拟身份在游戏内进行社交,初具元宇宙雏形。电子游戏技术既包括游戏引擎相关的 3D 建模和实时渲染,也包括数字孪生相关的 3D 引擎和建模仿真技术。未来当这些高精尖技术工具的操作和使用足够简单时,才能实现元宇宙创作者经济的繁荣。

4)人工智能

计算机视觉、机器学习、自然语言处理、知识图谱、智能语音等人工智能技术的发展为元宇宙的各个层面、各种应用、各个场景提供了强有力的技术支撑。在虚拟场景的智能构建,虚拟人物的认知与情感模型构建,多传感信息融合,分析、预测、推理、决策等诸多方面,智能算法的应用将发挥关键作用。

5)网络及运算技术

云化的综合智能网络涉及 5G/6G、边缘计算、分布式计算等多项技术,是元宇宙最底层的基础设施,负责实现高速、低延迟、高算力、高智能的规模化接入,为元宇宙用户提供实时流畅的沉浸式体验。

根据独立第三方网络测试机构 Open Signal 的测试数据,4G LTE 的端到端时延可满足视频会议、线上课堂等场景的互动需求,但远不能满足元宇宙对于低时延的严苛要求。VR 设备的一大难题是传输时延造成的眩晕感,5G 带宽与传输速率的提升能有效改善时延并降低眩晕感。根据日韩对 6G 网络技术的展望,6G 时延有望缩短至 5G 的十分之一,传输速率有望达到 5G 的 50 倍,有望真正实现元宇宙低延迟的关键特征。

边缘计算是元宇宙的关键基建,通过在数据源头的附近采用开放平台,就近直接提供最近端的服务,从而帮助终端用户补足本地算力,提升处理效率,尽可能降低网络延迟和网络拥堵风险。元宇宙要求用户可使用任何设备登录,随时随地沉浸其中,要求实时监测数据并进行大量计算,单个或少数服务器难以支撑元宇宙的庞大运算量。

6）物联网技术

物联网传感器是人类五官的延长，物联网技术能够满足随时随地以各种方式接入元宇宙的要求，为虚拟世界提供了实时、精准、持续的数据供给，为元宇宙感知外部信息来源提供了支撑。近年来，全球物联网核心技术持续发展，产业体系处于建立和完善过程中。当物联网技术发展到真正实现万物互联时，元宇宙才可能实现虚实共生。

3. 元宇宙与数字孪生

从元宇宙的七层架构可以看出，元宇宙是个比数字孪生更庞大、更复杂的体系。如果数字孪生还算是个复杂技术体系的话，元宇宙从一开始就是个复杂的技术－社会体系。两者有不同的技术发展和演化路径（图 10－4）。数字孪生是起源于复杂产品研制的工业化，正在向城市化和全球化领域迈进；而元宇宙起源于构建人与人关系的游戏娱乐产业，正在从全球化向城市化和工业化迈进。

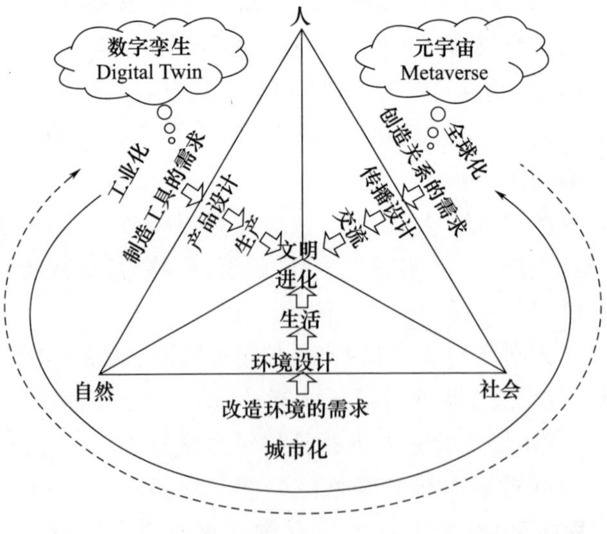

图 10－4　元宇宙和数字孪生不同的技术演化路径

虽然元宇宙和数字孪生都关注现实物理世界和虚拟数字世界的连接和交互，但两者的本质区别在于它们的出发点完全不同。元宇宙是直接面向人的，而数字孪生是首先面向物的。

虽然 Metaverse 这个词比 Digital Twin 的概念原型出现早了 10 年，但数字孪生技术体系的成熟度和国际标准化工作进展远高于或快于元宇宙(图 10－5)。数字孪生技术在经历了技术准备期、概念产生期和应用探索期后,正在进入大浪淘沙的领先应用期,即图 10－5 所示的高德纳技术炒作曲线的谷底期;而元宇宙还处于技术准备期和概念产生期的早期阶段,即图 10－5 所示的高德纳技术炒作曲线左边爬坡段的起点,还有至少二三十年漫长的技术研发、标准体系、道德和法律监管,乃至大国博弈等漫长的道路要走。

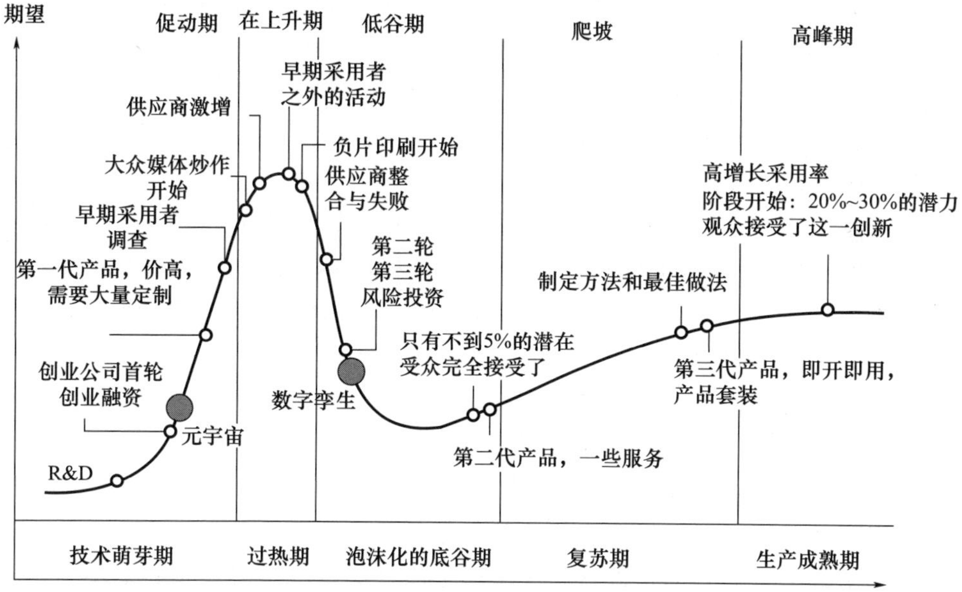

图 10－5　元宇宙和数字孪生技术成熟度对比

数字孪生技术为元宇宙中的各种虚拟对象提供了丰富的数字孪生体模型,并通过从传感器和其他连接设备收集的实时数据与现实世界中的数字孪生化(物理)对象相关联,使得元宇宙环境中的虚拟对象能够镜像、分析和预测其数字孪生化对象的行为,将极大丰富数字孪生技术的应用场景(从物联网平台到元宇宙环境)和数字孪生系统的复杂程度(从系统级向体系级扩展)。

10.2.3　元宇宙的实践

迄今为止,在元宇宙的探索与实践方面做出重要贡献主要是几家著名的游戏公司,例如,TheSandbox、Decentraland 和 Roblox 等,堪称元宇宙新赛道的领跑者。

1. TheSandbox

TheSandbox(https://www. sandbox. game/en/)是一款构建在以太坊上的沙盒游戏,这类沙盒游戏的特点是玩家能在游戏中自由地探索与创造,利用游戏中所提供的道具来搭建属于他们自己的东西,最终通过达成某种成就来体验游戏乐趣,而游戏本身并没有主线剧情。普通游戏的玩家可以获取或购买相应的装备和道具,但这些游戏物品并不属于个人,而是属于游戏厂商。而在 TheSandbox 的世界中,游戏中的角色、道具和装备可以通过区块链技术进行“NFT 化”,玩家创建的一切都会成为其个人的“数字资产”。

TheSandbox 生态中的主要交换媒介是 SAND,这是一种基于以太坊 ERC - 20 协议的功能型通证,可以用于交易、治理、创建资产,而“NFT 化”的角色、道具等都能成为可交易的资产。当创作者拥有了自己的资产后,便可以在 Marketplace 中与想购买 LAND、资产等的普通用户进行交易。由于 TheSandbox 采用的是“边玩边赚”(play to earn)的模式,因此,可以通过交易或获取游戏中的通证来达到创造收益的目标。所以 TheSandbox 也被看作是可持续的游戏和内容创作生态系统,玩家在游戏中的自主创作能够转化为一定的价值。

TheSandbox 的理念与区块链技术非常契合,相比于其他区块链游戏,TheSandbox 有着更高的可玩度与更加成熟的经济与治理模型。TheSandbox 通过区块链技术解决了开放式沙盒游戏的很多问题,比如一些主流游戏对玩家所创建的虚拟产品交易的中心化控制,限制了玩家在自由市场下本应获得的价值。虚拟现实平台还需要更多完善的制度来维护用户的权利,而区块链版本的 TheSandbox 也在继续积极探索,并逐渐获得了诸多品牌方的喜爱。基于区块链技术的 TheSandbox 为品牌方提供了数字资产的所有权,为 IP 提供了物理世界所难以实现的梦幻场景的还原。

2. Decentraland

Decentraland(https://decentraland. org/)是基于以太坊区块链的去中心化建立的虚拟现实平台,像 TheSandbox 一样,用户可以在虚拟世界中创建、探索和交易,其中土地和物品都是独特的 NFT。但 Decentraland 与 The Sandbox 最大的不同在于它具有更深厚的区块链背景,可以看作是区块链领域的全新元宇宙,是首个建立在以太坊上的 VR 平台。

Decentraland 虚拟世界由大约 9 万个 16m ×16m 的房地产 NFT 地块组成。用户可以在 Decentraland 中赚取 MANA(原生 Token),购买 LAND。LAND 是一种将 Decentraland 划分为虚拟地块的不可替代 NFT。与实体房地产类似,Decentraland 生态系统的房地产价值是由用户们在许多商业活动中的互动和交流创造的，随着一块 LAND 地块用户流量的增加，通过销售 NFT、广告或其他服务来实现土地货币化的潜在机会也会增加。

Decentraland 作为一个由区块链驱动的虚拟现实平台，其经济系统非常接近元宇宙，是第一个完全去中心化、为用户所拥有的虚拟世界。在 NFT 风靡一时之前，Decentraland 曾是那些希望接触元宇宙的加密投资者的首选。

3. Roblox

机器人（Robots）和方块（Blocks）合并的新词 Roblox（https://www.roblox.com/）是一款多人在线游戏平台，同时又是功能强大的游戏制作平台。用户可以既是玩家，玩别人开发的游戏，也可以是创作者，在社区中自己开发游戏给别人玩。Roblox 在许多方面使游戏制作过程民主化，并为这些游戏创建了一个完整的世界和用户群。

Roblox 作为一个游戏公司，它本身并不依赖于专业的团队进行游戏生产，公司主要负责平台的生产与维护，平台由 Roblox 客户端（覆盖 PC、移动、主机）、Roblox Studio、Roblox 云 3 个元素组成。创作者用 Roblox Studio 来创作游戏，然后在客户端销售和分发给用户。为了方便开发人员，Roblox Studio 提供了一套适用于新手到专业人员的工具。开发者生态是 Roblox 的基础，通过培养足够多的优质开发者，并保持较高的开发者活跃度，产出大量优质的游戏内容，以此吸引更多的玩家付费和更多的开发者加入，借此模式形成良性循环并建立正反馈机制。

Roblox 平台具备与真实世界经济互通的虚拟经济系统。玩家可以在游戏中互通虚拟资产与虚拟身份，创作者可以在自己的游戏中设计模式，Roblox 的经济系、身份系统、社交网络、内容创造等各个方面在一定程度上都具有元宇宙的特点。

4. 科幻元宇宙项目 2140

2022 年 2 月 14 日情人节，全球首个科幻元宇宙项目 2140 震撼上线。在元宇宙沉浸式直播发布会上，来自不同领域的专家给出了角度不同的思考，分享如下。

量子学派创始人、2140 发起人罗金海表示，他通过对“去中心化”的思考，看到将价值观和商业性融合的可能性，当所有人能一起共创一个世界，同时又能共享这个世界的利益时，建设一个理想国才会有可能。

资深媒体人苟骅从三方面概括 2140 科幻元宇宙的价值：第一，元宇宙的起点是价值观,2140 坚持以开源为方法,以共识为理念,以先行姿态追求自由空间;第二,元宇宙的内核是内容创意,令人叹为观止的是,2140 创世者已经通过开源方法创作了超过两百万字科幻长篇;第三,元宇宙的彼岸是人文精神空间,无论是扎克伯格还是 2140 都在尝试构建人类的精神世界的"理想国"。苟骅认为,自互联网诞生以来,人类已经很长时间没有梦想了,元宇宙将让我们重启世界、重拾梦想。

来自腾讯云的陈宋科认为:从技术角度来看,Web3 将实现对资产可编程,是没有"前端"的元宇宙。他强调,没有区块链的元宇宙将存在极大风险,而 NFT 作为一项技术,将是数字内容资产化的核心。

来自国家纳米科技创新研究院子弥实验室的胡显刚将元宇宙的宏架构分为 7 层:自然层、物理层、交互层、数据层、协议层、合约层和应用层。宏架构的每一层都是构成元宇宙的中坚力量,缺一不可。胡显刚还提出元宇宙的十大核心要素:价值观、世界设定、超现实治理、数字身份、经济体系、开源创造、社交体系、游戏玩法、通证以及硬件接口。

关于元宇宙未来产业的布局,来自投资界的专家施建新认为:对元宇宙的商业解读应该包括"现实虚拟化"和"数据空间社会化"两个部分。从元宇宙的应用场景上来看,施建新提出了四大场景,包括"虚拟购物场景"、"虚拟风景体验场景"、"虚拟生活场景"和"数据空间社会化"。

参考文献

[1] 阿里十年程序员生活. 大数据处理的五大关键技术及其应用[EB/OL]. (2019-05-24)[2022-01-22]. https://blog.csdn.net/yyu000001/article/details/90521656.

[2] 百度 AI 社区. 强化学习算法:常见应用[EB/OL]. (2021-01)[2022-02-01]. https://ai.baidu.com/forum/topic/show/942396.

[3] 北京无忧创想信息技术有限公司. 数字孪生的四个成功案例[EB/OL]. (2021-08-24)[2022-02-21]. https://mbd.baidu.com/newspage/data/landingsuper? rs=4052160081&ruk=KTeh_zUR-mL0XB0AxU5_fhA&isBdboxFrom=1&pageType=1&urlext=%7B%22cuid%22%3A%22liSfa0iFHul3a2aFg82gu0u4v8lcu2uZgaSI8gi_SiKr0qqSB%22%7D&context=%7B%22nid%22%3A%22news_9652818382219189339%22%7D.

[4] 陈根. 数字孪生[M]. 北京:电子工业出版社,2021.

[5] 大数据分析 BDA. 大数据存储综述[EB/OL]. (2018-04-01)[2021-12-15]. https://blog.csdn.net/shandianke/article/details/79778182.

[6] 韩力群,等. 智能控制理论及应用[M]. 北京:机械工业出版社,2008.

[7] 韩力群. 机器智能与智能机器人[M]. 北京:国防工业出版社,2022.

[8] 韩力群. 类脑模型研究及应用[M]. 北京:北京邮电大学出版社,2022.

[9] 韩力群,等. 神经网络理论及应用(“十三五”国家重点出版物规划项目)[M]. 北京:机械工业出版社,2018.

[10] 黄聪明,李志坚. 基于改进的递归神经网络的化工动态系统建模[J]. 北京理工大学学报,2004,24(7):596-599.

[11] 黄文斌. 新时期计算机网络云计算技术研究[J]. 电脑知识与技术,2019,15(3):41-42.

[12] 李茹杨,等. 强化学习算法与应用综述[J]. 计算机系统应用,2020,29(12):13-25.

[13] 李天云,程思勇,童建东,等. 基于 Elman 神经网络的油浸式电力变压器故障诊断[J]. 中国电力,2006,39(11):55-57.

[14] 李文军. 计算机云计算及其实现技术分析[J]. 军民两用技术与产品,2018(22):57-58.

[15] 李晓磊,邵之江,钱积新. 一种基于动物自治体的寻优模式:鱼群算法[J]. 系统工程理论与实践,2002,22(11):32-38.

[16] 林春燕,朱东华. 基于 Elman 神经网络的股票价格预测研究[J]. 计算机应用,2006,26(2):476-477,484.

[17] 刘朝阳,等. 深度强化学习算法与应用研究现状综述[J]. 智能科学与技术学报,2020,2(4):314-326.

[18] 刘大同,郭凯,王本宽,等. 数字孪生技术综述与展望[J]. 仪器仪表学报,2018,39(11):1 - 10.
[19] 刘亚秋,马广富,石忠. NARX 网络在自适应逆控制动态系统辨识中的应用[J]. 哈尔滨工业大学学报,2005,37(2):173 - 176.
[20] 罗晓慧. 浅谈云计算的发展[J]. 电子世界,2019(8):104.
[21] 墨梅寒香. MapReduce 的架构组成[EB/OL]. (2016 - 11 - 21)[2022 - 01 - 22]. https://blog. csdn. net/u010176083/article/details/53269317/.
[22] 牛大鹏,王福利,何大阔,等. 基于 Elman 神经网络集成的诺西肽发酵过程建模[J]. 东北大学学报(自然科学版),2009. 6,30(6):761 - 764.
[23] 葡萄城技术团队. 最常用的四种大数据分析方法[EB/OL]. (2017 - 09 - 19)[2022 - 01 - 20]. https://blog. csdn. net/powertoolsteam/article/details/78026349.
[24] 人工智能学家的博客 - CSDN 博客. 深度干货:强化学习应用简述[EB/OL]. (201 - 05 - 07)[2021 - 12. 08]. https://blog. csdn. net/cf2SudS8x8F0v/article/details/116505643.
[25] 人民邮电报. 数字孪生技术助力智能制造发展[N/OL]. (2021 - 05 - 27)[2022 - 02 - 10]. https://www. cnii. com. cn/rmydb/202105/t20210527_281369. html.
[26] 荣垂田. 大数据分析技术基础[M]. 北京:机械工业出版社,2021.
[27] 沈阳丰澄科技有限公司. 云仿真网站[OL]. [2022 - 02 - 05]. http://www. syfckj. cn/.
[28] 数字孪生应用白皮书(2020 版). 数字孪生典型应用案例 01[EB/OL]. (2022 - 03 - 01)[2022 - 03 - 05]. https://xw. qq. com/cmsid/20211006A00NSE00.
[29] 数字孪生应用白皮书(2020 版). 数字孪生典型应用案例二十二[EB/OL]. (2021 - 10 - 06)[2022 - 2 - 21]. https://view. inews. qq. com/a/20220301A0CEMJ00.
[30] 思迈特软件大数据百科. 如何进行大数据分析建模?[EB/OL]. (2021 - 05 - 14)[2022 - 02 - 10]. https://www. smartbi. com. cn/wiki/3226.
[31] 搜狗百科. 大数据[EB/OL]. (2021 - 12 - 19)[2022 - 02 - 01]. https://baike. sogou. com/v59756418. htm? fromTitle = %E5%A4%A7%E6%95%B0%E6%8D%AE&ch = frombaikevr.
[32] 王德铭. 计算机网络云计算技术应用[J]. 电脑知识与技术,2019,15(12):274 - 275.
[33] 王雄. 云计算的历史和优势[J]. 计算机与网络,2019,45(2):44.
[34] 吴虎胜,张凤鸣,吴庐山. 一种新的群体智能算法——狼群算法[J]. 系统工程与电子技术,2013,35(11):2430 - 2437.
[35] 吴建锋,何小荣,陈丙珍. 基于反馈神经网络的动态化工过程建模[J]. 计算机与应用化学,2001,18(2):105 - 110.
[36] 邢杰,等. 元宇宙通证[M]. 北京:中译出版社,2021.
[37] 许子明,田杨锋. 云计算的发展历史及其应用[J]. 信息记录材料,2018,19(8):66 - 67.
[38] 央广网. 北京互联网法院发布白皮书:互联网技术司法应用场景展现[EB/OL]. (2019 - 08 - 19)[2022 - 02 - 01]. http://china. cnr. cn/gdgg/20190818/t20190818_524736268. shtml.
[39] 元小宇. 构成“元宇宙”的八大要素——你知道是什么吗?[EB/OL]. (2022 - 01 - 17)[2022 - 02 - 20]. https://zhuanlan. zhihu. com/p/458540525.
[40] 张佳鹏,等. 基于强化学习的无人驾驶车辆行为决策方法研究进展[J]. 电子科技,2021,36(5):66 - 71.

[41] 张霖,等. 从建模仿真看数字孪生[J]. 系统仿真学报,2021,33(5):995-1007.

[42] 张雪英,王安红. 基于 RNN 的非线性预测语音编码[J]. 太原理工大学学报,2003,34(3):270-272.

[43] 赵斌. 云计算安全风险与安全技术研究[J]. 电脑知识与技术,2019,15(2):27-28.

[44] 赵云,等. 云计算及其仿真工具 CloudSim 的研究[J/OL]. (2016-06-02)[2021-12-22]https://www.docin.com/p-1615691103.html.

[45] 智源社区. 强化学习周刊第 6 期:强化学习应用之推荐系统[J/OL]. (2021-04-30)[2022-02-01]. https://blog.csdn.net/BAAIBeijing/article/details/116311740.

[46] 中国轻工业信息网. 案例赏析:数字孪生在世界著名企业中的应用实践(1)[EB/OL]. (2021-05-12)[2022-3.20]. http://www.clii.com.cn/lhrh/hyxx/202105/t20210512_3949427.html.

[47] 庄存波,刘检华,熊辉,等. 产品数字孪生体的内涵、体系结构及其发展趋势[J]. 计算机集成制造系统,2017,23(4). 753-768.

[48] 子弥实验室. 元宇宙-设计元宇宙[M]. 北京:北京大学出版社,2022.

[49] Bill Franks. 数据分析变革:大数据时代精准决策之道[M]. 张建辉,等译. 北京:人民邮电出版社,2015.

[50] Daivei lai. MapReduce(分布式计算框架)了解[EB/OL]. (2019-11-12)[2022-01-22]. https://blog.csdn.net/Daivei_lai/article/details/103029788.

[51] Lin Xu. Mapreduce 计算框架[EB/OL]. (2019-09-27)[2022-01-22]. https://blog.csdn.net/rekingman/article/details/101525018.

[52] wp_csdn. 人工鱼群算法详解[EB/OL]. (2017-01-16)[2022.01.12]. https://blog.csdn.net/wp_csdn/article/details/54577567.